建筑工程施工现场专业人员上岗必读丛书

施工员·市政工程

主　编　杨润林

副主编　尚秀荣　庄景山

参　编　李运超　曹良冠　刘治理

万仁友　王　凤

中国电力出版社
CHINA ELECTRIC POWER PRESS

内 容 提 要

本丛书是针对建筑与市政工程施工现场专业技术人员岗位工作与施工管理实际需要和应用来编写的，具有很强的针对性、实用性、便携性和可读性。

本书主要内容包括市政工程施工员岗位基本要求，市政工程施工现场基础知识，市政道路工程施工现场管理，市政桥梁工程施工现场管理，市政排水工程施工现场管理等，内容丰富、实用，技术先进，是市政工程施工员施工现场工作的必备技术手册，也适合作为市政工程施工员岗前、岗中培训与学习教材使用。

图书在版编目（CIP）数据

施工员·市政工程/杨润林主编. —北京：中国电力出版社，2014.4
（建筑工程施工现场专业人员上岗必读丛书）
ISBN 978-7-5123-5472-2

Ⅰ.①施… Ⅱ.①杨… Ⅲ.①建筑工程-工程施工②市政工程-工程施工
Ⅳ.①TU7②TU99

中国版本图书馆CIP数据核字（2014）第007538号

中国电力出版社出版发行
北京市东城区北京站西街19号 100005 http：//www.cepp.sgcc.com.cn
责任编辑：周娟华 E-mail：5562990@qq.com
责任印制：郭华清 责任校对：王小鹏
汇鑫印务有限公司印刷·各地新华书店经售
2014年4月第1版·第1次印刷
850mm×1168mm 1/32·12印张·457千字
定价：36.00元

前　　言

国家最新颁布实施的建设行业标准《建筑与市政工程施工现场专业人员职业标准》(JGJ/T 250—2011)，为科学、合理地规范工程建设行业专业技术管理人员的岗位工作标准及要求提供了依据，对全面提高专业技术管理人员的工程管理和技术水平、不断完善建设工程项目管理水平及体系建设，加强科学施工与工程管理，确保工程质量和安全生产将起到很大的促进作用。

随着建设事业的不断发展、建设科技的日新月异，对于建设工程技术管理人员的要求也不断变化和提高，为更好地贯彻和落实国家及行业标准对于工程技术人员岗位工作及素质要求，促进建设科技的工程应用，完善和提高工程建设现代化管理水平，我们组织编写了这套《建筑工程施工现场专业人员上岗必读丛书》，旨在为工程专业技术人员岗位工作提供全面、系统的技术知识与解决现场施工实际工作中的需要。

本丛书主要根据建筑工程施工中，各专业岗位在现场施工的实际工作内容和具体需要，结合岗位职业标准和考核大纲的标准，充分贯彻国家行业标准《建筑与市政工程施工现场专业人员职业标准》(JGJ/T 250—2011) 有关工程技术人员岗位"工作职责"、"应具备的专业知识"、"应具备的专业技能"三个方面的素质要求，以岗位必备的管理知识、专业技术知识为重点，注重理论结合实际；以不断加强和提升工程技术人员职业素养为前提，深入贯彻国家、行业和地方现行工程技术标准、规范、规程及法规文件要求；以突出工程技术人员施工现场岗位管理工作为重点，满足技术管理需要和实际施工应用，力求做到岗位管理知识及专业技术知识的系统性、完整性、先进性和实用性来编写。

本书主要内容包括市政工程施工员岗位基本要求，市政工程施工现场基础知识，市政道路工程施工现场管理，市政桥梁工程施工现场管理，市政排水工程施工现场管理等，内容丰富、实用，技术先进，是市政工程施工员施工现场工作的必备技术手册，也适合作为市政工程施工员岗前、岗中培训与学习教材使用。

由于时间仓促和能力有限，本书难免有谬误之处和不完善的地方，敬请读者批评指正，以期通过不断的修订与完善，使本丛书能真正成为工程技术人员岗位工作的必备助手。

编　者

目　　录

第一章　市政工程施工员岗位基本要求

第一节　市政工程施工员工作职责与要求

一、市政工程施工员应具备的专业知识与技能

1. 施工员应具备的专业知识

施工员应当掌握建筑施工技术、施工组织与管理知识，熟悉建筑材料、经营管理知识、法律知识、工程项目管理基本知识，了解工程建设监理和其他相关知识。具体而言应包括以下几个方面：

（1）掌握市政工程制图原理、识图方法以及常用的建设工测量方法。

（2）掌握一般市政基础工程结构的基本构造、工程力学和简单施工计算方法。

（3）掌握一般地方与国家建设施工的标准、规范和施工技术。

（4）掌握地基处理、市政基础设施施工的一般原理和方法。

（5）掌握一定的工程质量管理知识。

（6）掌握一定的经济与经营管理知识，能编制施工预算，能进行工程统计和现场经济活动分析。

（7）掌握一定的施工组织和科学的施工现场管理方法。

2. 施工员应具备的工作能力

作为一个市政工程施工员，除应具备岗位必备专业的知识外，还应具有一定的施工实践经验。只有具备了实践经验，才能处理各种可能遇到的实际问题。市政工程施工员应具备以下实际工作能力：

（1）有一定的组织、管理能力。能有效地组织、指挥人力、物力和财力进行科学施工，取得最佳的经济效益。能编制施工预算、进行工程统计、劳务管理、现场经济活动分析。

（2）有一定的协调能力。能根据工程的需要，协调各工种、人员、上下级之间的关系，正确处理施工现场的各种社会关系，保证施工能按计划高效、有序地进行。

（3）有较丰富的施工经验。对施工中的稳定性问题（包括缆风设置、脚手架架设、吊点设计等）具有鉴别的能力，对安全质量事故能进行初步的分析。

（4）能比较熟练地承担施工现场的测量、图纸会审和向工人交底的工作。

能在不同地质条件下正确确定土方开挖、回填夯实、降水、排水等措施。

(5) 能正确地按照国家施工规范进行施工。施工中能掌握施工计划的关键线路，保证施工进度。

(6) 能根据施工要求，合理选用和管理建筑机具，具有一定的电工知识，能管理施工用电。

(7) 能运用质量管理方法指导施工，控制施工质量。

二、项目施工员管理工作职责

在工程施工阶段，施工员代表施工单位与业主、分包单位联系、协商问题，协调施工现场的施工、设计、材料供应、工程预算等各方面的工作。施工员对项目经理负责。

1. 施工员施工管理职责

施工员在项目经理的领导下，对所主管的工程或标段的生产、技术、管理等负有全部责任。

(1) 认真贯彻并执行项目经理下达的季、月度生产计划，负责完成计划所定的各项指标。

(2) 在确保完成项目经理下达生产计划指标前提下，合理组织人力、物力，安排好班组的生产计划，并向班组进行工期、质量、安全、技术、经济效益交底，做到参与施工成员人人心中有数。

(3) 抓好抓细施工准备工作，为班组创造好的施工条件，搞好与分包单位协调配合，避免等工、窝工。

(4) 在工程开工前认真学习施工图纸、技术规范、工艺标准，进行图纸审查，对设计图存在问题提出改进性意见和建议。

(5) 参与施工组织设计及分项施工方案的讨论编制工作，随时提供较好的施工方法和施工经验。

(6) 认真贯彻项目施工组织设计所规定的各项施工要求和组织实现施工平面布置规划。

(7) 组织砂浆混凝土开盘鉴定工作，填报配合比申请和混凝土浇灌申请。及时通知试验工按规定做好试块。

(8) 对于重要部位拆模，必须做好申请手续，经技术和质检部门批准后方可拆模。

(9) 根据施工部位、进度，组织并参与施工过程中的预检、隐检、分项工程检查。督促抓好班组的自检、互检、交接检等工作。及时解决施工中出现的问题。把质量问题消灭在施工过程中。

(10) 坚持上班前、下班后对施工现场进行巡视检查，对危险部位做到跟踪检查，参加小组每日班前安全检查。制止违章操作，并做到不违章指挥，发现问题及时解决。

(11) 坚持填写施工日志，将施工的进展情况，发生的技术、质量、安全消防等问题的处理结果逐一记录下来，做到一日一记、一事一记，不得间断。

(12) 认真积累和汇集有关技术资料，包括技术经济洽商，隐预检资料，各项交底资料以及其他各项经济技术资料。

(13) 认真做好施工任务书下达，对施工班组所负责的施工单项任务完成后，严格组织任务书考核验收。

(14) 严格执行限额领料，对不执行限额领料小组不予结算任务书。

(15) 认真做好场容管理，要经常检查、督促各生产班组做好文明生产，做到活完脚下清。

(16) 认真贯彻技术节约措施计划，并做到落实到班组和个人。确保各项技术节约措施指标的落实。

2. 施工员质量管理职责

(1) 学习贯彻国家关于质量生产的法规、规定，认真执行上级有关工程质量和本企业质量管理的各项规定。对自己负责的工号或施工工程质量负责。

(2) 制订并认真贯彻执行保证本工程质量的技术措施。使用符合标准的建筑材料和构配件；认真保养、维修施工用的机具、设备。

(3) 认真执行本企业制定的质量管理奖惩制度，对严格遵守操作规程施工者，提出奖励意见；对违章蛮干，造成质量事故者，提出惩罚意见。

(4) 经常对工人进行工程质量教育，组织工人学习操作规程，及时传达保证工程质量的有关文件，推广质量保证管理经验；领导本人管辖范围的班组开展质量日活动；检查班组长每日上班前的质量讲话；加强工程施工质量专业检查并做好记录，内容包括质量教育、自检、互检和交接检记录，质量隐患立项消项记录、奖惩记录，未遂和已遂质量事故的等级和处理结果等。

(5) 组织本工地的质量员和班组长等有关人员认真执行自检、互检和交接检制度，每日巡视施工作业面，及时消除质量隐患或采取紧急措施。

(6) 创造良好的施工操作条件，加强成品保护。

(7) 发生质量事故后，应保护现场并立即上报。配合上级查明发生事故原因，提出防范重复事故的措施。

3. 施工员安全管理职责

(1) 工长、施工员是所管辖区域范围内安全生产的第一责任人，对所管辖范围内的安全生产负直接领导责任。

(2) 认真贯彻落实上级有关规定，监督执行安全技术措施及安全操作规程，针对生产任务特点，向班组（外协施工队伍）进行书面安全技术交底，履行签字手续，并对规程、措施、交底要求的执行情况经常检查，随时纠正违章作业。

(3) 负责组织落实所管辖施工队伍的三级安全教育、常规安全教育、季节转换及针对施工各阶段特点等进行的各种形式的安全教育，负责组织落实所管辖施工队伍特种作业人员的安全培训工作和持证上岗的管理工作。

(4) 经常检查所管辖区域的作业环境、设备和安全防护设施的安全状况，发现问题及时纠正解决。对重点特殊部位施工，必须检查作业人员及各种设备和安全防护设施的技术状况是否符合安全标准要求，认真做好书面安全技术交底，落实安全技术措施，并监督其执行，做到不违章指挥。

(5) 负责组织落实所管辖班组（外协施工队伍）开展各项安全活动，学习安全操作规程，接受安全管理机构或人员的安全监督检查，及时解决其提出的不安全问题。

(6) 对工程项目中应用的新材料、新工艺、新技术严格执行申报、审批制度，发现不安全问题，及时停止施工，并上报领导或有关部门。

(7) 发生因工伤亡及未遂事故必须停止施工，保护现场，立即上报。对重大事故隐患和重大未遂事故，必须查明事故发生原因，落实整改措施，经上级有关部门验收合格后方准恢复施工，不得擅自撤除现场保护设施，强行复工。

三、项目施工员岗位工作主要内容

1. 技术准备

(1) 熟悉图纸。了解设计要求、质量要求和细部做法，熟悉地质、水文等勘察资料，了解设计概算和工程预算。

(2) 熟悉施工组织设计。了解施工部署、施工方法、施工顺序、施工进度计划、施工平面布置和施工技术措施。

(3) 准备施工技术交底。一般工程应准备简要的操作要点和技术措施要求，特殊工程必须准备图纸（或施工大样）和细部做法。

(4) 选择确定比较科学、合理的施工（作业）方法和施工程序。

2. 现场准备

(1) 临时设施的准备。搭好生产、生活的临时设施。

(2) 工作面的准备。包括现场清理、道路畅通、临时水电引到现场和准备好操作面。

(3) 施工机械的准备。施工机械进场按照施工平面图的布置安装就位，并试运转检查安全装置。

(4) 材料工具的准备。材料按施工平面布置进行堆放，工具按班组人员配备。

3. 作业队伍组织准备

（1）掌握施工班组情况，包括人员配备、技术力量和生产能力。

（2）研究施工工序。

（3）确定工种间的搭接次序、搭接时间和搭接部位。

（4）协助施工班组长做好人员安排。根据工作面计划流水和分段、根据流水分段和技术力量进行人员分配，根据人员分配情况配备机器、工具、运输、供料的力量。

4. 向施工班组交底

（1）计划交底。包括生产任务数量，任务的开始及完成时间，工程中对其他工序的影响和重要程度。

（2）定额交底。包括劳动定额、材料消耗定额和机械配合台班及台班产量。

（3）施工技术和操作方法交底。包括施工规范及工艺标准的有关部分，施工组织设计中的有关规定和有关设备图纸及细部做法。

（4）安全生产交底。包括施工操作运输过程中的安全事项、机电设备安全事项、消防事项。

（5）工程质量交底。包括自检、互检、交接检的时间和部位，分部分项工程质量验收标准和要求。

（6）管理制度交底。包括现场场容管理制度的要求，成品保护制度的要求，样板的建立和要求。

5. 施工中具体指导和检查

（1）检查测量、抄平、放线准备工作是否符合要求。

（2）施工班组能否按交底要求进行施工。

（3）关键部位是否符合要求，有问题及时向施工班组提出改正。

（4）经常提醒施工班组在安全、质量和现场场容管理中的倾向性问题。

（5）根据工程进度及时进行隐蔽工程预检和交接检查，配合质量检查人员做好分部分项工程的质量检查与验收。

6. 做好施工日记

施工日记记载的主要内容：气候实况、工程进展及施工内容，工人调动情况，材料供应情况，材料及构件检验试验情况，施工中的质量及安全问题，设计变更和其他重大决定，施工中的经验和教训。

7. 工程质量检查与验收

完成分部分项工程后，施工员一方面须检查技术资料是否齐全；另一方面须通知施工员、质量检查员、施工中班组长，对所施工的部位或项目按质量标准进行检查验收，合格产品必须填写表格并进行签字，不合格产品应立即组织原施工班组进行维修或返工。

8. 做好工程档案管理

主要负责提供隐蔽签证、设计变更、竣工图等工程结算资料，协助预算员办理工程结算。

第二节　施工员项目管理工作基本知识

一、项目进度控制管理

施工项目的施工进度计划应通过编制年、季、月、旬、周施工进度计划并应逐级落实，最终通过施工任务书或将计划目标层层分解、层层签订承包合同，明确施工任务、技术措施、质量要求等，由施工班组来实施。

1. 项目进度计划实施

(1) 编制月（旬）作业计划和施工任务书。月（旬）作业计划除依据施工进度计划编制外，还应依据现场情况及月（旬）的具体要求编制。月（旬）计划以贯彻执行施工进度计划、明确当期任务及满足作业要求为前提。

施工任务书是把作业计划下达到班组进行责任承包，并将计划执行与技术管理、质量管理、成本核算、原始记录、资源管理等融合为一体。

实际施工作业是按月（旬）作业计划和施工任务书执行，应认真进行编制。

(2) 签发施工任务书。将每项具体任务通过签发施工任务书向班组下达。

(3) 做好记录、掌握现场施工实际情况。在施工中，如实记载每项工作的开始日期、工作进程和结束日期，可为计划实施的检查、分析、调整、总结提供原始资料。要求跟踪记录，如实记录，并借助图表形成记录文件。

(4) 做好调度工作。调度工作的内容包括检查作业计划执行中的问题，找出原因，并采取措施解决；督促供应单位按进度要求供应资源；控制施工现场临时设施的使用；按计划进行作业条件准备；传达决策人员的决策意图；发布调度令等。要求调度工作做得及时、灵活、准确、果断。

2. 施工任务书和调度工作

(1) 施工任务书。施工任务书是向班组贯彻施工作业计划的有效形式，也是企业实行定额管理、贯彻按劳分配，实行班组经济核算的主要依据。

1) 施工任务书的内容。

①施工任务书是班组进行施工的主要依据，内容有项目名称、工程量、劳动定额、计划工数、开竣工日期、质量及安全要求等，见表 1-1。

②小组记工单是班组的考勤记录，也是班组分配计件工资或奖励工资的依据。

③限额领料卡是班组完成任务所必需的材料限额，是班组领退材料和节约材料的凭证，见表 1-2。

表 1-1 **施工任务书**

执行单位班组： 签发日期：

单位工程名称： 开工时间： 竣工时间：

分项工程名称或工作内容	单位	计划				实际完成		
		工程量	定额编号	时间定额	定额工日	工程量	耗用工日	完成定额(%)
1								
2								
3								
4								
5								
6								
7								
质量及安全要求			质量评定		安全评定		限额领料	

签发： 定额员： 施工员（工长）：

表 1-2 **限额领料卡** 年 月 日

材料名称	规格	计量单位	单位用量	限额用量		领料记录						退料数量	执行情况		
				按计划工程量	按实际工程量	第一次		第二次		第三次			实际耗用量	节约或浪费（+、-）	其中返工损失
						日/月	数量	日/月	数量	日/月	数量				

2）施工任务书的管理内容。

①签发。

a. 工长根据月或旬施工作业计划，负责填写施工任务书中的执行单位、单位工程名称、分项工程名称（工作内容）、计划工程量、质量及安全要求等。

b. 定额员根据劳动定额、填写定额编号、时间定额并计算所需工日。

c. 材料员根据材料消耗定额或施工预算填写限额领料卡。

d. 施工队长审批并签发。

②执行。施工任务书签发后，施工员会同工长负责向班组进行技术、质量、安全等方面的交底；班组长组织全班讨论，制订完成任务的措施。

③验收。班组完成任务后，施工队组织有关人员进行验收。工长负责验收完成工程量；质安员负责评定工程质量和安全并签署意见；材料员核定领料情况并签署意见；定额员将验收后的施工任务书回收登记，并计算实际完成定额的百分比，交劳资员作为班组计件工资结算的依据。

（2）生产的调度工作。

1）调度工作的主要内容。

①督促检查施工准备工作。

②检查和调节劳动力和物资供应工作。

③检查和调节现场平面管理。

④检查和处理总、分包协作配合关系。

⑤掌握气象、供电、供水等情况。

⑥及时发现施工过程中的各种故障，调节生产中的各个薄弱环节。

2）调度工作的原则和方法。

①调度工作是建立在施工作业计划和施工组织设计的基础上，调度部门无权改变作业计划的内容。但在遇到特殊情况无法执行原计划时，可通过一定的批准手续，经技术部门同意，按下列原则进行调度。

a. 一般工程服从于重点工程和竣工工程。

b. 交用期限迟的工程服从于交用期限早的工程。

c. 小型或结构简单的工程服从于大型或结构复杂的工程。

②调度工作必须做到准确、及时、严肃、果断。

③搞好调度工作，关键在于深入现场，掌握第一手资料，细致地了解各个施工具体环节，针对问题，研究对策，进行调度。

④除了危及工程质量和安全行为应当机立断随时纠正或制止外，对于其他方面的问题，一般应采取班组长碰头会进行讨论解决。

3. 施工进度计划检查

（1）跟踪检查施工实际进度。跟踪检查的主要工作是定期收集反映实际工程进度的有关数据。收集方式有报表方式和现场实地检查。收集的数据应完整、正确。

进度控制的效果与收集信息资料的时间间隔有关，不经常、定期地收集进度报表资料，就很难达到进度控制的效果。此外，进度检查的时间间隔还与工程项目的类型、规模、现场条件等多方面因素有关，可视工程进度的实际情况，每月、每半月或每周进行一次。在某些特殊情况下，甚至可能进行每日进度检查。

(2) 整理统计检查数据。收集到的施工项目实际进度数据，要进行必要的整理，按计划控制的工作项目进行统计，形成与计划进度具有可比性的数据、相同的量纲和形象进度。一般可以按实物工程量、工作量和劳动消耗量以及累计百分率整理和统计实际检查的数据，以便与相应的计划完成量相对比。

(3) 对比实际进度与计划进度。主要是将实际的数据与计划的数据进行比较，如将实际的完成量、实际完成的百分率与计划的完成量、计划完成的百分率进行比较。通常可利用表格形成各种进度比较报表或直接绘制比较图形直观地反映实际与计划的差距。通过比较，了解实际进度比计划进度拖后、超前还是与计划进度一致。

(4) 施工项目进度检查结果的处理。施工项目进度检查的结果，按照检查报告制度的规定，形成进度控制报告向有关主管人员和部门汇报。进度控制报告是把检查比较的结果，有关施工进度现状和发展趋势，提供给项目经理及各级业务职能负责人的最简单的书面形式报告。

(5) 施工项目进度控制报告内容。

1) 对施工进度执行情况的综合描述。检查期的起止时间、当地气象及晴雨天数统计、计划目标及实际进度、检查期内施工现场主要大事记。

2) 项目实施、管理、进度概况的总说明。施工进度、形象进度及简要说明，施工图纸提供进度，材料、物资、构配件供应进度，劳务记录及预测，日计划，对建设单位和施工者的工程变更指令、价格调整、索赔及工程款收支情况，停水、停电、事故发生及处理情况，实际进度与计划目标相比较的偏差状况及其原因分析，解决问题措施，计划调整意见等。

4. 施工进度计划调整

(1) 进度偏差影响分析。在建筑工程项目实施过程中，当通过实际进度与计划进度的比较，发现存在进度偏差时，需要分析该偏差对后续工作及总工期的影响，从而采取相应的调整措施对原进度计划进行调整，以确保工期目标的顺利实现。进度偏差的大小及其所处的位置不同，对后续工作和总工期的影响程度是不同的，分析时需要利用网络计划中工作总时差和自由时差的概念进行判断。

进度控制人员根据产生进度偏差的工作和调整偏差值的大小，以便确定采取调整新措施，获得新的符合实际进度情况和计划目标的新进度计划。

（2）施工进度计划调整方法。

1）缩短某些工作的持续时间。

①研究后续各工作持续时间压缩的可能性及其极限工作持续时间。

②确定由于计划调整和采取必要措施而引起的各工作的费用变化率。

③选择直接引起拖期的工作及紧后工作优先压缩，以免拖期影响扩大。

④选择费用变化率最小的工作优先压缩，以求花费最小代价，满足既定工期要求。

⑤综合考虑上述因素，确定新的调整计划。

2）改变某些工作间的逻辑关系。当工程项目实施中产生的进度偏差影响到总工期，且有关工作的逻辑关系允许改变时，可以改变关键线路和超过计划工期的非关键线路上的有关工作之间的逻辑关系，达到缩短工期的目的。

3）资源供应的调整。对于因资源供应发生异常而引起进度计划执行问题，应采用资源优化方法对计划进行调整，或采取应急措施，使其对工期影响最小。

4）增减施工内容。增减施工内容应做到不打乱原计划的逻辑关系，只对局部逻辑关系进行调整。在增减施工内容以后，应重新计算时间参数，分析对原网络计划的影响。当对工期有影响时，应采取调整措施，保证计划工期不变。

5）增减工程量。增减工程量主要是指改变施工方案、施工方法，使工程量增加或减少。

6）起止时间的改变。起止时间的改变应在相应的工作时差范围内进行。

二、项目质量管理与控制

1. 项目质量管理程序

建筑工程项目质量管理应坚持“质量第一，预防为主”的方针和“计划、执行、检查、处理”循环工作方法，不断改进过程控制。

（1）建筑工程项目质量管理的程序。

1）确定项目质量目标。

2）编制项目质量计划。

3）项目各阶段的质量控制。

4）总结项目质量管理工作，提出持续改进要求。

（2）建筑工程项目质量管理基本规定。

1）项目质量控制应满足工程施工技术标准和发包人的要求。

2）项目质量控制应实行样板制。施工过程中均应按要求进行自检、互检和交接检。隐蔽工程、指定部位和分项工程未经检验或已经检验定为不合格的，严禁转入下道工序。

3）建筑工程采用的主要材料、半成品、成品、建筑构配件、器具和设备应进行现场验收，凡涉及安全功能的有关产品，应按各专业工程质量验收规范规定进行复验，并应经监理工程师（建设单位技术负责人）检查认可。

4）各工序应按施工技术标准进行质量控制，每道工序完成后应进行检查。

5）相关专业工种之间。应进行交接检验，并形成记录，未经监理工程师（建设单位技术负责人）检查认可，不得进行下道工序施工。

6）项目经理部应建立项目质量责任制和考核评价办法。项目经理应对项目质量控制负责。过程质量控制应由每道工序和岗位的责任人负责。

7）承包人应对项目质量和质量保修工作向发包人负责。分包工程质量应由分包人向总包人负责。承包人应对分包人的工程质量向发包人承担连带责任。

2. 项目质量管理过程

（1）如按影响因素，项目质量管理过程可如图 1-1 所示。

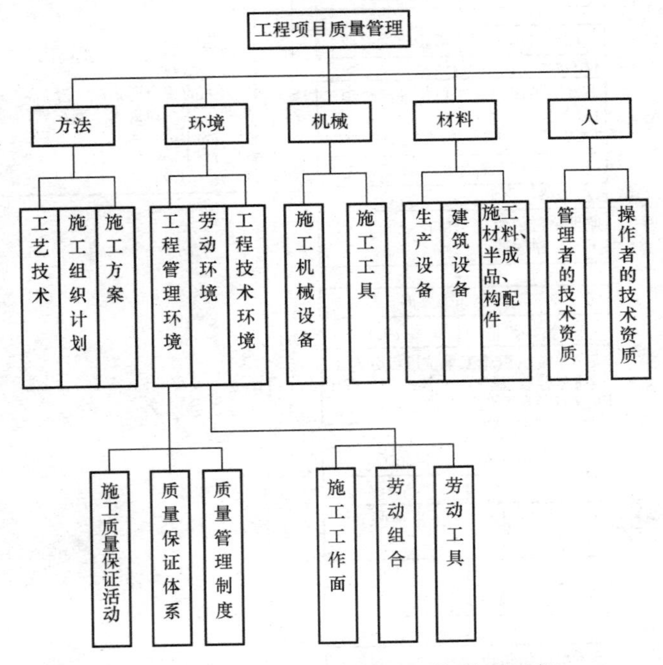

图 1-1　项目质量管理过程（按影响因素）

（2）施工质量管理流程如图 1-2 所示。

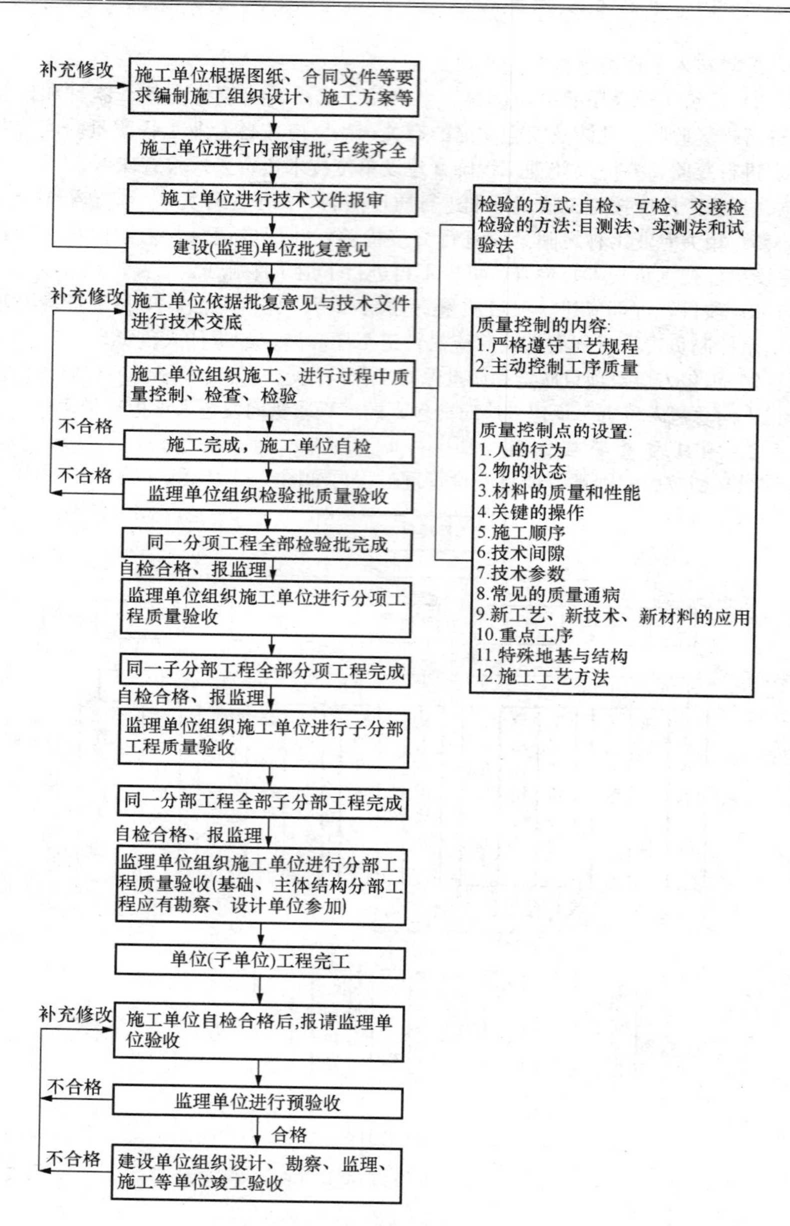

图 1-2　施工质量管理流程

3. 施工质量计划

质量计划是质量管理体系标准的一个质量术语和职能，在建筑施工企业的质量管理体系中，以施工项目为对象的质量计划称为施工质量计划。

目前，我国除了已经建立质量管理体系的部分施工企业直接采用施工质量计划的方式外，通常还普遍使用工程项目施工组织设计或在施工项目管理实施规划中包含质量计划的内容。因此，现行的施工质量计划有三种方式：

(1) 工程项目施工质量计划。

(2) 工程项目施工组织设计（含施工质量计划）。

(3) 施工项目管理实施规划（含施工质量计划）。

4. 施工生产要素的质量控制

施工生产要素是施工质量形成的物质基础，包括作为劳动主体的生产人员，即作业者、管理者的素质及其组织效果；作为劳动对象的建筑材料、半成品、工程用品、设备等的质量；作为劳动方法的施工工艺及技术措施的水平；作为劳动手段的施工机械、设备、工具、模具等的技术性能；以及施工环境——现场水文、地质、气象等自然环境，通风、照明、安全等作业环境以及协调配合的管理环境。

5. 施工过程的作业质量控制

建筑工程项目施工是由一系列相互关联、相互制约的作业过程（工序）构成，因此施工质量控制，必须对全部作业过程，即各道工序的施工质量进行控制。作业工序质量的控制，首先是质量生产者即作业者的自控，在施工生产要素合格的条件下，作业者能力及其发挥的状况是决定作业质量的关键。其次，是来自作业者外部的各种作业质量检查、验收和对质量行为的监督，也是一种不可缺少的设防和把关的管理措施。

(1) 施工作业质量自控的程序。施工作业质量的自控过程是由施工作业组织的成员进行的，其基本的控制程序包括作业技术交底、作业活动的实施和作业质量的自检自查、互检互查，以及专职管理人员的质量检查等。

1) 施工作业技术的交底。施工作业交底是最基层的技术和管理交底活动，是施工组织设计和施工方案的具体化，施工作业技术交底的内容必须具有可行性和可操作性。作业交底的内容包括作业范围、施工依据、作业程序、技术标准和要领、质量目标以及其他与安全、进度、成本、环境等目标管理有关的要求和注意事项。

2) 施工作业活动的实施。施工作业活动是由一系列工序所组成的，为了保证工序质量的受控，首先要对作业条件进行再确认，即按照作业计划检查作业准备状态是否落实到位，其中包括对施工程序和作业工艺顺序的检查确认，在此基础上，严格按作业计划的要求和质量标准展开工序作业活动。

3）施工作业质量的检验。施工作业的质量检验，是贯穿整个施工过程的最基本的质量控制活动，包括施工组织内部的工序作业质量自检、互检、专检和交接检查；现场监理机构的旁站检查、平行检测等。施工作业质量检验是施工质量验收的基础，已完检验批及分部分项工程的施工质量，必须在施工单位完成质量自检并确认合格之后，才能报送监理机构进行检查验收。

前道工序作业质量经验收合格后，才可进入下道工序施工。未经验收合格的工序，不得进入下道工序施工。

（2）施工作业质量自控的要求。工序作业质量是直接形成工程质量的基础，为达到对工序作业质量控制的效果，在加强工序管理和质量目标控制方面应坚持以下要求：

1）预防为主。严格按照施工质量计划的要求，进行各分部分项施工作业的部署。同时，根据施工作业的内容、范围和特点，制订施工作业计划，明确作业质量目标和作业技术要领，认真进行作业技术交底，落实各项作业技术组织措施。

2）重点控制。在施工作业计划中，一方面要认真贯彻实施施工质量计划中的质量控制点的控制措施，同时，要根据作业活动的实际需要，进一步建立工序作业控制点，深化工序作业的重点控制。

3）坚持标准。工序作业人员在工序作业过程严格进行质量自检，通过自检不断改善作业；并创造条件开展作业质量互检，通过互检加强技术与经验的交流；对已完工序作业产品，即检验批或分部分项工程，应严格坚持质量标准。对不合格的施工作业质量，不得进行验收签证，必须按照规定的程序进行处理。

4）记录完整。施工图纸、质量计划、作业指导书、材料质保书、检验试验及检测报告、质量验收记录等，是形成可追塑性的质量保证依据，也是工程竣工验收所不可缺少的质量控制资料。因此，对工序作业质量的纪录，应有计划、有步骤地按照施工管理规范的要求进行填写记载，做到及时、准确、完整、有效，并具有可追溯性。

（3）施工作业质量自控的有效制度。

1）质量例会制度、质量会诊制度、每月质量讲评制度。

2）样板制度。

3）挂牌制度。

6. 建筑工程质量验收的程序和组织

（1）检验批及分项工程验收的程序和组织。在施工单位自检合格并填好“检验批和分项工程的质量验收记录”（有关监理记录和结论不填）的基础上，应由监理工程师（建设单位项目技术负责人）组织施工单位项目专业质量（技术）负责人等严格按设计图纸和有关标准、规范进行验收，并在“检验批和分项工程的质量验收记录”上签字、盖章。

（2）隐蔽工程验收的程序和组织。施工过程中，隐蔽工程在隐蔽前，施工单位应按照有关标准、规范和设计图纸的要求自检验收合格后，填写好隐蔽验收记录和隐蔽验收申请通知、相应的检验批施工质量验收记录表等表格，向监理单位（建设单位）进行验收申请，由监理工程师（建设单位项目技术负责人）组织施工单位项目专业质量（技术）负责人等严格按设计图纸和有关标准、规范进行验收，并在“隐蔽工程验收记录”上签字、盖章后，方可隐蔽。

（3）分部（子分部）工程验收的程序和组织。在施工单位自检合格，并填好相关质量验收记录（有关监理记录和结论不填）的基础上，应由总监理工程师（建设单位项目负责人）组织施工单位项目负责人和技术、质量负责人等进行验收；地基与基础、主体结构分部工程的勘察、设计单位工程项目负责人和施工单位技术、质量部门负责人也应参加相关分部工程验收，并在验收记录上签字、盖章。

（4）单位工程验收的程序和组织。

1）单位工程完成后，施工单位首先要依据质量标准、设计图纸等组织有关人员进行自检，并对检查结果进行评定，符合要求后向建设单位提交工程验收报告和完整的质量资料，请建设单位组织验收。

2）建设单位收到工程验收报告后，应由建设单位（项目）负责人组织施工（含分包单位）、设计、监理等单位（项目）负责人进行单位（子单位）工程验收。勘察单位虽然亦是责任主体，但已经参加了地基验收，故单位工程验收时可以不参加。

3）在一个单位工程中，对满足生产要求或具备使用条件，施工单位已预验，监理工程师已初验通过的子单位工程，建设单位可组织进行验收。由几个施工单位负责施工的单位工程。当其中的施工单位所负责的子单位工程已按设计完成，并经自行检验，也可按规定的程序组织正式验收，办理交工手续。在整个单位工程进行全部验收时，已验收的子单位工程验收资料应作为单位工程验收的附件。

三、项目职业健康安全管理

1. 项目施工安全管理程序

项目施工安全管理的程序如图 1-3 所示。

2. 市政工程施工安全管理的范围

市政工程安全管理的范围主要包括路基、路面、桥梁、隧道、水上、陆地、高空、爆破、电气使用等各种作业的安全管理。

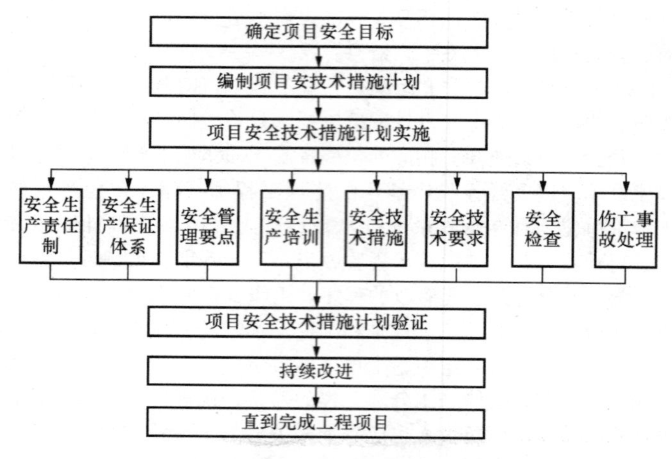

图 1-3　施工项目安全管理程序

(1) 路基工程的安全管理包括土方施工的安全管理，石方施工的安全管理等。其中，各个管理方面都包含了对在过程中起到能动作用的人的管理，系统中的各种机械、工具等的物的管理，以及对施工环境的管理。

(2) 路面工程的安全管理包括沥青路面工程的安全管理，水泥混凝土路面工程的安全管理等。其中，沥青路面工程及水泥混凝土路面工程的安全管理包括对施工中人员的安全管理、施工中机械的安全管理、施工环境的安全管理。

(3) 桥梁工程的安全管理包括基桩工程的安全管理，墩台工程的安全管理，墩身工程的安全管理、桥面工程的安全管理、塔身工程的安全管理等。其中，各个管理方面都包含了对施工中人的安全管理，机械、工具等物的安全管理以及施工环境的安全管理。

(4) 隧道工程的安全管理包括隧道施工爆破作业的安全管理；隧道内运输的安全管理；隧道施工支护的安全管理；隧道施工初衬的安全管理；隧道施工中通风、防尘、照明、排水，以及防火、防瓦斯的安全管理等。

(5) 水上工程的安全管理包括针对施工管理人员的安全培训、技术交底等人员的安全管理；针对气象、水文、海域、航道等的外界施工环境的安全管理；针对水上交通、浮吊等施工机械的安全管理。

(6) 陆地工程的安全管理包括各类人员的安全培训考核、特殊工种持证上岗及各种安全技术交底等针对人的安全管理；针对运输车辆、吊车、装载机、拌和站、摊铺机、压路机等的机械、机具的安全管理；针对施工现场各种安全防护、标识标语等的环境的安全管理。

（7）高空工程的安全管理包括高空作业的人员管理：人员的培训、技术交底、现场监督检查等；高空作业临边防护及高空作业平台、高空防坠落等现场环境安全管理；高空作业机械、工具、各种用电等物的安全管理。

（8）爆破工程的安全管理包括对操作人员进行的培训考核、技术交底、考试取证、安全教育等人员的安全管理；对炸药、雷管、导火索以及其他爆破用器材等的物的安全管理；对爆破现场安全距离、安全防护、安全警示等环境的安全管理。

（9）电气作业的安全管理包括配电室的安全管理；配电线路的安全管理；施工现场配电箱与开关箱设置的安全管理；配电箱、开关箱内的电器装置的安全管理；发电机组的安全管理；电动机械设备的安全管理；施工现场照明电器的安全管理等。

3. 施工过程安全控制

项目经理部对施工过程中可能影响安全生产的因素进行控制，确保施工项目按安全生产的规章制度、操作规程和程序要求进行施工。

（1）进行安全策划，编制安全计划。

（2）根据业主提供的资料对施工现场及其受影响的区域内地下障碍物清除或采取相应的措施对周围道路管线采取的保护措施。

（3）制订现场安全、劳动保护、文明施工和环境保护措施，编制临时用电施工组织设计。

（4）按安全、文明、卫生、健康的要求布置宿舍、食堂、饮用水及卫生设施。

（5）落实施工机械设备、安全设施及防护用品进场计划。

（6）制订各类劳动保护技术措施。

（7）制定现场安全专业管理、特种作业和施工人员安全生产责任制。

（8）对从事危险作业的员工，依法办理意外伤害保险。

（9）检查各类持证上岗人员的资格。

（10）验证所需的安全设施、设备及防护用品。

（11）检查、验收临时用电设施。

（12）对施工机械设备，按规定进行检查、验收，并对进场设备进行维护，保持设备的完好状态。

（13）对脚手架工程的搭设，按施工组织设计规定进行验收。

（14）对专项编制的安全技术措施落实进行检查。

（15）检查劳动保护技术措施计划落实情况，并从严控制员工的加班加点。

（16）施工作业人员操作前，应由项目施工负责人以作业指导书、安全技术交底等。对施工人员进行安全技术交底，双方签字确认并保存交底记录。

(17) 对施工过程中的洞口、临边、高处作业所采取的安全防护措施，应规定专人负责搭设与检查。

(18) 对施工现场的环境（现场废水、尘毒、噪声、振动、坠落物）进行有效重点防止职业危害，建立良好的作业环境。

(19) 对施工中动用明火采取审批措施，现场的消防器材配置及危险物品运输及使用得到有效管理。

(20) 督促作业人员，做好班后清理工作以及对作业区域的安全防护设施进行检查。

(21) 搭设或拆除的安全防护设施、脚手架、起重机械设备，如当天未完成时，应做好局部的收尾，并设置临时安全措施。

4. 项目职业健康安全技术措施计划内容

(1) 职业健康安全技术措施计划的项目。职业健康安全技术措施计划应包括的主要项目有单位或工作场所，措施名称，措施的内容和目的，经费预算及其来源，负责设计、施工单位或负责人，开工日期及竣工日期，措施执行情况及其效果。

(2) 职业健康安全技术措施计划的内容。

1) 职业健康安全技术措施。是指以预防工伤事故为目的的一切技术措施。如防护装置、保险装置、信号装置及各种防护设施等。

2) 工业卫生技术措施。是指以改善劳动条件，预防职业病为目的的一切技术措施。如防尘、防毒、防噪声、防振动设施以及通风工程等。

3) 辅助房屋及设施。是指有关保证职业健康安全生产、工业卫生所必需的房屋及设施。如淋浴室、更衣室、消毒室、妇女卫生室等。

4) 职业健康安全宣传教育所需的设施。职业健康安全宣传教育所需的设施包括购置职业健康安全教材、图书、仪器。举办职业健康安全生产劳动保护展览会，设立陈列室、教育室等。

5. 安全生产检查

(1) 安全检查内容。

1) 安全技术措施。根据工程特点、施工方法、施工机械，编制完善的安全技术措施，并在施工过程中得到贯彻。

2) 施工现场安全组织。工地上是否有专、兼职安全员并组成安全活动小组，工作开展情况，完整的施工安全记录。

3) 安全技术交底，操作规章的学习贯彻情况。

4) 安全设防情况。

5) 个人防护情况。

6）安全用电情况。

7）施工现场防火设备。

8）安全标志牌等。

（2）安全检查形式。

1）上级检查。上级检查是指主管各级部门对下属单位进行的安全检查。这种检查能发现本行业安全施工存在自共性问题和主要问题，具有针对性、调查性，也有批评性。同时通过检查总结，扩大（积累）安全施工经验，对基层推动作用较大。

2）定期检查。建筑公司内部必须建立定期安全检查制度。公司级定期安全检查可每季度组织一次，工程处可每月或每半月组织一次检查，施工队要每周检查一次。每次检查都要由主管安全的领导带队，同工会、安全、动力设备、保卫等部门一起，按照事先计划的检查方式和内容进行检查。定期检查属全面性和考核性的检查。

3）专业性检查。专业安全检查应由公司有关业务分管部门单独组织，有关人员针对安全工作存在的突出问题，对某项专业（如施工机械、脚手架、电气、塔式起重机、锅炉、防尘、防毒等）存在的普遍性安全问题进行单项检查。这类检查针对性强，能有的放矢，对帮助提高某项专业安全技术水平有很大作用。

4）经常性检查。经常性的安全检查主要是要提高大家的安全意识，督促员工时刻牢记安全，在施工中安全操作，及时发现安全隐患，消除隐患，保证施工的正常进行。经常性安全检查有班组进行班前、班后岗位安全检查；各级安全员及安全值班人员日常巡回安全检查；各级管理人员在检查施工同时检查安全等。

5）季节性检查。季节性和节假日前后的安全检查。季节性安全检查是针对气候特点（如夏季、冬季、风季、雨季等）可能给施工安全和施工人员健康带来危害而组织的安全检查。节假日（如元旦、劳动节、国庆节）前后的安全检查，主要是防止施工人员在这一段时间思想放松，纪律松懈而容易发生事故。检查应由单位领导组织有关部门人员进行。

6）自行检查。施工人员在施工过程中还要经常进行自检、互检和交接检查。自检是施工人员工作前、后对自身所处的环境和工作程序进行安全检查，以随时消除隐患。互检是指班组之间、员工之间开展的安全检查，以便互相帮助，共同预防事故。交接检查是指上道工序完毕，交给下道工序使用前，在工地负责人组织工长、安全员、班组及其他有关人员参加情况下，由上道工序施工人员进行安全交底并一起进行安全检查和验收，认为合格后，才能交给下道工序使用。

四、项目环境管理与文明施工

1. 施工现场空气污染的防治措施

(1) 施工现场垃圾渣土要及时清理出现场。

(2) 清理施工垃圾时，要使用封装式的容器或者采取其他措施处理高空废弃物，严禁凌空随意抛撒。

(3) 施工现场道路应指定专人定期洒水清扫，形成制度，防止道路扬尘。

(4) 对于细颗粒散体材料（如水泥、粉煤灰、白灰等）的运输、储存要注意遮盖、密封，防止和减少飞扬。

(5) 车辆开出工地要做到不带泥沙，基本做到不撒土、不扬尘，减少对周围环境污染。

(6) 除设有符合规定的装置外，禁止在施工现场焚烧油毡、橡胶、塑料、皮革、树叶、枯草、各种包装物等废弃物品，以及其他会产生有毒、有害烟尘和恶臭气体的物质。

(7) 机动车都要安装减少尾气排放的装置，确保符合国家标准。

(8) 工地茶炉应尽量采用电热水器。若只能使用烧煤茶炉和锅炉时，应选用消烟除尘型茶炉和锅炉，大灶应选用消烟节能回风炉灶，使烟尘降至允许排放范围为止。

(9) 大城市市区的建设工程已不容许搅拌混凝土。在容许设置搅拌站的工地，应将搅拌站封闭严密，并在进料仓上方安装除尘装置，采用可靠措施控制工地粉尘污染。

(10) 拆除旧建筑物时，应适当洒水，防止扬尘。

2. 施工过程水污染的防治措施

(1) 禁止将有毒有害废弃物作土方回填。

(2) 施工现场搅拌站废水，现制水磨石的污水，电石（碳化钙）的污水必须经沉淀池沉淀合格后再排放，最好将沉淀水用于工地洒水降尘或采取措施回收利用。

(3) 现场存放油料，必须对库房地面进行防渗处理，如采用防渗混凝土地面、铺油毡等措施。使用时，要采取防止油料跑、冒、滴、漏的措施，以免污染水体。

(4) 施工现场 100 人以上的临时食堂，污水排放时可设置简易有效的隔油池，定期清理，防止污染。

(5) 工地临时厕所，化粪池应采取防渗漏措施。中心城市施工现场的临时厕所可采用水冲式厕所，并有防蝇、灭蛆措施，防止污染水体和环境。

(6) 化学用品、外加剂等要妥善保管，库内存放，防止污染环境。

3. 施工现场噪声的控制措施

噪声控制技术可从声源、传播途径、接收者防护等方面来考虑。

(1) 声源控制。

1) 声源上降低噪声，这是防止噪声污染的最根本的措施。

2) 尽量采用低噪声设备和工艺代替高噪声设备与加工工艺，如低噪声振捣器、风机、电动空压机、电锯等。

3) 在声源处安装消声器消声，即在通风机、鼓风机、压缩机、燃气机、内燃机及各类排气放空装置等进出风管的适当位置安装消声器。

(2) 传播途径的控制。

1) 吸声。利用吸声材料（大多由多孔材料制成）或由吸声结构形成的共振结构（金属或木质薄板钻孔制成的空腔体）吸收声能，降低噪声。

2) 隔声。应用隔声结构，阻碍噪声向空间传播，将接收者与噪声声源分隔。隔声结构包括隔声室、隔声罩、隔声屏障、隔声墙等。

3) 消声。利用消声器阻止传播。允许气流通过的消声降噪是防治空气动力性噪声的主要装置。如对空气压缩机、内燃机产生的噪声等。

4) 减振降噪。对来自振动引起的噪声，通过降低机械振动减小噪声，如将阻尼材料涂在振动源上，或改变振动源与其他刚性结构的连接方式等。

(3) 接收者的防护。让处于噪声环境下的人员使用耳塞、耳罩等防护用品，减少相关人员在噪声环境中的暴露时间，以减轻噪声对人体的危害。

(4) 严格控制人为噪声。

1) 进入施工现场不得高声喊叫、无故甩打模板、乱吹哨，限制高音喇叭的使用，最大限度地减少噪声扰民。

2) 凡在人口稠密区进行强噪声作业时，须严格控制作业时间，一般晚 10 点到次日早 6 点之间停止强噪声作业。确系特殊情况必须昼夜施工时，尽量采取降低噪声措施，并会同建设单位找当地居委会、村委会或当地居民协调，出安民告示，求得群众谅解。

4. 固体废物的处理

(1) 建筑工程施工工地上常见的固体废物。

1) 建筑渣土。包括砖瓦、碎石、渣土、混凝土碎块、废钢铁、碎玻璃、废屑、废弃装饰材料等。

2) 废弃的散装大宗建筑材料。包括水泥、石灰等。

3) 生活垃圾。包括炊厨废物、丢弃食品、废纸、生活用具、玻璃、陶瓷碎片、废电池、废电日用品、废塑料制品、煤灰渣、废交通工具等。

4) 设备、材料等的包装材料。

5) 粪便。

（2）固体废物的处理和处置。固体废物处理的基本思想是采取资源化、减量化和无害化的处理，对固体废物产生的全过程进行控制。固体废物的主要处理方法有回收利用、减量化处理、焚烧、稳定和固化、填埋等。

5. 文明施工

（1）施工现场必须设置明显的标牌，标明工程项目名称、建设单位、设计单位、施工单位、项目经理和施工现场总代表人的姓名，开、竣工日期，施工许可证批准文号等。施工单位负责施工现场标牌的保护工作。

（2）施工现场的管理人员在施工现场应当佩戴证明其身份的证卡。

（3）应当按照施工总平面布置图设置各项临时设施。现场堆放的大宗材料、成品、半成品和机具设备不得侵占场内道路及安全防护等设施。

（4）施工现场的用电线路、用电设施的安装和使用必须符合安装规范和安全操作规程，并按照施工组织设计进行架设，严禁任意拉线接电。施工现场必须设有保证施工安全要求的夜间照明；危险潮湿场所的照明以及手持照明灯具，必须采用符合安全要求的电压。

（5）施工机械应当按照施工总平面布置图规定的位置和线路设置，不得任意侵占场内道路。施工机械进场必须经过安全检查，经检查合格的方能使用。施工机械操作人员必须建立机组责任制，并依照有关规定持证上岗，禁止无证人员操作。

（6）应保证施工现场道路畅通，排水系统处于良好的使用状态；保持场容场貌的整洁，随时清理建筑垃圾。在车辆、行人通行的地方施工，应当设置施工标志，并对沟井坎穴进行覆盖。

（7）施工现场的各种安全设施和劳动保护器具，必须定期进行检查和维护，及时消除隐患，保证其安全有效。

（8）施工现场应当设置各类必要的职工生活设施，并符合卫生、通风、照明等要求。职工的膳食、饮水供应等应当符合卫生要求。

（9）应当做好施工现场安全保卫工作，采取必要的防盗措施，在现场周边设立围护设施。

（10）施工现场发现文物、爆炸物、电缆、地下管线等应当停止施工，保护现场，及时向有关部门报告，并按规定处理。

（11）施工现场泥浆和污水未经处理不得排放，地面宜做硬化处理，有条件的现场可进行绿化布置。

第二章　市政工程施工现场基础知识

第一节　市政工程分类及验收划分

一、市政道路构成及分类

1. 市政道路分类与分级

(1) 市政道路分类。

1) 按地位、功能分类。按道路在路网中的地位、交通功能以及沿线建筑物的服务功能分类，参见表2-1。

表2-1　城市道路按功能分类表

分类名称	主要功能	布局要求
快速路	为城市中大量、长距离、快速交通服务	要求对向车行道之间设中间分车带，其进出口应采取全控制或部分控制。路两侧建筑物的进出口应加以控制
主干路	为连接城市各主要分区的干路，以交通功能为主	自行车交通量大时，宜采用机动车与非机动车分隔形式，如三幅路或四幅路。路两侧不应设置吸引大量车流、人流的公共建筑物的进出口
次干路	与主干路配合组成道路网，起集散交通的作用，兼有服务功能	自行车交通量大时，宜采用机动车与非机动车分隔形式，如三幅路或四幅路
支路	为次干路与街坊路的连接线，解决局部地区交通，以服务功能为主	可采用机动车与非机动车混合行驶方式，如单幅路

2) 按横向布置分类。按道路的横向布置分类，见表2-2。

表 2-2 按道路的横向布置分类表

道路类别	车辆行驶情况	适 用 范 围
单幅路	机动车与非机动车混合行驶	用于交通量不大的次干路、支路等
双幅路	分流向机动车、非机动车混合行驶	机动车交通量较大，非机动车交通较少的主干路、次干路
三幅路	机动车与非机动车分道行驶	机动车与非机动车交通量均较大的主干路、次干路
四幅路	机动车与非机动车分流向、分道行驶	机动车交通量大、车速高；非机动车多的快速路，主干路

（2）市政道路分级。除快速路外，每类道路按照所在城市的规模，设计交通量，地形等分为Ⅰ、Ⅱ、Ⅲ级。大城市应采用各类道路中的Ⅰ级标准；中等城市应采用Ⅱ级标准；小城市应采用Ⅲ级标准。各级道路的基本技术指标参见表 2-3。

表 2-3 各级道路基本技术指标表

道路类别	快速路	主干道			次干道			支路		
道路级别		Ⅰ	Ⅱ	Ⅲ	Ⅰ	Ⅱ	Ⅲ	Ⅰ	Ⅱ	Ⅲ
计算行车速度/(km/h)	80～60	50 60	40 50	30 40	40 50	30 40	20 30	30 40	20 30	20
道路红线宽/m	50～80	40～60			30～50			15～30		
设计年限*/年	20	20			15			15		

* 指交通量达到饱和状态时的设计年限。

2. 市政道路横断面及分类

（1）市政道路横断面。

1）道路横断面形式。

①单幅路如图 2-1 所示。

②双幅路如图 2-2 所示。

③三幅路如图 2-3 所示。

④四幅路如图 2-4 所示。

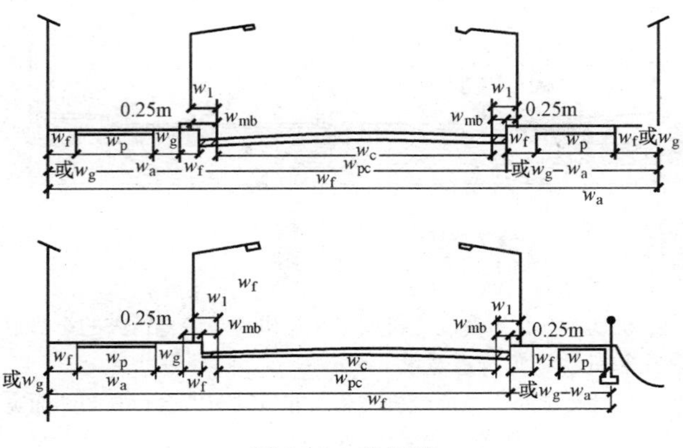

图 2-1　单幅路

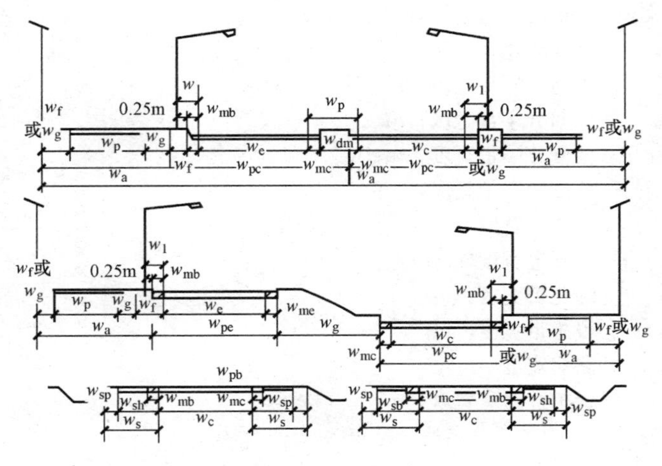

图 2-2　双幅路

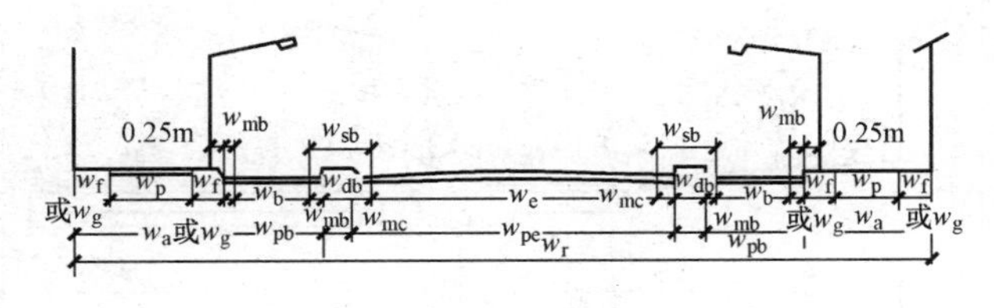

图 2-3　三幅路

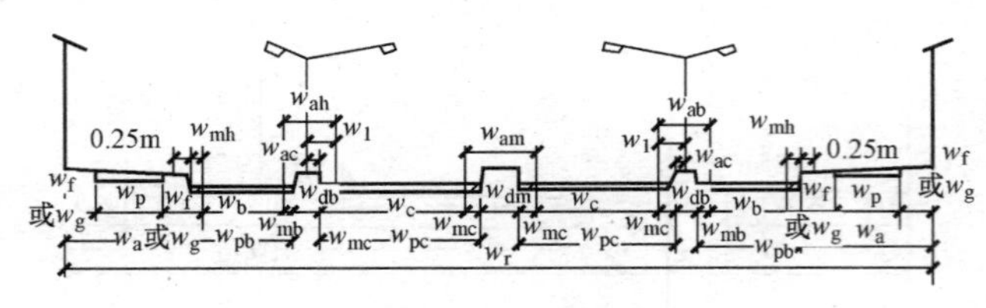

图 2-4 四幅路

图中 w_r——红线宽度，m；

w_c——机动车车行道宽度或机动车与非机动车混合行驶的车行道宽度，m；

w_b——非机动车车行道宽度，m；

w_{pc}——机动车道路面宽度或机动车与非机动车混合行驶的路面宽度，m；

w_{pb}——非机动车道路面宽度，m；

w_{mc}——机动车道路缘带宽度，m；

w_{mb}——非机动车道路缘带宽度，m；

w_f——侧向净宽，m；

w_{dm}——中间分隔带宽度，m；

w_{sm}——中间分车带宽度，m；

w_{db}——两侧分隔带宽度，m；

w_{sb}——两侧分车带宽度，m；

w_a——路侧带宽度，m；

w_p——人行道宽度，m；

w_g——绿化带宽度，m；

w_f——设施带宽度，m；

w_s——路肩宽度，m。

w_{sp}——保护性路肩宽度，m。

2）道路横断面各部分名称，见表 2-4。

表 2-4　　道路横断面各部分名称

图示	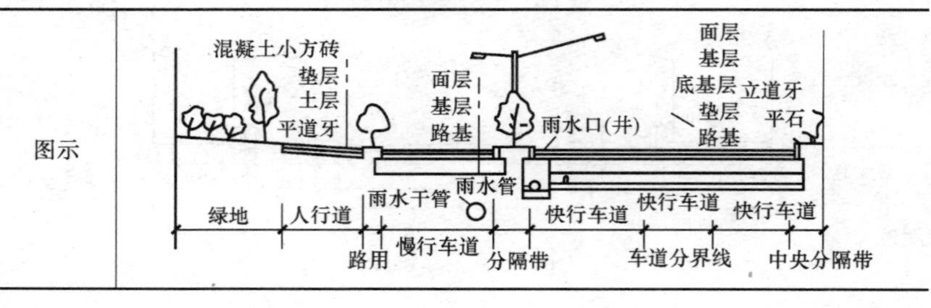

续表

名称说明	面层：上面层、中面层、下面层 基层：基层、底基层 路基：土路基（路床、路堤）、处理路基（灰土等） 垫层：砂垫层、级配砂（砾）石等 隔离带：分隔带、绿化带 道牙也叫路边石、路缘石、缘石，分为立道牙和平道牙，平道牙也叫平石，铺在路面与立道牙之间 人行道，也叫人行步道或步道 快行车道，也叫快车道或机动车道 慢行车道，也叫慢车道或非机动车道等

（2）市政道路常用路面分类及分级

1）路面分类。

①按路面力学特性分类，见表2-5。

表2-5　按路面力学特性分类表

路面类型	特　　征	设计理论与方法
柔性路面	在柔性基层上铺筑沥青面层或用有一定塑性的细粒土稳定各种骨料的中低级路面结构，因具有较大的塑性变形能力而称这类结构为柔性路面	采用双圆均布与水平垂直荷载作用下的多层弹性连续体系理论，以设计弯沉值为路面整体刚度的设计指标
半刚性路面	在半刚性基层上铺筑一定厚度沥青混合料面层的结构，称为半刚性基层沥青路面	设计理论同上，对半刚性材料的基层、底基层进行层底拉应力验算
刚性路面	采用水泥混凝土做面层或基层的路面结构	根据弹性半空间假设，从薄板理论出发，采用矩形有限元法解算荷载临界位置的应力

②按路面材料分类，见表2-6。

表2-6　路面按材料分类表

路面名称	路 面 种 类
沥青路面	沥青面层包括：沥青混凝土、沥青玛蹄脂碎石混合料，热拌沥青碎石、乳化沥青碎石混合料。沥青贯入式，沥青表面处治

续表

路面名称	路 面 种 类
水泥混凝土路面	水泥混凝土面层包括：普通混凝土、钢筋混凝土、碾压式混凝土、钢纤维（化学纤维）混凝土面层包括混凝土连续配筋混凝土等
其他路面	普通水泥混凝土预制块路面，连锁型路面砖路面，石料砌块路面，水（泥）结碎石路面及级配碎石路面等

注：路面基层一般采用半刚性基层或柔性基层。

2）路面等级。

①路面等级及常用数据见表2-7。

表2-7　　路面等级及常用数据表

路面等级	面层类型	设计使用年限/年	设计年限内累计标准轴次/万次/车道	适用范围
高级路面	沥青混凝土，沥青玛瑞脂碎石	15	200～400	快速路，主干、次干道路
	水泥混凝土	20～30	＞500	
次高级路面	热拌沥青碎石，沥青贯入式	12	100～200	次干路、支路
中级路面	砌块路面，水（泥）结碎石，级配碎石	8	10～100	步行街、支路
低级路面	粒料改善土	5	≤10	乡村道路

②各级路面的技术特征见表2-8。

表2-8　　各级路面技术特征表

路面等级	技术特征			
	面层状况	强度与耐久性	材料	养管与费用
高级路面	平整、耐磨、无尘	强度高、耐久性好	沥青及水泥类	造价高、养管费用低
次高级路面	平整、无尘	强度高、耐久性一般	沥青类	造价较高，须定期维修
中级路面	平整度差、易生尘	不耐磨、耐久性差	水（泥）结级配碎石	造价低，须经常维修
低级路面	平整度差、易生尘	强度与耐久性均差	粒料加固等	造价低，维修工作量大

二、市政桥梁工程一般构成及分类

1. 桥梁的组成和分类

桥梁是跨越河流、道路、铁路等交通障碍的人工构筑物。首先它必须有足够的承载能力，以保证行人、车辆行驶的畅通、顺利和安全。因此，既要满足当前需要，又要考虑今后发展的要求。桥梁在具备适用、经济和安全的前提下，尽可能使其具有优美的外形，并与周围的景观相协调。

城市桥梁在美学上的要求更高，往往要考虑桥梁成为环境中的新景点。城市立交桥梁还要考虑桥下净空的利用，桥面防水和排水，及城市行人和各种交通工具特殊的交通要求。

桥梁中常用的梁桥和拱桥的结构，如图 2-5、图 2-6 所示。桥梁一般由上部结构（桥跨结构）、下部结构和附属结构组成。

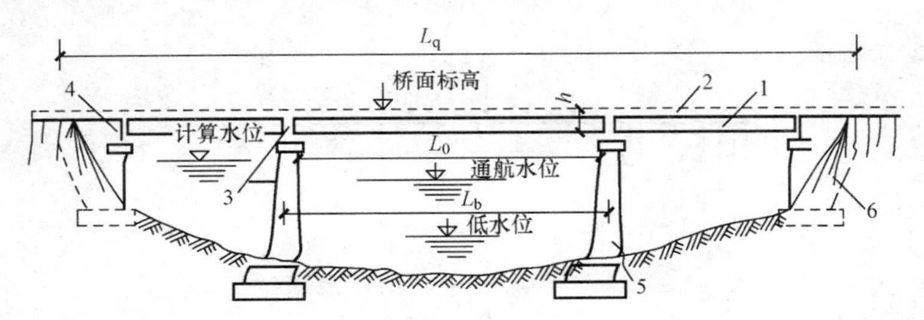

图 2-5　梁桥基本组成部分

1—主梁；2—桥面；3—支座；4—桥台；5—桥墩；6—锥坡

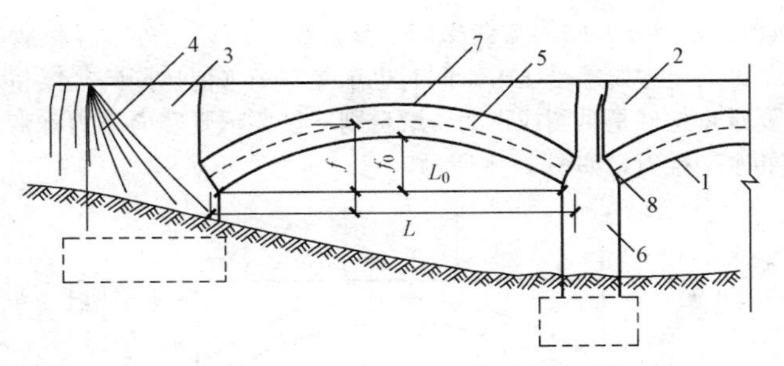

图 2-6　拱桥基本组成部分

1—拱圈；2—拱上结构；3—桥台；4—锥坡；

5—拱轴线；6—桥墩；7—拱顶；8—拱脚

（1）上部结构。上部结构又称为桥跨结构，是桥梁位于支座以上的部分，包括承重结构和桥面系，是在线路中断时跨越障碍的主要承重结构。它的作用是承受车辆等荷载，并通过支座传给墩台。桥面系是指承重结构以上的部分，包括桥面铺装、人行道、栏杆、排水系统、伸缩缝等。

（2）下部结构。下部结构由桥墩、桥台组成（单孔桥没有桥墩）。桥墩是指多跨桥梁的中间结构物，而桥台则是将桥梁与路堤衔接的构筑物。下部结构的作用是支承上部结构，并将结构重力和车辆荷载等传给地基；桥台还与路堤连接并抵御路堤土压力。

（3）附属结构。附属结构包括桥头锥形护坡、护岸以及导流结构物等。它的作用是抵御水流的冲刷、防止路堤土坍塌。

2. 桥梁的常见分类

（1）按结构受力体系划分。

1）梁式桥。包括梁桥和板桥，主要承重构件是梁（板），在竖向荷载作用下承受弯矩而无水平推力，构件受力以受弯为主。墩台也仅承受竖向压力，如图 2-7 所示。

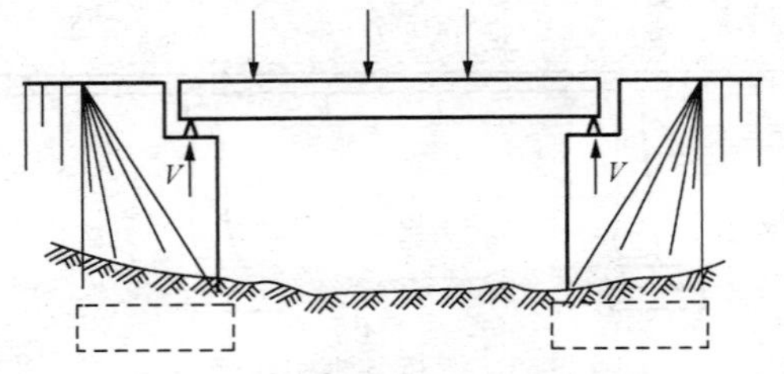

图 2-7　梁式桥简图

2）拱桥。拱桥是在竖向荷载作用下除产生竖向反力外，在拱脚处还产生较大的水平推力，主要承受压力，同时也承受弯矩（但比同跨径梁桥小很多）。拱桥的主要承重构件是拱圈或拱肋。墩台则不仅要承受竖向压力和弯矩，还要承受很大的水平推力，如图 2-8 所示。

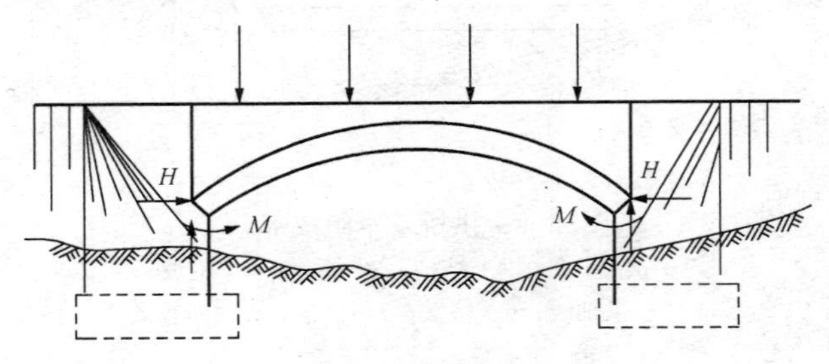

图 2-8　拱桥简图

3）刚架桥。上部结构与下部结构连成一个整体。其主要承重结构为梁、柱组成的刚架结构，梁柱连接处具有很大的刚性。在竖向荷载作用下，梁部主要受弯，柱脚则要承受弯矩、轴力和水平推力。这种桥的受力状态介于梁式桥和拱桥之间，如图 2-9 所示。

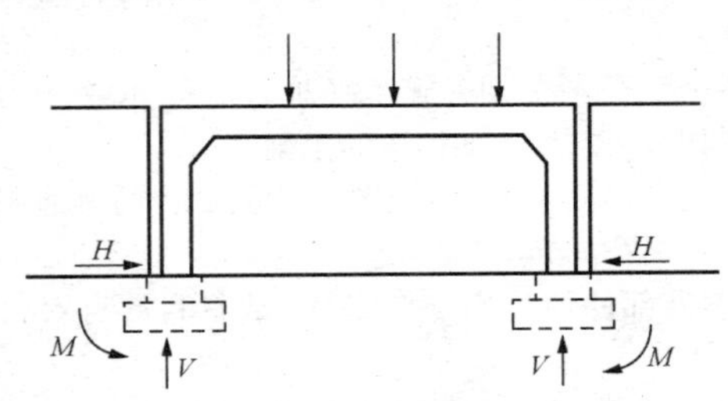

图 2-9　刚架桥简图

4）悬索桥。又称为吊桥，主要受重构件是悬挂在两边搭架、锚固在桥台后面的锚锭上的缆索。在竖向荷载下，通过吊杆使缆索承受拉力，而塔架则要承受竖向力的作用，同时承受很大的水平拉力和弯矩。

5）组合体系桥。组合体系桥是指由上述不同体系的结构组成的桥梁。例如系杆拱桥和斜拉桥。系杆拱桥式有梁桥和拱桥组合而成的结构体系，斜拉桥是有梁、塔和斜拉锁组成的结构体系。

（2）按上部构造使用的材料划分。分为圬工桥（包括砖、石、混凝土桥）、钢筋混凝土桥、预应力混凝土桥、钢桥和木桥等。

（3）按桥梁的长度和跨径大小划分。分为特大桥、大桥、中桥、小桥和涵洞，划分标准见表 2-9。

表 2-9　城市桥梁按总长或跨径分类

桥梁分类	多孔跨径总长 L_d/m	单孔跨径总长 L_b/m
特大桥	$L_d \geqslant 500$	$L_b \geqslant 100$
大桥	$500 > L_d \geqslant 100$	$100 > L_b \geqslant 40$
中桥	$100 > L_d \geqslant 30$	$40 > L_b \geqslant 20$
小桥	$30 > L_d \geqslant 8$	$20 > L_b \geqslant 5$

注：多孔跨径总长，仅作为划分特大、大、中、小桥的一个指标。

3. 城市人行桥

很多大中城市城市交通、商业网点的日益发展，城市人口也逐日俱增，汽车保有量大幅度增长，城市快速路更多的应用于城市路网之中，特别像北京、上海等地，很多全封闭的城市快速、城市高速路越来越多。为了确保城市行人的交通安全及人行道路与商业街有机结合起来，人行桥越来越多。人行桥不仅有疏导交通，保证行人安全的功能，而且因为它一般位于闹市、人口稠密地，所以也具有观赏作用。

目前，人行桥由于受到工期、施工场地、地理环境、交通量、净空等限制，一般采用钢梁作为人行桥上部构造的主梁。

(1) 人行桥的施工特征。由于人行桥的钢梁制作与普通城市桥梁、公路桥梁相比均有所不同，其特征如下：

1) 使用的材料及部件种类多、数量少，故材料的有效利用率低，较难做到标准化、定型化。

2) 钢材大多采用小型薄板，单位重量的焊接长度较长，一般易产生焊接变形。

3) 人行桥施工要进行大样图尺寸检查、材料检查、试组装检验、竣工验收等工序。

4) 施工人员在开工前，要进行测量调查地下埋设物和地面上的障碍物。

5) 上部构造的安装顺序一定要按照设计要求进行，以免变形过大给安装带来困难。

(2) 人行桥的施工特点。

1) 人行桥均在繁忙的交叉路口施工，人流多，交通繁忙，噪声厉害，不能封锁交通，影响居民的生活与工作。

2) 施工场地小，主梁不能在现场制作，钢梁的制作单位应对钢材品种规格的可供性、可施工性、可焊性、可检查性、构件的可运输性提出意见。

3) 施工难度大，地理环境与地下管线复杂，地面上各种架线名目繁多。

4) 工期紧、质量要求高，白天影响市容，需进行晚间施工，增加照明设备与安全措施。

5) 主梁超长，运输困难，需进行施工方案优化设计。

三、市政排水工程分类及构成

1. 城市排水管网系统的分类

根据城市污水及雨水排除方式的不同，城市排水管网形成了不同的排水制度，主要有合流制和分流制两种。

(1) 合流制。城市污水和雨雪水在同一管渠系统中输送排放。这种排水系统又可分为直泄式、全处理和截流式等。城市原有合流制排水管网系统改造多采用截流式合流制。

(2) 分流制。雨、污水各用专用管渠系统排放。分流制又分为完全分流制、半分流制两种情况。该系统将生活污水和工业废水收集输送到污水处理厂内，有利于水污染控制和水环境保护；初期雨水水质差，直接排入水体会造成受纳水体的水质变化。

2. 市政排水管渠的分类、组成及总体要求

市政排水管渠是市政排水管道及市政排水沟渠的统称。市政排水管渠是城市的重要基础设施之一，与城市的河、湖及其他水利管渠系统一起，构成城、镇的排水管网系统。由于它具有不同于水利管渠的特殊要求，因此划分为独立的市政排水管渠系统。

(1) 市政排水管渠的分类及总体要求。以北京市为例，对新中国成立之前的合流管道，实行了截流措施和逐步改造成分流制，雨水管渠除了排泄地面雨水径流外，也容许未经污染的工业废水排入管渠内，即雨水管渠下游通过雨水出口，流入城市排洪系统及天然河湖系统中。生活污水和允许排入城市污水管网系统的工业废水，通过污水总干管直接排入污水处理厂、站，经处理后再排入天然河湖水系，一部分处理达标的水质进入再生水管道，回收利用。

排水管渠按所使用的材料，可分为钢筋混凝土管渠，砖石圬工沟渠，土、石渠等。近年来，出现了塑料管材——聚乙烯、聚氯乙烯管材，现已广泛应用在排水支线和居住小区管线上。排水管渠按其施工方法，可分为明挖管渠和顶管两类。

(2) 市政排水管渠的构造及组成。

1) 排水管道。它是由承担排水功能的主体结构——预制混凝土、钢筋混凝土或预应力混凝土管材和现浇混凝土基础构成的组合结构。近年来又发展了承插式柔性接口，柔性基础（砂基）钢筋混凝土管结构形式和柔性管材——聚乙烯塑料管，柔性基础（砂基）的结构形式。采用顶管法施工时，由于特别预制的加重钢筋混凝土管材，是用千斤顶从预先挖好的工作坑内顶入原状地层的，因此靠加重钢筋混凝土管材和它下面的土基构成了管道结构形式。

2) 排水渠道。在市区、城镇中心区，均采用埋入地下的砖、石、混凝土、钢筋混凝土的闭合渠道结构。一般是在现浇混凝土或钢筋混凝土底板或基础的上面，砌筑砖、石沟墙，然后安装预制的钢筋混凝土盖板来构成；或整体现浇钢筋混凝土箱形结构；或在钢筋混凝土底板上预制安装拱形或∩形构件，组成沟渠结构。

3) 附属构筑物。排水管渠的附属构筑物包括各种检查井、进水口、出水口等。

四、市政基础设施工程施工质量验收划分方法

1. 市政工程施工质量验收划分原则

（1）单位（子单位）工程划分的原则。

1）具备独立施工条件并能形成独立使用功能的构筑物、建筑物，或是具有独立施工条件并能进行独立核算的工程标段项目。

2）规模较大的单位工程，可将其能形成独立使用功能的部分划分为一个子单位工程。这对于满足建设单位早日投入使用，提早发挥投资效益，适应市场需要是十分有益的。

一个单位工程中，子单位工程划分不宜过多，对于建设方没有分期投入使用要求的较大规模工程，不应划分子单位工程。

市政基础设施工程，包括城市道路、桥梁、公共交通、供水、排水、燃气、热力、园林、环卫、污水处理、垃圾处理、防洪、地下公共设施等。当单位工程的规模较大时，可将其能形成独立使用功能的部分划分为一个子单位工程。

（2）分部（子分部）工程划分的原则。

1）分部工程的划分应按专业工程的特点确定。

2）当分部工程较大或较复杂时，可划分为若干个子分部工程。即可将其中相同部分的工程或能形成独立施工作业体系的工程划分成若干子分部工程。

（3）分项工程划分原则。分项工程应按主要工种、材料、施工工艺、设备类别等进行划分。

（4）检验批的划分原则。检验批是施工过程中条件相同并有一定数量的材料、构配件或安装项目，由于其质量基本均匀一致，因此可以作为质量检验的基础单位，并按批验收。检验批是工程验收的最小单位，是分项工程乃至整个工程质量检验与验收的基础。

分项工程可由一个或若干个检验批组成，检验批可根据施工工艺、质量控制、专业工程特点和质量验收需要，按施工段、变形缝等进行划分。当分项工程为一个检验批或不宜划分检验批时，可不设检验批。

检验批与分项工程是“同级”，而不是分项工程的“下级”。检验批验收的内容与分项工程验收的内容是相同的、没有区别。只是当一个分项工程较大时，可根据施工进度计划和质量控制的需要，将一个分项工程的验收分为若干次进行，即将一个分项工程划分为若干个检验批。

在施工前的准备阶段，施工项目部应根据工程的具体情况，依据工程划分原则和相关专业工程的特点，拟订单位（子单位）工程、分部（子分部）工程、分项工程（检验批），进而形成完善的质量验收计划，以便进行施工过程的质量检查和质量控制。

2. 市政道路工程单位、分部、分项工程划分

市政道路工程的单位（子单位）工程、分部（子分部）工程、分项工程的划分，见表2-10。

表2-10　市政道路工程单位、分部、分项工程划分表

单位（子单位）工程	分部工程名称	子分部工程名称	分项工程
每个标段划分为一个单位工程或子单位工程	机动车道 非机动车道 人行道 步行街 广场 停车场	路基	路基土方、路基石方、路床、路肩、土质及石质边沟边坡、预制混凝土制品边沟、边坡、软土地基处理、路基排水、回填
		基层	砂石基层、碎石基层、沥青贯入式碎石基层、沥青碎石基层、石灰土类基层、石灰粉煤灰稳定砂砾（碎石）基层、水泥稳定粒料基层、旧路面再生利用、级配碎砾石、块石基层
每个标段划分为一个单位工程或子单位工程	机动车道 非机动车道 人行道 步行街 广场 停车场	面层	水泥混凝土（钢筋水泥混凝土）面层、沥青混凝土面层、天然石材面层、透层黏层和封层、砌块面层、沥青表面处置面层、沥青碎砾石面层、沥青贯入式面层
	附属构筑物	设施带（绿化）	路缘石、平石、土方回填
		排水设施	雨水口与支管、倒虹吸管、护底、护坡
		安全环保设施	砌体结构声屏障、金属结构声屏障、防眩设施、栏杆、地袱、扶手、隔离墩、防撞墩、波形梁护栏、隔离栅
		挡土墙涵洞	挡土墙基础、挡土墙钢筋、现浇混凝土挡土墙模板、现浇混凝土挡土墙、预制混凝土挡土墙板、挡土墙板安装、加筋土挡土墙、砌体挡墙
	功能性试验		弯沉试验

3. 市政桥梁工程单位、分部、分项工程划分

市政桥梁工程的单位（子单位）工程、分部（子分部）工程、分项工程的

划分，见表2-11。

表2-11　　市政桥梁工程单位、分部、分项工程划分表

单位（子单位）工程	分部工程名称	子分部工程名称	分项工程
跨线桥或立交桥的一个匝道划分为一个单位工程或子单位工程	地基基础	明挖基础	基坑开挖、基坑支护、基坑排水降水、基坑回填、混凝土垫层、扩大基础
		沉井	沉井制作、下沉、清基、填充
		沉入桩	制桩（混凝土桩及钢管桩制作）、沉桩、接桩
		挖孔、钻孔桩	成孔、钢筋笼制作、安装、清孔、混凝土
		桩基承台	垫层混凝土，承台模板、钢筋、混凝土
跨线桥或立交桥的一个匝道划分为一个单位工程或子单位工程	下部结构（墩、台）	砌筑结构	石砌体，混凝土砌块砌体，配筋砌体，砌筑墩、台、墩台帽、墙
		现浇结构	模板及支架，钢筋，混凝土，预应力
		预制安装	预制安装混凝土（钢）墩、柱等，支座安装
	上部结构	预制混凝土梁桥	梁（板）预制（模板、钢筋、混凝土、预应力），梁（板）安装
		现浇混凝土梁桥	整体浇筑（模板与支架、钢筋、混凝土、预应力）、悬臂浇筑（模板与支架、钢筋、混凝土、预应力）
		节段拼装混凝土梁桥	节段制作（模板与支架、钢筋、混凝土、预应力）、节段拼装（悬臂拼装、整跨拼装、顶推拼装、预应力）
		钢桥	构件制作、构件连接（焊接、紧固件连接）、构件组装、预拼装、构件安装、构件防护

续表

单位（子单位）工程	分部工程名称	子分部工程名称	分项工程
跨线桥或立交桥的一个匝道划分为一个单位工程或子单位工程	上部结构	拱桥	拱桥组合桥台、石料及混凝土预制块砌筑拱圈、拱架上浇筑混凝土拱圈、劲性骨架浇筑混凝土拱圈、装配式混凝土拱桥（拱肋制作、拱肋安装）、钢管混凝土拱浇筑、中、下承式拱吊杆安装、水平索张拉
		斜拉桥与悬索桥	索塔、主梁（现浇混凝土主梁、预制拼装混凝土主梁、钢主梁）、拉索、锚锭、索鞍、索夹与吊索
	框架式桥顶进		工作坑、滑板与后背，框架式箱涵制作，顶进施工，盲沟与滤管
	桥面系与附属结构		桥面找平层，桥面防水层，桥面铺装（钢筋、混凝土、沥青混凝土面层），人行道面铺装、桥面排水设施，变形装置，栏杆、地袱、挂板，隔离墩、防撞墩，隔声装置，照明设施，桥头搭板，桥台或挡土墙泄水孔，台阶。饰面与涂装，挡土墙等

4. 市政给水管道工程单位、分部、分项工程划分

市政给水管道工程的单位（子单位）工程、分部（子分部）工程、分项工程的划分，见表2-12。

表2-12　市政给水管道工程单位、分部、分项工程划分表

单位（子单位）工程	分部工程名称	子分部工程名称	分项工程
按标段划分单位工程或子单位工程	套管施工		同市政排水管渠工程
	按长度划分若干个分部工程	土石方	沟槽开挖、沟槽回填
		管道安装	管道安装、管道防腐
		闸门及附件安装	闸门安装、钢制作安装、附件安装
		井室与支墩	现浇混凝土；砌筑；井盖安装
		功能性试验	水压（气压）试验；冲洗、消毒

5. 市政排水管道工程单位、分部、分项工程划分

市政排水管道工程的单位（子单位）工程、分部（子分部）工程、分项工程的划分，见表 2-13。

表 2-13　市政排水管渠工程单位、分部、分项工程划分表

单位（子单位）工程	分部工程名称	子分部工程名称	分项工程
每个标段划分为一个单位工程或子单位工程	管道	明挖施工	沟槽开挖、管道基础、管道安装、管道接口、闭水（气）试验、回填土
		顶管施工	工作坑开挖、工作坑基础、顶进后背制作、导轨及顶进设备安装、顶管、接口处理、闭水（气）试验、回填土
		盾构法施工	盾构工作室、盾构制作、盾构安装、盾构推进、管片安装、闭水（气）试验、回填土
	渠道	土渠、现浇钢筋混凝土渠、装配式钢筋混凝土渠、砌筑结构渠道	构槽开挖，垫层与基础、模板及支架制作与安装、模板拆除、钢筋加工、钢筋连接、钢筋骨架和网片成型与安装、现浇混凝土、石砌体、砖砌体、钢筋混凝土构件预制、钢筋混凝土构件安装、闭水（气）试验、回填土
	河道	浆砌片石、预制（现浇）混凝土护砌	清淤挖土、浆砌片石、预制（现浇）混凝土护砌、挡土墙、回填土
	附属构筑物	检查井、雨水口、挡土墙、护底护坡	垫层与基础、砌筑检查井、混凝土检查井、雨水口、挡土墙、护底护坡、回填土

6. 市政给排水构筑物工程单位、分部、分项工程划分

市政给排水构筑物工程的单位（子单位）工程、分部（子分部）工程、分项工程的划分，见表 2-14。

表 2-14　给排水构筑物工程单位、分部、分项工程划分表

单位（子单位）工程	分部工程名称	子分部工程名称	分项工程
每个单独的构筑物为一个单位工程或子单位工程。如：泵站（房）、粗格栅站、细格栅站、沉砂池、初沉淀池、二次沉淀池、曝气池、配水井、调节池、生物反应池、氧化沟、计量槽、闸井、预沉池、沉淀池、絮凝池、清水池、滤池、污泥浓缩池、消化池、储泥池等	地基及基础工程		排水、降水，基坑开挖，基坑回填，天然地基，人工地基，桩基
	主体结构	砌体结构	砖砌体、石砌体、混凝土砌块砌体
		现浇混凝土及预制式结构	钢筋加工、钢筋连接、钢筋安装、模板加工、模板安装、混凝土、吊装
		装配式预应力混凝土结构	非预应力钢筋的加工、连接、安装，预应力钢筋加工、张拉，模板加工、安装，混凝土，覆面板
	附属工程		池体防腐保温、栏杆平台、覆面板、与设备相关部位
	细部构造		后浇带、止水带、密封膏、预应力钢筋封锚
	功能性试验		水池满水试验、消化池气密性试验、沉降观测试验

注：泵站（房）——包括进水泵房、出水泵房、中水泵房、污泥泵房，下同。

7. 市政给排水设备安装工程单位、分部、分项工程划分

市政给排水设备工程的单位（子单位）工程、分部（子分部）工程、分项工程的划分，见表 2-15。

8. 供热管道工程单位、分部、分项工程划分

供热管道工程的单位（子单位）工程、分部（子分部）工程、分项工程的划分，见表 2-16。

9. 燃气工程单位、分部、分项工程划分

燃气工程的单位（子单位）工程、分部（子分部）工程、分项工程的划分，见表 2-17。

表 2-15　给排水设备安装工程单位、分部、分项工程划分表

单位（子单位）工程	分部工程	分项工程
每个单独的构筑物或建筑物内的设备安装工程为一个单位工程或子单位工程。如：泵站（房）、粗格栅站、细格栅站、沉砂池、初沉淀池、二次沉淀池、曝气池、配水井、调节池、生物反应池、生物滤池、氧化沟、计量槽、闸井、预沉池、沉淀池、絮凝池、清水池、滤池、污泥浓缩池、消化池、储泥池、加氯间、加药间、配电室、中控室、污泥脱水机房、锅炉房、沼气柜、风机房等	机械设备安装	输送设备、起重机械、格栅除污机、吸（刮）泥机、除砂设备、水泵、鼓风装置、曝气设备、搅拌系统装置、消毒设备、污泥浓缩脱水设备、闸（堰）门、阀门（DN≥300）等
	工艺管道	空气管道、加药管道、氯气管道、沼气管道、热力管道、给水管道、排水管渠、溢流管道
	沼气柜和压力容器	参照燃气管道及设备安装工程施工质量验收规程的规定划分
	电气装置	按现行国家规范及有关标准、规定执行
	自动化仪表	按现行国家规范及有关标准、规定执行
	功能性检测	管道、阀门水压试验，闭水试验，曝气系统清水试验，布气试验，设备空负荷试运转、负荷试运转、联动试运转

表 2-16　供热管道工程单位、分部、分项工程划分表

单位（子单位）工程	分部工程名称	子分部工程名称	分项工程
每个标段划分为一个单位工程或子单位工程	按长度划分若干个分部工程	土石方工程	开挖工程、回填工程
		土建结构工程	模板、钢筋、混凝土、砌体、地下穿越工程、地沟工程、小室工程
		管道安装	管道支、吊架安装；管道安装；除锈、防腐；保温；保护
		附件安装	补偿器安装、阀门及其他附件安装
	功能性试验		清洗、强度及严密性试验

表 2 - 17 燃气工程单位、分部、分项工程划分表

单位（子单位）工程	分部工程名称	子分部工程名称	分项工程
管道工程中，每个标段划分为一个单位工程或子单位工程	按长度划分若干个分部工程	埋地管道安装	土石方开挖与回填、钢筋管道安装、球墨铸铁管道安装、钢骨架聚乙烯管道安装、阀室工程、附件安装［阀门安装、伸缩节（补偿器）安装、凝水缸安装、法兰安装］
		架空管道安装	支架基础施工、支吊架制作安装、钢制管道安装、附件安装［阀门安装、伸缩节（补偿器）安装、凝水缸安装、法兰安装］
		穿越工程	顶管（工作坑开挖、工作坑基础、顶进后背制作、导轨及顶进设备安装、顶管、接口处理）、定向钻等
		管道防腐及保温	管道除锈、石油沥青管道防腐、环氧煤沥青防腐、聚乙烯防腐层防腐、聚乙烯胶粘带防腐、煤焦油瓷漆防腐、牺牲阳极阴极保护、强制电流阴极保护、管道涂料防腐、管道涂色、管道保温
		功能性试验	管道吹扫、强度试验、气密性试验
每个调压站或调压箱安装工程可划分为一个单位工程或子单位工程	调压器（箱）及附件安装	调压器安装、调压箱安装、附件安装、管道安装、管道防腐涂色	
	仪表自控系统	仪表（流量、温度、压力）安装、自动控制系统安装、微机远程控制安装	
	防爆与报警系统	报警装置安装、连锁装置安装、防爆照明及通风装置安装、避雷系统安装	
	功能性试验	管道吹扫、强度试验、气密性试验	

第二节 市政施工员现场施工主要工作

一、市政施工图审读要点

市政施工图的审读和理解对于工程施工是极为重要的，施工单位依据国家现行的标准规范审查图纸是否适用本建设工程，在其中找出设计和施工技术问

题，从而保证在施工过程中工程进度和质量得到最大限度的保障。

1. 设计文件审读要点

（1）是否与审查批准的初步设计一致，如有重大更改，是否有相应的批准文件。

（2）施工图是否达到建设部规定的深度要求。

（3）设计图纸（总图及其他图纸）是否完整齐全。

（4）引用标准图（现行有效版）、大样图图纸目录是否齐全。

（5）图纸签署是否符合规定。

2. 路线部分审读要点

（1）道路标准符合城市规划和交通需求，计算行车速度是否符合规定。

（2）道路平、纵线形是否符合规范。

（3）道路宽度及建筑限界是否符合规范和使用要求。

（4）道路交叉口（平交和立交）是否满足视距要求。

（5）沿河及受水浸淹的道路是否满足城市防洪标准要求。

（6）对超出规范标准限值的特别说明及论证是否正确合理。

3. 路面及路基部分审读要点

（1）路面结构组合是否满足相应使用要求。

（2）路面抗滑性能是否满足规范要求。

（3）路基（含加固处理）设计是否符合规范。

（4）挡墙设计是否符合规范。

（5）采用新技术、新材料的论证是否正确合理。

4. 其他道路设施部分审读要点

（1）广场、停车场设计是否符合规范。

（2）杆线和地下管线设计是否符合规范。

（3）交通安全设施是否满足规范和使用要求。

（4）道路工程及重要的附属构筑物是否按规定标准进行抗震设防。

（5）道路排水设施是否满足规范要求。

（6）重要路段或居住区道路应考虑防噪声设计。

5. 城市桥梁工程部分审读要点

（1）桥梁结构基础设计依据勘察成果报告进行并满足承载力、变形和稳定性要求。

（2）桥梁明挖基础埋置深度是否符合规范要求。

（3）不良地基处理方法是否满足合理性、安全性要求。

（4）对抗震不良地质及土层进行特别设计及处理。

（5）台后高填土或相邻建筑物的附加荷载对桥梁基础安全性及使用条件的

影响是否满足规范要求。

（6）桥梁、隧道、通道等结构的净空是否满足行人、行车、铁路、航运等规范的要求。

（7）桥梁结构按规范进行施工阶段的验算。

（8）对特殊腐蚀地区有保证结构耐久性采取的措施是否正确合理。

（9）桥梁防洪标准选择是否合理，符合相关规范。

（10）基本烈度大于9度地区应进行专项研究。

（11）对抗震危险地段及不良土层的处理方法是否合理。

（12）桥梁是否满足消防净空要求。

（13）桥上有无不允许通过的管线。

（14）工程使用过程中噪声对周围环境及人群的影响及措施。

（15）工程使用过程中振动对周围环境及人群的影响及措施。

（16）人行道栏杆高度、栏芯尺寸及结构强度、刚度的安全性是否满足规范要求。

6. 排水工程部分审读要点

（1）设置在河、湖、坑、沟边缘地带的构筑物和管道，应采取适当的抗震措施。

（2）地下水取水构筑物应采取防止水质污染和非取水层水渗入的措施。

（3）钢筋混凝土结构的钢筋净保护层厚度，应符合相应规范的规定。

（4）管道、垫层及两侧和管顶上部的回填土的密实度，应在有关设计文件中明确规定要求。

（5）输送腐蚀性污水的管渠应采用耐腐蚀材料，其接口及附属构筑物应采取相应的防腐措施。

（6）在寒冷地区实施的工程、机械设备、工艺管道应考虑防冻、保温措施。

（7）地下直埋管道，在地基土质突变处，穿越铁路等交通干线或河道两端，应设置柔性接口。

（8）立体交叉地道排水出口应可靠。

（9）不得使用有关部、委、局颁布废止的结构构件、材料和淘汰的产品、设备及材料。

二、市政工程项目图纸会审

1. 图纸会审的定义

图纸会审是指承担施工阶段监理的监理单位组织施工单位以及建设单位、材料、设备供货等相关单位，在收到审查合格的施工图设计文件后，在设计交底前进行的全面细致熟悉和审查施工图纸的活动。

2. 图纸会审的目的

图纸会审的目的是使建设单位、监理单位、施工单位和其他相关单位进一步了解设计意图和设计要点，通过会审统一认识、优化设计，使设计达到经济合理、安全可靠、保证图纸质量，保障工程质量进度的目的。

3. 图纸会审参加人员的组成

（1）建设方。现场负责人员及其他技术人员。

（2）设计方。设计院总工程师、项目负责人及各个专业设计负责人。

（3）监理方。项目总监、副总监及各个专业监理工程师。

（4）施工方。项目经理、项目副经理、项目总工程师及各个专业技术负责人。

4. 图纸会审的主要内容

（1）是否是无证设计或越级设计图纸，是否经设计单位正式签署。

（2）地质勘探资料是否齐全。

（3）设计图纸与说明是否齐全。

（4）设计地震烈度是否符合当地要求。

（5）几个单位共同设计的，相互之间有无矛盾；专业之间，平、立、剖面图和横、纵断面图及图表之间是否有矛盾；标高是否有遗漏。

（6）总平面与施工图的几何尺寸、平面位置、标高等是否一致。

（7）结构图纸与各专业图纸本身是否有差错及矛盾；预埋件是否表示清楚等。

（8）施工图中所列各种标准图册施工单位是否具备，如没有，如何取得。

（9）工程材料来源是否有保证。

（10）路基处理方法是否合理。具体施工方法是否存在不能施工、不便于施工，容易导致质量、安全或经费等方面的问题。

（11）各种管线之间的关系是否合理。

（12）施工安全是否有保证。

（13）图纸是否符合监理规划中提出的设计目标。

5. 图纸会审完毕后施工方的工作任务

图纸会审完毕后由总工牵头，施工员配合完成以下工作：

（1）工程量分解。对照施工图纸设计，按工序分解计算工程数量，制表并汇总工程量后报项目经理，同时送计划部、财务部各一份。

（2）材料用量计算。根据设计工程量，按施工配合比或规定的材料消耗定额，计算材料数量，制表并汇总工程材料需求量，报项目经理、保障部、计划部各一份。

(3) 根据现场实际及总工期，提供现场周转材料及机械设备需用量，报项目经理、保障部、计划合同部各一份。

(4) 根据现场实际，在保证工期、质量、安全的基础上，进行施工方案对比，并会同相关部门提供方案费用对比表及计算依据、过程，由项目领导班子研究决定施工方案。

(5) 编制实施性施工组织设计及临设方案。

(6) 做好施工配合比，并填写《施工配合比统计表》，由总工审核后交保障部、计划部、财务部各一份。

(7) 交接桩后进行复测工作，计算实际需要完成的工程量。

三、市政工程项目变更和洽商

1. 变更和洽商的原则

(1) 变更和洽商的区别。设计变更是指设计单位对原施工图纸和设计文件中所表达的设计标准状态的改变和修改。由此可见，设计变更仅包含由于设计工作本身的漏项、错误等原因而修改、补充原设计的技术资料。

施工过程中的工程洽商，主要是指施工企业就施工图纸、设计变更所确定的工程内容以外，施工图预算或预算定额取费中未包含而施工中又实际发生费用的施工内容所办理的洽商。

(2) 工程变更原则及规定。

1) 工程变更必须坚持高度负责的精神与严格的科学态度，在确保工程质量标准的前提下，对于降低工程造价、节约用地、加快施工进度等方面有显著效益时，应考虑工程变更。

2) 工程变更，事先应周密调查，备有图文资料，其要求与现设计相同，以满足施工需要，并填写变更报告单，详细申述变更设计理由（软基处理类应附土样分析、弯沉检测或承载力试验数据）、变更方案（附简图及现场图片）、与原设计的技术经济比较（无单价的填写估算费用）。

3) 工程变更的图纸设计要求和深度等同原设计文件。

4) 设计变更费用一般应控制在建安工程总造价的5%以内，由设计变更产生的新增投资不得超过基本预备费的1/3。

5) 工程变更在工程项目实施过程中，按照合同约定的程序对部分或全部工程在材料、工艺、功能、构造、尺寸、技术指标、工程数量及施工方法等方面做出的改变。

6) 工程变更的范围是指构成合同文件的任何组成部分的变更、工程数量的增减或工程质量要求或标准的变动，同时还包括合同条件的改变。

7) 工程变更往往涉及费用和工期的变化，影响工程进度控制目标和投资控制目标，甚至引起争议或索赔。

（3）工程变更。

1）更改工程有关部分的标高、基线、位置和尺寸。

2）增减合同中约定的工程量。

3）增减合同中约定的工程内容。

4）改变工程质量、性质或工程类型。

5）改变有关工程的施工顺序和时间安排。

6）为使工程竣工而必需实施的任何种类的附加工作。

（4）工程洽商的签发原则及注意事项。

1）洽商的内容不能超过范围。应在合同中约定的，不能以洽商形式出现。

2）应在施工组织方案中审批的，不能做洽商处理。

3）洽商内容必须与实际相符。建设单位应对所签署的工程洽商记录进行存档备案，以备发生争议时查证。应要求施工单位编号报审，避免重复签证。

2. 施工员对于变更和洽商的控制

（1）建立完善的管理制度。只有明确规范领导、施工技术、预结算等有关人员的责任、权利和义务，才能规范各级工程管理人员在设计变更和工程洽商中的管理行为，提高其履行职责的积极性。工程是根本，所有的变更与洽商的目的在于使工程高标准、高质量的完成，所以施工员在施工全过程中对于施工现场的控制和施工情况的分析就显得尤为重要了，加强现场管理，并善于发现常见变更的部位是现代市政工程对施工员新的要求。

（2）施工员配合完成图纸会审工作。加强图纸会审，将工程变更的发生尽量控制在施工之前。在设计阶段，克服设计方案的不足或缺陷，所需代价最小，而取得的效果却最好。我们在设计出图前，组织工程科、预算部对图纸技术上的合理性、施工上的可行性、工程造价上的经济性进行审核，从各个不同角度对设计图纸进行全面的审核管理工作，以求提高设计质量，避免因设计考虑不周或失误给施工造成经济损失。

（3）加强合同管理。施工员要对相应合同有一个初步的了解，同时项目经理部有必要让每一个参与施工项目的工作人员了解合同，并做好合同交底记录，必要时将合同复印件分发给相关人员，使其对合同内容全面了解，做到心中有数，划清甲乙方的经济技术责任，便于在实际工作中运用。

（4）现场变更和洽商。施工员在现场发现需要变更和洽商解决的问题应及时、准确的办理工程变更和洽商，施工过程中变更和洽商的时间很紧迫，经常出现由于未及时申报而引起的停工等待变更和洽商通知的情况。为了确保工程变更和洽商的客观、准确，我们首先强调办理工程变更和洽商的及时性。

例如：一道工序施工完，出现需要洽商问题，时间久了，细节容易忘记，如果后面的工序将其覆盖，客观的数据资料就难以甚至无法证实。因此，我们一般要求承包方自发生洽商之日起 20 日内将洽商办理完毕。其次，对洽商的描述要求客观、准确，要求隐蔽签证要以图纸为依据，标明被隐蔽部位的项目和工艺的质量完成情况，如果被隐蔽部位的工程量在图纸上不确定，还要求标明几何尺寸，并附上简图。施工图以外的现场签证，必须写明时间、地点、事由、几何尺寸或原始数据，不能笼统地签注工程量和工程造价。签证发生后应根据合同规定及时处理，审核应严格执行国家定额及有关规定，经办人员不得随意变通。同时要求建设单位、施工单位工程技术人员加强预见性，尽量减少洽商发生。

(5) 无效变更和洽商。凡是没有经过监理工程师、建设单位现场代表认可而签发的变更一律无效。若经过监理工程师、建设单位现场代表口头同意的，事后应按有关规定补办手续，否则视为无效。

总之，建设单位对设计变更和工程洽商的管理应贯穿于建设项目的全过程，这同时也是对工程质量、工程进度、工程造价管理的一个动态的过程。这就要求建设单位的工程施工员不断提高整体素质，在工作中坚持“守法、诚信、公正、科学”的准则，在实践中不断积累经验，收集信息、资料，不断提高专业技能，这样才能减少，以至避免建设资金的流失，最大限度地提高建设资金的投资效益。

四、施工员在施工过程中的工作

1. 检查制度

任何工程项目都由分项工程、分部工程和单位工程组成，而工程项目的施工是通过一道道工序来完成的。所以，项目的施工质量控制是从工序质量到分项工程质量、分部工程质量、单位工程质量的系统控制过程，也是一个由原材料的质量控制开始，直到完成工程质量检验为止的全过程的系统控制。所以我们简单介绍一下施工全过程的质量控制及检查

为了加强对施工项目的质量控制，明确各施工阶段质量控制的重点，可把施工项目质量分为事前控制、事中控制和事后控制三个阶段。

(1) 事前质量控制。指在正式施工前进行的质量控制，其控制重点是做好施工准备工作，并且施工准备工作要贯穿于施工全过程中。

1) 全场性施工准备，是以整个项目施工现场为对象而进行的各项施工准备。

2) 单位工程施工准备，是以一个建筑物或构筑物为对象而进行的施工准备。

3) 分项（部）工程施工准备，是以单位工程中的一个分项（部）工程或

冬、雨期施工为对象而进行的施工准备。

4）项目开工前的施工准备，是在拟建项目正式开工前所进行的一切施工准备。

5）项目开工后的施工准备，是在拟建项目开工后，每个施工阶段正式开工前所进行的施工准备，每个阶段的施工内容不同，其所需的物质技术条件、组织要求和现场布置也不同，因此必须做好相应的施工准备。

（2）事中质量控制。指在施工过程中进行的质量控制。事中质量控制的策略是全面控制施工过程，重点控制工序质量。其具体措施是工序交接有检查；质量预控有对策；施工项目有方案；技术措施有交底；图纸会审有记录；配制材料有试验；隐蔽工程有验收；设计变更有手续；质量处理有复查；成品保护有措施；行使质控有否决(如发现质量异常、隐蔽未经验收、质量问题未处理、擅自变更设计图纸、擅自代换或使用不合格材料、无证上岗未经资质审查的操作人员等，均应对质量予以否决)；质量文件有档案(凡是与质量有关的技术文件，如水准、坐标位置，测量、放线记录，沉降，图纸会审记录，材料合格证明、试验报告，施工记录，隐蔽工程记录，设计变更记录，调试、试压运行记录，竣工图等都要编目建档)。

项目部应按《施工组织设计》实施施工过程中的工程质量控制，控制要求包括：

1）隐蔽工程或合同约定的中间验收部位，项目部技术部门必须事先通知监理工程师进行检查，并在《监理工程师》签字后才能施工。

2）项目部技术部门应确定工程施工的工序，顺序施工，避免颠倒作业，努力做到均衡生产。并严格履行检查程序，上道工序未经检查或检查不合格不准进行下道工序施工。

3）遇有困难的新工程项目或工程规模较大，应采取样板先行、实物引路的做法，统一要求，以确保同类工程项目质量的一致性。

4）应对施工过程中的难点、关键质量特性进行攻关，积极开展质量攻关活动。

5）对特大桥、大桥、建筑群、长度大于1000m的直线隧道、长度大于500m的曲线隧道，均应进行平面测量设计和实施控制测量。

6）对施工过程的监视和测量按《产品与过程的监视和测量控制程序》执行。

7）定期组织工程质量检查。

8）凡在各类质量检查中发现有质量问题的工程项目，按《事故、事件、不合格、纠正、预防措施控制程序》执行。

9）项目应按时向公司技术质量部上报各种质量情况报表，便于掌握施工质量动态。

(3) 事后质量控制。是指在完成施工过程形成产品的质量控制，其具体工作内容有：

1) 成立验收小组，组织自检和初步验收。

2) 准备竣工验收资料。

3) 按规定的质量评定标准和办法，对完成的分项、分部工程，单位工程进行质量评定。

4) 组织竣工验收，其标准是：

①按设计文件规定的内容和合同规定的内容完成施工，质量达到国家质量标准，能满足生产和使用的要求。

②交工验收的产品要保证正常的使用功能。

③交工验收时施工中的残余物料运离现场，道路、绿化、其他配套设施已完成。

④技术档案资料齐全。

2. 施工调度

工程的建设是个对外沟通的过程，一个工程的建设涉及方方面面的内容。所以施工员应协助项目经理做好组织协调工作。在施工前施工员应根据项目工程的特点，技术要求，协助项目经理做好开工前的人员组织，编制机具设备申请表及要料计划表。在施工过程中做好与监理或业主及相关施工单位人员的沟通工作。做好本专业工程与其他专业工程的沟通衔接。

施工员每月末应认真及时编写施工简报，主要反映完成任务情况，劳力、机具使用，物资的供应，生产中的好人好事，主要工点形象进度，安全生产及工程质量；并对经验加以总结，问题加以分析，为上级和项目经理部领导科学决策提供参考。不定期汇报，作为定期汇报的补充，现场施工员应随时详细汇报上级所提出的问题和自己了解的一些情况，上级调度则应提前解答所问内容。

3. 施工人员管理

工程施工中，应根据作业特点和施工进度计划优化配置人力资源，制订劳动力需求计划，劳动力需求计划的内容要包括作业任务、应提供的劳动人数、进度要求及进场、退场时间；双方的管理职责及结算方式；奖励与处罚条款。

投入施工现场的劳动力由技术人员、技术工人、机械工人和普通工人组成，技术工人主要有测量工、试验工、机修工、钢筋工、木工、混凝土工及张拉工等，除测量工和试验工在所有的工程中必须配置及随机械配置机械工外，所有工程的劳动力组合由工程的性质、工期决定。施工现场的劳动力应进行动态管理。包括对劳动力进行跟踪平衡，进行劳动力补充与减员，向劳动管理部门提出用工申请；向进入施工现场的作业班组下达施工任务书，进行考核并兑现费用支付和奖罚，加强对现场人员作业质量和效率的检查。例如：

（1）材料的装卸与运输参加工种人员：卡车司机、装卸工、机械操作手。

（2）土石方开挖在机械化土石方开挖时，需挖沟机操作人员、卡车司机、工长、爆破工和普工。

（3）路面施工无论是沥青或水泥混凝土公路路面施工，需调配的人员包括拌和设备操作人员、装载机操作人员、运输车辆司机、摊铺机操作人员、压路机操作人员、边缘修饰人员、普工、交通管理人员、指挥人员。

4. 掌握材料计划的管理

（1）材料计划管理。

1）材料计划。在广义上是指在材料流通过程中所编制的各种宏观和微观计划的总称。具体地说，材料计划是指从查明材料的需要和资源开始，经过对材料的供需综合平衡所编制的各种计划。

2）材料计划管理。是企业组织施工生产的必要保证条件，是企业全面计划管理的重要组成部分，也是企业保证供应降低成本，减少浪费，加速资金周转的主要因素。其中，材料需用量计划是编制材料供应计划的基础。材料需用量计划的准确与否，决定了材料供应计划保证供应的程度。

（2）材料计划管理的内容。

1）材料需用量计划。材料需用量计划是指完成计划期内工程任务所必需的物资用量，它是材料供应计划、材料采购计划的基础。

2）材料供应计划。材料供应计划是企业物资部门根据材料需要计划而编制的计划，也是进行材料供应的依据，材料供应计划按保证时间分为年度、季度和月度供应计划。

$$物资供应量 = 需要量 - 库存量 + 储备量$$

3）材料采购计划。材料采购计划是物资部门根据批准的材料供应计划，分期分批编制，采购人员据以采购材料的计划，是保证材料供应的主要措施。

4）材料用款计划。材料用款计划为尽可能少的占用资金、合理使用有限的备料资金，而制订的材料用款计划，资金是材料物资供应的保证。对施工企业来说，备料资金是有限的，如何合理地使用有限资金，既保证施工的材料供应又少占资金，应是企业材料部门努力追求的目标。根据采购计划编制材料用款计划，把备料控制在资金能承受的范围内，使急用先备，快用多备，迅速周转，是编制物资用款计划的主要思路。

5. 合理配置施工机械

（1）目的。合理运用施工机械，是为了达到提高机械作业的生产率，降低机械运转费用和延长机械使用寿命的目的。在组织机械化施工时，要注意分成几个系列的机械组合，同时并列施工，这样可以减少当组合中某一台机械发生故障而造成全面停工的现象。机械选型应挑选技术上先进、经济上合理和使用安全可靠的装备，机械只有适应各自的环境，才可能安全、可靠和高效地运转，发挥出它们各自的技术性能，形成专业的或综合的机械化施工能力。

（2）选择施工机械的原则。施工机械的选择应与工程的具体实际相适应，所选机械是在具体的、特定的环境条件下作业，这些环境条件包括地理气候条件、作业现场条件、作业对象的土质条件等。

合理选择施工机械的依据是工程量、施工进度计划、施工质量要求、施工条件、现有机械的技术状况和新机械的供应情况等。施工机械的工作参数应注意机械的工作容量、生产率、机械的尺寸、机械的质量、自行式施工机械的移动速度、动力装置类型和功率等。

1）施工机械选择的一般原则。

①适应性。适应性是指施工机械要适用于工程的施工条件和作业内容。如工地的气候、地形、土质、场地大小、运输距离、工程规模等。

②先进性。新型的施工机械具有高效低耗、性能稳定、安全可靠、质量好等优点，更能保质保量地完成公路施工任务。

③通用性和专用性。选用施工机械时要全面考虑通用性和专用性。尽可能用一种机械代替一系列机械，减少作业环境，扩大机械使用范围，提高机械利用率，方便管理和维修。

2）使用机械应有较好的经济性。机械产品的性能价格比，作为用户是首先考虑的具体问题之一，机械类型选定后，必须细致调研具体产品运转可靠性、维修方便程度和售后服务质量。

3）合理的机械组合。包括机械技术性能的合理组合和机械类型及其台数的合理组合。机群的合理规模由工程量、工期要求和机群的作业能力两方面的因素决定，机械组合要注意牵引车与配置机具的组合，主要机械和配套机械的组合。在组合机械时，力求选用统一的机型；以便维修和管理，从而提高公路施工的水平。

（3）利用与更新。现有机械的利用与更新，在选用施工机械时，应根据工地的实际情况，既要充分利用现有机械，又要注意机械的更新换代，加强技术改造，以求达到技术上合理，经济上有利，不断提高机械的利用率。

（4）安全而不破坏环境。选择的机械的施工作业过程中必须保证工程施工质量要求，保证作业质量，同时，不应破坏环境和对环境产生明显的不利影响。

6. 变更设计制度

设计变更是指自工程初步设计批准之日起至通过竣工验收正式交付使用之

日止，对已批准的初步设计文件、技术设计文件或施工图设计文件所进行的修改、完善等活动。

施工图的修改权为设计单位及项目设计者所拥有，施工单位按施工图进行施工。未经设计单位及项目设计负责人允许，施工单位无权修改设计。

（1）市政工程设计变更应当符合国家有关市政工程强制性标准和技术规范的要求，符合市政工程质量和使用功能的要求，符合环境保护的要求。

（2）工程设计变更分为重大设计变更、较大设计变更和一般设计变更。

（3）工程重大、较大设计变更实行审批制。经批准的设计变更一般不得再次变更。

（4）工程勘察设计、施工及监理等单位可以向项目法人提出工程设计变更的建议。设计变更的建议应当以书面形式提出，并应当注明变更理由。

（5）工程设计变更工程的施工原则上由原施工单位承担。原施工单位不具备承担设计变更工程的资质等级时，项目法人应通过招标选择施工单位。

（6）由于工程勘察设计、施工等有关单位的过失引起工程设计变更并造成损失的，有关单位应当承担相应的费用和相关责任。

（7）新工艺、新技术以及职工提出合理化建议等受到采纳，需要对原设计进行修改时，均须用“变更设计申请”向设计单位办理修改手续。

（8）重要工程部位及较大问题的变更必须由建设单位、设计和施工单位三方进行洽商，由设计单位修改，向施工单位签发“设计变更通知单”方为有效。

（9）如果设计工程做较大变更而影响了建设规模和投资标准时，须报请原批准初步设计的主管单位同意后方可修改。

（10）“图纸会审纪要”、“设计变更通知单”、“技术联系单”等技术文件，都要有详细的文字记录，一并汇成明细表归入工程档案，将作为施工和竣工结算的依据。

7. 变更签证制度

施工过程中由于各方面原因导致原设计变更是在所难免的。施工员在接到设计变更通知单后应立即停止变更前的工作，仔细核对变更后的设计与原设计的比较。并做出相应的标记，给现场施工人员发出通知单，做好变更后的相关交底。签证是工程利润的重要来源之一，作为施工员，应及时了解相关工程量的增减，将所增工程量及时报予监理或业主进行认可。

五、施工员在交工验收阶段的工作

1. 交工验收准备

工程接近尾声进行交工验收时，施工员应协同项目部相关人员进行自我验收，对不符合相关要求及时加以纠正。做好本专业相关工程竣工资料。

2. 竣工结算

工程交工后施工员应根据施工承包合同及补充协议，开、竣工报告书、设计施工图及竣工图、设计变更通知单、现场签证记录、甲乙方供料手续或有关规定、采用有关的工程定额、专用定额与工期相应的市场材料价格以及有关预结算文件等做好竣工结算，对工程中发生的签证要单独进行结算，对发现预算中有漏算或计算误差的应积极争取及时进行调整。将各分部工程编制成单项工程竣工综合结算书。积极配合工程审计人员进行工程量的审核工作，对审计中的不合理审核要主动争取。

3. 工程收尾

工程完成后，施工员及项目部其他管理人员对该工程的所有财产和物质进行清理，作为项目部成本核算的依据。对工程中分包的施工结算，根据施工合同、各原始预算、设计图纸交底及会审纪要、设计变更、施工签证、竣工图、施工中发生的其他费用，进行认真审核，并重新核定各单位工程和单位工程造价。工程结束后，施工员应认真总结，配合项目部经理及技术负责人进行项目部成本分析，计算节约或超支的数额并分析原因，吸取经验教训，以利于下一个工程施工造价的管理与控制。

第三节 市政工程现场平面布置

一、施工现场平面布置

1. 施工平面图管理

(1) 总体要求。文明施工、安全有序、整洁卫生、不扰民、不损害公众利益；在现场入口处的醒目位置，公示“五牌”、“二图”（即工程概况牌、安全纪律牌、防火须知牌、安全无重大事故计时牌，安全生产、文明施工牌；施工平面图、项目经理部组织构架及主要管理人员名单图）。

(2) 现场大门设置警卫岗亭，安排警卫人员 24 小时值班，查人员出入证、材料运输单、安全管理等。

(3) 设专人清扫办公区和生活区，并对施工作业区和临时道路洒水和清扫。

(4) 规范场容。

1) 通过施工平面图设计的科学合理化、物料堆放与机械设备定位标准化，来保证施工现场场容规范化。

2) 在施工现场周边按规范要求设置临时维护设施。

3）现场内沿路设置畅通的排水系统。

4）现场道路及结构以上施工用的主要场地做硬化处理。

（5）环境保护。工程施工可能对环境造成的影响有大气污染、室内空气污染、水污染、土壤污染、噪声污染、光污染、垃圾污染等。对这些污染均应按有关环境保护的法规和相关规定进行防治。

（6）消防保卫。

1）必须按照《中华人民共和国消防法》的规定，建立和执行消防管理制度。

2）现场道路应方便消防。

3）设置符合要求的防火报警系统。

4）在火灾易发生地区施工和储存、使用易燃、易爆器材，应采取特殊消防安全措施。

5）现场严禁吸烟。

（7）卫生防疫管理。

1）加强对工地食堂、炊事人员和炊具的管理，确保卫生防疫，杜绝传染病和食物中毒事故的发生。

2）根据需要制定和执行防暑、降温、消毒、防病措施。

2. 安全警示牌的布置

（1）安全警示标志应当明显，便于工作人员识别。灯光明亮显眼，文字图形标志明确易懂。

（2）安全色分红、黄、蓝、绿四种颜色，分别表示禁止、警告、指令和提示。

（3）安全标志由图形符号、安全色、几何图形（边框）或文字组成。分禁止标志、警告标志、提示标志，按国家标准制作。

（4）项目经理应根据施工平面图和安全管理的需要，绘制施工现场安全标志平面图。根据施工不同阶段的特点，按施工阶段进行布置。绘图人员签名，项目负责人审批。

（5）下列位置设置明显的安全警示标志：现场入口处、施工起重机械、临时用电设施、脚手架、出入通道口、楼梯口、电梯井口、孔洞口、桥梁口、隧道口、基坑边沿、爆破物、有害气体和液体存放处。

（6）安全标志设置后，应当进行统计记录，填写登记表。

二、施工现场消防管理

1. 施工现场防火要求

（1）建立防火制度。

1）施工现场都要建立健全防火检查制度。

2）建立义务消防队，人数不少于施工总人数的10%。

3）建立动用明火审批制度。

（2）消防器材的配备。

1）临时搭设的建筑物区域内每100m²可配备2只10L灭火器。

2）大型临时设施总面积超过1200m²，应配有消防用的积水桶（池）、黄沙池，且周围不得堆放物品。

3）临时木工间、油漆间、木机具间等，每25m²配备一只灭火器。油库、危险品库应配备数量与种类合适的灭火器。

（3）施工现场防火要求。

1）施工组织设计中的施工平面图、施工方案均要符合消防安全要求。

2）施工现场明确划分作业区、易燃可燃材料堆场、仓库、易燃废品集中站和生活区。

3）施工现场夜间应有照明设施，保持车辆畅通，值班巡逻。

4）不得在高压线下搭设临时性建筑物或堆放可燃物品。

5）施工现场应配备足够的消防器材，设专人维护、管理，定期更新，保证完整好用。

6）在土建施工时，应先将消防器材和设施配备好，有条件的室外敷设好消防水管和消防栓。

7）危险物品的距离不得少于10m，危险物品与易燃易爆品距离不得少于3m。

8）乙炔发生器和氧气瓶存放间距不得小于2m。使用时距离不得小于5m。

9）氧气瓶、乙炔发生器等焊割设备上的安全附件应完整有效，否则不准使用。

10）施工现场的焊、割作业，必须符合防火要求。

11）冬期施工采用保温加热措施时，应符合规定要求。

12）施工现场动火作业必须执行审批制度。

2. 施工阶段消防管理

（1）施工现场使用的电气设备必须符合防火要求。临时用电必须安装过载保护装置，电闸箱内不准使用易燃、可燃材料。严禁超负荷使用电气设备。施工现场存放易燃、可燃材料的库房、木工加工场所、油漆配料房及防水作业场所不得使用明露高热强光源灯具。

（2）电焊工、气焊工从事电气设备安装和电、气焊切割作业，要有操作证和用火证。用火前，要对易燃、可燃物清除，采取隔离等措施，配备看火人员和灭火器具，作业后必须确认无火源隐患后方可离去。用火证当日有效，用火地点变换，要重新办理用火证手续。

(3) 氧气瓶、乙炔瓶工作间距不小于 5m，两瓶与明火作业距离不小于 10m。建筑工程内禁止氧气瓶、乙炔瓶存放，禁止使用液化石油气“钢瓶”。

(4) 从事油漆粉刷或防水等危险作业时，要有具体的防火要求，必要时派专人看护。

(5) 施工现场严禁吸烟。不得在建设工程内设置宿舍。

(6) 施工现场使用的安全网、密目式安全网、密目式防尘网、保温材料，必须符合消防安全规定，不得使用易燃、可燃材料。

(7) 施工现场应根据工程规模，对其项目建立相应的保卫、消防组织，配备保卫、消防人员。

(8) 施工现场动火作业必须执行审批制度。

3. 重点部位防火要求

(1) 易燃仓库的防火要求。

1) 易着火的仓库应设在水源充足、消防车能驶到的地方，并应设在下风方向。

2) 易燃露天仓库四周内，应有宽度不小于 6m 的平坦空地作为消防通道，通道上禁止堆放障碍物。

3) 贮量大的易燃仓库，应设两个以上的大门，并应将生活区、生活辅助区和堆场分开布置。

4) 有明火的生产辅助区和生活用房与易燃堆垛之间，至少应保持 30m 的防火间距。有飞火的烟囱应布置在仓库的下风地带。

5) 易燃仓库堆料场与其他建筑物、铁路、道路、架高电线的防火间距，应按现行《建筑设计防火规范》(GB 50016—2006) 的有关规定执行。

6) 易燃仓库堆料场应分堆垛和分组设置，每个堆垛面积为：木材（板材）不得大于 $300m^2$；稻草不得大于 $150m^2$；锯末不得大于 $200m^2$；垛与堆垛之间应留 3m 宽的消防通道。

7) 对易引起火灾的仓库，应将库房内、外按每 $500m^2$ 区域分段设立防火墙，把建筑平面划分为若干个防火单元。

8) 对贮存的易燃货物应经常进行防火安全检查，应保持良好通风。

9) 在仓库或堆料场内进行吊装作业时，其机械设备必须符合防火要求，严防产生火星，引起火灾。

10) 装过化学危险物品的车，必须在清洗干净后方准装运易燃和可燃物。

11) 仓库或堆料场内一般应使用地下电缆，若有困难需设置架空电力线时，架空电力线与露天易燃物堆垛的最小水平距离，不应小于电杆高度的 1.5 倍。

12) 仓库或堆料场所使用的照明灯与易燃堆垛间至少应保持 1m 的距离。

13）安装的开关箱、接线盒，应距离堆垛外缘不小于 1.5m，不准乱拉临时电气线路。

14）库或堆料场严禁使用碘钨灯，以防电气设备起火。

15）对仓库或堆料场内的电气设备，应经常检查维修和管理，贮存大量易燃品的仓库场地应设置独立的避雷装置。

（2）电焊、气割场所的防火要求。

1）焊、割作业点与氧气瓶、电石桶和乙炔发生器等危险物品的距离不得少于 10m，与易燃易爆物品的距离不得少于 30m。

2）乙炔发生器和氧气瓶之间的存放距离不得少于 2m，使用时两者的距离不得少于 5m。

3）氧气瓶、乙炔发生器等焊割设备上的安全附件应完整而有效，否则严禁使用。

4）施工现场的焊、割作业，必须符合防火要求，严格执行“十不烧”规定。

①焊工必须持证上岗，无证者不准进行焊、割作业。

②属一、二、三级动火范围的焊、割作业，未经办理动火审批手续，不准进行焊割。

③焊工不了解焊、割现场的周围情况，不得进行焊、割。

④焊工不了解焊件内部是否有易燃、易爆物时，不得进行焊、割。

⑤各种装过可燃气体、易燃液体和有毒物质的容器，未经彻底清洗，或未排除危险之前，不准进行焊、割。

⑥用可燃材料保温层、冷却层、隔声、隔热设备的部位，或火星能飞溅到的地方，在未采取切实可靠的安全措施之前，不准焊、割。

⑦有压力或密闭的管道、容器，不准焊、割。

⑧焊、割部位附近有易燃易爆物品，在未作清理或未采取有效的安全防护措施前，不准焊、割。

⑨附近有与明火作业相抵触的工种在作业时，不准焊、割。

⑩与外单位相连的部位，在没有弄清有无险情，或明知存在危险而未采取有效的措施之前，不准焊、割。

（3）油漆料库与调料间的防火要求。

1）油漆料库与调料间应分开设置，油漆料库和调料间应与散发火花的场所，保持一定的防火间距。

2）性质相抵触、灭火方法不同的品种，应分库存放。

3）涂料和稀释剂的存放和管理，应符合《仓库防火安全管理规则》的要求。

4）调料间应有良好的通风，并应采用防爆电器设备，室内禁止一切火源，调料间不能兼作更衣室和休息室。

5）调料人员应穿不易产生静电的工作服，不带钉子的鞋。使用开启涂料和稀释剂包装的工具，应采用不易产生火花型的工具。

6）调料人员应严格遵守操作规程，调料间内不应存放超过当日加工所用的原料。

(4) 木工操作间的防火要求。

1）操作间建筑应采用阻燃材料搭建。

2）操作间冬季宜采用暖气（水暖）供暖，如用火炉取暖时，必须在四周采取挡火措施；不应用燃烧劈柴、刨花代煤取暖。每个火炉都要有专人负责，下班时要将余火彻底熄灭。

3）电气设备的安装要符合要求。抛光、电锯等部位的电气设备应采用密封式或防爆式。刨花、锯末较多部位的电动机，应安装防尘罩。

4）操作间内严禁吸烟和用明火作业。

5）操作间只能存放当班的用料，成品及半成品要及时运走。木工应做到活完场地清，刨花、锯末每班都打扫干净，倒在指定地点。

6）严格遵守操作规程，对旧木料一定要经过检查，起出铁钉等金属后，方可上锯锯料。

7）配电盘、刀闸下方不能堆放成品、半成品及废料。

8）工作完毕应拉闸断电，并经检查确无火险后方可离开。

4. 防火设施设备要求

(1) 灭火器材的配备。

1）应有足够的消防水源，其进水口一般不应小于两处。

2）室外消火栓应沿消防车道或堆料场内交通道路的边缘设置，消火栓之间的距离不应大于50m。

3）一般临时设施区，每100m^{2}配备两个10L灭火机，大型临时设施总面积超过1200m^{2}的，应备有专供消防用的太平桶、积水桶（池）、黄沙池等器材设施；上述设施周围不得堆放物品。

4）临时木工间、油漆间、木、机具间等，每25m^{2}应配置一个种类合适的灭火机；油库、危险品仓库应配备足够数量、种类的灭火机。

(2) 灭火器的设置。

1）灭火器应设置在明显的地点，如房间出入口、通道、走廊、门厅及楼梯等部位。

2）灭火器的铭牌必须朝外，以方便人们直接看到灭火器的主要性能指标。

3）手提式灭火器设置在挂钩、托架上或灭火器箱内，其顶部离地面高度应小于 1.5m，底部离地面高度不宜小于 0.15m。

4）设置的挂钩、托架上或灭火器箱内的手提式灭火器要竖直向上设置。

5）对于那些环境条件较好的场所，手提式灭火器可直接放在地面上。

6）对于设置在灭火器箱内的手提式灭火器，可直接放在灭火器箱的底面上，但灭火器箱离地面高度不宜小于 0.15m。

7）灭火器不得设置在环境温度超出其使用温度范围的地点。

8）从灭火器出厂日期算起，达到灭火器报废年限的，必须报废。

三、施工临时用电、用水管理

1. 临时用电管理

（1）施工现场操作电工必须经过按国家现行标准考核合格后，持证上岗工作。

（2）各类用电人员必须通过相关安全教育培训和技术交底，掌握安全用电基本知识和所用设备的性能，考核合格后方可上岗工作。

（3）临时用电组织设计规定。

1）施工现场临时用电设备在 5 台及以上或设备总容量在 50kW 及以上者，应编制用电组织设计。

2）装饰装修工程或其他特殊施工阶段，应补充编制单项施工用电方案。

（4）临时用电组织设计及变更必须由电气工程技术人员编制、相关部门审核、具有法人资格企业的技术负责人批准、经现场监理签认后实施。

（5）临时用电工程必须按用电组织设计、临时用电工程图纸施工。

（6）临时用电工程必须经编制、审核、批准部门和使用单位共同验收，合格后方可投入使用。

2. 施工临时用水管理

（1）计算临时用水的数量。临时用水量包括现场施工用水量、施工机械用水量、施工现场生活用水量、生活区生活用水量、消防用水量。在分别计算了以上各项用水量之后，才能确定总用水量。

（2）选择水源。临时用水的水源，最好利用附近居民区或企业职工居住区的正式供水管道。如果不具备这个条件，或现有管道无法利用时，应另选天然水源，包括地面水和地下水。选择水源要注意下列几点：水量充足；水质要求符合标准的规定；要与农业、水资源综合利用；取水、输水、净水要安全经济；为施工用水、水的运转与管理、设施维护提供方便。

（3）确定供水系统。供水系统包括取水设施、净水设施、储水构筑物、输水管和配水管管网。均需要经过科学计算和设计。

第三章　市政道路工程施工现场管理

第一节　市政道路工程施工现场综合管理

一、现场平面管理

遵循有关法律法规，在保证施工的前提下，结合现场实际情况，以方便施工、节省投资，最大限度减少对现况交通和附近居民，单位的干扰，便于施工物资的进出及循环为原则，遵循招标文件划定的范围和临时设施修建标准，并符合消防安全和文明施工、环境保护的规定。

1. 绘制平面图

绘制总平面图或局部段落平面图，以备施工申请临时占地。总平面图应包括以下内容：

（1）工棚搭建地段，仓库、铁木加工、机修等生产、生活设施的位置。

（2）存放材料场，拌和场地。

（3）施工现场运输路线。

（4）水源和电源的线路和配电室的位置。

（5）临时排水的布局。

2. 施工征地

在市政道路施工中应重视土地的节约，保护农田水利设施，在施工中宜有计划地改造荒地和造田。施工前应按设计要求进行道路用地放样，由业主办理征用土地手续。施工单位可根据施工需要提出增加临时用地计划，并对增加部分进行用地测量，绘制用地平面图及用地划界表，送交有关单位办理拆迁及临时占用土地手续。

3. 施工拆迁

施工进场后，根据指挥部拆迁部对现况拆迁物的调查，项目部将组织专门人员进行核实并根据管线产权单位的要求提出合理拆改移或加固方案，既要保证施工的顺利开展亦要保证地下管线的安全运行。

（1）拆除施工必须纳入施工管理范畴。拆除前必须编制拆除方案，规定拆除方法、程序、使用的机械设备、安全技术措施。拆除时必须执行方案的规定，并由安全技术管理人员现场检查、监控，严禁违规作业。拆除后应检查、验收，确认符合要求。

(2) 房屋拆除，必须依据竣工图纸与现况，分析结构受力状态，确定拆除方法与程序，经建设（监理）、房屋产权管理单位签认后，方可实施，严禁违规拆除。

(3) 采用非爆破方法拆除时，必须自上而下、先外后里，严禁上下、里外同时拆除。

(4) 拆除砖、石、混凝土建（构）筑物时，必须采取防止残渣飞溅危及人员和附近建（构）筑物、设备等安全的保护措施，并随时洒水减少扬尘。

(5) 使用液压振动锤、挖掘机拆除建（构）筑物时，应使机械与被拆建（构）筑物之间保持安全距离。使用推土机拆除房屋、围墙时，被拆物高度不得大于2m。施工中作业人员必须位于安全区域。

(6) 采用爆破方法拆除时，必须明确对爆破效果的要求，选择有相应爆破设计资质的企业，依据现行《爆破安全规程》（GB 6722—2003）等有关规定进行爆破设计，编制爆破设计或爆破说明书，并制订爆破专项施工方案，规定相应的安全技术措施，报主管和有关管理单位审批，并按批准要求由具有相应爆破施工资质的企业进行爆破。

(7) 各项施工作业范围，均应设围挡或护栏和安全标志。

4. 地下管线

市政道路施工范围内的新建地下管线、人行地道等地下构筑物宜先行施工。

核实施工范围内对施工有影响的杆、线、管道和附属设备的情况，查明沿线附近下水道的管径、流向或可供排水的沟渠情况和以往暴雨后积水数据，以便考虑施工期间的排水。对埋深较浅的既有地下管线，作业中可能受损时，应采取有效处理措施。并向建设单位、设计单位提出加固或挪移措施方案，并办理手续后实施。

(1) 现况各种地下管线拆移，必须向规划和管线管理单位咨询，查阅相关专业技术档案，掌握管线的施工年限、使用状况、位置、埋深等，并请相关管理单位到现场交底，必要时应在管理单位现场监护下作坑探。在明了情况基础上，与管理单位确定拆移方案，经规划、建设（监理）、管理单位签认后，方可实施。实施中应请管理单位派人作现场指导。

(2) 各类管线、杆线等建（构）筑物的加固应遵守下列规定：

1) 施工前应依据被加固对象的特征，结合现场的地质水文条件、施工环境与有关管理单位协商确定方案，进行加固设计，经批准后方可实施。

2) 加固设计应满足被加固对象的结构安全与施工安全的要求。

3) 加固施工必须按批准的加固设计进行，严禁擅自变更。

4) 加固施工完成后应经验收，确认符合加固设计的要求，并形成文件。

5）在工程施工过程中，应随时检查、维护加固设施，保持完好。必要时，应进行沉降和变形观测并记录，确认安全；遇异常，必须立即采取安全技术措施。

5. 交通导改

（1）路基施工。施工前，应根据现场与周边环境条件、交通状况与道路交通管理部门，研究制订交通疏导措施和制作交通导流图，并实施完毕。施工中影响或阻断既有人行交通时，应在施工前采取措施，保障人行交通畅通、安全。

除严格执行政府的有关规定外，在施工期间还应注意以下几点：

1）施工段与各道口相交处，人车流密集处道路两侧设专职保通人员疏导行人和车辆，起点在行人和车辆经过地点两侧设置醒目标牌做路标。

2）在围挡道口设红白相间的隔离杆，提醒行人按指定路线行驶，夜间要在来车方向 5m 外及围挡顶部设置红色警示灯。

3）上路人员要必须穿反光服，戴安全帽。

（2）路面施工。路面施工条件允许的情况下可全幅施工，但由于城市人口众多，很多改建项目均在人口密集和车流量较多的地段，因此大部分城市道路路面施工时需要分阶段施工。交通导改时除遵循路基施工交通导改要求外，还应符合下列要求：

1）道路两侧及各路口需要有隔离带和专职保通人员疏导行人和车辆，起点和终点在行人和车辆经过地点两侧设置醒目标牌做路标。

2）利用辅路路床进行车辆疏导流通，主路快速施工，如道路宽度有限，需要保通人员控制两侧车辆分时通行，做好行人及机动车驾驶员的思想工作。

3）主路施工完成后，进入辅路施工阶段，在主路上进行导流。

4）如路宽有限，则需要另辟其他导行道路疏导交通。

5）如两侧别无其他疏导道路可行，则需要施工单位修建临时道路引导行人及车辆。

6. 施工便道

施工前，应根据工程规模、环境条件，修筑临时施工便道或便桥。

（1）修建临时施工道路。临时施工道路修建原则是：

1）以工程指挥部（或项目经理部）为中心，做到内外交通方便——道路能以最短的距离到达主体工程施工场所并与社会已有的主干道路相连接。

2）充分利用原有道路，若原有道路不能满足施工机械车辆的通行要求，应尽量在原有道路上改进，以节约土地、资金和时间。

3）临时施工道路应尽量避开洼塘土地和河流，不建或少建临时桥梁。

4）临时施工道路按简易公路技术要求修建，其具体的标准是：

①设计车速不大于 20km/h。

②路基宽度：双车道 6～6.5m，单车道 4.4～5m，困难地段 3.5m。

③路面宽度：双车道 5～5.5m，单车道 3～3.5m。

④最大纵坡度：平原区 6%，丘陵区 8%，重山区 11%。

⑤桥面宽度：4～4.5m。

⑥桥涵荷载质量等级：7.8～10.4t。

7. 存、弃土场地要求

（1）存土场要求不得积水，场地周围设置围挡，非施工人员禁止入内，存土场使用结束后要恢复原地貌。

（2）征得场地管理单位的同意。弃土场应避开建筑物、围挡和电力架空线路等，不得妨碍各种地下管线、构筑物等的正常使用和维护。弃土场应采取防扬尘措施。推土时及时整平。

8. 流水施工法

以路基土石方工程为例介绍流水施工法的原理。

路堤填筑时，通常在道路延伸方向规划出相等的若干段，称为作业区段。在相邻的各段中，进行着不同的作业，如图 3-1 所示。

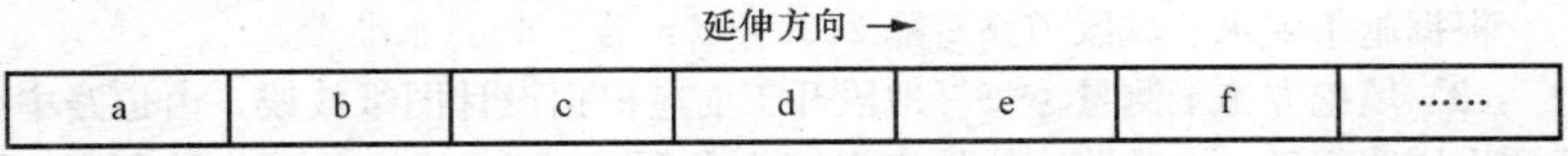

延伸方向 →

a	b	c	d	e	f	……

图 3-1　路堤填筑区段

a 段：检验区段，施工人员利用检验仪器设备，检测路堤的质量标准。检测的内容为路堤几何尺寸和压实程度。

b 段：碾压区段，压实机械正在对铺层进行反复碾压。

c 段：平整区段，整平机械（推土机或平地机）正在按设计要求的断面形状和宽度进行平整。

d 段：填筑区段，选定的铲土运输机械或自卸车正在往这段堆送路堤筑材料。

从以上描述中可知，在同一时间内，担负不同作业工序内容的机械设备分别在各自的段落之内，有条不紊地进行着规定的作业内容。当铲土运输机械或自卸车在 d 段填够了规定的土方量后，它们又到近邻的 e 段进行着同样的工作。此时 e 段成了填筑区段，而 d 段、c 段和 b 段则分别成了平整区段、碾压区段和检验区段，如此延伸下去，路堤一段段地完成了“填—平—压—检”四道工序。这种作业方式叫流水施工法。

实践经验认为区段长度以 40～50m 为宜。因此区段规划太长，每段所需的填方量就大，先填的土，其中的水分蒸发散失就会增多。

二、施工测量

1. 测量内容

施工测量的内容主要包括导线复测、路线交点和转点测设、路线转角的测定和里程桩设置、单圆曲 r 线测设元素的计算和主点的测设、中线测量、带有缓和曲线的圆曲线的曲线测设元素的计算和主点测设、单圆曲线的测设、复曲线和回头曲线的测设、路线纵横断面测量、施工前路线中线的恢复、路基施工放样、挡墙的放样、路线竣工测量。

2. 细节测量放线

(1) 恢复定线测量。在地面上进行中线测量前，应由设计部门办理交桩手续。转角点桩及方向桩应在线外设桩点，并做标记。直线部分每隔 500～1000m 应加设方向桩。

复核水准基点：沿中线作水平测量以复核地面标高及原有水准基点标高，如发现水准基点有疑问，除及时向设计单位查询外，可采用两个水准点为一环进行闭合测量，先确定两点的高程差。看两水准点的闭合差是否在 $12\sqrt{K}$mm 以内（K 为两点间水平距离，以公里计）。

根据施工要求，城区道路每隔 200～300m 设一临时水准点。

(2) 填挖方施工测量。每一地段开工前应根据设计图纸放线，由道路中心线测出道路宽度，在道路边线外 0.5～1m 两侧，以 5、10m 或 15m 为距离钉边桩，钉各主要构筑物位置桩。

测出道路中心高程，标于边桩上，以供施工。施工中应经常检查各测量标志，对丢失或位置移动者要随时补钉校正。

三、人员管理

由于市政道路工程施工需要大量劳动力，须提前安排，以保证施工时有充足的劳动力。因此，在开工前根据工程签订合同要求，合理组建本标段施工管理机构，以工程实际需要为原则，落实专业施工队，做到按计划适时组织进（退）场，避免造成停工、窝工或劳动力缺乏现象。

1. 劳动力使用计划

(1) 劳动力投入取决于工程规模和不同施工阶段的要求，根据工程量和工程进度要求提前安排、合理投入劳动力，既做到保证工程工期，又做到不浪费人力、物力，统筹安排。

(2) 在施工期间，劳动力的配置根据工程进展的实际需要随时调整和加强。进入工地的劳动力使用情况，将根据施工组织的具体安排和分项工程的进度计划进行安排。

(3) 分析施工过程中的用人高峰和详细的劳动力需求计划，拟订日程表，劳动力的进场应相应比计划提前，预留进场培训，技术交底时间。

(4) 开工前列出详细的人员计划表，只有各工种施工人员都到位的情况下，才可以大面积开工。

(5) 施工人员进场后进行施工，技术准备工作，完善驻地生活条件及现场生产条件，主要重点控制工程早日开工，短期内能形成正常施工生产，逐步进入大干高潮的局面。

2. 劳动力培训

组织各工种人员对施工方案、施工方法与工艺，质量安全保证措施等技术交底进行学习，进一步提高作业人员的操作技能。提高遵纪守法的意识和法治素质，促进精神文明、物质文明的建设。并尽一切努力丰富职工的精神文化娱乐生活。同时对特殊工种的人员进行岗前培训，达到先培训后上岗持证上岗的管理要求。施工现场采用新技术、新工艺、新材料、新设备时，必须对施工管理和作业人员进行相应的培训。

3. 分包工程的劳动力选择

根据工程内容，由公司及项目管理部门拟出一份合格劳务施工队名单，选择其中具有经验的劳务队，通过综合比较，挑选技术过硬、操作熟练、体力充沛、实力强善打硬仗的施工队伍。

4. 特殊季节劳动力安排

(1) 实现全面经济承包责任制，遵循多劳多得、少劳少得、不劳不得的分配原则，并进行宣传及主人翁意识教育，使劳动者深刻意识到缺勤对工程施工可能造成的影响，充分利用劳动者的主人翁责任感，减少特殊季节、农忙期间及节假日劳动力缺失。

(2) 建立劳动者之家，搞好业余文化生活，活跃业余生活气息，缓解工作压力，稳定劳动者情绪，减少特殊季节、农忙期间及节假日劳动力缺失。

(3) 对农忙季节和节假日不能回家的员工，除向其家人发慰问信外，给予适当补助，以人性化的管理，解除劳动者后顾之忧，稳定劳动者思想，减少劳动力的缺失。

(4) 做好特殊季节及节假日劳动力意向及动态的摸底工作，提前做好补充预案，保证施工正常进行。

(5) 合同签署。所有参施人员均需签订劳动合同，并按照职业健康安全管理体制提供舒适的生活和作业环境，以发挥工人工效，保证施工正常。

四、材料管理

1. 土

(1) 分类。岩土分类见表 3-1。

表 3-1　　岩土的分类

分类	说　明
岩石	岩石应为颗粒间牢固连接，呈整体或具有节理裂隙的岩体。作为建筑物地基，除应确定岩石的地质名称外，还应划分其坚硬程度和完整程度。 (1) 岩石的坚硬程度应根据岩块的饱和单轴抗压强度，分为坚硬岩、较硬岩、较软岩、软岩和极软岩。当缺乏饱和单轴抗压强度资料或不能进行该项试验时，可在现场通过观察定性划分。 (2) 岩体完整程度划分为完整、较完整、较破碎、破碎和极破碎
碎石土	碎石土为粒径大于 2mm 的颗粒含量超过全重 50%的土。碎石土分为漂石、块石、卵石、碎石、圆砾和角砾
砂类土	砂土为粒径大于 2mm 的颗粒含量不超过全重 50%、粒径大于 0.075mm 的颗粒超过全重 50%的土。砂土分为砾砂、粗砂、中砂、细砂和粉砂
黏性土	黏性土为塑性指数 J_p 大于 10 的土，可分为黏土、粉质黏土
粉土	粉土为介于砂土与黏性土之间，塑性指数 $J_p \leqslant 10$ 且粒径大于 0.075mm 的颗粒含量不超过全重 50%的土
淤泥	淤泥为在静水或缓慢的流水环境中沉积，并经生物化学作用形成，其天然含水量大于液限、天然孔隙比大于或等于 1.5 的黏性土。当天然含水量大于液限而天然孔隙比小于 1.5 但大于或等于 1.0 的黏性土或粉土为淤泥质土
红黏土	红黏土为碳酸盐岩系的岩石经红土化作用形成的高塑性黏土。其液限一般大于 50%。红黏土经再搬运后仍保留其基本特征，其液限大于 45%的土为次生红黏土

续表

分类	说　明
人工填土	人工填土根据其组成和成因，可分为素填土、压实填土、杂填土、冲填土。 素填土为由碎石土、砂土、粉土、黏性土等组成的填土。经过压实或夯实的素填土为压实填土。杂填土为含有建筑垃圾、工业废料、生活垃圾等杂物的填土。冲填土为由水力冲填泥沙形成的填土
膨胀土	膨胀土为中黏粒成分主要由亲水性矿物组成，同时具有显著的吸水膨胀和失水收缩特性，其自由膨胀率大于或等于40%的黏性土
湿陷性土	湿陷性土为浸水后产生附加沉降，其湿陷系数不小于0.015的土

(2) 土样的验收。

1) 土样运到试验单位，应主动附送“试验委托书”，委托书内各栏根据“取样记录簿”的存根填写清楚，若还有其他试验要求，可在委托书内注明。土样试验委托书应包括试验室名称、委托日期、土样编号、试验室编号、土样编号（野外鉴别）、取样地点或里程桩号、孔（坑）号、取样深度、试验目的、试验项目等，以及责任人（如主管、主管工程师审核、委托单位及联系人等）

2) 试验单位在接到土样之后，即按照“试验委托书”清点土样，核对编号并检查所送土样是否满足试验项目的需要等。同时，每清点一个土样，即在委托书中的试验室编号栏内进行统一编号，并将此编号记入原标签上，以免与其他工程所送土样编号相重而发生错误。

3) 土样清点验收后，即根据“试验委托书”登记于“土样收发登记簿”内，并将土样交负责试验人员妥善保存，按要求逐项进行试验。土样试验完毕，将余土仍装入原袋内，待试验结果发出，并在委托单位收到报告书一个月后，仍无人查询，即可将土样处理。若有疑问，尚可用余土复试。试验结果报告书发出时，即在原来“土样收发登记簿”内注明发出日期。

(3) 土样的运输管理。

1) 原状土或需要保持天然含水量的扰动土。在取样之后，应立即密封取土筒，即先用胶布贴封取土筒上的所有缝隙，在两端盖上用红油漆写明“上、下”字样，以示土样层位。在筒壁贴上“取样记录簿”中扯下的标签，然后用纱布包裹，再浇筑融蜡，以防水分散失。原状土样应保持土样结构不变；对于冻土，原状土样还应保持温度不变。

2）密封后的原状土在装箱之前应放于阴凉处，不需保持天然含水量的扰动，最好风干稍加粉碎后装入袋中。

3）土样装箱时，应与“取样记录簿”对照清点，无误后再装入，并在记录簿存根上注明装入箱号。对原状土应按上、下部位将筒立放，木箱中筒间空隙宜以稻（麦）草或软物填紧，以免在运输过程中受振、受冻。木箱上应编号并写明“小心轻放”、“切勿倒置”、“上”、“下”等字样。对已取好的扰动土样的土袋，在对照清点后可以装入麻袋内，扎紧袋口，麻袋上写明编号并拴上标签（如同行李签），签上注明麻袋号数、袋内共装的土袋数和土袋号。

4）盐渍土的扰动土样宜用塑料袋装。为防取样记录标签在袋内湿烂，可用另一小塑料袋装标签，再放入土袋中；或将标签折叠后放在盛土的塑料袋口，并将塑料袋折叠收口，用橡皮圈绕扎袋口标签以下，再将放标签的袋口向下折叠，然后再以未绕完的橡皮圈绕扎系紧。每一盐渍土剖面所取的5个塑料袋土，可以合装于一个稍大的布袋内。同样，在装入布袋前要与记录簿存根清点对照，并将布袋号补记在原始记录簿中。

2. 灰土

（1）分类。按配比不同可分为二八灰土和三七灰土。

（2）进场验收。

1）石灰剂量不应低于设计灰剂量。

2）石灰土颜色应均匀。

3）石灰土中不应含有未搅拌均匀的土块。

（3）存储运输管理。灰土应随拌随用，运输时应采取防尘措施。

3. 沥青

（1）分类。沥青按在自然界获取的方式不同可以分为地沥青（包括石油沥青和天然沥青）和焦油沥青（包括煤沥青、木沥青等）。地沥青可以是天然形成的，也可以是石油工业的副产品。按其产源不同可分为天然沥青和石油沥青两类。道路上最常用的是石油沥青。

（2）进场验收。

1）小容器盛装的石油产品，均应分成批次，并在每一容器上标明下列标志（重油、沥青等除外）。

①油品名称及牌号。

②生产厂名称或石油站名称及包装年、月、日。

③毛重、净重。

④货堆或批次编号。

⑤进出口石油产品应注明国别。

⑥对于液体石油产品应注明易燃品，严禁烟火。

2）收、发货单位或运输部门应保证供给清洁并适合贮存该种产品的容器，并由收、发货及运输三方共同对容器按本规则进行检查，如认为不符合要求时，提供容器单位必须负责清洗或调换合格的容器。在遇有对容器清洁程度的判定有争执时，一律不装。但在一方坚持要求装运时，如发生质量问题，则由要求的一方负责。

3）发货单位根据所发出产品的油罐或管线中采取的油样化验的结果判定质量，如合格则发出产品，并给予产品质量合格证。

4）收货单位有权抽查所发出的产品质量，如发现该批产品不符合所订质量标准时，可提出复验保留样品意见，以保留样品的分析结果为仲裁根据。

5）接收散装成批的产品时，收货单位在到货地点检查容器及签封是否完整，如发现签封损坏等情况，应由运输部门查清原因。

6）以管道输送直接交货时，由发货单位的油罐（发油罐）中取样进行质量检验，但发货单位不得将水或杂质送进收货单位的容器，否则收货单位容器内油料变质，应由发货单位负责；如因收货单位的容器不清洁或原存油品而影响新装入油品质量时，则由收货单位自行负责。

7）交、接双方在产品质量化验上发生争议时，双方可共同化验或委托双方同意的单位或商请仲裁单位决定。

（3）存储运输管理。

1）材料运输。易燃的石油产品，在保管与运输中，须执行有关防火安全规定。必须严禁烟火，并应设置完善的消防设备。在抽注油或倒罐时，油罐及活管必须用导电的金属接地，以防止静电聚积起火。

①输运易凝的石油产品，可用蒸汽加热盘管或具有加热设备的保温车进行接卸；重柴油、重油及半软沥青等可用直接水蒸气加热，禁止使用明火。

②在开关容器盖子时，必须使用特制扳手，不得用凿子及锤子，以免产生火花，引起火灾。开启前要擦净，封闭时要加垫片，以免将油弄脏。

③较大容器（如油罐）要定期对油品检查、化验和清扫容器底部聚沉的残渣及污物。化验和清扫期限随贮存情况和产品质量要求自行作出具体规定。

④用油罐车、油船等运输时，一定要保护好注油口或排油口的铅封，车站交接时，须按铁道部规定的货车施封及拆封规则，并认真检查铅封状况，以免在运输途中发生意外。

⑤凡接卸油罐车装运的各种油品的收货人，在卸车后，须及时对每一油罐车填写一份记录前次所装油品名称、牌号的油罐车回送单，随车带走或送交车站，以便往各地配车时记录前次所装油品名称、牌号，以减少洗油罐车次数，

发挥油罐车效率，并避免因混装而引起的油品变质。

2）材料保管。

①保管及运输石油产品时，必须依其名称、性质、牌号加以区别。

②盛装石油产品所用的容器，必须完整、清洁、不漏、经检查符合要求后，方能使用。

③为了防止阳光及雨雪的辐射和直接接触而影响产品质量，在保管石油产品时，可按下列顺序入库。

a. 特种润滑油及润滑脂。

b. 透明石油产品。

c. 石蜡及地蜡。

d. 包装易于损坏者等。

如露天放置，应用防雨布或其他材料搭棚遮盖，实在不得已而贮存量甚大且无防雨布时，则须将桶倾斜立置并与地面成75°角，桶上大小盖口应在同一水平线上，以防雨水渗入。

④装有石油产品的油桶，可以按其种类分组堆积存放，水泥地面尽可能垫上木板，土地面最好垫较厚的垫木，每组堆积的体积不得超过50m³，堆积高度视油桶质量而定，一般大桶可堆2～3层，小桶可堆5～6层，两层之间应用木板隔开。每一堆要挂上标签，注明所存油品的名称、牌号及时间，组与组或行列之间应保持1m以上距离，还应执行有关防火规定。

⑤在气温高时（30℃以上），汽油等轻质油品易挥发损失，影响质量，且不安全，因此需采用适当冷却方法。

4. 沥青混合料

（1）分类。

1）按结合料可分为石油沥青混合料和煤沥青混合料。

2）按施工温度可分为热拌沥青混合料和常温沥青混合料。前者主要采用黏稠石油沥青作为结合料，需要将沥青与矿料在热态下拌和、热态下摊铺碾压成型；后者则采用乳化沥青、改性乳化沥青或液体沥青在常温下与矿料拌和后铺筑而成。

3）按矿质骨料的级配类型分类。可分为连续级配沥青混合料（采用的矿质混合料为由大到小各粒级的颗粒都有）和间断级配沥青混合料（矿质混合料中的骨料为间断级配）。

（2）进场验收。验收取样方法如下：当用于马歇尔试验、抽提筛分时，取样量应为20kg；当用于车辙试验时，取样量应为60kg；当用于浸水马歇尔试验时，取样量应为20kg；当用于冻融劈裂试验时，取样量应为20kg；当用于弯曲试验时，取样量应为25kg。

(3) 热拌沥青混合料的运输。

1) 热拌沥青混合料应采用较大吨位的自卸汽车运输。运输时应防止沥青与车厢板粘结。车厢应清扫干净，车厢侧板和底板可涂一薄层油水（柴油与水的比例可为1∶3）混合液，并不得有余液积聚在车厢底部。

2) 从拌和机向运料车上装料时，应防止粗细骨料离析，每卸一斗混合料应挪动一下汽车。

3) 运料车应采取覆盖篷布等保温、防雨、防污染的措施，夏季运输时间短于0.5h时，也可不加覆盖。

4) 沥青混合料运输车的运量应比拌和能力或摊铺速度有所富余，施工过程中摊铺机前方应有运料车在等候卸料。对高速公路、一级公路和城市快速路、主干路，开始摊铺时在施工现场等候卸料的运料车不宜少于5辆。

5) 连续摊铺过程中，运料车应停在摊铺机前10～30cm处，不得撞击摊铺机。卸料过程中运料车应挂空挡，靠摊铺机推动前进。

6) 沥青混合料运至摊铺地点后应凭运料单接收，并检查拌和质量。不符合温度要求，或已经结成团块、已被雨淋湿的混合料不得用于铺筑。

五、机械管理

1. 机械进场

市政道路工程施工使用的大型机械包括挖掘机、装载机、推土机、自卸汽车、破碎炮、平地机、摊铺机、各类压路机等。如租赁机械、设备必须明确租赁双方的安全责任，签订安全协议。不管是租赁还是自有机械，入场前均进行检校，确认其安全技术性能符合要求，确保投入施工现场的每台机械状态良好，并形成文件。轻型机械设备用自卸汽车运至施工现场，重型机械设备采用平板载重车运至工地。

机械设备进场时应预先计划以下内容：

(1) 施工人员应根据施工总体进度和工程实际进展情况组织安排机械提前进场，尤其是在施工高峰阶段，提前做好大型机械设备的提前安排，确保工程施工的连续性。

(2) 对于控制工期的项目和施工中需要连续运转使用的设备考虑一定的备用量，避免因设备故障而影响工期或造成损失。

(3) 工程施工按机械化作业流水线进行选型及配套配置，试验、质量检验设备、仪器、仪表按国家二级试验室标准配置，满足本标段工程施工、试验及质检的需要。

2. 机械设备的优化配合使用

(1) 大型机械设备的使用可以提高劳动生产率。例如，一台斗容量为0.5m^3

的挖掘机可以代替80～90个工人的体力劳动；一台中型推土机可以代替100～150个人的工作量。可见，大型机械的使用可以大幅度的提高工作效率。

（2）为充分发挥机械设备的性能，在进行机械选型配备时，将若干在主要参数方面彼此协调一致的机械设备组成专门机组，配套使用，充分发挥机械的群体效能，使机械化施工达到理想效果。例如，路基土方工程机械组合时应考虑以下几点：

1）主导机械与配套机械的工作容量、数量及生产率应稍有储备。

2）牵引车与配套机具的组合。

3）配合作业机械组合数尽量少，以提高施工总效率。

4）尽量选用系统产品，便于维修和管理。

对于土方工程，使用机械组织施工的方法有推土机施工法、铲运机施工法和挖掘机加装载机施工法。根据土方工程通常的作业程序，机械的配套和组合见表3-2。它们之间的组合关系可以作为组成合理的机组进行施工的一个参考依据。

表3-2　施工方法

<table>
<tr><th colspan="2">作业名称</th><th>挖掘</th><th>装载</th><th>搬运</th><th>路基面修整</th><th>撒布</th></tr>
<tr><td colspan="2">作业程序</td><td>1</td><td>2</td><td>3</td><td>4</td><td>5</td></tr>
<tr><td rowspan="3">机械的配套和组合</td><td>推土机施工法</td><td colspan="3">推土机</td><td>平地机</td><td>推土机
平地机
压实机</td></tr>
<tr><td>铲土机施工法</td><td colspan="3">铲土机
铲运机＋推土机</td><td>平地机</td><td>推土机
平地机
压实机</td></tr>
<tr><td>挖掘机加装载机施工法</td><td>挖掘机</td><td colspan="2">装载机翻斗车
自卸汽车</td><td>平地机</td><td>推土机
平地机
压实机</td></tr>
</table>

（3）根据运距选择。各种铲运机械都有自己的经济运距，所以应结合工程规模及现场条件，见表3-3。

（4）加强机械设备管理，机械设备使用、检验、维修、保养制度，做到加强机械设备的检修和维修工作，配备过硬的维修人员，确保机械正常运转，对主要工序要储备一定的备用机械。

（5）对各种机械设备的易损配件，建立自备库，保存足够数量，并且挂标识牌，特殊配件建立邮购业务及时供货，确保机械设备的安好率。

表 3-3　　施工机械经济运距

机械	履带推土机	履带装载机	轮胎装载机	拖式铲运机	自行式铲运机	轮式拖车	自卸汽车
经济运距/m	<80	<100	<150	100～550	200～1000	>2000	>2000
道路条件	土路不平	土路不平	土路不平	土路不平	土路不平	平坦路面	一般路面

3. 大型机械保养

组建一支由机械工程师及高级技师（修理）为主的修理队伍，配齐各种维修设备和工具，建立机械设备修理基地，确保各种机械设备得到及时修理，以保障机械设备的出勤率。各种机械设备定期、定时维修，以维护机械的正常使用寿命，严禁各种机械设备带病运行。

第二节　路基土石方工程现场管理与施工要点

一、作业条件

（1）路基施工前由业主办理土地征用手续，并经设计、建设和施工部门核对地质资料，检查路基土壤与工程地质勘查报告、设计图纸是否相符，有无破坏原状土壤结构或发生较大扰动现象，在核查各项无误后，检验确定路基承载力满足设计和规范要求。

（2）对路基施工范围内基底强度不符合要求的原状土进行换填，并分层压实。压实度符合规定要求。

（3）路基范围内的数目、灌木丛、草皮等均应在施工前砍伐或移植，砍伐的数目应移置于路基用地以外，进行妥善处理，并将挖穴填平碾压密实。

（4）场地已清理并平整，临时施工便道或便桥修筑完毕，施工用水、用电满足施工要求。

（5）临时排水、防水设施已施工完毕。

（6）施工前根据施工设计图纸和有关规定进行试验段施工，总结出施工适宜的方法、程序和各项参数，以便指导大范围施工。试验路段位置应选择地质条件和断面形式均具有代表性的地段，路段长度在 100～200m 范围内。

二、现场工、料、机管理

1. 施工人员工作要点

（1）基底处理。基底处理及路基填筑时路工应清除土内少量存有的有机物。施工过程中在地下管线处插标示牌，提示管线种类、尺寸、深度，煤气管线管顶覆土厚度不足 1m，上下水道覆土厚度不足 50cm 处，应人工开挖。

(2) 土方施工。

1) 土方填筑时大于 10cm 的土块应打碎或剔除。用铲运机、拖拉机、推土机填筑路堤时，每层土壤应以推土机配合人工仔细整平。

2) 部分道路用土或其他利用土方到达施工场地后，需要工人对土内含有的有机质或其他杂质进行拣除。

3) 在初次碾压后需要对碾压过的路基进行检查，发现有机质后需要拣除。

4) 开挖沟槽或其他基础时机械开挖后人工开挖，避免超挖。对需要挖台阶的位置，先将松散土层进行清理干净，台阶宽度不小于 1m。用小型夯实机具加以夯实，并向内侧倾斜 2%～4%。砂性土不挖台阶，但应将原地面以下 20～30cm 的土翻松。

5) 土工格栅铺设将强度高的方向平行于路中线展开，摊铺时应拉直平顺。土工格栅采用缝接法连接，接缝宽度为 20cm，铺好后，在 48 小时内必须在上填土，并不得因填土移动。

6) 在回填压实施工中，压路机和强夯设备达不到的地方使用手扶振动夯实。

7) 路基用人工或机械刮土或补土，配合机械碾压的方法整修成型。按设计坡率用人工配合挖掘机（去齿）刷去超填部分土方，并采用拖式震动压实机对边坡进行压实。

(3) 石方施工。

1) 当用块径 25cm 以下石料人工分层铺筑时，可直接分层碾压；当用人工铺填料粒径大于 25cm 石料时，应先铺填大块石料，大面向下，小面向上，摆平放稳，然后用小石块找平，石屑塞缝，最后压实。填石路堤的填料如其岩性相差悬殊，则应将不同岩性的填料分层或分段填筑。填石路堤应分层填筑、分层压实，分层松铺厚度不宜大于 0.5m。

2) 填石路堤一般也应分层填筑，每层厚度不要超过 1m，其中大石块大于填筑层厚度的 2/3 时，应予解小，或码砌于坡脚。

3) 逐层填筑时应安排好石料运输路线，专人指挥，按水平分层填筑，先低后高，先两侧后中央卸料，并用大型推土机摊平，个别不平处应配合人工找平。

4) 用大型推土机推平。在推平过程中，人工配合机械，按照技术规范的规定，把超粒径的块石推出路基边线之外。

5) 碾压先轻后重，压实前需用大型推土机将层面推平，局部要用细石粒人工找平。先用 25t 轮式振动碾或相近的重型压路机，碾压 1～2 遍，再用 50t 拖式振动碾或相近的重型振动碾碾压。振动压路机械，振幅一般在1.5～2mm范围内，振动频率在25～30Hz之间。压路机的行驶速度在4.5km/h左右。

(4) 坡面防护。三维网植草防护施工时。先平整边坡坡面，在平整后的坡面上撒5～7cm厚的疏松土壤并洒水及播种草籽。三维网搭接宽度不小于10cm，用U形钉沿三维植被网四周以1.4m距离进行固定。

1) 种草。适用于坡面冲刷轻微、边坡稳定的土路堤或路堑边坡。用以固结表土、减少流失。选用的草籽应适宜当地生长条件且容易生长的多年生草种为宜，使坡面形成良好的植被层。

2) 使用土工合成材料进行土质坡面防护。采用在坡面上铺设土工网格。撒播草种生成草皮。施工前应清理整平坡面、铺设土工网络、要求平顺、相接处不重叠，用插钉固定于坡面上，撒草种后、定期浇水、保持土体潮湿、草籽生根发芽形成植被层，达到护坡、固坡目的。

3) 喷浆、喷射混凝土（或带锚杆铁丝网）坡面防护。用于易风化的岩石坡面或高而陡的边坡及需大面积防治的坡面等。黏土坡面不宜采用。施工前对坡面较大裂缝，凹坑应用水泥砂浆嵌补、岩体表面冲洗干净。灌浆锚杆孔应冲洗干净，铁丝网与锚杆连接牢固并与坡面保持设计间距，喷层分2～3次进行、层厚均匀、养护7～10d。

(5) 其他工作。

1) 在道路施工过程中常出现半幅施工或封路施工，这个时候应派遣保通人员，对路口和车辆较多地段进行交通疏导，保证道路通畅和施工顺利。

2) 在施工过程中要求立杆、挂线，并在施工地段插上施工标示牌。如有需要，2～3人跟随测量员测量中边桩并撒灰线。

3) 部分材料运输人员，如砂浆搅拌后的短途人力运输，水泥的人工搬运等。

4) 路基遇雨水冲刷时路基表面的人力挖沟排水。

5) 部分砌筑施工时，石料运至工地后，不得受到污染，砌筑前要干净并用水湿润，按照要求进行打磨处理。

6) 路基工程设计的机械驾驶人员较多，主要包括挖掘机驾驶员、推土机驾驶员、装载机驾驶员、压路机驾驶员、平地机驾驶员、铲运机驾驶员、运输车辆驾驶员等。

2. 材料选择及检验

(1) 路基填料的选择。

1) 最稳定的填料主要有石质土和工业矿渣两大类。这两类材料摩擦系数大，不易压缩，透水性好，其强度受水的影响很小，是填筑路堤的最佳材料。

2）密实后可以稳定的填料亦分为一般填土和工业废料两类。这些材料经压实后能获得足够的强度和稳定性，是较好的常用填筑材料。

3）稳定性差的填料主要有高液限黏土、粉质土等。

4）改良好的填料。稳定性较差的土一般属于液限大于50%，塑性指数大于26的土，不宜作为公路路基填土。在特殊情况下，受工程作业现场条件限制，必须使用时，通常应调节含水量或掺外加剂等方法后才可使用。

（2）材料检验。

1）检查土是否含有淤泥、腐殖土及有机物等杂质，是否为房渣土；检查土的含水量；检查土块的粒径；检查土的塑性指数是否符合设计要求。

2）填方材料的检验。

①路基填土不得使用淤泥、沼泽土、冻土、生活垃圾、含有树根和腐殖质的土。

②有机质含量不得大于5%。

③对盐渍土、膨胀土及含水量超过规定的土，不能直接填筑路基，应采取设计图纸要求的技术措施后方可使用。

④液限含水量大于50%、塑限指数 I_p 大于26的土不应使用。

⑤强风化岩石及浸水后易崩解的岩石不宜选为浸水部分路基填料。

3. 土石方施工主要机械使用方法

（1）挖掘机。使用正铲和拉铲挖掘机尚有最小工程量的要求。由于履带式挖掘机械的机动性较差，进出工作场地均需平板拖车拖运，工程量小时，机械进出场地的成本相对较大，经济上不够合理。如工程量小，而又必须使用挖掘机施工时，选用斗容量较小、机动性强的轮胎式全液压挖掘机比较经济合理。表3-4列出了正铲、拉铲挖掘机最小工程量。

表3-4　　正铲、拉铲挖掘机最小工程量

铲斗容量/m³	正铲挖掘出		拉铲挖掘机	
	工程量/m³	土壤级别	工程量/m³	土壤级别
0.5	15 000	Ⅰ～Ⅳ	10 000	Ⅰ～Ⅱ
0.75	20 000	Ⅰ～Ⅳ	15 000	Ⅰ～Ⅱ
0.75	—	—	12 000	Ⅲ
1.00	15 000	Ⅴ～Ⅳ	15 000	Ⅰ～Ⅱ
1.50	25 000	Ⅴ～Ⅳ	20 000	Ⅰ～Ⅱ

1）开挖路堑。

①正铲挖掘机开挖路堑。正铲挖掘机开挖路堑有两种开挖方法，即全断面正向开挖和全层开挖。如路堑的深度在5m以下时，可采用全断面正向开挖，挖掘机一次向前开挖全路堑至设计标高。运输车辆停在同一平面上，它可以布置与挖掘机并列或在其后，如图3-2所示。这样施工比较简单，但挖掘机必须横向移位，方可挖掘到设计宽度。

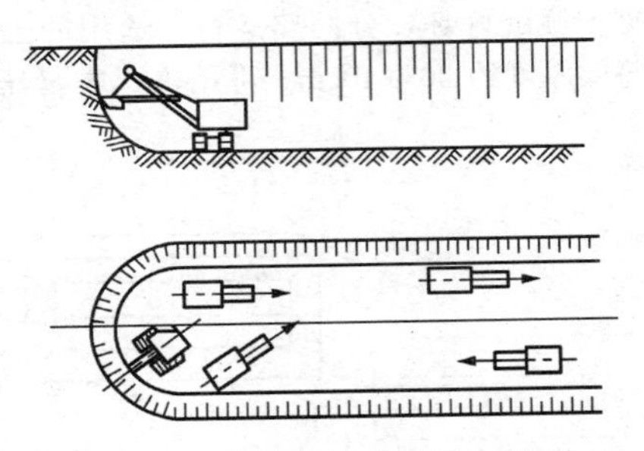

图3-2　正铲挖掘机全断面开挖路堑

当路堑深度超过5m时，应分层开挖，即挖掘机在纵向行程中先把路堑开通一部分，运输车辆布置在一侧与挖掘机开挖路线平行，这样往返开挖几个行程，直至将路堑全部开通，如图3-3所示。第一开挖道工作面的最大高度不应超过挖掘机的最大挖土高度。一般以停在路堑边缘的车辆能装料即可。至于其他各次的开挖道都可以按要求位于同一水平之上。这样可以利用前次挖好的开挖道作为运输路线。

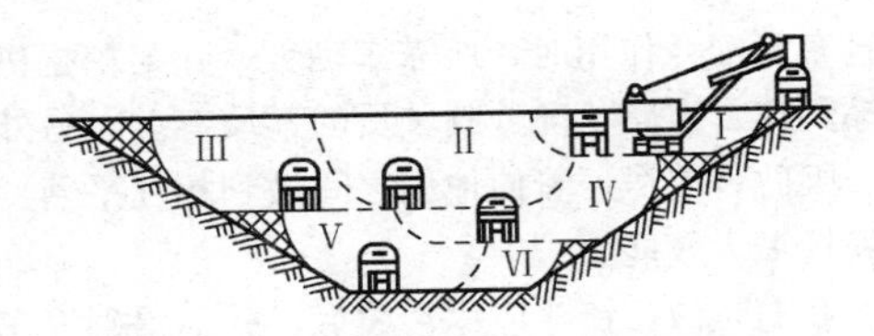

图3-3　正铲挖掘机分层开挖深路堑

各次的开挖道完成后，是退返还是调头作反方向开挖，可视现场具体情况而定。此时，必须注意每一条开挖道的排水工作。挖掘机各次开挖后在边坡上留下的土角，可以用推土机修整。

②反铲挖掘机开挖路堑。由于反铲挖掘机适于开挖停机面以下的土壤，因此，挖掘机应布置在堑顶两侧进行。根据情况可选用沟端法或沟侧法开挖。

2）填筑路堤。

①正铲挖掘机与运输车辆配合填筑路堤。挖掘机由取土坑或取土场取土填筑路堤时，对挖掘机来说工作是比较简单的，只要按照以上所介绍的几种形式进行作业，并在选定的取土场开辟有利地形的工作面，挖出所要求的土壤即可。但是挖掘机如何与运输工具配合，则应很好地组织。图 3-4 为正铲掘机与运输车辆配合填筑路堤时的运行路线图。挖掘机在取土场有四个掘进道，而汽车的运行路线是根据土壤的好坏，分两路运行。适用的土应按照路堤边桩分层，有序地填筑，每层厚度约 30～40cm。可用汽车本身压实，或用羊足碾和振动压路机碾压。

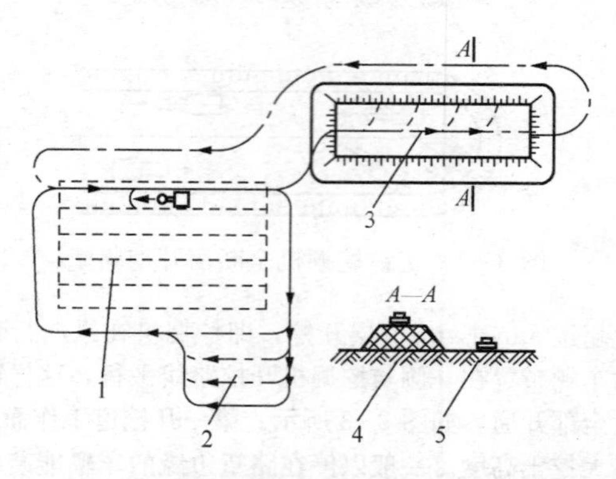

图 3-4　正铲挖掘机与运输车辆配合的运行路线图

1—取土场；2—不适用的废弃土；3—重车道；4—路堤；5—汽车

挖掘机与运输车辆配合作用时，所需车辆数，除与挖掘机、汽车的性能有关外，同时与运输距离、道路状况、驾驶员的素质有关，另外也与平整和压实机械的能力有关。因此，应尽可能使他们之间做到相互平衡。只有这样才能使参加施工的机械发挥最大效能。

挖掘机装车作业的时候，铲斗应尽量放低，并不得砸撞车辆，严禁车厢内有人，严禁铲斗从运输车辆驾驶室上越过。

(2) 推土机。推土机在道路工程施工中，主要用于填筑路堤、开挖路堑、平整场地、管道和沟渠的回填土以及其他辅助作业。其运距一般不超过 100m，而在 30～50m 以内效率较高，经济效果也较好，运距过大和过小均会降低生产率，如图 3-5 所示。当运土距离超过 75m 时，其生产效率显著降低。此外，作业土壤为Ⅰ～Ⅱ级，如Ⅲ级以上应预翻松。如土壤中有少量的孤石，应首先破碎再进行作业，如孤石过多时不宜使用推土机，否则将使机械产生剧烈振动和磨损，大大缩短机械的使用寿命。

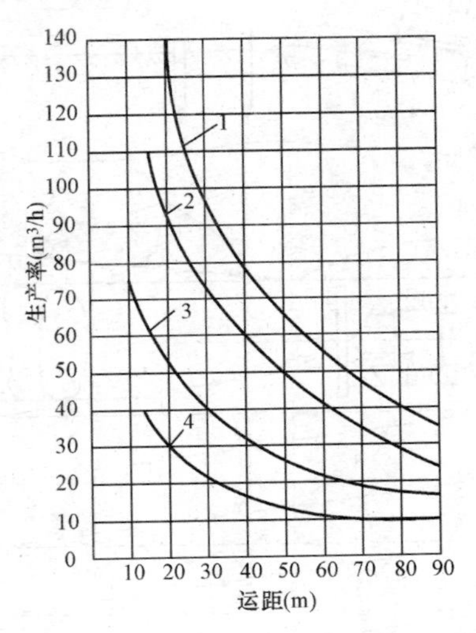

图 3-5 推土机生产率与施工条件的关系

1—下坡 20°；2—下坡 10°；3—水平；4—上坡 10°

另外，推土机在施工准备工作中可以开伐树木，清除乱石和挖掘树根；在辅助作业中可顶推铲运机作助铲用。

推土机填筑路堤的作业方式，一般均为直接填筑，其施工方法有两种，即横向填筑与纵向填筑。市政道路多采用横向填筑，而在丘陵和山区多用纵向填筑。

在一侧取土时，每段一台推土机，作业路线可采用“穿梭”法进行，如图 3-6 所示。在施工中，推土机推满土后，可向路堤直送至路堤坡脚，卸土后仍按原推土路线退回到挖土始点。这样在同一路线中按槽式运土法送二三刀就可挖到 0.7～0.8m 深。此后推土机作小转弯倒退，以便向一侧移位，仍按同法推侧邻的土壤。以此类推地向一侧转移，直至一段路堤完工。然后推土机反向侧移，推平取土坑所遗留的各条土埂。

当推土机由两侧取土坑推时，每段最好以两台并以同样的作业法，面对路堤中心线推土，但双方一定要推过中心线些，并注意路堤中心线的压实。图 3-7所示为从两侧取土时的作业线路图。当路堤填筑较高时，应分层有序的进行，一般每层厚度约 20～30cm，并分层压实。

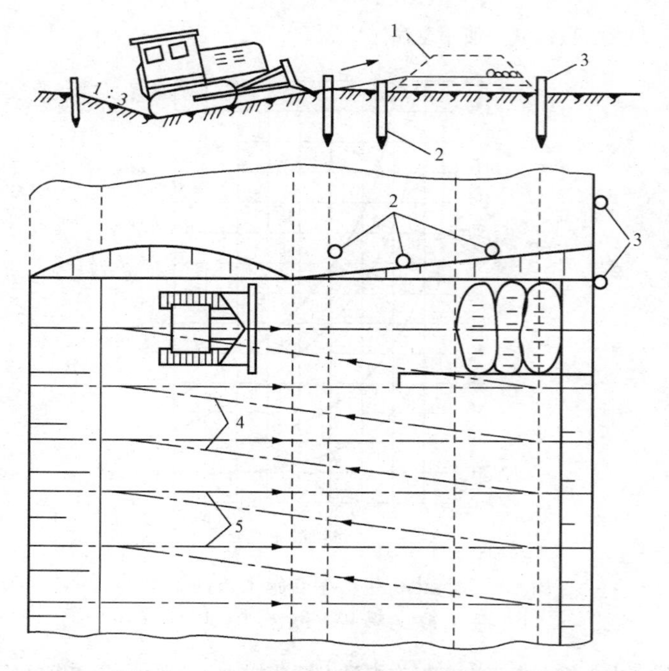

图 3-6 推土机由一侧取土坑取土填筑堤

1—路堤；2—标定桩；3—间距为 10m 的高标杆；4、5—推土机“穿梭”作业路线

当推土机单机推土填筑路堤高度超过 1m 时，应设置推土机进出入坡道，如图 3-8 所示。通道的坡度应不大于 1∶2.5，宽度应与工作面宽度相同，长度约5～6m。当采用综合机械化施工时，填筑高度超过 1m 后，多用铲运机来完成。

用推土机开挖路堑，同样有两种施工情况，一种是在平地上开挖浅路堑，这种情形在市政道路施工中较为常见；另一种是在山坡上开挖路堑或移挖作填开挖路堑。

平地两侧弃土横向开挖路堑。用推土机横向开挖路堑，其深度在 2m 以内为宜，如图 3-9 所示。开始推土机以路堑中线为界向两侧用横向“穿梭”作业推土法进行，将路堑中挖出的土送至两侧弃土堆，最后再做专门的清理与平整。如开挖深度超过 2m，则需与其他机械配合施工。此外，对上述施工作业，推土机也可进行环形作业法，如图 3-9 之 4 所示。施工时推土机可按椭圆形或螺旋形路线运行，这种运行路线可以对弃土堆进行分层平整和压实。

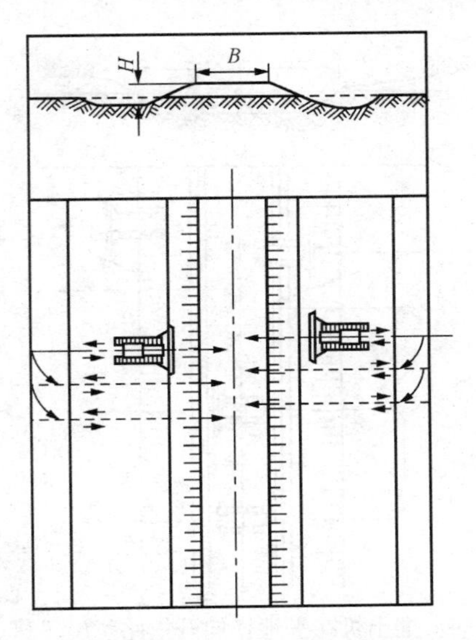

图 3-7　推土机两侧取土坑取土填筑路堤作业线路图

B—路基宽；H—路基高

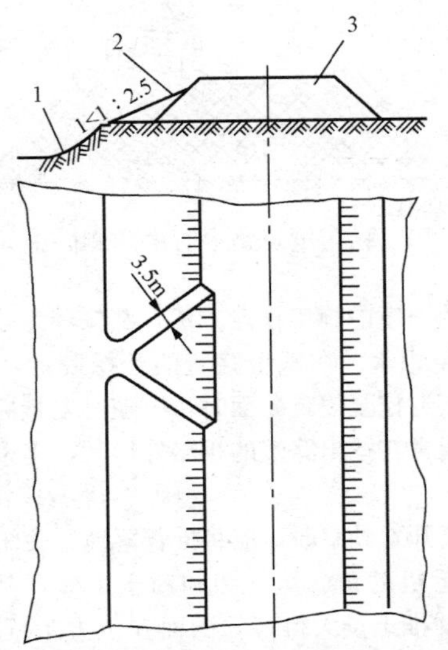

图 3-8　推土机作业坡道设置

1—取土坑；2—进出入坡道；3—路堤

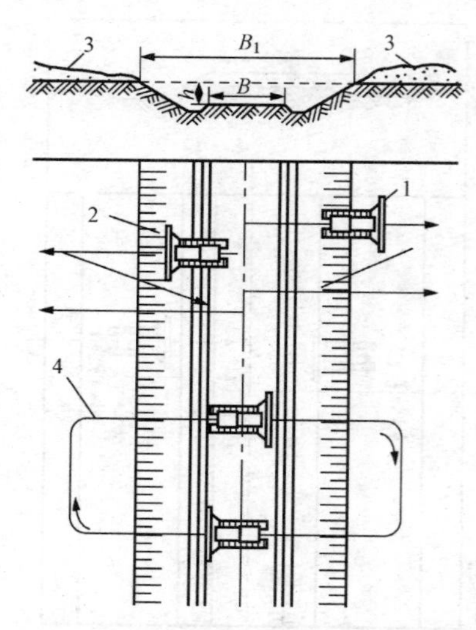

图 3-9　推土机在平地横向开挖路堑施工作业图

1、2—两台推土机采用“穿梭”作业法；3—弃土堆；4—环行作业法

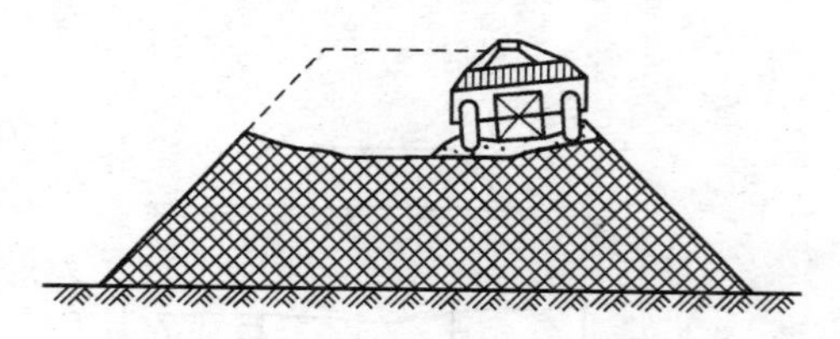

图 3-10　纵向填筑路堤时由两侧向中间填筑

不论采用何种开挖路堑的施工作业方法，都应注意排水问题，绝对不允许路堑的中部下凹，以免积水。在整个路堑的开挖段上，应做出排水方向的坡度，以利于泄水。在接近挖至规定断面时，应随时复核路基的标高和宽度，以免出现超挖或欠挖。通常在挖出路堑的粗略外形后，多采用平地机来整修边坡和边沟。

推土机操作人员离开驾驶室时，应将推铲落地并关闭发动机。

(3) 铲运机。铲运机的铲、运、卸和铺土工作，都是自身独立完成的。它的斗容量比推土机的推土量大得多，因而在土方工程中比推土机具有更高的效率和经济性；与挖掘机相比，一台斗容量为 $10m^3$ 的自行式铲运机，只需一名驾驶员，在合理运距内一个台班完成的土方量，相当于一台斗容量为

$1m^3$ 的挖掘机再配备四辆载重量为 10t 的自卸汽车，共 6 名驾驶员完成的土方量，其技术经济指标高于单斗挖掘机约 5～8 倍。因此被广泛地应用于公路、城市道路、铁路、工业建设、水利工程和露天矿山工程中的大土方量的填挖和运输作业。

1）铲运机填筑路堤施工作业。利用铲运机进行路堤施工时，其取土距离应在路堤 100m 以外，而填筑高度在 2m 以上较为合理。2m 以下的路堤最好采用推土机、铲运机联合作业，使两者各自发挥自己的优势。利用铲运机填筑路堤时，按卸土方向不同，分为纵向和横向填筑两种。

纵向填筑的程序：首先检查桩号，边坡处应用明显的标杆标出其准确的位置，再根据施工规定进行基底处理，然后按照选定的运行路线进行施工。填筑高度在 2m 以下时应采用椭圆形运行路线，如运行地段长也可采用“之”字形。填筑高度在 2m 以上时，应采用“8”字形，这样可使进出口的坡道平缓些。

填筑路堤时应从两侧分层向中间填筑，使填筑层始终保持两侧高于中间，这样可以防止铲运机向外翻车，如图 3-10 所示。用铲运机填筑路堤时，多靠自重压实，因此在卸土时应均匀地分布于路堤上，同时铲运机在运土和回驶的行程中，车轮应使路堤上铺卸的土都能压到，以保证路基的初步压实。当路堤两侧填筑到足够标高时，再把中部填平，并使其具有一定的拱度，此时即完成路堤的粗坯工程。

当路堤填筑高度在 1m 以上时，应修筑上堤运行通道。高度大于 2m 时，则每隔 50～60m 修筑上下通道或缺口，通常的最小宽度为 4m，转弯半径不小于 9m，上坡通道的坡度一般为 15%～20%，下坡通道的极限坡度为 50%。当路堤填筑竣工后，所设的进出口通道和缺口都应封填。横向填筑路堤时，其填筑方法与纵向相同，只是运行路线应根据施工现场的条件采用横向卸土的螺旋形运行路线进行施工。

2）铲运机开挖路堑施工作业。铲运机开挖路堑也有两种作业方式，一种是横向弃土开挖，另一种是纵向移挖作填。路堑应分层开挖，并从两侧开挖，每层厚约 15～20cm，这样做既能控制边坡，又使取土场保持平整。同时还应沿路堑两侧纵向做出排水坡度。

路堑在以下情况下，应采用横向开挖：即堑顶地面有显著横坡，而上游一侧须设置弃土堆，阻挡地面水流入路堑；路堑中纵向运土距离太长，严重影响工效；不需要利用土方或利用不完时；长路堑由于施工条件的限制，机械只承担一段，而两端又无法纵向出土时。横向开挖路堑的施工方法与横向取土填筑路堤相似。

铲运机纵向移挖作填，当路堑须向堑口外相接的路堤处做填方时，铲运机应当利用地面纵坡自路堑端部开始做下坡铲土，并逐渐向堑内延伸挖土长度，而填筑路堤也应延伸。

一般铲运机可在路堑内作180°转向，从路堑的两端分别开挖。当延伸到路堑的中部时，而长度在300m以内时，可改用直线迂回运行圈的方法，做纵向贯通运行，往返交替向两端挖运，如图3-11所示。如果地面的纵坡过陡，铲运机不能运行时，应先用推土机在路堑的端部推出15°左右的坡。此外在挖土区内每隔20～30m宽度为铲运机开通一条回驶上坡道，并延伸至填土区内。这样铲运机可用较大功率下坡铲土，在回空上坡道两侧卸土填方，逐步扩大通道宽度，直到工作面的全宽普遍具备正常运行条件。

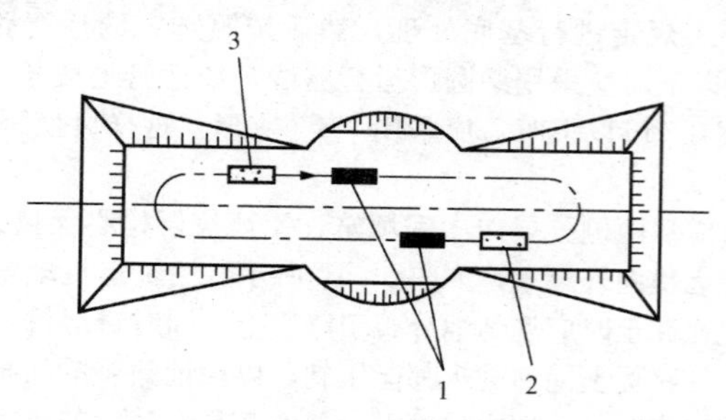

图3-11　铲运机纵向移挖做填作业图

1—卸土；2、3—铲土

铲运机在开挖路堑时，应先从两边开始，如图3-12所示。这样不致造成超挖或欠挖，否则将大大增加边坡修整工作量。特别是在边坡大于1∶3，而又不能用机械修整时，尤应注意。另外先挖两边，这样更利于雨后排水。

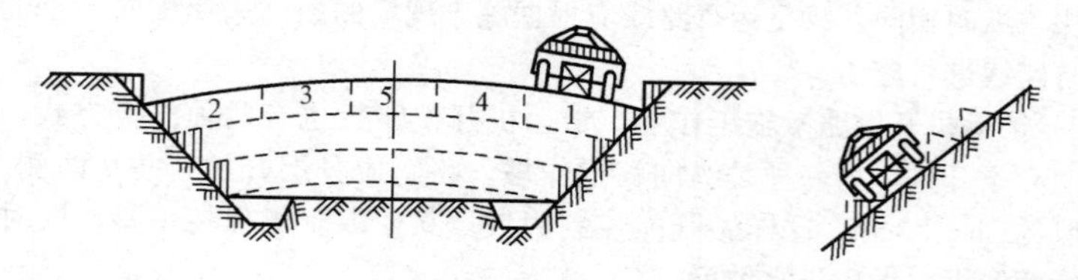

图3-12　铲运机开挖路堑的顺序

（4）装载机。装载机是一种作业效率高，用途十分广泛的施工机械，它不仅对松散的堆积物料可进行装、运、卸作业，还可对岩石、硬土进行轻度铲掘工作，并能用来清理，刮平场地及牵引作业。如果换装相应的工作装置后，还可以完成推土、挖土、松土、起重，以及装载棒料等工作。

装载机在运距和道路坡度经常变化的情况下，如果整个（铲、运、卸、回）作业循环时间少于 3min 时，自铲自运在经济上是合理的。

铲装土丘时，可用分层铲法或分段铲装法。分层铲装时，装载机向工作面前进，随着铲斗插入工作面，逐渐提升铲斗，或者承受后收斗直到装满，或者装满后收斗，然后驶离工作面。开始作业前，应使铲斗稍稍前倾。这种方法由于插入不深，而且插入后有提升动作的配合，所以插入阻力小，作业比较平稳。由于铲装面较长，可以得到较高的充满系数，如图 3-13 所示。

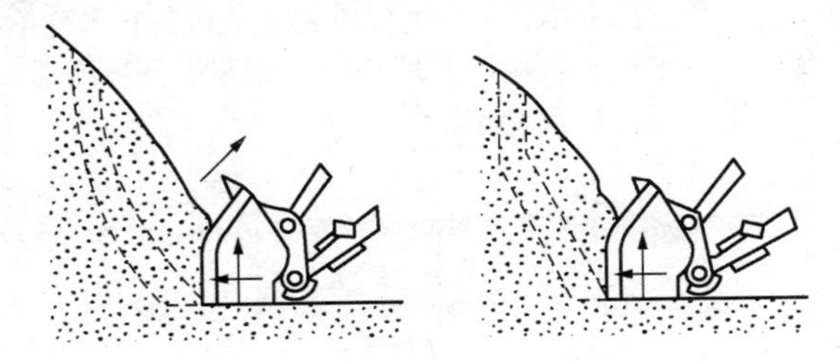

图 3-13　装载机分层铲装法

如果土壤较硬，也可采取分段铲装法，如图 3-14 所示。这种方法的特点是铲斗依次进行插入动作和提升动作。作业过程是铲斗稍稍前倾，从坡脚插入，待插进一定深度后，提升铲斗，当发动机转速降低时，切断行走动力，使发动机恢复转进。在恢复转速过程中，铲斗将继续上升并装一部分土，转速恢复后，接着进行第二次插入，这样逐段反复，直至装满铲斗或升到高出工作面为止。

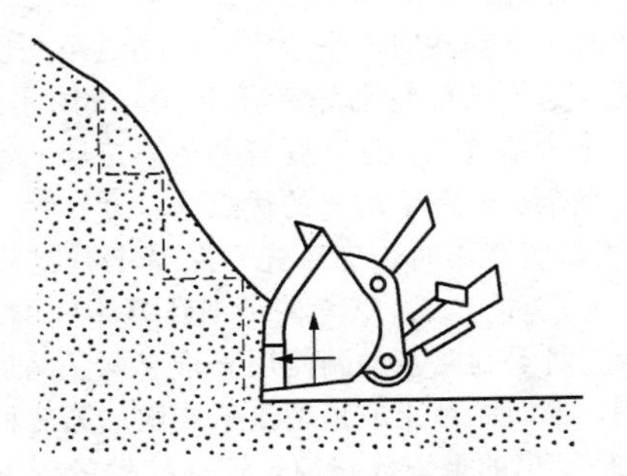

图 3-14　装载机分段铲装作业

（5）平地机。平地机是一种铲土、运土、卸土同时进行的连续作业机械，能够从事多种土方工程作业。主要用途有从公路两侧取土坑取土填筑不高于

1m的路堤；修整路堤的横断面；旁刷边坡；开挖路槽和边沟，以及大面积的场地平整等。

1）修整路拱。这种作业就是按照路堤、路堑的横断面图的要求，将边沟开挖出的土送到路基中部修成路拱。其施工顺序是由路基的一侧开始前进，到达一路段的终点后调头从另一侧驶回，如图3-15所示。开始平地机以较小的回转角用刮刀角铲土侧移，将土壤从边沟处挖出，再以较大的回转角将土壤送到路基中间，最后用平刀将土堆刮平，使之达到设计标高。铲土与送土的次数，应视路基宽度、边沟的大小，土壤的性质及平地机的技术性能而定。正确的设计，从一侧边沟挖出的土量应足够填铺同一侧路拱横坡所需要的填土量，最后只需平整两三次，即可达到设计要求。

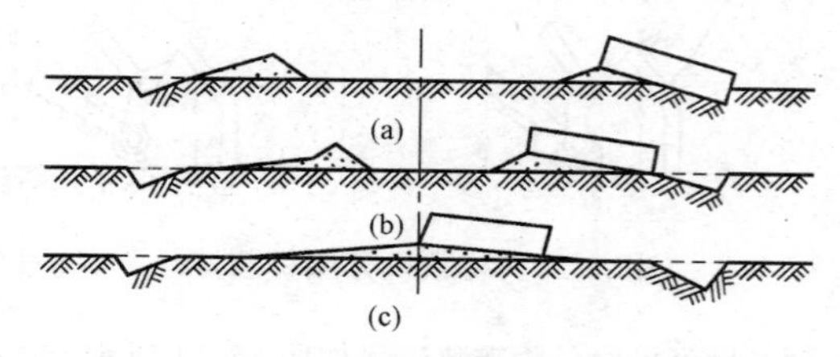

图3-15　平地机修整路拱的施工顺序
(a) 铲挖；(b) 侧向移土；(c) 整平

由于从边沟中挖出的土是松的，当平地机驶过后，必然会出现轮胎印痕，这样在平地机第二层刮送土壤时，就很难掌握正确的标准，而且又不易把印痕刮平。为了使土壤铺散达到要求，在刮送第二层时，最好用平地机在松土上反复行走，压实一遍。对于全轮转向的平地机，在刮送第一层土壤时，就将前后都转向，让机身侧置，这样前后轮刚好错开位置，此时平地机经过一次刮送，就可将前一行程的松土全部碾压一遍，则有利于第二层的刮平，并容易掌握路拱横坡的标准。这也是全轮转向平地机的优点。

2）开挖路槽。当修筑路面时，应首先在路基上开挖路槽。根据不同的设计方案，路槽的开挖有三种方式：第一种是把路基中间的土挖除，形成路槽，将挖出的土弃掉；第二种是在路基的两侧用土堆起两条路肩，形成路槽，使用这种方法，可以利用整形时的余土或预留土来堆填；第三种方式式将路槽开挖到设计深度的1/2，把挖出的土修成路肩，这样挖填的土方量相等（设计时计算好），因此比前两种方式更经济合理。开挖路槽的施工顺序如图3-16所示。

3）修刷边坡。修刷边坡作业多用机外刮土法进行。当路堤边坡坡度为(1：1.5)～(1：0.5)，高度在1.8m以下时，用一台平地机单独作业；当路堤的高度在4m左右时，则用两台平地机上下联合作业。此时，堤上的平地机应

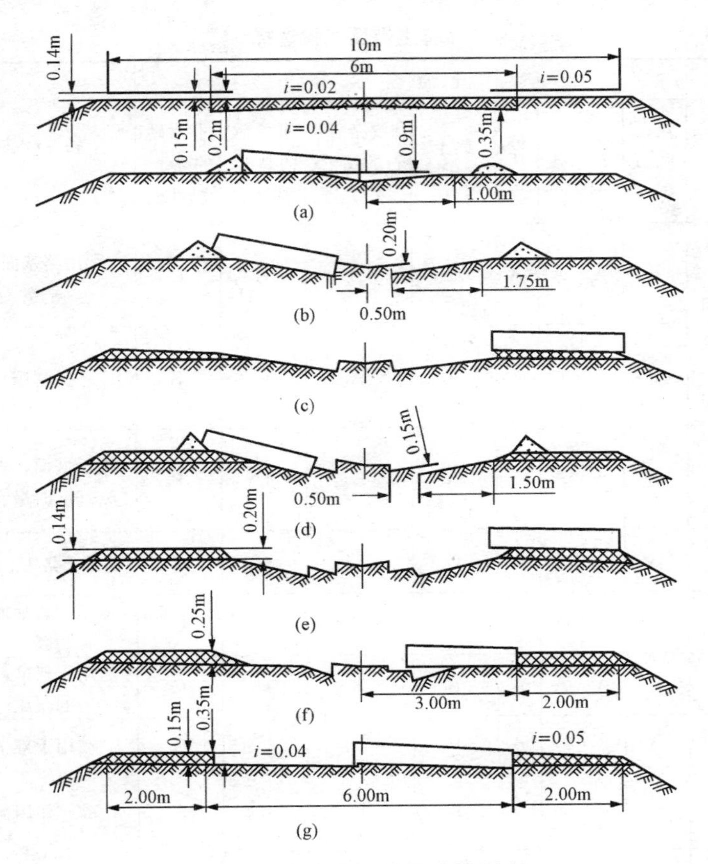

图 3-16 平地机开挖路槽顺序

(a) 第一次通过挖土；(b) 第二次通过挖土；(c) 第三次通过铺土于路肩；(d) 第四次通过挖土；(e) 第五次通过铺土于路肩；(f) 第六次通过挖路槽侧部；(g) 第七次通过挖路槽侧部并刮平路槽底部

先行约 10m，堤下的平地机再开始工作。这样不会因堤上平地机刮落下的土壤影响堤下平地机的作业。同时也便于堤下平地机按照堤上平地机刮出的坡度进行修刮，从而使两作业面很好地吻合。

（6）压路机。

1）机械选择与碾压参数。

①各种土质适宜的碾压机械参见表 3-5。

表 3-5 路基土碾压机械选择

机械名称	土质名称								备注
	块石圆石砾石	砾石土	砂	砂质土	黏土黏质土	混杂砾石的黏土、黏性土	非常软的黏土、黏性土	非常硬的黏土、黏性土	
钢质光轮压路机	B	A	A	A	B	B	C	C	利用路基面的平整
自行式轮胎压路机	B	A	A	A	A	A	C	B	最常用
牵引式轮胎压路机	B	A	A	A	A	A	C	B	用于坡面，坡长5～6m时最有效
振动压路机	A	A	A	A	C	B	C	C	适用于路基、基层
夯实机	A	A	A	A	C	B	C	C	适用于狭窄地点的碾压
夯锤	B	A	A	A	B	B	C	C	适用于狭窄地点的碾压
推土机	A	A	A	A	B	B	C	A	被用于推平
夯式压路机	C	C	B	B	B	B	C	A	破碎作用大
沼泽地区推土机	C	C	C	C	B	B	A	C	常用于含水比较高的土壤

注：A——适合使用；B——无适当的机械时可用；C——不适合使用。

②路基土方分层厚度与碾压遍数。路基土方分层厚度与碾压遍数，可参考表 3-6。

2）压路机作业注意要点。

①压路机的滚压方向、顺序及所需滚压遍数，应由施工人员按作业方法和要求所规定的进行。

②压路机在压实松散材料时，应先用静力作用滚压预压 1～2 遍，再用振动作用压实。对于调频调幅的振动压路机，低频大振幅适合于压实路基填土和

厚的沥青层，高频小振幅适用于压实薄的沥青面层和黏合性好的材料的铺层。

表 3-6　　路基土方分层厚度与碾压（夯击）遍数参考表

压实机具		每层松铺厚度/mm	有效碾压（夯击）遍数		合理选用压实机具的条件
			非塑性土	塑性土	
羊蹄路碾(6～8t)		20～30	4	8	碾压段长度不宜小于 100m，用于压实塑性土；钢质光轮压路机适用于压实非塑性土
钢质光轮压路机	轻型(6～8t)	15～20	4	8	
	中型(9～10t)(10～12t)	20～30	4	8	
	重型(12～15t)	25～35	4	8	
轮胎压路机	(16t)	30～35	4	8	
振动压路机	2t	11～20	3	5	碾压段长度不宜小于 100m，用于压实塑性土，也可用于压实非塑性土
	4.5t	25～35	3	5	
	10t	30～50	3	4	
	12t	40～55	3	4	
	15t	50～70	3	4	
重锤（板夯）	1t 举高 2m	65～80	3	5	用于工作面受限制时；用于夯实非塑性土；也可用于夯实塑性土
	1.5t 举高 1m	60～70	3	5	
	1.5t 举高 2m	70～90	3	4	
机夯	(0.3t)	30～50	3	4	用于工作面受到限制及结构物接头处
人力夯	(0.04t)	20～25	3	4	
振动器	(2t)	60～75	1～3min	3～5min	用于压实非塑性土

③对路铺层的滚压方法，从初压到以后各阶段的滚压应先轻后重、先低速后高速、先边后中、先低后高。这是由于初压阶段材料中各颗粒处于松散状态，低速滚压可使材料各颗粒得到较好的挤紧，压路机本身行驶也较稳定。初压之后，材料颗粒已相对比较稳定，表面已逐渐平稳，因此压路机质量可增大，速度也可快一些。

④在滚压过程中，如发生波浪、搓板及损坏结合层现象，说明选用压实方法不当（一般是压路机选型不当），或因压路机太重和振幅太大而产生过度压实所致，在这种情况下，可改选三轮三轴压路机或重量较轻和振幅较小的压路机。

⑤压路机滚压时，被压层表面出现细裂缝，如是初压或中间过程压实，一

般是因为混合料，土层过干，可适当洒水后再压，如是终压，可能是压实层表面压力大于材料抗压强度，需停止压实查明原因；如土层过湿不能碾压时，可待水分蒸发后再压。所摊铺的混合料应当天滚压好。

3）压实生产率计算。

①静力式压路机压实生产率。决定静力式光轮压路机压实生产率的主要因素是轮宽、滚压速度、滚压遍数、工作效率。

压实生产率计算：

$$F=\frac{3600(B-b)Lk}{\left(\frac{L}{V}+t\right)n} \tag{3-1}$$

式中 F——静力式光轮压路机的生产率，m^2/h；

B——滚压带的宽度，m；

b——两相邻滚压宽的重叠宽度，m，一般取 $b=0.15\sim0.25m$；

L——滚压作业路段长度，m；

V——滚压速度，m/s；

t——转弯调头或换挡时间，一般情况转弯 $t=15\sim20s$，换挡 $t=2\sim5s$；

n——同一作业路段需滚压的遍数；

k——时间利用率，一般取 $k=0.85\sim0.9$。

②振动式压路机压实生产率。决定振动压路机压实生产率的主要因素是轮宽、压实遍数、压实速度、工作效率。

压实生产率计算：

$$Q=C\frac{BVH1000}{n} \tag{3-2}$$

式中 Q——振动压路机压实生产率，m^3/h；

C——效率系数，$C=\frac{\text{实际生产率}}{\text{理论生产率}}$；

B——压轮宽度，m；

V——压实速度，km/h；

H——压实后的铺层厚度，m；

n——压实遍数。

③小型压实设备生产率。小型压实设备压实后的最大压实厚度和相应的生产率见表 3-7。

三、路基土石方工程施工要点

1. 挖方施工要点

（1）挖土时应自上向下分层开挖，严禁掏洞开挖。作业中断或作业后，开挖面应做成稳定边坡。

表 3-7　小型压实设备压实后的最大压实厚度和相应的生产率

类型	工作质量/kg	岩石填方		砂、砾石		粉砂		黏土	
		压实厚度/m	生产率/(m^3/h)	压实厚度/m	生产率/(m^3/h)	压实厚度/m	生产率/(m^3/h)	压实厚度/m	生产率/(m^3/h)
振动平板夯	50～100	—	—	0.15	15	—	—	—	—
	100～200	—	—	0.20	20	—	—	—	—
	400～500	—	—	0.35	35	0.25	25	—	—
	600～800	0.50	60	0.50	60	0.35	40	0.25	20
振动冲击夯	75	—	—	0.35	10	0.25	8	0.20	6
手扶双轮振动压路机	600～800	—	—	0.20	50	0.10	25	—	—
两轮串联振动压路机	1200～1500	—	—	0.20	80	0.15	50	0.10	30

(2) 机械开挖作业时，必须避开构筑物、管线，在距管道边 1m 范围内应采用人工开挖；在距直埋缆线 2m 范围内必须采用人工开挖。

(3) 挖方路基施工时一般采用机械开挖，挖至基底标高以上 200mm 时，停止机械开挖，改用人工捡底，挖方路基施工标高，应考虑因压实后的下沉量，其值应通过试验确定。

2. 填方施工要点

(1) 填方前应将地面积水、积雪（冰）和冻土层、生活垃圾等清除干净。

(2) 填方材料的强度（CBR）值应符合设计要求，其最小强度值应符合表 3-8 规定。不应使用淤泥、沼泽土、泥炭土、冻土、有机土以及含生产垃圾的土做路基填料。对液限大于 50%、塑性指数大于 26、可溶盐含量大于 5%、700℃有机质烧失量大于 8%的土，未经技术处理不得用作路基填料。

表 3-8　路基填料强度（CBR）的最小值

填方类型	路床顶面以下深度/cm	最小强度(%)	
		城市快速路、主干路	其他等级道路
路床	0～30	8.0	6.0
路基	30～80	5.0	4.0

续表

填方类型	路床顶面以下深度/cm	最小强度(%)	
		城市快速路、主干路	其他等级道路
路基	80～150	4.0	3.0
路基	>150	3.0	2.0

(3) 填方中使用房渣土、工业废渣等须经过试验，确认可靠并经建设单位、设计单位同意后方可使用。

(4) 路基填方高度应按设计标高增加预沉量值。预沉量应根据工程性质、填方高度、填料种类、压实系数和地基情况与建设单位、监理工程师、设计单位共同商定确认。

(5) 不同性质的土应分类、分层填筑，不得混填，填土中大于 10cm 的土块应打碎或剔除。

(6) 填土应分层进行。下层填土验收合格后，方可进行上层填筑。路基填土宽度每侧应比设计规定宽 50cm。

(7) 路基填筑中宜做成双向横坡，一般土质填筑横坡宜为 2%～3%，透水性小的土类填筑横坡宜为 4%。

(8) 透水性较大的土壤边坡不宜被透水性较小的土壤所覆盖。

(9) 受潮湿及冻融影响较小的土壤应填在路基的上部。

(10) 在路基宽度内，每层虚铺厚度应视压实机具的功能确定。人工夯实虚铺厚度应小于 20cm。

(11) 路基填土中断时，应对已填路基表面土层压实并进行维护。

(12) 原地面横向坡度在 (1∶10)～(1∶5) 时，应先翻松表土再进行填土；原地面横向坡度陡于 1∶5 时应做成台阶形，每级台阶宽度不得小于 1m，台阶顶面应向内倾斜；在沙土地段可不作台阶，但应翻松表层土。

(13) 压实应符合下列要求：

1) 压实应先轻后重、先慢后快、均匀一致。压路机最快速度不宜超过 4km/h。

2) 填土的压实遍数，应按压实度要求，经现场试验确定。

3) 压实过程中应采取措施保护地下管线、构筑物安全。

4) 碾压应自路基边缘向中央进行，压路机轮外缘距路基边应保持安全距离，压实度应达到要求，且表面应无显著轮迹、翻浆，起皮、波浪等现象。

5) 压实应在土壤含水量接近最佳含水量值时进行。其含水量偏差幅度经试验确定。

6）当管道位于路基范围内时，其沟槽的回填土压实度应符合现行国家标准《给水排水管道工程施工及验收规范》（GB 50268—2008）的有关规定，且管顶以上 50cm 范围内不得用压路机压实。当管道结构顶面至路床的覆土厚度不大于 50cm 时，应对管道结构进行加固。当管道结构顶面至路床的覆土厚度在 50～80cm 时，路基压实过程中应对管道结构采取保护或加固措施。

（14）当遇有翻浆时，必须采取处理措施。当采用石灰土处理翻浆时，土壤宜就地取材。

（15）路堑、边坡开挖方法应根据地势、环境状况、路堑尺寸及土壤种类确定。

（16）旧路加宽时，填土宜选用与原路基土壤相同的土壤或透水性较好的土壤。

3. 石方填筑路基要点

（1）修筑填石路堤应进行地表清理，先码砌边部，然后逐层水平填筑石料，确保边坡稳定。

（2）施工前应先修筑试验段，以确定能达到最大压实干密度的松铺厚度与压实机械组合，以及相应的压实遍数、沉降差等施工参数。

（3）填石路堤宜选用 12t 的振动压路机、25t 以上的轮胎压路机或 2.5t 以上的夯锤压（夯）实。

（4）路基范围内管线、构筑物四周的沟槽宜回填土料。

4. 软土路基施工要点

（1）软土路基施工应列入地基固结期。应按设计要求进行预压，预压期内除补填因加固沉降引起的补填土方外，严禁其他作业。施工前应修筑路基处理试验路段，以获取各种施工参数。

（2）置换土施工应符合下列要求：

1）填筑前，应排除地表水，清除腐殖土、淤泥。

2）填料宜采用透水性土。处于常水位以下部分的填土不得使用非透水性土壤。

3）填土应由路中心向两侧按要求分层填筑并压实，厚宜为 15cm。

4）分段填筑时，接槎应按分层作成台阶形状，台阶宽不宜小于 2m。

5）当软土层厚度小于 3m，且位于水下或为含水量极高的淤泥时，可使用抛石挤淤，并应符合下列要求：

①应使用不易风化石料，石料中尺寸小于 30cm 粒径的含量不得超过 20%。

②抛填方向应根据道路横断面下卧软土地层坡度而定坡度平坦时自地基中部渐次向两侧扩展；坡度陡于 1∶10 时，自高侧向低侧抛填，并在低侧边部多抛投，使低侧边部约有 2m 宽的平台顶面。

③抛石露出水面或软土面后，应用较小石块填平、碾压密实，再铺设反滤

层填土压实。

6）采用砂垫层置换时，砂垫层应宽出路基边脚 0.5～1.0m，两侧以片石护砌。

7）采用反压护道时，护道宜与路基同时填筑。当分别填筑时，必须在路基达到临界高度前将反压护道施工完成。压实度应符合设计规定，不应低于最大干密度的 90%。

8）采用土工材料处理软土路基应符合下列要求：

①土工材料应由耐高温、耐腐蚀、抗老化、不易断裂的聚合物材料制成。其抗拉强度、顶破强度、负荷延伸率等均应符合设计及有关产品质量标准的要求。

②土工材料铺设前，应对基面压实整平。宜在原地基上铺设一层 30～50cm 厚的砂垫层。铺设土工材料后，运、铺料等施工机具不得在其上直接行走。

③每压实层的压实度、平整度经检验合格后，方可于其上铺设土工材料。土工材料应完好，发生破损，应及时修补或更换。

④铺设土工材料时，应将其沿垂直于路轴线展开，并视填土层厚度选用符合要求的锚固钉固定、拉直，不得出现扭曲、折皱等现象。土工材料纵向搭接宽度不应小于 30cm，采用锚接时其搭接宽度不得小于 15cm；采用胶结时胶接宽度不得小于 5cm，其胶结强度不得低于土工材料的抗拉强度。相邻土工材料横向搭接宽度不应小于 30cm。

⑤路基边坡留置的回卷土工材料，其长度不应小于 2m。

⑥土工材料铺设完后，应立即铺筑上层填料，其间隔时间不应超过 48h。

⑦双层土工材料上、下层接缝应错开，错缝距离不应小于 50cm。

⑧采用砂桩处理软土地基应符合下列要求：

a. 砂宜采用含泥量小于 3%的粗砂或中砂。

b. 应根据成桩方法选定填砂的含水量。

c. 砂桩应砂体连续、密实。

d. 桩长、桩距、桩径、填砂量应符合设计规定。

⑨采用碎石桩处理软土地基应符合下列要求：

a. 宜选用含泥沙量小于 10%、粒径 19～63mm 的碎石或砾石作桩料。

b. 应进行成桩试验，确定控制水压、电流和振冲器的振留时间等参数。

c. 应分层加入碎石（砾石）料，观察振实挤密效果，防止断桩、缩颈。

d. 桩距、桩长、灌石量应符合设计规定。

5. 湿陷性黄土路基施工要点

（1）施工前应作好施工期拦截、排除地表水的措施，且宜与设计规定的拦截、排除、防止地表水下渗的设施结合。

（2）路基内的地下排水构筑物与地面排水沟渠必须采取防渗措施。

(3) 施工中应详探道路范围内的陷穴，当发现设计有遗漏时，应及时报建设单位、设计单位，进行补充设计。

(4) 用换填法处理路基时应符合下列要求：

1) 换填材料可选用黄土、其他黏性土或石灰土，其填筑压实要求同土方路基。采用石灰土换填时，消石灰与土的质量配合比，宜为石灰：土为9：91（二八灰土）或12：88（三七灰土）。

2) 换填宽度应宽出路基坡脚0.5～1m。

3) 填筑用土中大于10cm的土块必须打碎，并应在接近土的最佳含水量时碾压密实。

(5) 强夯处理路基时应符合下列要求：

1) 夯实施工前，必须查明场地范围内的地下管线等构筑物的位置及标高，严禁在其上方采用强夯施工，靠近其施工必须采取保护措施。

2) 施工前应按设计要求在现场选点进行试夯，通过试夯确定施工参数，如夯锤质量、落距、夯点布置、夯击次数和夯击遍数等。

3) 地基处理范围不宜小于路基坡脚外3m。

4) 应划定作业区，并应设专人指挥施工。

5) 施工过程中，应设专人对夯击参数进行监测和记录。当参数变异时，应及时采取措施处理。

6. 冻土路基施工要点

(1) 路基范围内的各种地下管线基础应设置于冻土层以下。

(2) 填方地段路堤应预留沉降量，在修筑路面结构之前，路基沉降应已基本稳定。

(3) 路基受冰冻影响部位，应选用水稳定性和抗冻稳定性均较好的粗粒土，碾压时的含水量偏差应控制在最佳含水量允许偏差范围内。

(4) 当路基位于永久冻土的富冰冻土、饱冰冻土或含冰层地段时，必须保持路基及周围的冻土处于冻结状态，且应避免施工时破坏土基热流平衡。排水沟与路基坡脚距离不应小于2m。

(5) 冻土区土层为冻融活动层，设计无地基处理要求时，应报请设计部门进行补充设计。

7. 季节性施工

(1) 雨期施工。

1) 雨期路基施工地段宜选择砂类土和路堑的弃方地段，如为重黏土地段则不宜在雨期施工。

2) 对选择的雨期施工地段，应进行详细的现场调查研究，编制实施性的雨期施工组织计划。

3）雨期施工应适当缩小工作面，土方采用随挖、随运、随排铺、随压实的方法，尽量做到当天施工、当天成活，应修建施工便道以保持晴雨畅通。

4）修建临时排水设施，保持雨季作业场地不被雨水淹没，并能及时排除地面水。

5）储备足够的工程材料和生活物资。

6）雨期填筑路堤应按下列规定进行：

①填筑路堤前应在填方坡脚以外挖排水沟，保持场地不积水，如原地面松软应采取换填等措施。

②宜选用砂类土等透水性良好的土作为填料，利用挖方土作为填料时，应随挖随填，及时压实，含水量过大且无法晾干的土，不得作为雨期施工填料。

③路堤应分层填筑，每一层的表面应做成2%～4%的排水横坡。当天填筑的土层应当天完成压实。

④填土施工中遇雨，要立即用机械摊平排压，并做出横坡或将土堆成大堆，存于高处，以免雨水浸泡。

7）雨期开挖路堑应按下列规定进行：

①路堑开挖前在路堑边坡坡顶2m以外开挖截水沟，并接通出水口流出路外或流入下水道内，收水井应凿出泄水孔，竣工后修复。

②施工地段低洼又无排水设施，应设临时泵站将水排出施工地段。

③雨期开挖路堑宜分层开挖，每挖一层均应设置排水纵横坡，挖方边坡不宜一次挖到设计标高，应沿坡面留30cm，待雨季过后再整修到设计坡度。

④雨期开挖路堑挖至路床设计标高以上30～50cm时应停止开挖，并在两侧挖排水沟，待雨期过后，再挖至路床设计标高，平整压实。快速路、主干路，如土的强度低于规定时，应超挖50cm，其他道路超挖30cm，用粒料分层回填，并按路床要求压实。

（2）冬期施工。

1）昼夜平均气温在－3℃以下，连续10天以上时进行路基施工，称为路基冬期施工，当昼夜平均气温升到－3℃以上，但冻土未完全融化时，也应按冬期施工办理。

2）路基工程不宜于冬期施工的项目如下：

①快速路、主干路的土路堤和地质不良地区的次干路、支路的土路堤。

②挖掘填方地段的台阶。

③整修路基边坡。

④在河滩低洼地带将被水淹的填土路堤。

3）路基冬期施工前应进行下列准备工作：

①对冬期施工项目，编制实施性的施工组织计划。

②冬期施工项目在冰冻前应进行现场放样，保护好控制桩并树立明显的标志，防止被冰雪掩埋。

③冰冻之前应全部清除路基范围内的树根、草皮和杂物，修通现场的施工便道。

④冰冻前应挖好坡地上填方的台阶。

⑤维修保养冬期施工需用的车辆、机具设备，充分备足冬期施工期间的工程材料。

⑥准备施工队伍的生活设施、取暖照明设备、燃料和其他越冬所需的物资。

4）冬期施工的路堤填料。应选用未冻结的砂类土、碎卵石土等透水性良好的土。禁用含水量过大的黏性土。禁止用冻结填料填筑路堤。

5）冬期填筑路堤应符合下列规定：

①冬期填筑路堤，应按横断面全宽填筑，每层最大松铺厚度不得大于30cm，压实度不得低于正常施工的要求，当天填的土，必须当天完成碾压。

②当路堤高距路床底面1m时，应碾压密实后停止填筑。在上面铺一层松土保温待冬期过后整理复压，再分层填至设计标高。

③挖填方交界处，填土低于1m的路堤都不应在冬期填筑。

④冬期填筑的路堤，每层每侧应较正常施工的宽度超填，待冬期过后修整边坡。

6）冬期开挖路堑应符合下列规定：

①当冻土层被开挖到未冻土后，应连续作业，分层开挖，中间停顿时间较长时，应覆盖松土保温，避免重复被冻。

②挖方边坡不应一次挖到设计线，应预留30cm厚台阶，待到正常施工季节再削去预留台阶，整修达到设计边坡。

③路堑挖至路床面以上1m时，挖好临时排水沟后，应停止开挖并在表面覆以松土，待到正常施工时，再挖去其余部分。

④冬期开挖路堑必须从上向下开挖，严禁从下向上掏洞。

⑤每日开工时选挖向阳处，气温回升后再挖背阴处，如开挖时遇地下水源，应及时挖沟排水。

四、路基土石方工程质量标准

1. 基本要求

（1）在路基用地和取土场范围内，应清除地表植被、杂物、积水、淤泥和表土，处理坑塘，并按规范和设计要求对基底进行压实。

（2）路基填料应符合规范和设计的规定，经认真调查、试验后合理选用。

(3) 填方路基须分层填筑压实，每层表面平整，路拱合适，排水良好。

(4) 施工临时排水系统应与设计排水系统结合，避免冲刷边坡，勿使路基附近积水。

(5) 在设定取土区内合理取土，不得滥开滥挖。完工后应按要求对取土场和弃土场进行修整，保持合理的几何外形。

(6) 土质路基的压实度不应低于表 3-9 和表 3-10 的标准要求。

表 3-9　路基压实度标准（重型）

填挖类型	路床顶面以下深度范围/cm	压实度(%)		
		快速路、主干路	次干路	支路
路基	0～80	≥95	≥93	≥90
	80～150	≥93	≥90	≥90
	>150	≥90	≥90	≥87
路堑路床	0～30	≥95	≥93	≥90

注：1. 表列压实度以部颁《公路土工试验规程》(JTG E40—2007) 重复击实试验法为准。

2. 基池等级道路，修建高级路面时，其压实标准，应采用快速路、主干路的规定值。

3. 特殊干旱地区的压实度标准可降低 2%～3%。

4. 用灌砂法、灌水（水袋）法检查压实度时，取土样的底面位置为每一压实层底部；用环刀法试验时，环刀中部处于压实层厚的 1/2 深度；用核子仪试验时，应根据其类型，按说明书要求办理。

表 3-10　路基压实标准（轻型）

填挖类型	路面底面计起深度范围/cm	压实度(%)		
		快速路、主干路	次干路	支路
路基	0～80	—	≥95	≥92
	80～150	—	≥95	≥90
	>150	—	≥90	≥90
路堑路床	0～30	≥98	≥95	≥92

注：表列压实度以部颁《公路土工试验规程》(JTG E40—2007) 轻型击实试验法为准。

2. 实测项目

土路基实测项目见表 3-11、表 3-12。

表 3-11　　土路基实测项目

<table>
<tr><th rowspan="2">项目</th><th rowspan="2">允许偏差</th><th colspan="4">检验频率</th><th rowspan="2">检验方法</th></tr>
<tr><th>范围</th><th colspan="3">点数</th></tr>
<tr><td>路床纵断高程/mm</td><td>−20
+10</td><td>20</td><td colspan="3">1</td><td>用水准仪测量</td></tr>
<tr><td>路床中线偏位/mm</td><td>≤30</td><td>100</td><td colspan="3">2</td><td>用经纬仪、钢尺量取最大值</td></tr>
<tr><td rowspan="3">路床平整度/mm</td><td rowspan="3">≤15</td><td rowspan="3">20</td><td rowspan="3">路宽/m</td><td><9</td><td>1</td><td rowspan="3">用 3m 直尺和塞尺连续量取两尺取较大值</td></tr>
<tr><td>9～15</td><td>2</td></tr>
<tr><td>>15</td><td>3</td></tr>
<tr><td>路床宽度/mm</td><td>不小于设计值+B</td><td>40</td><td colspan="3">1</td><td>用钢尺量</td></tr>
<tr><td rowspan="3">路床横坡</td><td rowspan="3">±0.3%不反坡</td><td rowspan="3">20</td><td rowspan="3">路宽/m</td><td><9</td><td>2</td><td rowspan="3">用水准仪测量</td></tr>
<tr><td>9～15</td><td>4</td></tr>
<tr><td>>15</td><td>6</td></tr>
<tr><td>边坡</td><td>不陡于设计值</td><td>20</td><td colspan="3">2</td><td>用坡度尺量，每侧 1 点</td></tr>
</table>

表 3-12　　填石方路基实测项目

<table>
<tr><th rowspan="2">项目</th><th rowspan="2">允许偏差</th><th colspan="4">检验频率</th><th rowspan="2">检验方法</th></tr>
<tr><th>范围</th><th colspan="3">点数</th></tr>
<tr><td>路床纵断高程/mm</td><td>−20
+10</td><td>20</td><td colspan="3">1</td><td>用水准仪测量</td></tr>
<tr><td>路床中线偏位/mm</td><td>≤30</td><td>100</td><td colspan="3">2</td><td>用经纬仪、钢尺量取最大值</td></tr>
<tr><td rowspan="3">路床平整度/mm</td><td rowspan="3">≤20</td><td rowspan="3">20</td><td rowspan="3">路宽/m</td><td><9</td><td>1</td><td rowspan="3">用 3m 直尺和塞尺连续量取两尺取较大值</td></tr>
<tr><td>9～15</td><td>2</td></tr>
<tr><td>>15</td><td>3</td></tr>
<tr><td>路床宽度/mm</td><td>不小于设计值+B</td><td>40</td><td colspan="3">1</td><td>用钢尺量</td></tr>
<tr><td rowspan="3">路床横坡</td><td rowspan="3">±0.3%且不反坡</td><td rowspan="3">20</td><td rowspan="3">路宽/m</td><td><9</td><td>2</td><td rowspan="3">用水准仪测量</td></tr>
<tr><td>9～15</td><td>4</td></tr>
<tr><td>>15</td><td>6</td></tr>
<tr><td>边坡</td><td>不陡于设计值</td><td>20</td><td colspan="3">2</td><td>用坡度尺量，每侧 1 点</td></tr>
</table>

注：B 为施工时必要的附加宽度。

五、成品保护

1. 测量成品保护

（1）各种控制桩一律用水泥加固和砌砖围护；在桩位旁钉设标志牌、标注里程和点号；特殊点位钉设三脚架或搭设围护栏进行保护。

（2）控制网每年复测一次，雨水多的地区应增加复测次数。

（3）做好桩位保护的宣传教育工作，使施工人员和当地群众高度重视，做到不碰撞桩位、不在桩位上堆压物品、不遮挡桩位之间视线。

（4）已测设完的高程、中线桩应标识清晰，由专人负责，不得改动或破坏。一旦发现被改动或破坏，应立即停止使用，由测量人员重新测量。

2. 路基土石方成品保护

（1）路基施工中填土宽度应大于路基宽度 500mm，压实宽度应大于路基宽度，保证施工过程中标准边坡位置外侧有多余土保护。刷边坡应安排在路基施工完成后进行，刷完边坡的部位应立即进行防护或植草施工。

（2）为防止路基被雨水浸泡和边坡被雨水冲刷，路基施工中每层的表面应做成 2%～4%的排水横坡，路基边缘培土埂，路基边坡上应施工临时排水急流槽。临时急流槽每 30～50m 设一道，道路低点和桥梁两侧锥坡边缘应增设。临时急流槽应随着路基施工向上延伸。

（3）土方路基在雨后没有晾干以前，应采取断路措施，禁止车辆进入。

（4）已经完工的路基不应用作施工道路，施工中的重型车辆应尽量通过施工便道行驶，防止碾压路床。

六、职业健康安全管理

1. 安全操作技术要求

（1）清理场地。砍伐树木必须遵守下列规定：

1）伐树前，应将周围有碍砍伐作业的灌木和藤条砍除，并选好安全躲避的退路。

2）伐树范围内应布置警戒，非工作人员不得逗留、接近。

3）为使树木按预定方向倾倒，要在树木下部倒树方向砍一剁口，其深度为树干直径的 1/4，然后再从剁口上边缘的对面开锯，最后应留 20～30mm 安全距离。

4）截锯木料时，三叉马和树干垫撑必须稳固。

（2）拆迁。拆除建（构）筑物前，应制订安全可靠的拆除方案。先将与拆除物有连通的电线、水、气管道切断，并在四周危险区域内围设安全护栏，非工作人员不得进入。拆除工序应由上而下，先外后里，严禁数层同时作业。

操作人员应站在脚手架或稳固的结构部位上作业。对有倒塌危险的结构物应予临时支撑加固。拆除某部位时要防止其他部位发生倒塌。拆除梁柱之前应先拆除其承托的全部结构物，严禁采用掏空、挖切和大面积推倒的拆除方法。

当采用控爆法拆除大型建（构）筑物时，必须有经批准的控制爆破设计文件。

（3）土方工程。

1）人工挖掘土方必须遵守下列规定：

①开挖土方的操作人员之间，必须保持足够的安全距离：横向间距不小于2m，纵向间距不小于3m。

②土方开挖必须自上而下顺序放坡进行，严禁采用挖空底脚的操作方法。

2）在靠近建筑物、设备基础、电杆及各种脚手架附近挖土时，必须采取安全防护措施。

3）高陡边坡处施工必须遵守下列规定：

①作业人员必须绑系安全带。

②边坡开挖中如遇地下水涌出，应先排水，后开挖。

③开挖工作应与装运作业面相互错开，严禁上、下双重作业。

④坡面上的操作人员对松动的土、石块必须及时清除，严禁在危石下方作业、休息和存放机具。

⑤设有支挡工程的地质不良地段，在考虑分段开挖的同时，应分段修建支挡工程。

4）在电杆附近挖土时，对于不能取消的拉线地垄及杆身，应留出土台。土台半径：电杆，为1～1.5m，拉线，为1.5～2.5m，并视土质决定边坡坡度。土台周围应插标杆示警。

5）配合机械作业的清底、平地、修坡等辅助工作应与机械作业交替进行。机上、机下人员必须密切配合，协调作业。当必须在机械作业范围内同时进行辅助工作时，应在停止机械运转后，辅助人员方可进入。

2. 施工机械安全操作

（1）挖掘机作业。

1）发动机起动后，铲斗内、臂杆、履带和机棚上严禁站人。

2）工作位置必须平坦稳固。

3）严禁铲斗从运土车的驾驶室顶上越过。向运土车辆卸土时，应降低铲斗高度，防止偏载或砸坏车厢。铲斗运转范围内严禁站人。

（2）推土机作业。

1）推土机上下坡时，其坡度不得大于30°；在横坡上作业，其横坡度不得大于10°。下坡时，宜采用后退下行，严禁空挡滑行，必要时可放下刀片做辅助制动。

2）在垂直边坡的沟槽作业，其沟槽深度，对大型推土机不得超过2m，对小型推土机不得超过1.5m。

3）多机在同一作业面作业时，前后两机相距不应小于8m，左右相距应大于1.5m。两台或两台以上推土机并排推土时，两推土机刀片之间应保持200～300mm间距。推土前进必须以相同速度直线行驶；后退时，应分先后，防止互相碰撞。

（3）装载机作业。

1）起步前应将铲斗提升到离地面0.5m左右。作业时应使用低速挡。用高速挡行驶时，不得进行升降和翻转铲斗。严禁铲斗载人。

2）行驶道路应平坦，不得在倾斜度超过规定的场地上作业。运送距离不宜过大。铲斗满载运送时，铲斗应保持在低位。

3）向运输车辆上卸土时应缓慢，铲斗应处在合适的高度，前翻和回位不得碰撞车厢。

（4）汽车作业。

1）载重车辆装土场地必须平整坚实，当用机械装土时，汽车就位后应拉紧驻车制动器，装载均匀，不得偏载。

2）载重车辆在陡坡、高坡、坑边或填方边坡处卸土时，停卸地点必须平整坚实，地面宜有反坡，与边缘必须保持安全距离；在危险地段卸土，应有专人指挥。

3）自卸汽车卸料时，应检视上穿有无电线，防止刮断。

3. 其他管理

（1）施工现场必须做好交通安全工作，设专人指挥车辆、机械。交通繁忙的路口应设立标志，并有专人指挥。夜间施工，路口及基准桩附近应设置警示灯或反光标志，专人管理灯光照明。

（2）施工机械设备应有专人负责保养、维修和看管，确保安全生产。施工现场的电线、电缆应尽量放置在无车辆、人、畜通行的部位。各种机械操作手、电工必须持证上岗，同时加强对司机、电工的教育。

（3）现场操作人员必须按规定佩戴防护用具。机械燃料操作时，其防火应按有关规定严格执行。

（4）对现场易燃、易爆物品必须分开存放，保持一定的安全距离，设专人看管。标段的临时道路维修养护，以保证相邻标段及有关标段的正常使用。

七、环境管理

1. 施工现场平面布置

施工现场的平面布置应从环保角度出发进行周密安排。施工围挡整洁，出入口硬化，安排洒水车定时对施工便道和周边道路洒水，注意对现场堆料的遮盖，防止扬尘污染。

2. 基底处理

(1) 路基用地范围内的树木、灌木丛等均应在施工前砍伐或移植清理，砍伐的树木应移置于路基用地之外，进行妥善处理。路基范围内的树根全部挖除。

(2) 在原地面应进行表面清理，清理深度应根据种植土厚度决定，清出的种植土应集中堆放。

3. 施工便道

开工前对施工便道进行优化，根据设计文件要求在选定施工便道时做到：尽量避开植被，选在无植被或植被稀少处；结合工程位置尽量把便道取短；施工便道严格按设计要求做，尽量做到少占土地；任何机械不得在便道及公路以外的自然环境下随意碾压，确保周围环境和植被不被扰动和破坏。

4. 取弃土场

在选定取弃土场时做到严格按设计文件制定的位置、规模进行施工。选在无植被和植被稀少处，取土场土质必须经过试验合格方可使用；不准在公路和铁路间选定取弃土场，也不准在两路外侧较近处取弃土。对设计要求恢复植被的取土场，应先将原有的植被铲除并保存，使用完毕后加以平整、并用原有植被覆盖。取土场在施工过程中要求取土一块，平整恢复一块，不允许开挖取土作平整性恢复。

5. 场地恢复

场地恢复工作纳入到文明施工管理及阶段性竣工验收管理工作之中。

6. 规范施工工艺

各类对环境影响较大的构筑物基础施工，路基基础处理等，严格按照设计和环保要求，制订施工措施。

7. 施工结束清场

施工结束后对施工营地、施工现场必须进行彻底清理，清除各种生活、建筑垃圾，平整恢复场地，此项工作完成后经验收，可撤离现场。

8. 其他管理

(1) 各种临时设施和场地，如堆料场、材料加工厂等，一般宜远离居民区(其距离不宜小于 1000m)，而且应设于居民区主要风向的下风处。当无法满足时，应采取适当的防尘及消声等措施。

(2) 运输粉状材料应采用袋装或其他密封方法运输，不得散装散卸。施工运输道路，宜采取防止尘土飞扬的措施。

(3) 工程施工用的粉末材料，宜存放在室内。当受条件限制在露天堆存时，应采取篷布遮盖。

(4) 在城镇居民居住地区施工时，由机械设备和工艺操作所产生的噪声，不得超过当地政府规定的标准，否则应采取消声措施或避开夜间施工作业。加强机械设备的维修和保养，保证机械设备的正常运转，降低噪声的等级。

(5) 清洗施工机械、设备及工具的废水、废油等有害物质以及生活污水，不得直接排放于河流、湖泊或其他水域中，也不得倾泻于饮用水源附近的土地上，以防污染水体和土壤。

第三节　路面基层施工现场管理与施工要点

一、作业条件

(1) 下承层已施工完毕并交验。表面应平整、坚实，各项检测必须符合有关规定。检测项目包括压实度、弯沉、平整度、纵断高程、中线偏差、宽度、横坡度、边坡等。

(2) 当下承层为新施工的水泥稳定或石灰稳定层时，应确保其养生7d以上。当下承层为土基时，必须用10t以上压路机碾压3～4遍，过干或表层松散时应适当洒水，对过湿有弹簧现象应挖开晾晒、换土或掺石灰、水泥处理。当下承层为老路面时，应将老路面的低洼、坑洞、搓板、辙槽及松散处处理好。

(3) 施工前对下承层进行清扫，并适当洒水润湿，但不能过多，不能有积水现象。

(4) 恢复施工段的中线，直线段每20m设一中桩，平曲线每10m设一中桩。

(5) 相关地下管线的预埋及回填等已完成并经验收合格。

(6) 根据工程数量及工期要求，配足、配齐先进适用的施工机械设备及测量检验及试验仪器、设备，并且运输、摊铺、碾压等设备及施工人员已就位。

二、现场工、料、机管理

1. 施工人员工作要点

(1) 旧路加铺混合料时，旧路上泥土杂物和松散骨料等应清理干净。局部坑槽应修补夯实。

（2）混合料量少时，可采用人工拌和。用机械路拌混合料，对机械不易拌到之处，应辅以人工拌和均匀。

（3）人工拌和宜采用条拌法。将各种原材料分铺成条形后，边翻拌边前进，翻拌数遍直至拌和均匀。

（4）初压时应设人跟机，检查基层有无高低不平之处，高处铲除，低处填平，填补处应翻松洒水，再铺混合料压实。当基层混合料压实后再找补时，应在找补处挖深 8～10cm，并洒适量水分后及时压实成型。不得用贴补薄层混合料找平。

（5）在有检查井、缘石等设施的城市道路上碾压混合料，应配备火力夯等小型夯、压机具；对大型碾压机械碾压不到或碾压不实之处，应进行人工补压或夯实。

（6）在混合料基层上铺筑沥青面层或其他结构层时，应对基层表面进行一次检查和清扫。

（7）施工员结合摊铺厚度并计算材料用量后，带领路工用白灰线标出卸料方格网，由运料车将混合料运至现场，按方格网卸料。

（8）备料后，每隔 10～20m 挖一小洞，使洞底标高与预定的（底）基层底面标高相同，并在洞底做一标记，以控制翻松及粉碎的深度。

石灰稳定土（底）基层，施工时，消解石灰加水时应控制水量适当，第一遍注水为初步消解，间隔 0.5～1d 进行第二遍注水，将水管深插至灰堆底部，加水至少两遍，如尚有消解不透处，应加第三遍水点补。消石灰宜过孔径 10mm 的筛，并尽快速用。消石灰可不过筛，则用水量应稍偏大，以使充分消解。

（9）现场需人工拌和石灰土、水泥土应遵守下列规定：

1）作业中，应由作业组长统一指挥，作业人员应协调一致。

2）拌和作业应在较坚硬的场地上进行。

3）作业人员之间应保持 1m 以上的安全距离。

4）摊铺、拌和石灰、水泥应轻拌、轻翻，严禁扬撒。

5）作业人员应站在上风向。

6）五级以上（含）风力不得施工。

（10）碎石摊铺应按虚厚一次铺齐，大小颗粒分布均匀，虚铺厚度一致；松铺厚度，按设计厚度乘以压实系数，人工松铺为 1.3～1.4。

（11）人工搅拌石灰土时应预先将石灰土打碎、过筛（20mm 方孔），集中堆放，集中拌和。按配合比要求进行掺配，掺配时保持适宜的含水量，至颜色均匀为止。

（12）人工摊铺骨料时，混合料松铺系数可参见表 3-13。

表 3-13　混合料松铺系数

材料名称	松铺系数	说　明
石灰土	1.53～1.58	现场人工摊铺土和石灰，机械拌和，人工整平
石灰土	1.68～1.70	路外集中拌和，现场人工摊铺
石灰土、砂砾	1.52～1.56	路外集中拌和，现场人工摊铺

（13）骨料采用稳定土拌和机拌和时，应设专人跟随拌和机，随时检查拌和深度，并配合拌和机操作人员及时调整拌和深度，除直接铺在土路基上的一层外，严禁在拌和层底部留有“素土”夹层。

（14）人工摊铺基层材料应遵守下列规定：

1）摊铺材料应由作业组长统一指挥，协调摊铺人员和运料车辆与碾压机械操作工的相互配合关系；作业人员应相互协调，保持安全作业。

2）作业人员之间应保持 1m 以上的安全距离。

3）摊铺时不得扬撒。

（15）设专人对混合料在摊铺过程中石料集中离析现象进行局部点补工作，使混合料表面均匀一致。

（16）在混合料摊铺中设专人每隔 5～10m 在基准桩上挂线量测（或用水准仪检测）保证摊铺机在高程和厚度合格的状态下正常作业。

（17）在摊铺机后面设专人消除局部粗细骨料离析现象。用点补的方法掺撒新混合料或铲除局部粗骨料搭窝之处，用新拌混合料填补。

（18）接槎处理

1）操作人员将末端混合料横向切齐，紧靠混合料放两根方木，方木的高度与混合料的压实厚度相同，然后将末端混合料整平且符合设计高程。

2）方木的另一侧用砂砾（或碎石）回填整平长约 3m，其高度稍高出方木。

3）将混合料按高程碾压密实，然后将方木和砂砾材料除去，并将底基层清扫干净。

4）摊铺机返回到已压实层的末端就位后开始摊铺新的混合料。

5）如摊铺中断后因故未能按上述方法处理横向接缝，且中断时间已超过 2h 时，先将摊铺机驶离，将未压实的混合料边铲除边用 3m 直尺检测平整度，将已碾压密实且高程、平整度符合要求的末端挖成一横向与路中心线垂直的向下的断面，然后摊铺机就位铺筑新的混合料。

（19）道路基层施工涉及的机械驾驶人员较多，主要包括推土机驾驶员、装载机驾驶员、拌和机操作员、摊铺机驾驶员、压路机驾驶员、洒水车驾驶员等。对于机械驾驶员在路基施工中的安排在后面的机械管理中详细介绍。

(20) 其他人员

1) 保通人员在路口或人、车流量较大的位置进行交通疏导，确保人、车顺利安全通过。

2) 在施工过程中要求立杆、挂线，并在施工地段插上施工标示牌。如有需要，2～3人跟随测量员测量中边桩并撒灰线。

3) 部分施工材料运输人员，如混合料搅拌后的短途人力运输工、搬运工等。

4) 雨期要在中心拌和站预留道路铺筑石料人员，一旦出现道路跑翻无法送料时，需要对输送道路进行抢修。

2. 材料选择及检验

(1) 基层填料的分类。道路基层按其使用性能分为半刚性基层和柔性基层。按其使用材料分为结合料稳定类（有机结合料和无机结合料）和无结合料的粒料类。无机结合料基层常称作半刚性基层，主要包括水泥稳定类、石灰稳定类和综合稳定类。半刚性基层材料的特点是整体性强、承载力高、刚度大、水稳定性好、较为经济、施工工艺成熟。粒料类基层主要包括泥结碎石、泥灰结碎石、填隙碎石、级配碎石等。

(2) 基层填料的选择。

1) 水泥稳定土。水泥稳定土的强度可以在大范围内进行调整，以适应不同等级道路以及不同路面结构层位对材料的强度要求。单纯从强度而言，水泥稳定土可以适用做各等级道路路面的基层

2) 石灰工业废渣稳定土。石灰工业废渣稳定土中具有普遍意义的主要材料是石灰粉煤灰稳定类，它包括石灰粉煤灰细粒土（如石灰粉煤灰、石灰粉煤灰土、石灰粉煤灰砂等)、石灰粉煤灰中粒土和粗粒土（如石灰粉煤灰砂砾或砂砾土、石灰粉煤灰碎石、石灰粉煤灰矿渣以及石灰粉煤灰其他粒料)。后两者也可简称石灰粉煤灰粒料或二灰粒料。就石灰粉煤灰或二灰土而言，其强度随3个组成部分的配合比而变。

3) 石灰稳定土。石灰稳定土的强度较水泥稳定土的强度低得多，但石灰稳定土基层有很大的刚性和荷载分布能力。石灰稳定类作为城市主干路、快速路基层，粒料的比例应该为80％～85％。在冰冻地区的潮湿和过分潮湿路段以及其他地区的过分潮湿路段，不宜采用石灰土做基层。

4) 级配碎石。级配碎石是不用结合料的传统基层材料中最好的一种材料。级配碎石实际上可在各种等级道路上用做不同等级路面的基层。但是，在交通量大和重车比例多的高等级道路上用做沥青路面的基层而基层下又无半刚性材料层时，其上往往需要铺筑厚层沥青面层。

（3）材料检验。

1）级配砂砾基层。天然级配砂砾作为路面基层或垫层，一般厚度大于10cm并取5进制。在天然砂砾中掺加部分碎石，可以提高其强度和稳定性。级配砂砾用作基层时，砾石最大粒径不应超过37.5mm；用作底基层时，砾石的最大粒径不应超过53mm。砾石颗粒中细长及扁平颗粒的含量不应超过20%；含泥量不应大于砂质量（粒径小于5mm）的10%。

2）土。以就地取材为宜，通常稍具有黏性（塑性指数大于4），砂性、粉砂土均可以使用，以塑性指数12～20之间的黏性、亚黏性土为最佳，掺灰量可参见表3-14；土中的有机质含量应小于10%。所用的土事先应将大块打碎，人工拌和时须过2cm筛，机械拌和时不用过筛，但粒径大于2cm的土块含量不可大于3%。

表3-14　石灰土的石灰掺量

土壤类别	结构部位	石灰掺量(%)				
		1	2	3	4	5
塑性指数不大于12的黏性土	基层	10	12	13	14	16
	底基层	8	10	11	12	14
塑性指数大于12的黏性土	基层	5	7	9	11	13
	底基层	5	7	8	9	11
砂砾土、碎石土	基层	3	4	5	6	7

3）砂。检查砂的级配情况、质地是否坚硬、颗粒是否洁净；检查砂中泥块、有机物等杂质的含量。

4）水泥、砂石检查。

①检查水泥的品种、强度、出厂日期等项目是否与质量证明文件相符；检查水泥是否过期，是否有受潮水泥块；抽样检查水泥的袋装重量。

②检查混合料的级配是否准确，搅拌是否均匀；是否存在过多的杂质，色泽是否一致；含水率是否能满足工程施工需要。

5）石灰检验。检查石灰的品种、类型等项目是否与质量证明文件相符；检查石灰中是否存在过多石块；检查石灰的色泽是否均匀。

6）石灰粉煤灰基层。原材料的检验。粉煤灰是火力发电厂燃烧煤粉后排放的废渣，一般呈灰色或浅灰色粉状颗粒，主要成分是SiO_2和Al_2O_3，其总量一般应大于70%，烧失量一般应小于20%。粉煤灰宜采用较粗颗粒，含水量在20%左右为宜。干粉煤灰堆放时应洒水，以防飞扬污染环境。

7）石灰粉煤灰砂砾基层。碎（砾）石的粒径、级配、压碎值等要求。石灰粉煤灰碎（砾）石混合料用作底基层时，石料的最大粒径不超过 37.5mm；其用作基层时，石料的最大粒径不应超过 31.5mm。其颗粒组成应符合表 3-15 的级配范围，粒径小于 0.075mm 的颗粒含量宜接近 0。碎（砾）石的压碎值对于高速公路、一级公路（快速路、主次干路）不大于 30%；对于二级公路、其他公路（支路、慢车道）不大于 40%。

表 3-15　　碎（砾）石颗粒组成范围

筛孔尺寸/mm	通过质量百分率(%)			
	级配砂砾		级配碎石	
	次干路及以下道路	城市快速路、主干路	次干路及以下道路	城市快速路、主干路
37.5	100	—	100	—
31.5	85～100	100	90～100	100
19.0	65～85	85～100	72～90	81～98
9.50	50～70	55～75	48～68	52～70
4.75	35～55	39～59	30～50	30～50
2.36	25～45	27～47	18～38	18～38
1.18	17～35	17～35	10～27	10～27
0.60	10～27	10～25	6～20	8～20
0.075	0～15	0～10	0～7	0～7

8）水泥稳定类基层。

①水泥。普通硅酸盐水泥、矿渣硅酸盐水泥或火山灰质硅酸盐水泥均可选用。选用初凝时间 3h 以上和终凝时间 6h 以上的水泥，强度等级以 42.5 为宜。早强、快硬及受潮变质的水泥不能使用。水泥进入工地时应有产品合格证及化验单，并应对其品种、强度等级、出厂日期进行检查验收。出厂日期不明或已超过三个月的水泥，必须经过试验，按试验结果决定使用方法或不使用。

②砂石骨料。砂石骨料应洁净、干燥、无风化、无杂质，有足够的强度和耐磨性。在砂石骨料中砂料含量宜为 30%～35%；碎石含量宜为 65%～70%；骨料中含泥量应小于 2%；颗粒最大粒径应小于 31.5mm，级配良好，其级配符合表 3-16 的要求。

表 3-16　　砂石骨料级配要求

筛孔/mm	37.5	26.5	16.0	9.5	4.75	0.6	0.075
通过率(%)	—	100	90～100	60～80	30～50	10～20	0～2

水泥稳定类基层、底基层 7d 浸水抗压强度应符合表 3-17 的要求。水泥用量应控制在 3%～6%（厂拌大于 3%，路拌大于 4%）。通过试配，确定用水量和水灰比。施工时的水泥用量应比试验室配合比的剂量增加 0.5%～1.0%。

表 3-17　　水泥稳定骨料抗压强度标准

层位 \ 道路等级	快速路和主干道	次干路和支路
基层/MPa	3～5	2.5～3
底基层/MPa	1.5～2.5	1.5～2.0

（4）配合比检验。

1）配合比的检验。二灰土的配合比应经过试验确定，常用的配合比（体积比）如下：

土源较少时选用配合比：石灰∶粉煤灰∶土＝1∶2∶1

土源较多时选用配合比：石灰∶粉煤灰∶土＝1∶2∶2

2）石灰土基层配合比。石灰土基层施工配合比有体积比和质量比两种，常用的配合比见表 3-18。

表 3-18　　常见石灰土配合比

体积比（以体积%计）		质量比（以总干重%计）		用途
石灰	土	石灰	土	
1.6	8.4	8	92	翻浆处理
2.0	8.0	9	91	路基处理
2.3	7.7	12	88	道路基层
2.8	7.2	15	85	—

3）配合比的检验。石灰粉煤灰混合料的配合比范围根据当地的实际经验参照表 3-19 选用。

表 3-19　　石灰粉煤灰混合料常用配合比范围

混合料种类	常用配合比范围（以质量比%计）	备　注
石灰：粉煤灰	15：85 或 20：80 或 25：75	—
石灰：粉煤灰：土	10：35：55 或 10：35：53	—
石灰：粉煤灰：碎石	10：45：45 或 10：40：50 或 10：35：55	悬浮型
石灰：粉煤灰：碎石	6：14：80 或 8：12：80	骨架密实型

3. 基层施工主要机械使用方法

(1) 路面基层施工机械分类如图 3-17 所示。

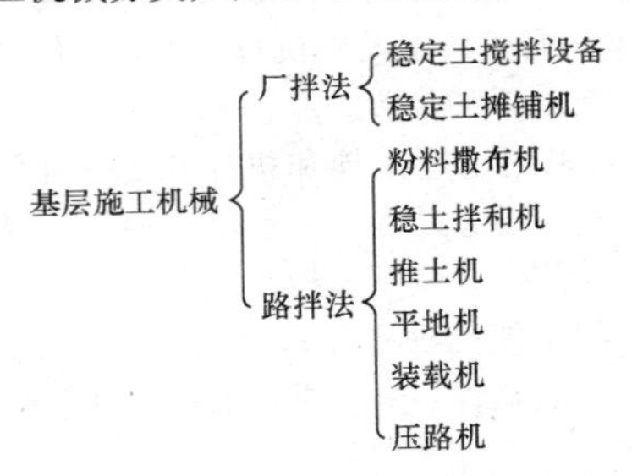

图 3-17　路面基层施工机械分类

(2) 稳定土拌和机。

1) 稳定土拌和机简介。稳定土拌和机是一种旋转式加工稳定土材料的拌和设备。它是将土壤粉碎与稳定剂（如石灰、水泥、沥青、乳化沥青或其他化学剂等）均匀地拌和，用以修筑道路、机场、城市建筑等设施的基础层拌和施工。

2) 稳定土拌和机的使用。在使用稳定土拌和机前，必须认真阅读产品使用说明书及有关技术资料和基本操作常识。

①工作前做好检查工作。

a. 检查动力系统燃油和润滑油是否充足，启动系统是否正常。将转子放在地面上，检查转子两端轴承润滑油是否充足。

b. 将转子举升至最高位，插好两头的保险销，检查刀片是否完好。

c. 其他有关的润滑部位是否加足了润滑油（脂）。

d. 各受力螺栓是否松动。

②调整罩壳的倾角。

a. 拌和机可开到平整的地面上，并把转子放下来。

b. 在罩壳的后面垫以 δ=50mm 的垫块，调整罩壳前的螺丝，使罩壳前距地面 100～110mm。

c. 用锁紧螺母锁紧好调整的螺栓。

③稳定土拌和机的操作程序

a. 启动动力装置，工作 5min 以后，再驾驶整机到工作现场。

b. 用举升油缸把工作装置举升到保险锁可活动处。

c. 取下转子上部的保险销，把转子落下靠近地面的位置上。

d. 开动转子马达，使转子运转起来。

e. 用举升油缸缓慢地落下转子，达到预定的位置和深度。

f. 变速箱放在一挡上，慢慢地启动转子马达，使整机前进。

g. 调整尾门开启度、转子转度及整机行驶速度，使机器工作在最佳位置状态，视情况可以把尾门放到浮动位置。

3）拌和施工。骨料采用稳定土拌和机拌和，拌和深度应达到稳定层底。拌和应适当破坏（约 1cm，不应过多）下承层的表面，以利上下层的粘结。通常应拌和两遍以上（如使用的是生石灰粉，宜先用平地机或多铧犁紧贴下承层表面翻到骨料层中间，但不能翻到底部），在进行最后一遍拌和之前，必要时先用多铧犁紧贴下承层表面翻拌一遍。直接铺在土基上的拌和层也应避免“素土”夹层。

（3）推土机、平地机、装载机、压路机的使用在上一节已经详细介绍，这里不做过多解释。

三、石灰稳定土基层施工及检验要点

1. 施工要点

（1）厂拌石灰土应符合下列规定：

1）石灰土搅拌前，应先筛除骨料中不符合要求的颗粒，使骨料的级配和最大粒径符合要求。

2）宜采用强制式搅拌机进行搅拌。配合比应准确，搅拌应均匀；含水量宜略大于最佳值；石灰土应过筛（20mm 方孔）。

3）应根据土和石灰的含水量变化、骨料的颗粒组成变化，及时调整搅拌用水量。

4）拌成的石灰土应及时运送到铺筑现场。运输中应采取防止水分蒸发和防扬尘的措施。

5）搅拌厂应向现场提供石灰土配合比，R7 强度标准值及石灰中活性氧化物含量的资料。

（2）采用人工搅拌石灰土应符合下列规定：

1）所用土应预先打碎、过筛（20mm 方孔），集中堆放、集中拌和。

2）应按需要量将土和石灰按配合比要求，进行掺配。掺配时土应保持适宜的含水量，掺配后过筛（20mm 方孔），至颜色均匀一致为止。

3）作业人员应佩戴劳动保护用品，现场应采取防扬尘措施。

（3）厂拌石灰土摊铺应符合下列规定：

1）路床应湿润。

2）压实系数应经试验确定。现场人工摊铺时，压实系数宜为 1.65～1.70。

3）石灰土宜采用机械摊铺。每次摊铺长度宜为一个碾压段。

4）摊铺掺有粗骨料的石灰土时，粗骨料应均匀。

（4）碾压应符合下列规定：

1）铺好的石灰土应当天碾压成活。

2）碾压时的含水量宜在最佳含水量的允许偏差范围内。

3）直线和不设超高的平曲线段，应由两侧向中心碾压；设超高的平曲线段，应由内侧向外侧碾压。

4）初压时，碾速宜为 20～30m/min；灰土初步稳定后，碾速宜为 30～40m/min。

5）人工摊铺时，宜先用 6～8t 压路机碾压；灰土初步稳定、找补整形后，方可用重型压路机碾压。

6）当采用碎石嵌丁封层时，嵌丁石料应在石灰土底层压实度达到 85%时撒铺，然后继续碾压，使其嵌入底层，并保持表面有棱角外露。

（5）纵、横接缝均应设直槎。接缝应符合下列规定：

1）纵向接缝宜设在路中线处。接缝应做成阶梯形，梯级宽不应小于 1/2 层厚。

2）横向接缝应尽量减少。

2. 季节性施工

（1）雨期施工。

1）雨期施工时，应集中力量突击石灰稳定土底基层的底层，防止雨水浸软路基。

2）石灰稳定土层雨期施工应掌握的原则是提早上土，铺灰翻扣，充分利用两次降雨间隙，以突击成活。

3）生石灰要堆存高处，以免被雨水浸泡和便于雨后运灰。

4）雨期消解石灰，在保证石灰消解的前提下，应掌握加水量偏小，防止含水量偏大被雨淋落。

5）铺石灰路段，每晚收工前要浅扣一犁，将石灰翻扣于土层中间排压 1～2 遍，防止夜间降雨被冲。中午收工前要看天气，阴天时应将石灰翻扣于土内排压。如降暴雨处理不及，发现石灰有被雨冲减少时，要适当补足灰量。

6）对整平的土基面和排压好的石灰稳定土层，均须做出路拱和排水沟保证排水。市区施工必须事先为雨水找好出路，使之通向排水管道内。

7）石灰稳定土拌和时需要加水的路段，也要适当降低加水量，并注意天气预报，阴天收工前不要再加水。

8）拌和石灰稳定土当日未成活路段，收工前要做出路拱，排压防雨。

9）每个拌和段的几道工序，包括拌和、整形和碾压要安排紧凑，整形工作可分段进行，使提早碾压，做到当日碾压成活。

10）降雨时不应进行石灰稳定土层施工，施工中遇雨的路段如含水量偏大，雨后以铧犁翻拌晾晒。拌和成活的路段待接近最佳含水量时，再进行整形、碾压。

11）刚完工的石灰稳定土层遇雨后，亦应及时排除路边积水，以防水浸。

（2）冬期施工。

1）石灰稳定土层应在冰冻期到来前完成，冬期不宜进行石灰稳定土层施工。

2）石灰稳定土层完工后，如于冬期停止施工，稳定土层上应覆土10cm以上防护过冬，以免表层出现松散现象。

3）进入低温季节，如尚有石灰稳定土层必须施工时，应自灰堆内部取用消石灰或用生石灰粉，并取用未受冻的土。铺土、铺灰后立即拌和，并使含水量保持低限。整形工作宜在中午以前完成，应配备足够的碾压设备，于当天收工前碾压至要求的压实度。

4）石灰稳定土层低温季节施工时，如发现混合料中有冻块，应停止继续施工。

5）降雪以后应组织人力，将石灰稳定土层上的积雪扫除。

3. 质量标准

（1）基层、底基层的压实度应符合下列要求：

1）城市快速路、主干路基层不小于97%，底基层不小于95%。

2）其他等级道路基层不小于95%，底基层不小于93%。

（2）基层及底基层允许偏差应符合表3-20的规定。

表3-20　石灰稳定土类基层及底基层允许偏差

项目	允许偏差	检验频率		检验方法
		范围	点数	
中线偏位/mm	≤20	100m	1	用经纬仪测量

续表

项目		允许偏差	检验频率				检验方法
			范围	点数			
纵断高程/m	基层	±15	20m	1			用水准仪测量
	底基层	±20					
平整度/mm	基层	≤10	20m	路宽/m	<9	1	用3m直尺和塞尺连续量两尺，取较大值
	底基层	≤15			9～15	2	
					>15	3	
宽度/mm		不小于设计规定+B	40m	1			用钢尺量
横坡		±0.3%且不反坡	20m	路宽/m	<9	2	用水准仪测量
					9～15	4	
					>15	6	
厚度/mm		±10	1000m²	1			用钢尺量

四、水泥稳定土基层施工及检验要点

1. 施工要点

(1) 摊铺应符合下列规定：

1) 施工前应通过试验确定压实系数。水泥土的压实系数宜为1.53～1.58；水泥稳定砂砾的压实系数宜为1.30～1.35。

2) 宜采用专用摊铺机械摊铺。

3) 水泥稳定土类材料自搅拌至摊铺完成，不应超过3h。应按当班施工长度计算用料量。

4) 分层摊铺时，应在下层养护7d后，方可摊铺上层材料。

(2) 碾压应符合下列规定：

1) 应在含水量等于或略大于最佳含水量时进行。碾压找平应符合有关规定。

2) 宜采用12～18t压路机作初步稳定碾压，混合料初步稳定后，用大于18t的压路机碾压，压至表面平整、无明显轮迹且达到要求的压实度。

3) 水泥稳定土类材料，宜在水泥初凝前碾压成活。

4) 当使用振动压路机时，应符合环境保护和周围建筑物及地下管线、构筑物的安全要求。

(3) 接缝应符合石灰稳定土基层施工的有关规定。

2. 季节性施工

(1) 冬期施工。

1) 基层应在第一次重冰冻(−3～−5℃)到来前一个月停止施工，以保证其在达到设计强度前不受冻。

2) 必要时可采取提高早期强度的措施，防止基层受冻。

①在混合料结构组成规定范围内，加大骨料用量。

②采用碾压成型的最低含水量的情况下压实，最低含水量宜小于最佳含水量的1%～2%。

3) 初冬时，可以采取保温覆盖措施。

(2) 雨期施工。

1) 根据天气预报合理安排施工，做到雨天不施工。

2) 做好遮盖防雨工作，水泥应上盖下垫，材料场地做好排水，使原材料免于雨淋浸泡。

3) 合理控制施工段长度，各项工序紧密连接，集中力量分段铺筑，在雨前做到碾压密实。

4) 对软土地段和低洼之处，应在下雨前先行施工。

3. 质量标准

(1) 主控项目。

1) 土和粒料应符合设计及施工规范要求，土块应经粉碎，并应根据当地料源选择质坚、干净的粒料。

2) 水泥用量应按设计要求控制准确。

3) 摊铺时注意消除离析现象。

4) 混合料应处于最佳含水量状况下，用重型压路机碾压至要求的压实度。

5) 碾压检查合格后应立即覆盖或洒水养生，养生期应符合规范要求。

(2) 一般项目。见表3-21、表3-22。

表3-21　　水泥土基层和底基层实测项目

项次	检查项目		规定值或允许偏差		检查方法和频率
			基层	底基层	
1	压实度(%)	代表值	—	95	按JTG F80/1—2004附录B检查，每200m每车道2处
		极值	—	91	
2	平整度/mm		—	12	3m直尺：每200m测2处×10尺

续表

项次	检查项目		规定值或允许偏差		检查方法和频率
			基层	底基层	
3	纵断高程/mm		—	+5，−15	水准仪：每 200m 测 4 个断面
4	宽度/mm		符合设计要求		尺量：每 200m 测 4 个断面
5	厚度/mm	代表值	—	−10	按 JTG F80/1 附录 H 检查，每 200m 每车道 1 点
		合格值	—	−25	
6	横坡(%)		—	±0.3	水准仪：每 200m 测 4 个断面
7	强度/MPa		符合设计要求		按 JTG F80/1 附录 G 检查

表 3-22　水泥稳定粒料底基层实测项目

项次	检查项目		规定值或允许偏差	检查方法和频率
1	压实度（%）	代表值	96	按 JTG F80/1—2004 附录 B 检查，每 200m 每车道 2 处
		极值	92	
2	平整度/mm		12	3m 直尺：每 200m 测 2 处×10 尺
3	纵断高程/mm		+5，−15	水准仪：每 200m 测 4 个断面
4	宽度/mm		符合设计要求	尺量：每 200m 测 4 处
5	厚度/mm	代表值	−10	按 JTG F80/1 附录 H 检查，每 200m 每车道 1 点
		合格值	−25	
6	横坡(%)		±0.3	水准仪：每 200m 测 4 个断面
7	强度/MPa		符合设计要求	按 JTG F80/1 附录 G 检查

五、石灰、粉煤灰稳定砂砾基层施工及检验要点

1. 施工要点

（1）混合料应由搅拌厂集中拌制且应符合下列规定：

1）宜采用强制式搅拌机拌制，并应符合下列要求：

①搅拌时应先将石灰、粉煤灰搅拌均匀，再加入砂砾（碎石）和水搅拌均匀。混合料含水量宜略大于最佳含水量。

②拌制石灰粉煤灰砂砾均应做延迟时间试验，以确定混合料在储存场存放时间及现场完成作业时间。

③混合料含水量应视气候条件适当调整。

2）搅拌厂应向现场提供产品合格证及石灰活性氧化物含量、粒料级配、混合料配合比及 R7 强度标准值的资料。

3）运送混合料应覆盖，防止遗撒、扬尘。

（2）摊铺除遵守石灰稳定土基层施工有关规定外，尚应符合下列规定：

1）混合料在摊铺前其含水量宜在最佳含水量的允许偏差范围内。

2）混合料每层最大压实厚度应为 20cm，且不宜小于 10cm。

3）摊铺中发生粗、细骨料离析时，应及时翻拌均匀。

（3）碾压应符合石灰稳定土基层施工的有关规定。

2. 季节性施工

（1）冬期施工。

1）基层应在第一次重冰冻（－3～－5℃）到来前一个月停止施工，以保证其在达到设计强度前不受冻。

2）必要时可采取提高早期强度的措施，防止基层受冻。

①在混合料中掺加 2%～5%的水泥代替部分石灰。

②在混合料结构组成规定范围内加大骨料用量。

③采用碾压成型的最低含水量的情况下压实，最低含水量宜小于最佳含水量的 1%～2%。

（2）雨期施工。

1）根据天气预报合理安排施工，做到雨天不施工。

2）雨期施工时应对石灰、粉煤灰和砂砾进行覆盖，材料场地做好排水，使原材料避免雨淋浸泡。

3）应合理安排施工段长度，各项工序紧密连接，集中力量分段铺筑，在雨期前做到碾压密实。

4）对软土地段和低洼之处，应在雨期前先行施工。

3. 质量标准

（1）主控项目。

1）粒料应符合设计和施工规范要求，并应根据当地料源选择质坚、干净的粒料。

2）石灰和粉煤灰质量应符合设计要求，石灰应经充分消解后才能使用。

3）混合料配合比应准确，不得含有灰团和生灰块。

4）摊铺时要注意消除粗、细骨料离析现象。

5）碾压时应先用轻型压路机稳压，后用重型压路机碾压至要求的压实度。

6）保持一定的湿度养生，养生要符合规范要求。

（2）一般项目，见表3-23。

表3-23　　石灰、粉煤灰砂砾基层实测项目

工程类别	项目		允许偏差	检验频率		检验方法
				范围	点数	
底基层	纵断高程/mm		+5，-15	20m一个断面	3～5	水准仪
	厚度/mm	均值	-10	2000m²	6	尺量
		极值	-25			
	宽度/mm		不小于设计值	40m	1	钢尺量
	横坡度(%)		±0.3	100m	3	水准仪
	平整度/mm		12	200m	2处10尺	3m靠尺
	压实度/mm	代表值	≥96	每车道200m	2	（注1）
		极值	≥92			
	强度		符合设计要求	（注2）	（注2）	（注2）
基层	纵断高程/mm		+5，-10	20m	3～5/断面	水准仪
	厚度/mm	均值	-8	2000m²	6	尺量
		极值	-10			
	宽度/mm		不小于设计值	40m	1	钢尺量
	横坡度（%）		±0.3	100m	3	水准仪
	平整度/mm		8	200m	2处10尺	3m靠尺
			3.0	测平车	—	—
	压实度		≥98	代表值 每车道200m	2	（注1）
			≥94	极值		
	强度		符合设计要求	（注2）		

注：1. 混合料压实度检验方法：抽检数量：每100m检测一点，采用灌砂法检测，经过容许后也可采用核子密度仪进行检测。

2. 混合料的强度检验方法：抽检数量：每台拌和机每天抽检一组，制作ϕ150试件时应为13个；制作ϕ100试件时应为9个。

混合料试块强度验收时其强度合格标准必须符合以下规定：试件应在标准温度（20±2℃）和湿度（大于70%）条件下养生6d，再浸水养生24h，经过抗压试验后，95%保证系数计算值不低于设计强度值。

六、石灰、粉煤灰、钢渣稳定土类基层施工及检验要点

1. 施工要点

施工要点参见本节第八条石灰、粉煤灰稳定砂砾基层施工要点。

2. 季节性施工

（1）冬期施工。不宜在冬期进行施工。当日最低气温 5℃以上并持续 15d 时方可施工，在冰冻地区须在结冻前 15～30d 停止施工。

（2）雨期施工。

1）工作面的维护：若下承层是土基，应确保雨期前土基碾压密实，对软土地段或低洼地段，应安排在雨期前施工，路床两侧应开挖临时排水槽，以利于排水。

2）混合料要边摊铺、边碾压。对已摊铺好的混合料，要在雨前或冒雨进行初压，雨后再加压密实。对已铺好而尚未碾压的混合料，雨后应封闭交通，晾晒至适当含水量后，再进行碾压。

3）当出现连阴雨天情况时，不宜施工。

3. 质量标准

（1）主控项目。

1）钢渣、石灰、粉煤灰质量要符合设计要求，钢渣要用一年以上的陈渣，石灰应经充分消解后才能使用。

2）混合料配合比应准确，不得含有灰团和生石灰块。

3）施工过程中，要注意消除粗、细骨料离析现象。

（2）一般项目见表 3-24。

表 3-24　　石灰、粉煤灰、钢渣混合料允许偏差

检测项目	允许偏差	检验频率		检验方法
	基层	范围	点数	
强度/MPa	$R_7=0.6\sim0.8$ $R_{28}=1.5\sim2.0$			符合《公路工程质量检验评定标准》（JTG F80/1—2004 的规定）
压实度（%）	重型击实≥95	1000m²	1	灌砂法
厚度/mm	±10	1000m²	1	尺量
宽度/mm	不小于设计规定+B	40m	1	尺量
平整/mm	≤10	20m	1	3m 靠尺

续表

检测项目	允许偏差	检验频率		检验方法
	基层	范围	点数	
中线/mm	±15 无连接层 ±10	20m	2	水准仪
横断高/mm	±20	20m	2	尺量
横坡(%)	±0.3	20m	1	水准仪

注：*B* 值为施工要求的必要附加宽度。

七、级配碎石及级配碎砾石基层施工及检验要点

1. 施工要点

(1) 摊铺应符合下列规定：

1) 宜采用机械摊铺符合级配要求的厂拌级配碎石或级配碎砾石。

2) 压实系数应通过试验段确定，人工摊铺宜为 1.40～1.50；机械摊铺宜为 1.25～1.35。

3) 摊铺碎石每层应按虚厚一次铺齐，颗粒分布应均匀，厚度一致，不得多次找补。

4) 已摊平的碎石，碾压前应断绝交通，保持摊铺层清洁。

(2) 碾压除应遵守石灰稳定土基层施工有关规定外，尚应符合下列规定：

1) 碾压前和碾压中应适量洒水。

2) 碾压中对有过碾现象的部位，应进行换填处理。

(3) 成活应符合下列规定：

1) 碎石压实后及成活中应适量洒水。

2) 视压实碎石的缝隙情况，撒布嵌缝料。

3) 宜采用 12t 以上的压路机碾压成活，碾压至缝隙嵌挤应密实，稳定坚实，表面平整，轮迹小于 5mm。

4) 未铺装上层前，对已成活的碎石基层应保持养护，不得开放交通。

2. 季节性施工

(1) 雨期施工时，注意及时收听天气预报，并采取相应的排水措施，以防雨水进入路面基层，冲走基层表面的细粒土，从而降低基层强度。

(2) 雨期施工期间应随铺随碾压，当天碾压成活。

(3) 级配碎（砾）石在冬期不宜施工。

3. 质量标准

（1）主控项目。

1）应选用质地坚韧、无杂质的碎石、砂砾、石屑或砂，级配应符合要求。

2）配料必须准确，塑性指数必须符合规定。

3）混合料应拌和均匀，无明显离析现象。

4）碾压应遵循先轻后重的原则，洒水碾压至要求的压实度。

（2）一般项目见表 3-25。

表 3-25　　级配碎（砾）石基层和底基层允许偏差

<table>
<tr><th rowspan="3">项目</th><th rowspan="3" colspan="2">允许偏差</th><th colspan="4">检验频率</th><th rowspan="3">检验方法</th></tr>
<tr><th rowspan="2">范围</th><th colspan="3" rowspan="2">点数</th></tr>
<tr></tr>
<tr><td>中线偏位/mm</td><td colspan="2">≤20</td><td>100m</td><td colspan="3">1</td><td>用经纬仪测量</td></tr>
<tr><td rowspan="2">纵断高程/mm</td><td>基层</td><td>±15</td><td rowspan="2">20m</td><td colspan="3" rowspan="2">1</td><td rowspan="2">用水准仪测量</td></tr>
<tr><td>底基层</td><td>±20</td></tr>
<tr><td rowspan="3">平整度/mm</td><td rowspan="2">基层</td><td rowspan="2">≤10</td><td rowspan="3">20m</td><td rowspan="3">路宽/m</td><td><9</td><td>1</td><td rowspan="3">用 3m 直尺和塞尺连续量两尺，取较大值</td></tr>
<tr><td>9～15</td><td>2</td></tr>
<tr><td>底基层</td><td>≤15</td><td>>15</td><td>3</td></tr>
<tr><td>宽度/mm</td><td colspan="2">不小于设计规定＋B</td><td>40m</td><td colspan="3">1</td><td>用钢尺量测</td></tr>
<tr><td rowspan="3">横坡</td><td colspan="2" rowspan="3">±0.3%且不反坡</td><td rowspan="3">20m</td><td rowspan="3">路宽/m</td><td><9</td><td>2</td><td rowspan="3">用水准仪测量</td></tr>
<tr><td>9～15</td><td>4</td></tr>
<tr><td>>15</td><td>6</td></tr>
<tr><td rowspan="2">厚度/mm</td><td>砂石</td><td>＋20
－10</td><td colspan="2" rowspan="2">1000m²</td><td colspan="2" rowspan="2">1</td><td rowspan="2">用钢尺量</td></tr>
<tr><td>砾石</td><td>＋20
－10%层厚</td></tr>
</table>

八、成品保护

（1）封闭施工现场，悬挂醒目的禁行标志，设专人引导交通，看护现场。

（2）水泥稳定土底基层分层施工时，下层水泥稳定土碾压完后，采用重型振动压路机碾压时，宜养生 7d 后铺筑上层水泥稳定土。在铺筑上层稳定土前，应始终保持下层表面湿润。在铺筑上层稳定土时，宜在下层表面撒少量水泥或水泥浆。底基层养生 7d 后，方可铺筑基层。

水泥稳定级配碎石（或砾石）基层分两层用摊铺机铺筑时，下层分段摊铺和碾压密实后，在不采用重型振动压路机碾压时，宜立即摊铺上层，否则在下层顶面撒少量水泥或水泥浆。

(3) 严禁压路机在已完成或正在碾压的路段上调头或急刹车，如必须调头，应在调头处覆盖 100mm 厚砂砾，以保证基层表面不受破坏。

(4) 采用低噪声的机械设备，尽量避免在夜间、清晨、中午休息时间施工。

(5) 必要时，在施工现场的出入口、施工便道与社会道路的交叉路口，铺设一层碎石或草袋等截留泥尘，或设清洁池清洗车辆轮胎。对现场的存土堆、裸露的地表采用防尘网覆盖、喷洒抑尘剂或进行临时绿化处理。

(6) 严禁车辆及施工机械进入成活路段，倘若车辆必须走碾压完的基层，必须对基层表面采取保护措施。

(7) 养生期间未采用覆盖措施的水泥稳定土层上，除洒水车外应封闭交通。在采用覆盖措施的水泥稳定土层上，不能封闭交通时应限制重车通行，其他车辆的车速不应超过 30km/h。

(8) 对于基层，可采用沥青乳液进行养生。沥青乳液的用量按 0.8～1.0kg/m^2（指沥青用量）选用，宜分两次喷洒。第一次喷洒沥青含量约 35%的慢裂沥青乳液，使其能稍透入基层表层；第二次喷洒浓度较大的沥青乳液。如不能避免施工车辆在养生层上通行，应在乳液分裂后，撒布 3～8mm 的小碎（砾）石，做成下封层。

(9) 养生期结束后，应及时铺筑下一层基层或面层。当铺油的条件不具备时，应先做好封层或透层，并撒石屑保护。

(10) 养生期结束后，如其上为沥青面层，应先清扫基层，并立即喷洒透层或粘层沥青。在喷洒透层或粘层沥青后，宜在上均匀撒布 5～10mm 的小碎（砾）石，用量约为全铺一层用量的 60%～70%。

(11) 禁止在已做完的基层上堆放材料和停放机械设备，防止破坏基层结构。

(12) 做好临时路面排水，防止浸泡已施工完的基层。

九、职业健康安全管理

1. 安全操作技术要求

(1) 集中拌和基层材料应遵守下列规定：

1) 拌和场应根据材料种类、规模、工艺要求和现场状况进行专项设计，合理布置。各机具设备之间应设安全通道。机具设备支架及其基础应进行受力验算，其强度、刚度和稳定性应满足机具运行的安全要求。

2）拌和场不得设在电力架空线路下方，需设在其一侧时，应符合有关规定。

3）拌和场周围应设围挡，实行封闭管理。

4）拌和机应置于坚实的基础上，安装牢固，防护装置齐全、有效，电气接线应符合有关规定。

5）拌和场地应采取降尘措施，空气中粉尘等有害物含量应符合国家现行规定。

6）拌和机运转时，严禁人员触摸传动机构。

7）拌和机具设备发生故障或检修时，必须关机、断电后方可进行，并必须固锁电源闸箱，设专人监护。

8）拌和场应按消防安全规定配备消防器材。

（2）摊铺与碾压。

1）施工现场卸料由专人指挥，卸料时，作业人员应位于安全位置。

2）作业人员之间应保持 1m 以上安全距离。

3）机械摊铺与碾压基层结构应遵守下列规定：

①作业中，应设专人指挥机械，协调各机械操作工、筑路工之间的相互配合关系，保持安全作业。

②作业中，机械指挥人员应随时观察作业环境，使机械避开人员和障碍物。当人员妨碍机械作业时，必须及时疏导人员离开并撤至安全地方。

③机械运转时，严禁人员上下机械，严禁人员触摸机械的传动机构。

④作业后，机械应停放在平坦、坚实的场地，不得停置于临边、低洼、坡度较大处。停放后必须熄火、制动。

（3）机具施工安全操作。

1）施工现场应有施工机械安装、使用、检测、自检记录，做好施工机械设备的日常维修保养，保证机械的安全使用性能。

2）使用机械路拌石灰土、水泥土应遵守下列规定：

①拌和过程中，严禁机械急转弯或原地转向或倒行作业。

②非施工人员严禁进入拌和现场。

③拌和机运转过程中，严禁人员触摸传动机构。

④机械发生故障必须停机后，方可检修。

3）稳定土拌和机作业。

①拌和作业时，应先将转子提起离开地面空转，然后再慢慢下降至拌和深度。

②在拌和过程中，不能急转弯或原地转向，严禁使用倒挡进行拌和作业。遇到底层有障碍物时，应及时提起转子，进行检查处理。

③拌和机在行走和作业过程中，必须采用低速，保持匀速。液压油的温度不得超过规定。

④停车时应拉上制动，将转子置于地面。

4）场拌稳定土机械作业。

①带式运输机应尽量降低供料高度，以减轻物料冲击。在停机前必须将料卸尽。

②拌和机仓壁振动器在作业中铁心和衔铁不得碰撞，如发生碰撞应立即调整振动体的振幅和工作间隙。仓内不出料时，严禁使用振动器。

③拌和结束后给料斗、贮料仓中不得有存料。

④搅拌壁及叶桨的紧固状况应经常检查，如有松动应立即拧紧。

5）碎石撒布机作业。

①自卸汽车与撒布机联合作业，应紧密配合，以防碰撞。

②撒布碎石，车速要稳定，不应在撒布过程中换挡。严禁撒布机长途自行转移。

③在工地作短距离转移，必须停止拨料辊及带式运输机的传动，并注意道路状况，以防碰坏机件。

④作业时无关人员不得进入现场，以防碎石伤人。

⑤石料的最大料径不得超过说明书中的规定。

6）洒水车作业。

①洒水车在公路上抽水时，不得妨碍交通。

②在有水草和杂物的水道中抽水，吸水管端应加设过滤网罩。

③洒水车在上下坡及弯道运行中，不得高速行驶，并避免紧急制动。

④洒水车驾驶室外不得载人。

2. 其他管理

（1）消解石灰，不得在浸水的同时边投料、边翻拌，人员应远避，以防烫伤。

（2）装卸、撒铺及翻动粉状材料时，操作人员应站在上风侧，轻拌、轻翻，减少粉尘。散装粉状材料宜使用粉料运输车运输，否则车厢上应采用篷布遮盖。装卸尽量避免在大风天气下进行。

（3）现场操作人员必须按规定佩戴防护用具。机械燃料操作时，其防火应按有关规定严格执行。

（4）对现场易燃、易爆物品必须分开存放，保持一定的安全距离，设专人看管。

十、环境管理

1. 拌和

(1) 施工现场场地平整，道路坚实、畅通，有排水措施，施工完后要及时回填平整，清除积土。

(2) 现场使用的机械设备，要按平面布置规划固定点存放，遵守机械安全规程，经常保持机身及周围环境的清洁，机械材料的标记、编号明显，安全装置可靠。

(3) 在用的搅拌机、砂浆机旁必须设有沉淀池，不得将浆水直接排放下水道及河流等处。

(4) 袋装水泥、石灰、粉煤灰等易飞扬的细颗散粒材料，应库内存放。室外临时露天存放时，必须下垫上盖，严密遮盖，防止扬尘。

(5) 工地搅拌站除尘是治理的重点。有条件要修建集中搅拌站，由计算机控制进料、搅拌、输送全过程，在进料仓上方安装除尘器，可使水泥、砂、石中的粉尘降低99%以上。采用现代化先进设备是解决工地粉尘污染的根本途径。

(6) 工地采用普通搅拌站，先将搅拌站封闭严密，尽量不使粉尘外泄，以免污染环境。并在搅拌机拌筒出料口安装活动胶皮罩，通过高压静电除尘器或旋风滤尘器等除尘装置，将风尘分开净化，达到除尘目的。最简单易行的是将搅拌站封闭后，在拌筒地出料口上方和地上料斗侧面装几组喷雾器喷头，利用水雾除尘。

(7) 凡在人口稠密进行强噪声作业时，须严格控制作业时间，一般晚10点到次日早6点之间停止强噪声作业。确系特殊情况必须昼夜施工时，尽量采取降低噪声措施，并会同建设单位找当地居委会、村委会或当地居民协调，出安民告示，求得群众谅解。

(8) 现场存放油料必须对库房进行防渗漏处理，储存和使用应防止油料"跑、冒、滴、漏"，污染水体。

(9) 对施工噪声应进行严格控制，夜间施工作业应采取有效措施，最大限度地减少噪声扰民。

(10) 对施工垃圾应及时运至垃圾消纳地点；对施工污水应沉淀后通过临时下水道，排入市政的污水系统。

(11) 应对施工现场进行围挡，并对噪声较大的设备（如发电机）进行专项隔离，防止噪声扰民。

(12) 根据工程所在区域的不同情况，采取必要的围护和遮挡措施，并保持外观整洁。

2. 摊铺与碾压

（1）施工现场和临时道路定期维修和养护，每天洒水2～4次，防止扬尘。

（2）采用低噪声的机械设备，尽量避免在夜间、清晨、中午休息时间施工。

（3）必要时在施工现场的出入口、施工便道与社会道路的交叉路口，铺设一层碎石或草袋等截留泥尘，或设清洁池清洗车辆轮胎。对现场的存土堆、裸露的地表，采用防尘网覆盖、喷洒抑尘剂或进行临时绿化处理。

（4）作业中如遇到暂时停滞，应将机械熄火、制动，减少对大气的污染。

3. 其他管理

（1）各种临时设施和场地，如堆料场、材料加工厂等，一般宜远离居民区（其距离不宜小于1000m），而且应设于居民区主要风向的下风处。当无法满足时，应采取适当的防尘及消声等措施。

（2）工程施工用的粉末材料，宜存放在室内。当受条件限制且在露天堆存时，应采取篷布遮盖。

第四节　道路面层施工现场管理与施工要点

一、作业条件

（1）沥青混凝土下面层必须在基层验收合格并清扫干净、喷洒乳化沥青24h后，方可进行施工。

（2）基层条件。应对基层的中心线、标高、宽度、坡度、平整度、回弹弯沉值、强度进行检测，基层完工长度不小于4km，宽度应比混凝土板每侧宽出500～800mm，确认合格后，认真清扫干净并洒水湿润。

（3）测量准备。依据设计图纸和施工要求对测量数据加密。测量放线应至少完成200m，悬挂基准绳，并要求旁站监理认可。

（4）沥青混凝土下面层施工应在路缘石安装完成并经监理验收合格后进行。路缘石与沥青混合料接触面应涂刷粘结油。

（5）沥青混凝土中、表面层施工前，应对下面层和桥面混凝土铺装进行质量检测汇总，对存在缺陷部分进行必要的铣刨处理。

（6）在旧沥青路面或水泥混凝土路面上加铺改性沥青面层时，应修补破损的路面、填补坑洞、封填裂缝或失效的水泥路面接缝；松动的水泥混凝土板应清除或进行稳定处理；表面应整平，摊铺前应清扫干净，喷洒粘层油。

（7）确定沥青混合料生产厂家，并确定运行车辆数量，摊铺，碾压设备，运输车辆的数量应与摊铺能力、运输距离相适应，并摊铺前形成不间断的供料车流。

(8) 施工前对各种施工机具做全面检查，经调试证明处于性能良好状态，机械数量足够，施工能力配套，重要机械宜有备用设备。

(9) 施工前应合理安排各种材料的储罐及堆放场地，各种材料分开储存，粗（细）骨料均应堆放在硬化的地面上，并有隔墙分隔。对进场的各种原材料不得遭受污染。对进场的各种材料必须取样进行试验，各种不同规格、不同料场、不同批次的材料应按规定验收，不符合要求的不得使用。经选择确定的材料在施工过程中应保持稳定，不得随意变更。

(10) 编制好详细的施工方案，并对施工人员做好技术交底，各工序设专人负责，施工前对摊铺、碾压设备进行全面检修，确保施工中正常运行。

(11) 混凝土配合比设计检验与调整。混凝土施工前必须检验其设计配合比是否合适；否则，应及时调整。

(12) 施工前应解决水电供应、交通道路、搅拌和堆料场地、办公生活用房、工棚仓库和消防等设施。

(13) 有碍施工的建筑物、灌溉渠道和地下管线等，均应在施工前拆迁完毕。

(14) 夜间施工时，必须有充足良好的照明条件。

二、现场工、料、机管理

1. 施工人员工作要点

(1) 准备。

1) 在混合料基层上铺筑沥青面层或其他结构层时，应对基层表面进行一次检查和清扫。

2) 旧路加铺混合料时，旧路上泥土杂物和松散骨料等应清理干净。局部坑槽应修补夯实。

(2) 拌和。

1) 混合料量少时，可采用人工拌和。用机械拌和法拌和混合料，对机械不易拌到之处，应辅以人工拌和均匀。

2) 人工拌和宜采用条拌法。将各种原材料分铺成条形后，边翻拌、边前进，翻拌数遍直至拌和均匀。

3) 人工拌和作业时应使用铁壶或长柄勺倒油，壶嘴或勺口不应提得过高，防止热油溅起伤人。

4) 混凝土拌和。拌和时，掌握好混凝土的施工配合比，严格控制加水量，应根据砂、石料的实测含水量，调整拌和时的实际用水量。混合料组成材料的计量允许误差为：水泥为±1%、粗细骨料为±5%、水为±1%、外加剂为±2%。

5）运转过程中，如发现有异常情况，应报告机长，并及时排除故障。停机前应首先停止进料，等各部位（拌鼓、烘干筒等）卸完料后，才可提前停机。再次启动时，不得带负荷启动。

6）搅拌机运行中，不得使用工具伸入滚筒内掏挖或清理。需要清理时，必须停机。如需人员进入搅拌鼓内工作时，鼓外要有人监护。

7）手推车运输应平稳推行，空车让重车，不得抢道。

8）手推车向搅拌机料斗内倾倒砂石料时，应设挡掩，严禁撒把倒料。

9）作业人员向搅拌机料斗内倾倒水泥时，脚不得蹬踩料斗。

10）搬运袋装水泥必须自上而下顺序取运。堆放时，垫板应平稳、牢固；按层码垛整齐，高度不得超过10袋。

（3）摊铺。

1）在路面狭窄部分、平曲线半径过小的匝道或加宽部分，以及小规模工程不能采用摊铺机铺筑时，可用人工摊铺混合料。人工摊铺沥青混合料应符合下列要求：

①半幅施工时，路中一侧宜事先设置挡板。

②沥青混合料宜卸在铁板上，摊铺时应扣锹摊铺，不得扬锹远甩，铁锹等工具宜醮防胶粘剂或加热后使用。

③边摊铺边用刮板整平，刮平时应轻重一致，往返刮2～3次达到平整即可，不得反复撒料反复刮平引起粗骨料离析。

④撒料用的铁锹等工具宜加热后使用，也可以醮轻柴油或油水混合液，以防粘结混合料。但不得过于频繁，影响混合料质量。

⑤摊铺不得中途停顿。摊铺好的沥青混合料应紧接碾压。如因故不能及时碾压或遇雨时，应立即停止摊铺，并对已卸下的沥青混合料覆盖苫布保温。

⑥低温施工时，每次卸下的混合料应以苫布覆盖。

⑦人工摊铺的混合料，温度下降较快，需尽快开始碾压。

2）人工修补。

①用机械摊铺的混合料，不应用人工反复修整。当出现下列情况时，可用人工做局部找补或更换混合料：

a. 横断面不符合要求。

b. 构造物接头部位缺料。

c. 摊铺带边缘局部缺料。

d. 表面明显不平整。

e. 局部混合料明显离析。

f. 摊铺机后有明显的拖痕。

②人工找补或更换混合料应在现场主管人员指导下进行。缺陷较严重时应

予铲除，并调整摊铺机或改进摊铺工艺。当由机械原因引起严重缺陷时，应立即停止摊铺。人工修补时，工人不应站在热混合料层面上操作。

3）人工找补或更换混合料应在现场主管人员指导下进行。缺陷较严重的，应整层铲除。

4）摊铺过程中和摊铺结束后，设专人在浮动基准梁和摊铺机履带前进行清扫，及时对滑靴进行清理润滑，保证其表面洁净、无粘着物。

5）改性沥青混合料摊铺尽量减少人工处理，防止破坏表面纹理，但混合料出现离析现象时，必须采取人工筛料处理。处理时要随用随筛，筛孔不宜小于10mm。

（4）压实。

1）初压时应设人跟机，检查基层有无高低不平之处，高处铲除、低处填平，填补处应翻松洒水，再铺混合料压实。当基层混合料压实后再找补时，应在找补处挖深8～10cm，并洒适量水分后，及时压实成型。不得用贴补薄层混合料找平。

2）在有检查井、缘石等设施的城市道路上碾压混合料，应配备火力夯等小型夯、压机具；对大型碾压机械碾压不到或碾压不实之处，应进行人工补压或夯实。常用的小型压实机具有：

①手扶式小型振动压路机。静质量为1～2t，适用于路面边缘通常压路机无法碾压的部位作补充碾压。

②振动夯板。静质量不小于180kg，振动频率不小于3000次/min，适用于路面边缘通常压路机无法碾压的部位作补充碾压。

③人工热夯，适用于接缝、路边缘熨平使用。

3）在施工结束时，摊铺机在接近端部前约1m处，将熨平板稍稍抬起，驶离现场，用人工将端部混合料铲齐后，再碾压；然后，用3m直尺检查平整度，趁尚未冷透时垂直刨除端部层厚不足的部分，使下次施工时成直角连接。

（5）混凝土路面振捣。

1）人工摊铺混凝土路面并振捣。

①插入式振捣棒振实。

a. 在待振横断面上，每车道路面应使用两根振捣棒组成横向振捣棒组，沿横断面连续振捣密实，并应注意路面板底部、内部和边角处不得欠振或漏振。

b. 振捣棒在每一处的持续时间，应以拌和物全面振动液化，表面不再冒气泡和泛水泥浆为限，不宜过振，但也不宜少于30s。振捣棒的移动间距不宜大于500mm；至模板边缘的距离不宜大于200mm。应避免碰撞模板、钢筋、传力杆和拉杆。

c. 振捣棒插入深度宜离基层30～50mm，振捣棒应轻插慢提，不得猛插快拔，严禁在拌和物中推行和拖拉振捣棒振捣。

d. 振捣时，应辅以人工补料，随时检查振实效果，模板、拉杆、传力杆和钢筋网的移位、变形、松动、漏浆等情况，并及时纠正。

②振动板振实。

a. 在振捣棒已完成振实的部位，可开始振动板纵横交错两遍全面提浆振实，每车道路面应配备1块振动板。

b. 振动板移位时，应重叠100～200mm，振动板在一个位置的持续振捣时间不应少于15s。振动板须由两人提拉、振捣和移位，不得自由放置或长时间持续振动。移位控制以振动板底部和边缘泛浆厚度（3±1）min为限。

c. 缺料的部位，应辅以人工补料找平。

③振动梁振实。

a. 每车道路面宜使用1根振动梁。振动梁应具有足够的刚度和质量，底部应焊接或安装深度4mm左右的粗骨料压实齿，以保证（4±1）mm的表面砂浆厚度。

b. 振动梁应垂直路面中线沿纵向拖行，往返2～3遍，使表面泛浆均匀、平整。在振动梁施振整平过程中，缺料处应使用混凝土拌和物填补，不得用纯砂浆填补；料多的部位应铲除。

④整平饰面。

a. 每车道路面应配备1根滚杠（双车道两根）。振动梁振实后，应拖动滚杠往返2～3遍提浆整平。第一遍应短距离缓慢推滚或拖滚，以后应较长距离匀速拖滚，并使将水泥浆始终处于滚杠前方。多余水泥浆应铲除。

b. 拖滚后的表面宜采用3m刮尺，纵横各1遍整平饰面，或采用叶片式或圆盘式抹面机往返2～3遍压实整平饰面。抹面机配备每车道路面不宜少于1台。

c. 在抹面机完成作业后，应进行清边整缝，清除粘浆，修补缺边、掉角。应使用抹刀将抹面机留下的痕迹抹平。当烈日暴晒或风大时，应加快表面的修整速度，或在防雨篷遮护下进行。精平饰面后的面板表面应无抹面印痕、致密均匀、无露骨，平整度应达到规定要求。

2）振捣棒下缘位置应在挤压板最低点以上，横向间距不宜大于45cm，均匀排列；两侧最边缘振捣棒与摊铺边缘的距离不应大于25cm。

（6）接缝、灌缝。

1）沥青混凝土路面接缝处理。

①纵向接缝。当半幅施工不能采用热接缝时，或因特殊原因无法避免而产生的纵向冷接缝时，宜加设挡板或采用切刀切齐，也可在混合料尚未完全冷却前，用镐刨除边缘留下毛槎的方式，但不宜冷却后，采用切割机切缝作纵向冷接缝。铺另半幅前，必须将缝边缘清扫干净，并涂洒少量沥青。摊铺时应重叠

在已铺层上 50～100mm，摊铺后用人工将摊铺在前半幅上面的混合料铲走。

②横向接缝。

a. 相邻两幅及上下层的横向接缝均应错位 1m 以上。对高等级道路的中下层横向接缝，可采用自然碾压的斜接缝。当层厚较厚时，也可采用阶梯形接缝。对上面层应采用垂直的平接缝（图 3-18），其他等级公路的各层均可采用斜接缝。铺筑接缝时，可在已压实部分上面铺设一些热混合料，使之预热软化，以加强新旧混合料的粘结。但在开始碾压前，应将预热用的混合料铲除。

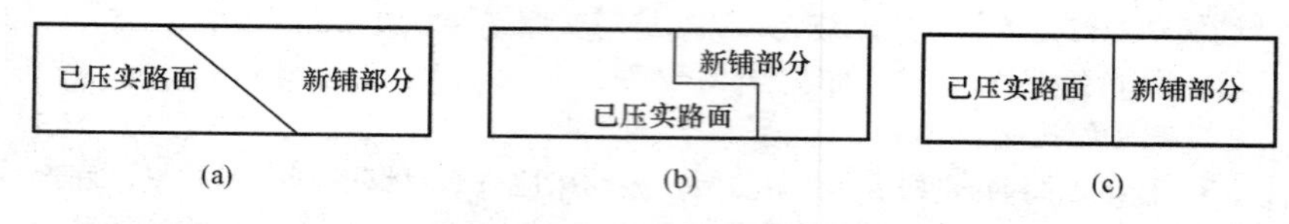

图 3-18 横向接缝的几种形式

（a）斜接缝；（b）阶梯形接缝；（c）平接缝

b. 斜接缝的搭接长度与层厚有关，宜为 0.4～0.8m。搭接处应清扫干净并洒少量沥青。当搭接处混合料中的粗骨料颗粒超过压实层厚度时应予剔除，并补上细料，斜接缝应充分压实并搭接平整。阶梯形接缝的台阶经铣刨而成，并洒粘层沥青，搭接长度不宜少于 3m。

③平接缝。平接缝应粘结紧密，压实充分，连接平顺。可采用下列方法施工。

a. 在施工结束时，摊铺机在接近端部前约 1m 处将熨平板稍稍抬起，驶离现场，用人工将端部混合料铲齐后再碾压；然后，用 3m 直尺检查平整度，趁尚未冷透时垂直刨除端部层厚不足的部分，使下次施工时成直角连接。

b. 在预定的摊铺段的末端先撒一薄层砂带，摊铺混合料后，趁热在摊铺层上挖出一道缝隙，缝隙应位于撒砂与未撒砂的交界处，在缝中嵌入一块与压实层厚等厚的木板或型钢，待压实后铲除撒砂的部分，扫尽砂子，撤去木板或型钢，并在端部洒粘层沥青后接着摊铺。

c. 在预定摊铺段的末端先铺上一层麻袋或牛皮纸，摊铺碾压成斜坡，下次施工时将铺有麻袋或牛皮纸的部分用人工刨除，在端部洒粘层沥青接着摊铺。

d. 在预定摊铺段的末端先撒一薄层砂带，再摊铺混合料，待混合料稍冷却后，将撒砂的部分用切割机切割整齐后取走，用干拖布吸走多余的冷却水，待完全干燥后，在端部洒粘层沥青接着摊铺，不得在接头有水或潮湿的情况下铺筑混合料。

2）水泥混凝土路面灌缝。

①切缝后、填缝前进行清缝，清缝可采用人工抠除杂物、空压机吹扫的方式，保证缝内清洁，无污泥、杂物。

②灌入式填缝。

a. 灌注填缝料必须在缝槽干燥状态下进行，填缝料应与混凝土缝壁粘附紧密、不渗水。

b. 填缝料的灌注深度宜为30～40mm。当缝槽大于30～40mm时，可填入多孔柔性衬底材料。填缝料的灌注高度，夏天宜与板面平，冬天宜稍低于板面。

c. 热灌填缝料加热时，应不断搅拌均匀，直至规定温度。当气温较低时，应用喷灯加热缝壁。施工完毕，应仔细检查填缝料与缝壁粘结情况，在有脱开处，应用喷灯小火烘烤，使其粘结紧密。

③预制嵌缝条填缝。

a. 预制胀缝板嵌入前，缝壁应干燥，并应清除缝内杂物，使嵌缝条与缝壁紧密结合。

b. 缩缝、纵缝、施工缝的预制嵌缝条，可在缝槽形成时嵌入。嵌缝条应顺直、整齐。

（7）其他注意事项。

1）施工员结合摊铺厚度并计算材料用量后，带领路工用白灰线标出卸料方格网，由运料车将混合料运至现场，按方格网卸料。

2）拌和机操作手必须具有相应的任职资格，未经许可，不得随意调整设定的数据，改变配合比及施工温度。拌和机应采用自动控制模式生产，当遇有异常情况时，应立即与拌和厂技术负责人及监理取得联系。

3）各种桥涵、通道等构造物应提前建成；确有困难不能通行时，应有施工便道。施工时应确保运送混凝土的道路基本平整、畅通，不得延误运输时间或碾压土基层或桥面。施工中的交通运输应配备专人进行管制，保证施工有序、安全进行。

4）在施工过程中要求立杆、挂线，并在施工地段插上施工标示牌。如有需要，2～3人跟随测量员测量中边桩并撒灰线。

5）预留部分施工材料运输人员，如混合料搅拌后的短途人力运输、搬运等。

6）雨期要在中心拌和站预留道路铺筑石料和人员，一旦出现道路跑翻无法送料时，需要对输送道路进行抢修。

7）热拌沥青混合料路面应待摊铺层完全自然冷却，混合料表面温度低于50℃后，方可开放交通。需要提早开放交通时，可洒水冷却，降低混合料温度。

2. 材料选择及检验

（1）道路面层材料分类。按路面材料分类，见表3-26。

表 3-26　　路面按材料分类表

路面名称	路 面 种 类
沥青路面	沥青面层包括：沥青混凝土、沥青玛瑞脂碎石混合料，热拌沥青碎石、乳化沥青碎石混合料，沥青贯入式，沥青表面处治
水泥混凝土路面	水泥混凝土面层包括：普通混凝土、钢筋混凝土、碾压式混凝土、钢纤维（化学纤维）混凝土，连续配筋混凝土等
其他路面	普通水泥混凝土预制块路面，联锁型路面砖路面，石料砌块路面，水（泥）结碎石路面及级配碎石路面等

注：路面基层一般采用半钢性基层或柔性基层。

（2）道路面层材料选择。

1）沥青混凝土面层是适合现代高速汽车行驶的一种优质高级柔性面层，铺在坚实基层上的优质沥青混凝土面层可以使用 20～25 年。

2）随着公路建设事业的迅速发展，尤其是近几年高速公路的大量修建，对路面工程提出了更多的要求，由此沥青路面修筑技术也取得了突破性的进展，出现了沥青玛瑞脂碎石混合料（SMA）、多孔隙沥青混凝土混合料（OG-FG）、大粒径沥青混合料（LSAM）、纤维沥青混合料（BAC）、半刚性路面混合料（CAC）、热压式沥青混合料（HRA）、乳化沥青稀浆封层和微表处等一系列新型沥青混合料，这些新技术的应用明显地提高了高等级公路的使用性能，延长了沥青路面的使用年限。

3）水泥混凝土路面俗称白色路面，由于具有强度高、刚度大、使用耐久及养护工作量小等优点，水泥混凝土路面常用于城市道路、机场跑道、大件车道，在公路上也有使用。

水泥混凝土路面开放交通时间比沥青路面晚，路面反光性强于沥青路面。

优点：普通水泥混凝土路面的主要技术优点如下：

①刚度大。

②水泥混凝土路面的耐水性好。

③疲劳寿命长。

④路面的耐候性、抗冻性、抗滑性和耐磨性等优良。

⑤衰变很慢。

⑥对粗骨料的磨光值和磨耗率的要求相对较低。

⑦水泥混凝土路面的边缘不像沥青路面的边缘那样经常受侵蚀、压碎破坏，可不设路缘石。

⑧维修费用很低。

⑨刚性路面的运营经济性优于柔性路面。

4）水泥混凝土路面一般结构形式有素水混凝土路面、配筋混凝土路面和特种混凝土路面三类。

①配筋混凝土路面。接缝间距可大大延长，这就降低了对基层抗冲刷性的要求，基本上消除了错台。对路基沉降的要求相对较低，适于在大填大挖变换频繁、路基沉降尚未稳定的山区、桥头高填方路段上使用。

②特种混凝土路面。采用高强与高性能混凝土路面，以高抗折强度（设计抗折强度为5.5～6MPa，施工抗折强度为6.35～7MPa）、优良工作性和使用耐久性为特征。但由于其造价昂贵，目前即使在发达国家也使用得很有限，主要用于重大桥梁的桥面铺装、机场跑道和高速公路路面的1～2h内通车的抢修等特殊场合。

5）透层和粘层材料选择及用量。

①施工中应根据基层类型选择渗透性好的液体沥青、乳化沥青做透层油。透层油的规格应符合表3-27的规定。

表3-27　　沥青路面透层材料的规格和用量

用途	液体沥青		乳化沥青	
	规格	用量/(L/m²)	规格	用量/(L/m²)
无结合料粒料基层	AL(M)-1或2 AL(S)-1、2或3	1.0～2.3	PC-2 PA-2	1.0～2.0
半刚性基层	AL(M)-1或2 AL(S)-1或2	0.6～1.5	PC-2 PA-2	0.7～1.5

注：表中用量是指包括稀释剂和水分等在内的液体沥青、乳化沥青的总量，乳化沥青中的残留物含量是以50%为基准。

②粘层油宜采用快裂或中裂乳化沥青、改性乳化沥青，也可采用快凝、中凝液体石油沥青，其规格和用量应符合表3-28的规定。所使用的基质沥青强度等级宜与主层沥青混合料相同。

表3-28　　沥青路面粘层材料的规格和用量

下卧层类型	液体沥青		乳化沥青	
	规格	用量/(L/m²)	规格	用量/(L/m²)
新建沥青层或旧沥青路面	AL(R)-3～AL(R)-6 AL(M)-3～AL(M)-6	0.3～0.5	PC-3 PA-3	0.3～0.6
水泥混凝土	AL(M)-3～AL(M)-6 AL(S)-3～AL(S)-6	0.2～0.4	PC-3 PA-3	0.3～0.5

注：表中用量是指包括稀释剂和水分等在内的液体沥青、乳化沥青的总量，乳化沥青中的残留物含量是以50%为基准。

6）其他路面。砌块路面、水（泥）结碎石、级配碎石路面大多用在步行街或支路中，像砂石路面在公路中还有应用，在城市道路中已经很少见了，部分乡村路面还会用到粒料改善土。这里就不再做过多介绍了。

（3）材料检验。

1）沥青检验。检查沥青的品种、强度、出厂日期等项目，是否与质量证明文件相符；检查沥青是否过期，是否有固体块等杂质存在，色泽是否均匀；抽样检查沥青的桶装重量。

①道路石油沥青。沥青路面采用的强度等级，要根据道路等级、气候条件、交通条件、路面类型及在结构层中的位置和受力特点，结合当地的使用经验，经论证后确定。沥青必须按品种、强度等级分开存放。沥青在储罐中的储存温度不宜低于130℃，并不得高于170℃。在储运、使用过程中应有良好的防水措施，避免雨水或加热管道蒸汽进入沥青中。

②乳化石油沥青。乳化石油沥青可用于沥青表面处治、沥青贯入式路面、冷拌沥青混合料路面，修补裂缝，喷洒透层、粘层与封层等。对于酸性石料或低温条件下石料表面潮湿时，宜选用阳离子乳化沥青；对于碱性石料，宜选用阴离子乳化沥青。乳化沥青宜存放在立式罐中，并保持适当搅拌。储存期以不离析、不冻结、不破乳为度。

③液体石油沥青。适用于透层、粘层及常温下施工的沥青混合料。液体石油沥青宜采用针入度较大的石油沥青，在使用前先加热沥青后加稀释剂的顺序，掺配煤油或轻柴油，经适当的搅拌、稀释制成。掺配比例根据使用要求由试验确定。液体石油沥青在制作、储存、使用的全过程中必须通风良好，并有专人负责，确保安全。基质沥青的加热温度严禁超过140℃，液体沥青的存储温度不得超过50℃。

④煤沥青。适用于各级道路透层、粘层油，严禁用于热拌热铺沥青混合料。由于煤沥青含有强致癌物质，使用时不要直接接触皮肤，需戴防毒面具，保护身体健康。

⑤粗骨料。包括碎石、破碎砾石、矿渣等，要求洁净、干燥、无杂质、表面粗糙，具有足够的强度和耐磨性。

⑥细骨料。包括天然砂、机制砂及石屑。细骨料为表面洁净、无风化、无杂质、质地坚硬，符合级配要求的粗砂、中砂。热拌密级配沥青混合料中天然砂用量通常不宜超过骨料总量的20%，SMA和OGFC混合料不宜使用天然砂。机制砂选用优质石料，用专门的制砂机制造，其级配符合S16的要求。

石屑是采石场破碎石料时通过4.75mm或2.36mm的筛下部分，其规格应符合表3-29的要求。城市快速路、主干道的沥青混合料宜将S14和S16组合使用，S15可在沥青碎石层和其他等级道路中使用。石屑应质地坚硬、洁净，有棱角。

表 3 - 29 沥青面层用石屑规格

规格	公称粒径/mm	水洗法通过各筛孔的质量百分率(%)					
		9.5	4.75	2.36	0.6	0.3	0.075
S14	3~5	100	90~100	0~15	0~3	—	—
S15	0~5	100	90~100	60~90	20~55	7~40	0~10
S16	0~3	—	100	80~100	25~60	8~45	0~15

⑦填料。沥青混合料的填料必须选用石灰石或岩浆岩中的强基性岩石等憎水性石料经磨细而成的矿粉，原石料中的泥土杂质应除净。矿粉要求干燥、洁净，孔隙率应小于等于45%，颗粒全部通过0.6mm筛，小于0.075mm的颗粒含量应占总重量的75%以上，亲水系数不大于1。也可采用水泥、石灰、粉煤灰作为填料，粉煤灰的烧失量应小于12%，塑性指数应小于4%。对于城市快速路、主干道，不宜采用粉煤灰做填料。

⑧骨料粒径规格和筛分以方孔筛为准。不同料源、品种、规格的骨料不得混杂使用，同一个工程采用不同来源的材料时，应保证品种、生产工艺及规格相同，尽量减小材料的变异性。

⑨对主要材料抽样复试。为了确保工程质量，对涉及路面与主体结构安全或影响主要道路功能的材料，应当按照有关规范或行政管理规定进行抽样复试。

⑩做好见证取样和送检工作。实行见证取样送检制度，具体做法是对部分重要材料试验的取样、送检过程，由监理工程师或建设单位的代表到现场见证，确认取样符合有关规定后，予以签认，同时将试样封存，直到送达试验检测单位。这种方法较好地对取样送检过程实施了第三方监督，使试样的公正性大为提高。施工单位应将上述内容列为进场材料质量控制的重要措施，要配合甲方或监理完成见证取样送检工作。

2）沥青旧料。

①沥青旧料来自旧沥青路面翻挖或刨削，可为块状或粒状。沥青旧料中混入煤沥青旧料的数量不得大于20%，混入无沥青粘结的砂石料不得大于10%，其他杂质不得大于1%。

②沥青旧料在掺拌再生剂前应先轧碎。沥青旧料块较大时宜作二级轧碎。第一级用颚式破碎机，块料轧碎至200mm以下；第二级用锤式粉碎机。当仅用颚式破碎机来轧碎时，可在牙板下加垫钢板，以提高轧碎颗粒的细度。破碎亦可用人工方法。轧碎的沥青旧料最大粒径应符合表3 - 30的规定。刨削的沥

青旧料可省去破碎工序。

表 3-30　　轧碎沥青旧料粒径要求

最大粒径/mm	20（25）	30（35）
适用范围	中粒式再生沥青混合料，粗粒式再生沥青混合料	粗粒式再生沥青混合料

3）混凝土检验。检查混凝土的配合比是否准确，搅拌是否均匀，坍落度等和易性指标是否满足工程施工要求。

4）商品混凝土检验。检查混凝土搅拌是否均匀，坍落度是否满足工程施工要求。

5）水泥混凝土路面原材料。

①砂宜采用洁净、坚硬、级配良好、细度模数在 2.3～3.2 的中砂或粗砂。

②砂的含泥量不大于 3%，云母含量不大于 2%。

③不同产地的砂应分别堆放，分别配料使用。

④碎石的检验。应采用质地坚硬、干净、无杂物、无风化，有良好级配的碎石，最大粒径不应超过 40mm。若分两次摊铺时，下层骨料最大粒径不超过 70mm。

⑤外加剂的检验。常用的外加剂有减水剂、缓凝剂、早强剂、引气剂等。混凝土掺用的外加剂，应经试验符合要求后方可使用。外加剂的用量一般不超过水泥用量的 5%，所以对外加剂的使用，要注意配量正确和在混合料中拌和均匀。

⑥钢筋的检验。钢筋的品种、规格应符合设计要求，并有出厂合格证。钢筋应顺直，不得有裂缝、断伤，表面油污和颗粒状或片状锈蚀应清除。

⑦接缝板应选用能适应混凝土板膨胀收缩、施工时不变形、复原率高和耐久性好的材料。对于城市快速路、主干道宜选用泡沫橡胶板、沥青纤维板；其他等级道路也可选用木材类或纤维类板。所用嵌缝板条应顺直、尺寸准确。

接缝填缝材料对于城市快速路、主干道优先选用树脂类、橡胶类或改性沥青类填缝材料，并宜在填缝料中加入耐老化剂。

6）其他材料现场检验参见上节材料检验。

（4）沥青混合料生产。

1）生产控制。

①冷料控制。

a. 对各冷料仓的调速电机转数比进行标定，找出各上料比例的关系曲线。

b. 设定冷料仓开口尺寸，并要保持一致。

c. 装载机上料操作手培训上岗。

②拌和控制。

a. 开机前首先标定骨料秤、沥青秤和填料秤，使其达到要求规定的精度。

b. 操作手应经培训上岗。

c. 电脑自动操作，切忌手动打料。

d. 每盘料要附有打印记录。

③拌和温度控制。沥青加热温度为150～170℃，骨料加热温度为160～180℃，沥青混合料出厂温度为140～165℃，运输到现场温度不低于120℃。

④拌和时间。沥青混合料在拌和过程中，拌和时间短，骨料不能被沥青完全裹覆，出现花白现象，时间过长容易使沥青老化，因此，选择最佳的拌和时间为30～50s（其中干拌时间不得少于5s）为宜。

2）混凝土配合比，应保证混凝土的设计强度、耐久性、耐磨性及和易性要求。在冰冻地区，还应符合抗冻性的要求。

施工前应根据设计要求及材料供应情况，做好混凝土材料试验工作，将理论配合比换算为施工配合比，作为混凝土配料的依据。

施工配合比应通过试验验证，试验时可按原水灰比及＋0.05、－0.05共三组进行。

3）混凝土拌和。拌和时，掌握好混凝土的施工配合比，严格控制加水量，应根据砂、石料的实测含水量，调整拌和时的实际用水量。混合料组成材料的计量允许误差为：水泥为±1％、粗、细骨料为±5％、水为±1％、外加剂为±2％。

4）混凝土拌和物的稠度试验，采用坍落度测定时，坍落度宜为1～2.5cm；坍落度小于1cm时，应采用维勃稠度仪测定，维勃时间宜为10～30s。每一工作班至少检查两次。

5）混凝土的水灰比，当有经验数值时，可按经验数值选用。如无经验数值时，可按下列公式计算。

碎石混凝土：

$$\left.\begin{aligned} C &= 0.46C_e^{10}\left(\frac{C}{W}-0.52\right) \\ C &= 0.48C_e^{10}\left(\frac{C}{W}-0.61\right) \end{aligned}\right\} \tag{3-3}$$

式中 C——混凝土试件抗压强度（MPa）；

C_e^{10}——水泥实际抗压强度（MPa）；

$\frac{C}{W}$——混凝土灰水比。

6）混凝土最大水灰比，应符合下列规定：

①城市次干路，支路和厂矿道路，不应大于0.50。

②机场跑道和城市快速路主干路，不应大于 0.46。

③冰冻地区冬期施工，不应大于 0.45。

7）混凝土的单位水泥用量，应根据选用的水灰比和单位用水量进行计算。单位水泥用量不应小于 300kg/m³。

8）混凝土的砂率，应按碎（砾）石和砂的用量、种类、规格及混凝土的水灰比确定，并应按表 3-31 的规定选用。

表 3-31　混凝土砂率

碎(砾)石/mm 砂率(%) 水灰比(%)	碎石最大粒径 40	砾石最大粒径 40
0.40	27～32	24～30
0.50	30～35	28～33

注：1. 表中数值为Ⅱ区砂的选用砂率。

2. 采用Ⅰ区砂时，应采用较大的砂率，采用Ⅲ区砂时，应采用较小的砂率。

3. 面层施工主要机械使用方法

（1）路面面层施工机械分类，如图 3-19 所示。

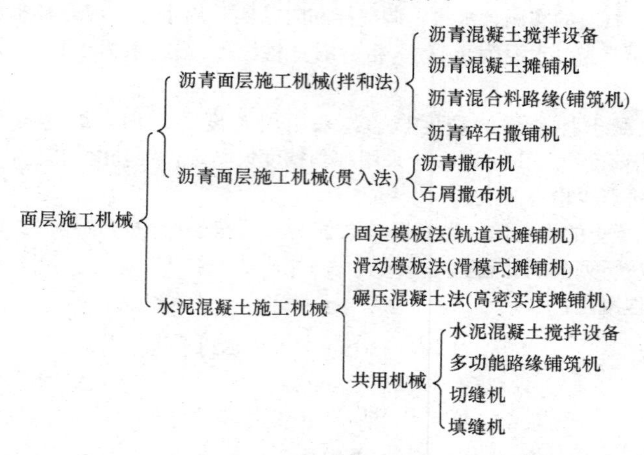

图 3-19　路面面层施工机械分类

（2）沥青混凝土搅拌设备。沥青混凝土路面的材料是以碎石、砂、石粉和沥青等材料，经过合理的选配加热拌和而成的混合料。混合料的材料规格、比例、加热温度及拌和均匀性等，都有很严格的要求，必须用沥青混凝土拌和机完成。

对于各种类型的沥青混凝土搅拌设备来讲，认真地做好作业前的检查和准备及作业中的正确操作十分必要，这是保障设备安全使用不可缺少的工作程序，其具体内容如下：

1）作业前的准备。

①检查设备各部件是否完好，各传动零部件有否松动，各连接螺栓是否牢固、可靠。

②检查设备各润滑处润滑油及润滑脂是否充足，齿轮箱油位是否适当，气动系统的专用油是否正常。

③检查链传动的连接和张紧度，传动皮带的张紧度和磨损情况。

④检查供给系统是否存在“五漏”：漏水、漏气、漏油、漏沥青和漏料现象。

⑤检查导热油加热装置是否正常，沥青供给系统及沥青温度是否正常。

⑥检查各料斗仓门位置是否正确，转动是否灵活，计量装置是否准确、可靠。

2）作业中的操作要领。在准备工作中，虽然对各有关部位进行了认真的检查，但在开机时仍然需要按操作规程的要求进行，不得违规。

①首先进行空载运行，空载运行正常后，进行点火试验。若点火失败，应充分通风以后再点火。点火以后，控制油门系统，使温度平稳上升。

②滚筒内温度达到要求以后，方可启动供料系统，依次投料生产，并观察实际供料量是否与设定值相符合。待各工作装置运行参数稳定以后，方可转入自动控制系统，并及时取样送料。

③定时在成品料提斗中喷入雾状清洁油，以防沥青粘附在斗壁上。

④尽量避免中途停机，如不可避免，应提前将产量降低，以免机械再次重载启动，造成事故。若意外停电，应启动备用电源恢复生产。

⑤紧急停车按钮只能在紧急情况下若使用。严禁作正常情况使用。在紧急情况下若需要长时间停机，可将滚筒中的混合料排除干净。

⑥电机出现过载而引起保护装置动作，一定要查明原因，必须排除故障以后再工作。

⑦当滚筒内因某种原因着火时，应立即关闭燃烧器，停止提供沥青，关掉鼓风机、引风机，并向滚筒内充入含水量大的冷骨料，外部及卸料口采用灭火器进行灭火。

⑧根据生产指令需要停机时，应先停止供料，逐渐关闭燃烧器，用热细料洗刷搅拌器，排净烘干滚筒至搅拌器内的热料。

⑨烘干滚筒内的温度降至 45～50℃时，停止烘干滚筒、鼓风机及除尘系统

的运转，最后关闭总电源。

（3）沥青混凝土摊铺机。摊铺作业的第一步是对熨平板加热，以免摊铺层被熨平板上粘附的粒料拉裂而形成沟槽和裂纹。同时，对摊铺层起到熨烫的作用，使其表面平整、无痕。加热温度应适当，过高的加热温度将导致烫平板变形和加速磨耗，还会使混合料表面泛出沥青胶浆或形成拉沟。

摊铺高速公路和一级公路沥青路面时，所采用的摊铺机应装有自动或半自动调整摊铺厚度及自动找平的装置，有容量足够的受料斗和足够的功率推动运料车，有可加热的振动熨平板，摊铺宽度可调节。通常，采用两台以上摊铺机成梯队进行联合作业，相邻两台摊铺机前后相距10～30m。

摊铺机必须缓慢、均匀、连续不间断地进行摊铺，摊铺过程中不得随便变换速度或中途停顿。摊铺机螺旋布料器应不停顿地转动，摊铺室内应保证有不低于布料器高度2/3的混合料，并保证在摊铺的宽度范围内不出现离析。

摊铺机自动找平时，中、下面层宜采用一侧钢丝绳引导的方式控制高程，上面层宜采用摊铺前后保持相同高差的雪橇式摊铺厚度控制方式。经摊铺机初步压实的摊铺层平整度、横坡等应符合设计要求。沥青混合料的松铺系数根据混合料类型、施工机械等，通过试压或根据以往经验确定，也可参照表3-32。在沥青混合料摊铺过程中，若出现横断面不符合设计要求、构造物接头部位缺料、摊铺带边缘局部缺料、表面明显不平整、局部混合料明显离析及摊铺机有明显拖痕时，可用人工局部找补或更换混合料，但不应由人工反复修整。

表3-32　　沥青混合料松铺系数

种　类	机械摊铺	人工摊铺
沥青混凝土混合料	1.15～1.36	1.25～1.50
沥青碎石混合料	1.15～1.3	1.20～1.45

（4）水泥混凝土路面摊铺设备。

1）轨道式摊铺机。轨道高程控制是否精确、铺筑是否平直、接头是否平顺，将直接影响路表面的质量和行驶性能。轨道模板本身的精度标准和安装的精度要求分别见表3-33。模板要能承受从轨道传下来的机组质量，横向要保证模板的刚度。轨道数量根据进度配备，并有拆模周期内的周转数量。施工时，日平均气温低于19℃，按日铺筑进度的两倍配置。设置纵缝时，应按要求间距，在模板上预先做拉杆置放孔。对各种钢筋的安装位置偏差不得超过1cm；传力杆必须与板面平行并垂直接缝，其偏差不得超过5mm；传力杆间距偏差不超过1cm。

表3-33　轨道及模板的质量指标

项目	纵向变形	局部变形	最大不平整度（3m直尺）	高度
轨道	≤5mm	≤3mm	顶面≤1mm	按机械要求
模板	≤3mm	≤2mm	侧面≤2mm	与路面厚度相同

2）摊铺。摊铺是指将倾卸在基层上或摊铺机箱内的混凝土按摊铺厚度，均匀地充满模板范围之内。摊铺机械可以选用刮板式、箱式或螺旋式。

①刮板式摊铺机。摊铺机本身能在模板上自由地前后移动，在前面的导管上左右移动，并且由于刮板本身也旋转，所以可将卸在基层上的混凝土堆，向任意方向摊铺。它比其他类型摊铺机质量轻、容易操作、易于掌握，故使用较普遍，但其摊铺能力较小。

②箱式摊铺机。混凝土通过卸料机（纵向或横向）卸在钢制的箱子内，箱子在机械前行驶时横向移动，同时箱子的下端按松铺厚度刮平混凝土。

混合料一次全部放在箱内，质量大，且摊铺均匀而准确。其摊铺能力大，故障较少。

③螺旋式摊铺机。由可以正反方向旋转的螺旋杆（直径约50cm）将混凝土摊开。螺旋后面有刮板，可以准确调整高度。这种摊铺机的摊铺能力大，其松铺系数一般为1.15～1.30，与混凝土的配合比、骨料粒径和坍落度等因素有关。但施工阶段主要取决于坍落度，大致的参考数值见表3-34。合适的松铺系数按各工程的配合比情况由试验确定。

表3-34　摊铺系数

坍落度/cm	1	2	3	4	5
松铺系数	1.25	1.22	1.19	1.17	1.15

3）滑模式摊铺机。滑模式摊铺机的摊铺过程如图3-20所示，首先，由螺旋摊铺器把堆积在基层上的水泥混凝土向左右横向铺开，由刮平器进行初步刮平；然后，振捣器进行捣实，刮平器进行振捣后整平，形成坚实而平整的表面，再利用搓动式振捣板对混凝土层进行振实和整平；最后，用光面带光面。

滑模式摊铺机的整面工作与轨道式基本相同，只是工作时各工作装置均由电子液压操纵。滑模式摊铺机的施工工艺过程与轨道式基本相同。

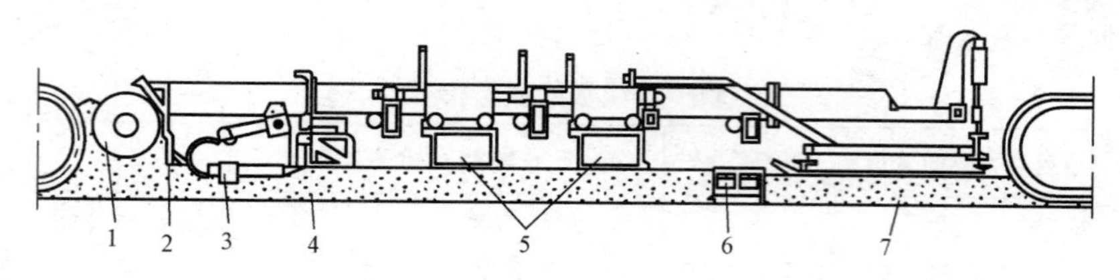

图 3-20　滑模式摊铺过程示意图

1—螺旋摊铺器；2—刮平器；3—振捣器；4—刮平板；
5—搓动式振捣板；6—光带面；7—混凝土面层

采用这种摊铺机铺筑加筋混凝土路面，进行双层施工时，其工艺过程如图 3-21 所示。整个施工过程由下列两个连续作业行程来完成。

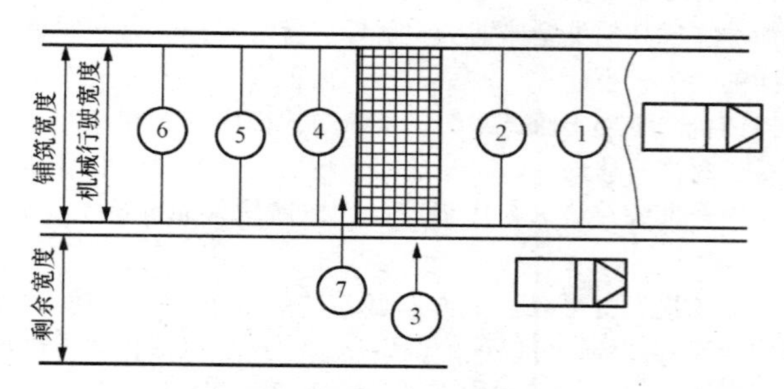

图 3-21　滑模式摊铺机施工时的施工机械组合

1—摊铺机；2—钢筋网络平板车；3—混凝土输送机；
4—混凝土摊铺机；5—切缝机；6—养护剂喷洒机；7—传送带

第一作业行程，摊铺机牵引着装载钢筋网格的大平板车，从已整平的基层地段开始摊铺，此时可从正面或侧面供应混凝土，随后的钢筋网格大平板车，按规定位置将钢筋网格自动卸下，并铺压在已摊平的混凝土层上，如此连续不断地向前铺筑。

第二作业行程，是紧跟在第一行程后压入钢筋网格，混凝土面层摊铺、振实、整平、光面等作业程序。钢筋网格是用压入机压入混凝土的，压入机是摊铺机的一个附属装置，不用时可以卸下，使用时安在摊铺机的前面，它由几个液压千斤顶组成。施工开始时，摊铺机推着压入机前行，并将第一行程已铺好的钢筋网络压入混凝土内，摊铺机则进行摊铺、振捣。

（5）推土机、平地机、装载机、压路机的使用在前面已经详细介绍过，这里不做过多解释。

三、水泥混凝土面层施工及检验要点

1. 施工要点

(1) 模板与钢筋。

1) 模板安装应符合下列规定:

①支模前应核对路面标高、面板分块、胀缝和构造物位置。

②模板应安装稳固、顺直、平整,无扭曲,相邻模板连接应紧密、平顺,不应错位。

③严禁在基层上挖槽嵌入模板。

④使用轨道摊铺机应采用专用钢制轨模。

2) 钢筋安装应符合下列规定:

①钢筋安装前应检查其原材料品种、规格与加工质量,确认符合设计规定。

②钢筋网、角隅钢筋等安装应牢固、位置准确。钢筋安装后应进行检查,合格后方可使用。

③传力杆安装应牢固、位置准确。胀缝传力杆应与胀缝板、提缝板一起安装。

(2) 混凝土搅拌与运输。

1) 混凝土搅拌应符合下列规定:

①混凝土的搅拌时间应按配合比要求与施工对其工作性要求,经试拌确定最佳搅拌时间。每盘最长总搅拌时间宜为80～120s。

②外加剂宜稀释成溶液,均匀加入进行搅拌。

③混凝土应搅拌均匀,出仓温度应符合施工要求。

④搅拌钢纤维混凝土,除应满足上述要求外,尚应符合下列要求:

a. 当钢纤维体积率较高、搅拌物较干时,搅拌设备一次搅拌量不宜大于其额定搅拌量的80%。

b. 钢纤维混凝土的投料次序、方法和搅拌时间,应以搅拌过程中钢纤维不产生结团和满足使用要求为前提,通过试拌确定。

c. 钢纤维混凝土严禁用人工搅拌。

2) 施工中应根据运距、混凝土搅拌能力、摊铺能力,确定运输车辆的数量与配置。

3) 不同摊铺工艺的混凝土搅拌物从搅拌机出料到运输、铺筑完毕的允许最长时间,应符合表3-35的规定。

表 3-35　混凝土拌和物出料到运输、铺筑完毕允许最长时间　(h)

施工气温*/℃	到运输完毕允许最长时间		到铺筑完毕允许最长时间	
	滑模、轨道	三辊轴、小机具	滑模、轨道	三辊轴、小机具
5～9	2.0	1.5	2.5	2.0
10～19	1.5	1.0	2.0	1.5
20～29	1.0	0.75	1.5	1.25
30～35	0.75	0.50	1.25	1.0

*指施工时间的日间平均气温，使用缓凝剂延长凝结时间后，本表数值可增加 0.25～0.5h。

(3) 混凝土铺筑。

1) 三辊轴机组铺筑应符合下列规定：

①主辊轴机组铺筑混凝土面层时，辊轴直径应与摊铺层厚度匹配，且必须同时配备一台安装插入式振捣器组的排式振捣机，振捣器的直径宜为 50～100mm，间距不应大于其有效作用半径的 1.5 倍，且不得大于 50cm。

②当面层铺装厚度小于 15cm 时，可采用振捣梁。其振捣频率宜为 50～100Hz，振捣加速度宜为 4～5g（g 为重力加速度）。

③当一次摊铺双车道面层时，应配备纵缝拉杆插入机，并配有插入深度控制和拉杆间距调整装置。

④铺筑作业应符合下列要求：

a. 卸料应均匀，布料应与摊铺速度相适应。

b. 设有接缝拉杆的混凝土面层，应在面层施工中及时安设拉杆。

c. 三辊轴整平机分段整平的作业单元长度宜为 20～30m，振捣机振实与三辊轴整平工序之间的时间间隔不宜超过 15min。

d. 在一个作业单元长度内，应采用前进振动、后退静滚方式作业，最佳滚压遍数应经过试铺确定。

2) 采用轨道摊铺机铺筑时，最小摊铺宽度不宜小于 3.75m，并应符合下列规定：

①坍落度宜控制在 20～40mm。不同坍落度时的松铺系数 K 可参考表 3-36 确定，并按此计算出松铺高度。

表 3-36　松铺系数 K 与坍落度 S_L 的关系

坍落度 S_L/mm	5	10	20	30	40	50	60
松铺系数 K	1.30	1.25	1.22	1.19	1.17	1.15	1.12

②当施工钢筋混凝土面层时，宜选用两台箱型轨道摊铺机分两层两次布料。下层混凝土的布料长度应根据钢筋网片长度和混凝土凝结时间确定，且不宜超过 20m。

③振实作业应符合下列要求：

a. 轨道摊铺机应配备振捣器组，当面板厚度超过 150mm、坍落度小于 30mm 时，必须插入振捣。

b. 轨道摊铺机应配备振动梁或振动板对混凝土表面进行振捣和修整。使用振动板振动提浆饰面时，提浆厚度宜控制在（4±1）mm。

④面层表面整平时，应及时清除余料，用抹平板完成表面整修。

3）人工小型机具施工水泥混凝土路面层，应符合下列规定：

①混凝土松铺系数宜控制在 1.10～1.25。

②摊铺厚度达到混凝土板厚的 2/3 时，应拔出模内钢钎，并填实钎洞。

③混凝土面层分两次摊铺时，上层混凝土的摊铺应在下层混凝土初凝前完成，且下层厚度宜为总厚的 3/5。

④混凝土摊铺应与钢筋网、传力杆及边缘角隅钢筋的安放相配合。

⑤一块混凝土板应一次连续浇筑完毕。

⑥混凝土使用插入式振捣器振捣时，不应过振，且振动时间不宜少于 30s，移动间距不宜大于 50cm。使用平板振捣器振捣时应重叠 10～20cm，振捣器行进速度应均匀一致。

4）混凝土面层应拉毛、压痕或刻痕，其平均纹理深度应为 1～2mm。

（4）横缝与养护。

1）横缝施工应符合下列规定：

①胀缝间距应符合设计规定，缝宽宜为 20mm。在与结构物衔接处、道路交叉和填挖土方变化处，应设胀缝。

②胀缝上部的预留填缝空隙，宜用提缝板留置。提缝板应直顺，与胀缝板密合，垂直于面层。

③缩缝应垂直板面，宽度宜为 4～6mm。切缝深度：设传力杆时，不应小于面层厚的 1/3，且不得小于 70mm；不设传力杆时，不应小于面层厚的 1/4，且不应小于 60mm。

④机切缝时，宜在水泥混凝土强度达到设计强度的 25%～30%时进行。

2）当混凝土面层施工采取人工抹面、遇有 5 级及以上风时，应停止施工。

3）水泥混凝土面层成活后，应及时养护。可选用保湿法和塑料薄膜覆盖等方法养护。气温较高时，养护不宜少于 14d；低温时，养护期不宜少于 21d。

4）昼夜温差大的地区，应采取保温、保湿的养护措施。

5）养护期间应封闭交通，不应堆放重物；养护结束，应及时清除面层养护材料。

6）混凝土板在达到设计强度的40%以后，方可允许行人通行。

7）填缝应符合下列规定：

①混凝土板养护期满后应及时填缝，缝内遗留的砂石、灰浆等杂物，应剔除干净。

②应按设计要求选择填缝料，并根据填料品种制订工艺技术措施。

③浇筑填缝料必须在缝槽干燥状态下进行，填缝料应与混凝土缝壁粘附紧密，不渗水。

④填缝料的充满度应根据施工季节而定，常温施工应与路面相平；冬期施工，宜略低于板面。

2. 季节性施工

（1）雨期施工。

1）地势低洼的搅拌站、水泥仓及砂石堆料场，应按汇水面积修建排水沟或预备抽排水设施。水泥和粉煤灰罐仓顶部通气口、料斗等部位应有防潮、防水覆盖措施，砂石料堆应防雨覆盖。

2）雨期施工时，应备足防雨篷或塑料薄膜。防雨篷支架宜采用焊接钢结构，并具有人工饰面拉槽的足够高度。

3）铺筑中遭遇阵雨时，应立即停止铺筑，并使用防雨篷或塑料薄膜覆盖尚未硬化的混凝土路面。

4）被阵雨轻微冲刷过的路面，视平整度和抗滑构造破损情况，采用硬刻槽或先磨平再刻槽的方法处理。对被暴雨冲刷后，路面平整度严重损坏的部位，应尽早铲除重铺。

（2）高温期施工。

1）当现场气温不小于35℃时，应避开中午高温时段施工，可选择在早晨、傍晚或夜间施工。

2）砂石料堆应有遮阳棚。模板和基层表面，在浇筑混凝土前应洒水湿润。

3）混凝土拌和物浇筑中应尽量缩短运输、铺筑、振捣、压实成活等工序时间，浇筑完毕应及时覆盖、养生。

4）切缝应视混凝土强度的增长情况，宜比常温施工适当提早切缝，以防断板。特别是在夜间降温幅度较大或降雨时，应提早切缝。

（3）冬期施工。当室外日平均气温连续五昼夜低于5℃时，混凝土路面的施工应按冬期施工规定进行。

1）混凝土路面在弯拉强度尚未达到1.0MPa或抗压强度尚未达到5.0MPa时，应严防路面受冻。

2）混凝土搅拌站应搭设工棚或其他挡风设施。

3）混凝土拌和物的浇筑温度不应低于5℃。当气温在0℃以下或混凝土拌和物的浇筑温度低于5℃时，应将水加热搅拌（砂、石料不加热）；如水加热仍达不到要求时，应将水和砂、石料都加热。加热搅拌时，水泥应最后投入。材料加热应遵守下列规定：

①在任何情况下，水泥都不得加热。

②加热温度应为：混凝土拌和物不应超过35℃，水不应超过60℃，砂、石料不应超过40℃。

③水、砂、石料在搅拌前和混凝土拌和物出盘时，每台班至少测四次温度；室外气温每4h测一次温度；混凝土板浇筑后的头2d内，应每隔6h测一次温度；7d内，每昼夜应至少测两次温度。

4）混凝土板浇筑时，基层应无冰冻、不积冰雪，模板及钢筋积有冰雪时应清除。混凝土拌和物不得使用带有冰雪的砂、石料，且搅拌时间应比规定的时间适当延长。

5）混凝土拌和物的运输、铺筑、振捣、压实成活等工序，应紧密衔接，缩短工序间隔时间，减少热量损失。

6）应加强保温保湿覆盖养生，可先用塑料薄膜保湿隔离覆盖或喷洒养生剂，再采用草帘、泡沫塑料垫等在其上保温覆盖。遇雨雪必须再加盖油布、塑料薄膜等。

7）冬期施工时，应在现场增加留置同条件养护试块的组数。

8）冬季养生时间不得少于28d。允许拆模时间也应适当延长。

3. 质量标准

（1）钢筋网加工允许偏差应符合表3-37的规定。

表3-37　钢筋网加工允许偏差

项目	焊接钢筋网及骨架允许偏差/mm	绑扎钢筋网及骨架允许偏差/mm	检验频率		检验方法
			范围	点数	
钢筋网的长度与宽度	±10	±10	每检验批	抽查10%	用钢尺量
钢筋网眼尺寸	±10	±20			用钢尺量
钢筋骨架宽度及高度	±5	±5			用钢尺量
钢筋骨架的长度	±10	±10			用钢尺量

（2）水泥混凝土面层应板面平整、密实，边角应整齐、无裂缝，并不应有石子外露和浮浆、脱皮、踏痕、积水等现象，蜂窝麻面面积不得大于总面积的0.5%。

(3) 伸缩缝应垂直、直顺，缝内不应有杂物。伸缩缝在规定的深度和宽度范围内应全部贯通，传力杆应与缝面垂直。

(4) 混凝土路面允许偏差应符合表 3-38 的规定。

表 3-38　　混凝土路面允许偏差

项目		允许偏差或规定值		检验频率		检验方法
		城市快速路、主干路	次干路、支路	范围	点数	
纵断高程/mm		±15		20m	1	用水准仪测量
中线偏位/mm		≤20		100m	1	用经纬仪测量
平整度	标准差 σ/mm	≤1.2	≤2	100m	1	用测平仪检测
	最大间隙/mm	≤3	≤5	20m	1	用 3m 直尺和塞尺连续量两尺，取较大值
宽度/mm		0 -20		40m	1	用钢尺量
横坡(%)		±0.30，且不反坡		20m	1	用水准仪测量
井框与路面高差/mm		≤3		每座	1	十字法，用直尺和塞尺量，取最大值
相邻板高差/mm		≤3		2m	1	用钢板尺和塞尺量
纵横直顺度/mm		≤10		100m	1	用 20m 线和钢尺量
横缝直顺度/mm		≤10		40m		
蜂窝麻面面积①(%)		≤2		20m	1	观察和用钢板尺量

① 每 20m 查 1 块板的侧面。

四、沥青混凝土面层施工及检验要点

1. 施工要点

(1) 旧路处理。

1) 当采用旧沥青路面作为基层加铺沥青混合料面层时，应对原有路面进行处理、整平或补强，符合设计要求，并应符合下列规定：

①符合设计强度、基本无损坏的旧沥青路面经整平后可作基层使用。

②旧路面有明显损坏，但强度能达到设计要求的，应对损坏部分进行处理。

③填补旧沥青路面，凹坑应按高程控制、分层铺筑，每层最大厚度不宜超

过10cm。

2）旧路面整治处理中刨除与铣刨产生的废旧沥青混合料应回收，再生利用。

3）当旧水泥混凝土路面作为基层加铺沥青混合料面层时，应对原水泥混凝土路面进行处理、整平或补强，符合设计要求，并应符合下列规定：

①对原混凝土路面应作弯沉试验，符合设计要求，经表面处理后，可作基层使用。

②对原混凝土路面层与基层间的空隙，应填充处理。

③对局部破损的原混凝土面层应剔除，并修补完好。

④对混凝土面层的胀缝、缩缝、裂缝应清理干净，并应采取防反射裂缝措施。

(2) 沥青混合料的运输。热拌沥青混合料的运输应符合下列规定：

1）热拌沥青混合料宜采用摊铺机匹配的自卸汽车运输。

2）运料车装料时，应防止粗、细骨料离析。

3）运料车应具有保温、防雨、防混合料遗撒与沥青滴漏等功能。

4）沥青混合料运输车辆的总运力应比搅拌能力或摊铺能力有所富余。

5）沥青混合料运至摊铺地点，应对搅拌质量与温度进行检查，合格后方可使用。

(3) 混合料摊铺。热拌沥青混合料的摊铺应符合下列规定：

1）热拌沥青混合料应采用机械摊铺。摊铺温度应符合表3-39的规定。城市快速路、主干路宜采用两台以上摊铺机联合摊铺。每台机器的摊铺宽度宜小于6m。表面层宜采用多机全幅摊铺，减少施工接缝。

表3-39　热拌沥青混合料的搅拌及施工温度　(℃)

施工工序		石油沥青的强度等级			
		50号	70号	90号	110号
沥青加热温度		160～170	155～165	150～160	145～155
矿料加热温度	间隙式搅拌机	骨料加热温度比沥青温度高10～30			
	连续式搅拌机	矿料加热温度比沥青温度高5～10			
沥青混合料出料温度		150～170	145～165	140～160	135～155
混合料贮料仓贮存温度		贮料过程中温度降低不超过10			
混合料废弃温度，高于		200	195	190	185
运输到现场温度，不低于		145～165	140～155	135～145	130～140

续表

施工工序	石油沥青的强度等级			
	50号	70号	90号	110号
混合料摊铺温度，不低于	140～160	135～150	130～140	125～135
开始碾压的混合料内部温度，不低于	135～150	130～145	125～135	120～130
碾压终了的表面温度，不低于	80～85	70～80	65～75	60～70
	75	70	60	55
开放交通的路面温度，不高于	50	50	50	45

2）摊铺机应具有自动或半自动方式调节摊铺厚度及找平的装置、可加热的振动熨平板或初步振动压实装置、摊铺宽度可调整等功能，且受料斗斗容应能保证更换运料车时连续摊铺。

3）采用自动调平摊铺机摊铺最下层沥青混合料时，应使用钢丝或路缘石、平石控制高程与摊铺厚度，以上各层可用导梁引导高程控制，或采用声纳平衡控制方式。经摊铺机初步压实的摊铺层，应符合平整度、横坡的要求。

4）沥青混合料的最低摊铺温度应根据气温、下卧层表面温度、摊铺层厚度与沥青混合料种类经试验确定。城市快速路、主干路不宜在气温低于10℃条件下施工。

5）沥青混合料的松铺系数应根据混合料类型、施工机械和施工工艺等应通过试验段确定，试验段长不宜小于100m。松铺系数可按照表3-34进行初选。

6）摊铺沥青混合料应均匀、连续、不间断，不得随意变换摊铺速度或中途停顿。摊铺速度宜为2～6m/min。摊铺时螺旋送料器应不停顿地转动，两侧应保持有不少于送料器高度2/3的混合料，并保证在摊铺机全宽度断面上不发生离析。熨平板按所需厚度固定后，不得随意调整。

7）摊铺层发生缺陷应找补，并停机检查，排除故障。

8）路面狭窄部分、平曲线半径过小的匝道小规模工程可采用人工摊铺。

（4）混合料压实。热拌沥青混合料的压实应符合下列规定：

1）应选择合理的压路机组合方式及碾压步骤，以达到最佳碾压结果。沥青混合料压实宜采用钢筒式静态压路机与轮胎压路机或振动压路机组合的方式压实。

2）压实应按初压、复压和终压（包括成形）三个阶段进行。压路机应以慢而均匀的速度碾压，压路机的碾压速度宜符合表 3-40 的规定。

表 3-40 压路机碾压速度 （km/h）

压路机类型	初压		复压		终压	
	适宜	最大	适宜	最大	适宜	最大
钢筒式压路机	1.5～2	3	2.5～3.5	5	2.5～3.5	5
轮胎压路机	—	—	3.5～4.5	6	4～6	8
振动压路机	1.5～2（静压）	5（静压）	1.5～2（振动）	1.5～2（振动）	2～3（静压）	5（静压）

3）初压应符合下列要求：

①初压温度以能稳定混合料，且以不产生推移、发裂为度。

②碾压应从外侧向中心碾压，碾速稳定、均匀。

③初压应采用轻型钢筒式压路机碾压 1～2 遍。初压后应检查平整度、路拱，必要时应修整。

4）复压应紧跟初压连续进行，并应符合下列要求：

①复压应连续进行。碾压段长度宜为 60～80m。当采用不同型号的压路机组合碾压时，每一台压路机均应做全幅碾压。

②密级配沥青混凝土宜优先采用重型的轮胎压路机进行碾压，碾压到要求的压实度为止。

③对大粒径沥青稳定碎石类的基层，宜优先采用振动压路机复压。厚度小于 30mm 的沥青层不宜采用振动压路机碾压。相邻碾压带重叠宽度宜为 10～20cm。振动压路机折返时，应先停止振动。

④采用三轮钢筒式压路机时，总质量不宜小于 12t。

⑤大型压路机难于碾压的部位，宜采用小型压实工具进行压实。

5）终压宜选用双轮钢筒式压路机，碾压至无明显轮迹为止。

（5）面层接缝与接槎。

1）横向接缝。

①每天施工缝接缝应采用直槎直接缝，用 3m 靠尺检测平整度，用人工将端部厚度不足和存在质量缺陷部分凿除，使下次连接成直角连接。

②将接缝清理干净后，涂刷粘结沥青油。下次接缝继续摊铺时应重叠在已铺层上 5～10mm，摊铺完后，用人工将已摊铺在前半幅上的混合料铲走。

③碾压时在已成型路幅上横向行走，碾压新层 100～150mm，然后每碾压一遍向新铺混合料移动 150～200mm，直至全部在新铺层上为止。再改为纵向碾压，充分将接缝压实紧密。

2）纵向接缝。对已施工的车道，当其边缘部分由于行车或其他原因已发生变形污染时，应加以修理。对塌落部分或未充分压实的部分，应采用铣刨机或切割机切除并凿齐，缝边要垂直，线形成直线，涂刷粘结沥青油后，再摊铺新沥青混合料。碾压时应紧跟在摊铺机后立即碾压。

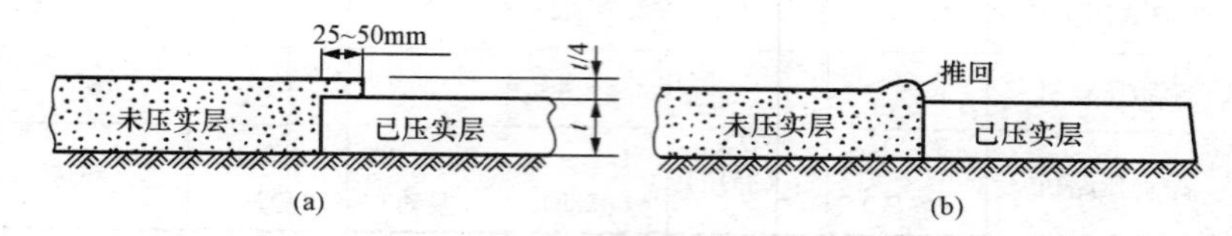

图 3-22 沥青混合料接缝搭槎示意图

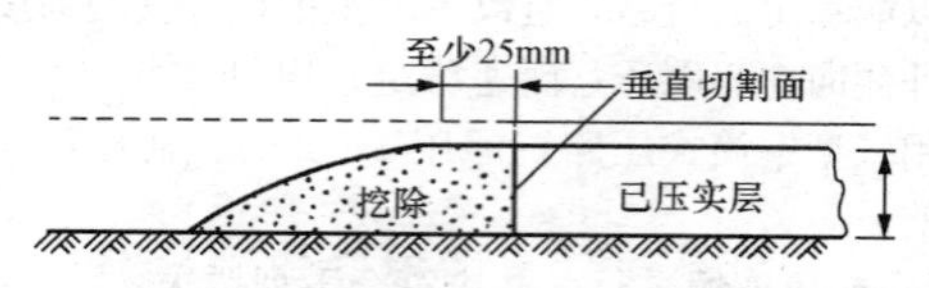

图 3-23 沥青混合料面层接槎处理

2. 季节性施工

（1）沥青混凝土路面施工过程中，对混合料的温度控制非常严格，低温、雨期施工要做好周密的施工准备，制订详细的施工质量保证措施。

（2）施工人员每天应关注第二天的天气预报，尤其是雨期。雨天禁止施工作业。施工中如突然遇雨，要立即通知拌和厂，停止供料，同时现场加紧碾压，尤其是初压，尽量减少雨水的渗入。

（3）机械设备要做好检修和保养，尤其是在施工前机械操作人员对自己设备的油、水、电及易损部件的检查工作。

（4）低温季节施工时，混合料运输车辆要加盖棉被保温，混合料到现场温度要比正常施工高 10℃。雨期施工要备有防雨苫布。远距离运输都必须有保温措施。

（5）低温季节施工时，要求有充足的碾压设备，初压应有两台以上的压路机平行碾压，尽量减少混合料热量的损失。

（6）摊铺机熨平板振动板挂强夯，增加摊铺密实度。

（7）合理组织好施工，从混合料生产至终压结束，尽量做到不间断施工，减少混合料的等待时间和待料现象。

3. 质量标准

（1）主控项目。

1）沥青混合料面层压实度，对城市快速路、主干路，不应小于96%；对次干路及以下道路，不应小于95%。

2）面层厚度应符合设计规定，允许偏差为−5～+10mm。

3）弯沉值，不应大于设计规定。

4）表面应平整、坚实，接缝紧密，无枯焦；不应有明显轮迹、推挤裂缝、脱落、烂边、油斑、掉渣等现象，不得污染其他构筑物。面层与路缘石、平石及其他构筑物应接顺，不得有积水现象。

（2）一般项目。热拌沥青混合料面层实测项目应符合表3-41的规定。

表3-41　　热拌沥青混合料面层实测项目

<table>
<tr><th colspan="2" rowspan="2">项目</th><th colspan="2" rowspan="2">允许偏差</th><th colspan="4">检验频率</th><th rowspan="2">检验方法</th></tr>
<tr><th>范围</th><th colspan="3">点数</th></tr>
<tr><td colspan="2">纵断高程/mm</td><td colspan="2">±15</td><td>20m</td><td colspan="3">1</td><td>用水准仪测量</td></tr>
<tr><td colspan="2">中线偏位/mm</td><td colspan="2">≤20</td><td>100m</td><td colspan="3">1</td><td>用经纬仪测量</td></tr>
<tr><td rowspan="9">平整度/mm</td><td rowspan="6">标准差σ值</td><td rowspan="3">快速路、主干路</td><td rowspan="3">≤1.5</td><td rowspan="6">100m</td><td rowspan="6">路宽/m</td><td rowspan="2"><9</td><td rowspan="2">1</td><td rowspan="6">用测平仪检测，见注1</td></tr>
<tr></tr>
<tr><td rowspan="2">9～15</td><td rowspan="2">2</td></tr>
<tr><td rowspan="3">次干路、支路</td><td rowspan="3">≤2.4</td></tr>
<tr><td rowspan="2">>15</td><td rowspan="2">3</td></tr>
<tr></tr>
<tr><td rowspan="3">最大间隙</td><td rowspan="3">次干路、支路</td><td rowspan="3">≤5</td><td rowspan="3">20m</td><td rowspan="3">路宽/m</td><td><9</td><td>1</td><td rowspan="3">用3m直尺和塞尺连续量取两尺，取最大值</td></tr>
<tr><td>9～15</td><td>2</td></tr>
<tr><td>>15</td><td>3</td></tr>
<tr><td colspan="2">宽度/mm</td><td colspan="2">不小于设计值</td><td>40m</td><td colspan="3">1</td><td>用钢尺量</td></tr>
<tr><td colspan="2" rowspan="3">横坡</td><td colspan="2" rowspan="3">±0.3%且不反坡</td><td rowspan="3">20m</td><td rowspan="3">路宽/m</td><td><9</td><td>2</td><td rowspan="3">用水准仪测量</td></tr>
<tr><td>9～15</td><td>4</td></tr>
<tr><td>>15</td><td>6</td></tr>
<tr><td colspan="2">井框与路面高差/mm</td><td colspan="2">≤5</td><td>每座</td><td colspan="3">1</td><td>十字法，用直尺、塞尺量取最大值</td></tr>
</table>

续表

项目		允许偏差	检验频率		检验方法
			范围	点数	
抗滑	摩擦系数	符合设计要求	200m	1	摆式仪
				全线连续	横向力系数车
	构造深度	符合设计要求	200m	1	砂铺法
					激光构造深度仪

注：1. 测平仪为全线每车道连续检测每100m计算标准差 σ；无测平仪时可采用3m直尺检测；表中检验频率点数为测线数。

2. 平整度、抗滑性能也可采用自动检测设备进行检测。

3. 底基层表面、下面层应按设计规定用量洒泼透层油、粘层油。

4. 中面层、底面层仅进行中线偏位、平整度、宽度、横坡的检测。

5. 改性（再生）沥青混凝土路面可采用此表进行检验。

6. 十字法检查井框与路面高差，每座检查井均应检查。十字法检查中，以平行于道路中线，过检查井盖中心的直线做基线，另一条线与基线垂直，构成检查用十字线。

五、透层、粘层和封层施工及检验要点

1. 施工要点

（1）透层。

1）用于石灰稳定土类或水泥稳定土类基层的透层油宜紧接在基层碾压成形后表面稍变干燥，但尚未硬化的情况下喷洒，洒布透层油后应封闭各种交通。

2）透层油宜采用沥青洒布车或手动沥青洒布机喷洒。洒布设备喷嘴应与透层沥青匹配，喷洒应呈雾状，洒布管高度应使同一地点接受2～3个喷油嘴喷洒的沥青。

3）透层油应洒布均匀，有遗漏，应人工补洒。喷洒过量的，应立即撒布石屑或砂吸油，必要时作适当碾压。

4）透层油洒布后的养护时间应根据透层油的品种和气候条件由试验确定。液体沥青中的稀释剂全部挥发或乳化沥青水分蒸发后，应及时铺筑沥青混合料面层。

（2）粘层。粘层油宜在摊铺面层当天洒布，其喷洒方法同透层施工。

（3）封层。

1）封层及下封层可采用拌和法或层铺法施工的单层式沥青表面处置，也可采用乳化沥青稀浆封层。新建的高速公路、一级公路的沥青路面上不宜采用稀浆封层铺筑上封层。

2）拌和法沥青表面处置铺筑上封层或下封层，应按《沥青路面施工及验收规范》（GB 50092—1996）中热拌沥青混合料的规定执行。

3）单层式沥青表面处置铺筑上封层或下封层，施工工艺可参照透层施工工艺，沥青用量及碎石规格用量按设计要求确定。

4）稀浆封层施工应采用稀浆封层铺筑机进行。铺筑机应具有储料、送料、拌和、摊铺和计量控制等功能。摊铺时应控制好骨料、填料、水、乳液的配合比例。当铺筑过程中发现有一种材料用完时，必须立即停止铺筑，重新装料后再继续进行。

5）稀浆封层铺筑机工作时，应匀速前进，达到厚度均匀、表面平整的要求。

6）稀浆封层混合料的湿轮磨耗试验的磨耗损失不宜大于 800g/m²；轮荷压砂试验的砂吸收量不宜大于 600g/m²。稀浆封层混合料的加水量应根据施工摊铺和易性的程度，由稠度试验确定，要求的稠度应为 20～30mm。

7）稀浆封层铺筑后，必须待乳液破乳、水分蒸发、干燥成型后，方可开放交通。

2. 季节性施工

（1）雨期施工。透层施工如遇阴雨天，可在雨停后，基层表面无积水时进行施工。粘层、封层施工，应在下承层干燥后，再进行施工。对局部潮湿的路段，可采用喷灯进行烘干。

（2）冬期施工。当气温低于 10℃时，不得进行透层、粘层和封层施工。

3. 质量标准

（1）主控项目。

1）透层、粘层、封层的宽度不应小于设计规定值。

2）封层油层与粒料洒布应均匀，不应有松散、裂缝、油丁、泛油、波浪、花白、漏洒、堆积、污染其他构筑物等现象。

（2）一般项目见表 3-42。

表 3-42　　实测项目

检查项目	规定值或允许偏差	检查方法和频率
沥青用量/(kg/m²)	±10%	每工作日每层洒布沥青按 T0982 检查一次

六、沥青贯入式及沥青表面处治面层施工及检验要点

1. 施工要点

（1）沥青贯入式面层施工要点。

1）主层粒料的摊铺与碾压应符合级配碎石及级配碎砾石基层施工有关规定。

2）各层沥青的洒布应符合透层、粘层、封层施工有关规定。

3）沥青或乳化沥青的浇洒温度应根据沥青强度等级及气温情况选择。采用乳化沥青时，应在碾压稳定后的主骨料上先撒布一部分嵌缝料。当需要加快破乳速度时，可将乳液加温，乳液温度不得超过60℃。每层沥青完成浇洒后，应立即撒布相应的嵌缝料，嵌缝料应撒布均匀。使用乳化沥青时，嵌缝料撒布应在乳液破乳前完成。

4）嵌缝料撒布后应立即用8～12t钢筒式压路机碾压，碾压时应随压随扫，使嵌缝料均匀嵌入。至压实度符合设计要求、平整度符合规定为止。压实过程中，严禁车辆通行。

（2）沥青表面处治面层施工要点。

1）在清扫干净的碎石或砾石路面上铺筑沥青表面处治面层时，应喷洒透层油。在旧沥青路面、水泥混凝土路面、块石路面上铺筑沥青表面处治面层时，可在第一层沥青用量中增加10％～20％，不再另洒透层油或粘层油。

2）施工沥青表面处治面层，宜采用沥青洒布车及骨料撒布机联合作业。喷洒沥青，应保持稳定速度和喷洒量，洒布宽度范围内喷洒应均匀。

3）沥青表面处治施工各工序应紧密衔接，撒布各层沥青后均应立即用骨料撒布机撒布相应的骨料。每个作业段长度应根据施工能力确定，并在当天完成。人工撒布骨料时，应等距离划分段落备料。

4）沥青表面处治面层的沥青洒布温度应根据气温及沥青强度等级选择，石油沥青宜为130～170℃，乳化沥青乳液温度不宜超过60℃。洒布车喷洒沥青纵向搭接宽度宜为10～15cm，洒布各层沥青的搭接缝应错开。

5）摊铺与碾压应符合级配碎石及级配砾石基层施工有关规定。嵌缝料应采用轻型、中型压路机边碾压、边扫墁，及时追补骨料，骨料表面不得洒落沥青。

2. 季节性施工

（1）沥青贯入式与沥青表面处治面层，宜在干燥和较热的季节施工，并宜在日最高温度低于15℃到来以前半个月结束。

（2）各层骨料必须保持干燥、洁净，喷洒沥青宜在3级（含）风以下进行。

3. 质量标准

(1) 沥青贯入式面层质量标准。

1) 压实度不应小于95%。

2) 面层厚度应符合设计规定，允许偏差为－5～＋15mm。

3) 表面应平整、坚实，石料嵌锁稳定，无明显高低差；嵌缝料、沥青应撒布均匀，无花白、积油、漏浇、浮料等现象，且不应污染其他构筑物。

4) 沥青贯入式面层允许偏差应符合表3-43的规定。

表3-43　　沥青贯入式面层允许偏差

项目	允许偏差	检验频率			检验方法
		范围	点数		
纵断高程/mm	±15	20m	1		用水准仪测量
中线偏位/mm	≤20	100m	1		用经纬仪测量
平整度/mm	≤7	20m	路宽/m <9	1	用3m直尺、塞尺连续量两尺，取较大值
			9～15	2	
			>15	3	
宽度/mm	不小于设计值	40m	1		用钢尺量
横坡	±0.3%且不反坡	20m	路宽/m <9	2	用水准仪测量
			9～15	4	
			>15	6	
井框与路面高差/mm	≤5	每座	1		十字法，用直尺、塞尺量取最大值
沥青总用量	±0.5%	每工作日、每层	1		T0982

(2) 沥青表面处治面层标准。

1) 骨料应压实平整，沥青应洒布均匀、无露白，嵌缝料应撒铺、扫墁均匀，不应有重叠现象。

2) 沥青表面处治允许偏差应符合表3-44的规定。

七、成品保护

(1) 热拌沥青混合料路面应待摊铺层完全自然冷却，混合料表面温度低于50℃后，方可开放交通。需要提早开放交通时，可洒水冷却，降低混合料温度。

表 3-44 沥青表面处治允许偏差

<table>
<tr><th rowspan="2">项目</th><th rowspan="2">允许偏差</th><th colspan="4">检验频率</th><th rowspan="2">检验方法</th></tr>
<tr><th>范围</th><th colspan="3">点数</th></tr>
<tr><td>纵断高程/mm</td><td>±15</td><td>20m</td><td colspan="3">1</td><td>用水准仪测量</td></tr>
<tr><td>中线偏位/mm</td><td>≤20</td><td>100m</td><td colspan="3">1</td><td>用经纬仪测量</td></tr>
<tr><td rowspan="3">平整度/mm</td><td rowspan="3">≤7</td><td rowspan="3">20m</td><td rowspan="3">路宽/m</td><td><9</td><td>1</td><td rowspan="3">用 3m 直尺、塞尺连续量两尺，取较大值</td></tr>
<tr><td>9～15</td><td>2</td></tr>
<tr><td>>15</td><td>3</td></tr>
<tr><td>宽度/mm</td><td>不小于设计规定</td><td>40m</td><td colspan="3">1</td><td>用钢尺量</td></tr>
<tr><td rowspan="3">横坡</td><td rowspan="3">±0.3%且不反坡</td><td rowspan="3">20m</td><td rowspan="3">路宽/m</td><td><9</td><td>2</td><td rowspan="3">用水准仪测量</td></tr>
<tr><td>9～15</td><td>4</td></tr>
<tr><td>>15</td><td>6</td></tr>
<tr><td>厚度/mm</td><td>+10
-5</td><td>1000m²</td><td colspan="3">1</td><td>钻孔，用钢尺量</td></tr>
<tr><td>弯沉值</td><td>符合设计要求</td><td>设计要求时</td><td colspan="3">—</td><td>弯沉仪测定时</td></tr>
<tr><td>沥青总用量</td><td>±0.5%</td><td>每工作日、每层</td><td colspan="3">1</td><td>T0982—2008</td></tr>
</table>

(2) 设专人维护压实成型的沥青混凝土路面，必要时设置围挡，完全冷却后（一般不少于 24h），才能开放交通。

(3) 施工过程中应加强对路缘石、绿化等附属工程的保护，路边缘应采用小型机械压实。

(4) 施工人员不得随意在未压实成型的沥青混凝土路面上行走。

(5) 当天碾压完成的沥青混凝土路面上不得停放一切施工设备，以免发生沥青混凝土路面面层变形。

(6) 严防设备漏油以污染路面。

1) 严格执行作业时间，尽量避免噪声扰民，控制强噪声机械在夜间作业。

2) 对施工剩余的沥青混凝土路面材料及凿除接槎的废渣，不得随意扔弃，应集中外运到规定地点进行处理。

3) 喷洒粘油时，对路缘石进行防护，以免污染周围环境及其他工序。

4) 清扫路面基层时，应先洒水润湿，防止扬尘。

(7) 改性沥青路面碾压完成后，派人维护，封闭交通，应待摊铺层完全冷却，表面温度低于 60℃后，方可开放交通。交工前应限制重型、超载车辆。

(8) 路面分幅施工时的成品保护。路面分两幅施工时，第一幅施工完毕后，如遇雨季，应采取必要的排水措施，特别注意未摊铺半幅不能有积水，以防止产生水对已摊铺路面和未摊铺路基的破坏。

(9) 混凝土板在养护期间和填缝前，应禁止车辆通行。在达到设计强度的40%以后，方可允许行人通行。在路面养生期间，平交道口应搭建临时便桥。面板达到设计抗弯拉强度后，方可开放交通。

(10) 分幅施工时如遇雨期，应采取必要的排水措施，防止未铺筑增幅路基受水浸泡。

八、职业健康安全管理

1. 安全操作技术要求

(1) 集中拌和。

1) 沥青拌和。

①沥青混合料拌和设备作业应遵守下列规定：

a. 拌和机启动、停机，必须按规定程序进行。点火失效时，应及时关闭喷燃器油门，待充分通风后再点火。需要调整点火时，必须先切断高压电源。

b. 连续式拌和设备的燃烧器熄火时，应立即停止喷射沥青。当烘干拌和筒着火时，应立即关闭燃烧器鼓风机及排风机，停止供给沥青，再用含水量高的细骨料投入烘干拌和筒，并在外部卸料口用干粉或泡沫灭火器进行灭火。

②沥青混合料拌和站的各种机电（包括使用微电脑控制进料的）设备，在运转前均需由机工、电工、电脑操作人员进行详细检查，确认正常完好后，才能合闸运转。

2) 混凝土拌和。

①现场在城区、居民区、乡镇、村庄、机关、学校、企业、事业等单位及其附近，不宜采用机械拌和混凝土，宜采用预拌混凝土。

②搬运袋装水泥必须自上而下顺序取运。堆放时，垫板应平稳、牢固；按层码垛整齐，高度不得超过10袋。

③手推车运输应平稳推行，空车让重车，不得抢道。

④手推车向搅拌机料斗内倾倒砂石料时，应设挡掩，严禁撒把倒料。

⑤作业人员向搅拌机料斗内倾倒水泥时，脚不得蹬踩料斗。

(2) 铺筑与碾压。

1) 沥青摊铺、碾压。

①驾驶台及作业现场要视野开阔，清除一切有碍工作的障碍物。作业时，无关人员不得在驾驶台上逗留。驾驶员不得擅离岗位。

②运料车向摊铺机卸料时，应协调动作，同步行进，防止互撞。

③换挡必须在摊铺机完全停止时进行，严禁强行挂挡和在坡道上换挡或空挡运行。

④驾驶力求平稳，不得急剧转向。弯道作业时，熨平装置的端头与路缘石的间距不得小于10cm，以免发生碰撞。

⑤沥青混合料运输车辆在现场路段上行驶、卸车时，必须由专人指挥。指挥人员应随时检查车辆周围情况，确认安全后，方可向车辆操作工发出行驶、卸料指令。

⑥粘在车槽上的混合料应使用长柄工具清除，不得在车槽顶升时，上车清除。

⑦机械摊铺应遵守下列规定：

a. 摊铺路段的上方有架空线路时，其净空应满足摊铺机和运输车卸料的要求。

b. 沥青混合料运输车向摊铺机倒车靠近过程中，车辆和机械之间严禁有人。

c. 沥青混凝土摊铺机运行中，现场人员不得攀登机械，严禁触摸机械的传动机构。

d. 摊铺机运行中，禁止对机械进行维护、保养工作。

e. 清洗摊铺机的料斗螺旋办理送器必须使用工具。清洗时必须停机，严禁烟火。

⑧沥青混合料碾压过程中，应由作业组长统一指挥，协调作业人员、机械、车辆之间的相互配合关系，保持安全作业。

⑨两台以上压路机作业时，前后间距不得小于3m，左右间距不得小于1m。

⑩施工现场应根据压路机的行驶速度，确定机械运行前方的危险区域。在危险区域内不得有人。

2）混凝土浇筑。

①水泥混凝土浇筑应由作业组长统一指挥，协调运输与浇筑人员的配合关系，保持安全作业。

②施工前应复核雨水口顶部的高程，确认符合设计规定。路面不得积水。

③混凝土搅拌运输车或自卸汽车、机动翻斗车运输混凝土时，车辆进入现场后应设专人指挥。指挥人员必须站在车辆的安全一侧。卸料时，车辆应挡掩牢固，作业人员必须避离卸料范围。

2. 其他管理

（1）自卸汽车运送混凝土拌和物，不得超载和超速行驶。车停稳后，方准顶升车厢卸料。车厢尚未放下时，操作人员不得上车清除残料。

(2) 旧路面凿除。

1) 旧路面凿除宜分小段进行，以免妨碍交通。

2) 大锤砸碎旧路面时，周围不得有人站立或通行。锤击钢钎，使锤人应站在扶钎人的侧面，使锤者不得戴手套，锤柄端头应有防滑措施。

(3) 利用机械破碎旧路面时，应有专人统一指挥，操作范围内不得有人，铲刀切入地面不宜过深，推刀速度应缓慢。

(4) 现场操作人员必须按规定佩戴防护用具。机械燃料操作时，其防火应按有关规定严格执行。

(5) 对现场易燃、易爆物品必须分开存放，保持一定的安全距离，设专人看管。

(6) 沥青操作人员均应进行体检。凡患有结膜炎、皮肤病及对沥青有过敏反应者，不宜从事沥青作业。

(7) 从事沥青作业人员，皮肤外露部分均须涂抹防护药膏。工地上应配有医务人员。

(8) 沥青操作工的工作服及防护用品，应集中存放，严禁穿戴回家和进入集体宿舍。

九、环境管理

(1) 严格执行作业时间，尽量避免噪声扰民，控制强噪声机械在夜间作业。

(2) 对施工剩余的沥青混凝土路面材料及凿除接槎的废渣，不得随意扔弃，应集中外运到规定地点进行处理。

(3) 喷洒粘油时，对路缘石进行防护，以免污染周围环境及其他工序。

(4) 清扫路面基层时，应先洒水润湿，防止扬尘。

(5) 施工现场的施工垃圾主要是切边、局部处理产生的废弃混合料，应采取集中收集，施工结束后统一运至环保部门认可的填埋场填埋处理。

(6) 对于运输道路应经常洒水降尘，进出现场的路口应采取用篷布铺垫措施。

(7) 在城市施工时，振动压路机在作业时对周边建筑会造成共振影响。因此，在保证质量的同时，应避免对周围建筑物损害，采用大吨位钢轮压路机和重型轮胎压路机压实时，适当减少振动作业。

(8) 大宗材料堆放场地必须进行硬化或遮盖，以保持场地清洁。

(9) 搅拌机应加防尘罩，卸料口下地面应铺筑至少 50m 长、200mm 厚的路面，以使行车方便和场地干净、整洁。

(10) 搅拌站应设污水沉淀池和必要的排水沟，以使污水排出后不污染环境。

(11) 养生用塑料布在使用时要采取措施，使其不被风吹跑，使用完毕后，要及时回收处理。

(12) 在邻近居民区施工作业时，要采取低噪声振捣棒，混凝土拌和设备要搭设防护棚，减少噪声扰民。同时，在施工中，采用声级计定期对操作机具进行噪声量监测。

(13) 混凝土罐车退场前，要在指定地点清洗料斗，防止遗洒和污物外流。

(14) 根据敏感点的位置和保护要求选择施工机械和施工方法，最大限度地减少对周边的影响。

(15) 施工照明灯的悬挂高度和方向，要考虑不影响居民夜间休息。

(16) 在施工场地周围贴出安民告示，以求得附近居民的理解和配合。

(17) 在施工工地场界处设实体围挡，不得在围挡外堆放物料、废料。

(18) 水泥等易飞扬细颗粒散体物料应尽量安排库内存放，堆土场、散装物料露天堆放场要压实、覆盖。弃土等各项工程废料在运输过程中作苫盖，不使其散落。

第五节　挡土墙施工现场管理与施工要点

一、作业条件

(1) 挡土墙基础地基承载力必须符合设计要求，且经检测验收合格后，方可进行后续工序施工。

(2) 混凝土预制挡土墙板已在工厂加工订货。

(3) 挡土墙基础范围内地下管线和各种障碍物已拆迁改移。

(4) 已做好基槽排降水设施，能保持基底干槽施工。

(5) 测量放线经复核无误，并对桩点进行加密和保护。

(6) 施工方案和分项工程开工报告已审批。

(7) 现场原材料经检验合格，并符合设计要求。

(8) 对加筋土工程的施工现进行场地清理、整平压实作业，经监理工程师验收，满足构件安装和筋带铺设的要求。

(9) 工程开工前，施工现场应按施工组织设计的要求和安排进行，其主要内容为“三通一平”、测量放线和历史设施的搭设等。

二、现场工、料、机管理

1. 施工人员工作要点

(1) 基坑开挖。

1) 开挖前，应作好场地临时排水措施，雨天坑内积水应随时排干。对受水浸泡的基底土，特别是松软淤泥应全部予以清除，并换以透水性和稳定性良好的材料，并夯填至设计标高。

2) 在天然地基土层上挖基坑，如深度在5m以内，施工期又较短，基底处于地下水位以上，且土的湿度正常，构造均匀，其开挖坑壁坡度可参考表3-45选定。当基坑深度大于5m时，应加设平台，这不仅利于基坑边的稳定，还利于基坑开挖。

表3-45 基坑坑壁坡度

坑壁土类	坡度		
	顶缘无荷载	顶缘有静载	顶缘有动载
砂类土	1∶1	1∶1.25	1∶1.5
碎卵石土	1∶0.75	1∶1	1∶1.25
砂性土	1∶0.67	1∶0.75	1∶1
黏性土、黏土	1∶0.33	1∶0.5	1∶0.75
极软岩	1∶0.25	1∶0.33	1∶0.67
软质岩	1∶0	1∶0.1	1∶0.25
硬质岩	1∶0	1∶0	1∶0

注：1. 如土的湿度过大，会引起坑壁坍塌时，坑壁坡度可采用该湿度下的天然坡度。
2. 通过不同土层时，边坡可分层选定，并酌情留平台。
3. 山坡上开挖基坑，如地质不良时，应注意防止滑塌。
4. 岩石的饱和单轴极限强度（MPa）为小于5、5～30、大于30时，分别定为极软岩、软质岩、硬质岩。

3) 土方开挖。根据基础和土质以及现场出土等条件，合理确定开挖顺序。在场地有条件堆放土方时，一定要留足回填需用的好土，多余的土方应一次运至弃土处，避免二次搬运。

4) 修边和清底。在挖到距槽底0.5m以内时，测量放线人员应配合抄出距槽底0.5m的控制线；并自槽端部0.2m处每隔2～3m在槽帮上钉小木橛。在挖至接近槽底标高时，用尺或事先量好的0.5m标尺杆，随时校核槽底标高。然后，由两端（中心线）桩拉通线，检查距槽边尺寸，据此修整槽帮，最后清除槽底土方。

5）基槽（坑）应按设计图纸要求开挖到设计标高，槽（坑）底平面尺寸一般大于基础外缘 300mm。

6）机械开挖至距设计标高 30cm 以内时，应停止机械开挖，组织施工人员人力开挖，避免出现超挖现象。

(2) 块（片）石砌筑与混凝土浇筑。

1）块（片）石砌筑。

2）浆砌片石砌筑一般采用挤浆法和灌浆法施工。浆砌块石砌筑一般采用铺浆法和挤浆法施工。

3）片石宜分层砌筑，以 2～3 层石块组成一工作层，每工作层的水平缝大致平齐，竖缝应错开，不能贯通。

4）较大的砌块应使用于下层，石块宽面朝下，石块之间均要有砂浆隔开，不得直接接触。竖缝较宽时，可在砂浆中塞以碎石块，但不得在砌块下面用小石子支座。

5）用做镶面的块石，表面四周应加修整，尾部略微缩小，易于安砌，丁石长度不短于顺石宽度的 1.5 倍。

6）块石应平砌，要根据墙高进行层次配料，每层石料高度做到基本齐平。外圈定位行列和镶面石应一丁一顺排列，丁石伸入墙心不小于 25cm，灰浆缝宽为 2～3cm，上下层竖缝错开距离不应小于 10cm。

7）干砌施工时，翻开片石，在不平稳部位用大小适宜的石块垫实，然后翻回片石。如位置不当，可用小撬棍或凿子拨移，并用手锤敲击，使片石坐稳。

8）填槽塞缝。用大小适宜的石块，以手锤敲击填实缝隙，务必使砌石稳固。当下层砌完后，再砌上层。

9）浆砌块石施工时，分层平砌大面向下，先砌角石、再砌面石、后砌腹石，上下竖缝错开，错缝距离不应小于 8cm，如图 3-24 所示，镶面石的垂直缝应用砂浆填实饱满，不能用稀浆灌注。厚大砌体，若不易按石料厚度砌成水平时，可设法搭配成较平的水平层，块石镶面，如图 3-25 所示。为使面石与腹石连接紧密，可采用丁顺相间，一丁一顺排列，有时也可采用两丁一顺排列。

10）沉降缝、伸缩缝的宽度一般为 2～3cm。为保证接缝的作用，两种接缝均须垂直，并且缝两侧砌体表面需要平整，不能搭接，必要时缝两侧的石料须加修凿。

11）砌筑接缝砌体时，最好根据设计规定的接缝位置设置，采用跳段砌筑的方法，使相邻两段砌块高度错开，如图 3-26 所示，并在接缝处作为一个外露面，挂线砌筑，使达到又直又平。

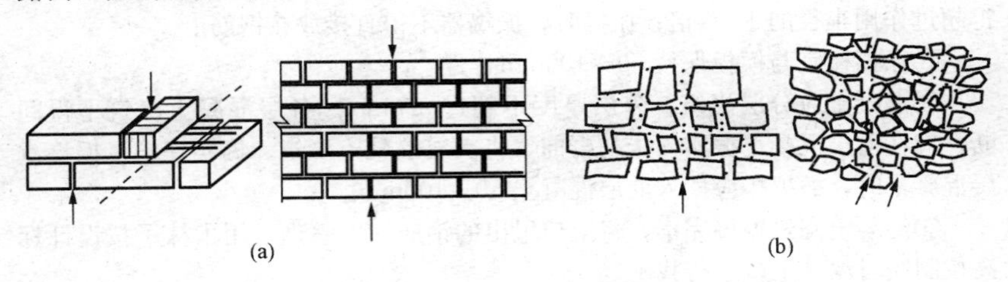

图 3-24 竖向错缝

(a) 正常错缝；(b) 不符合要求的错缝

注：图中箭头表示错缝位置

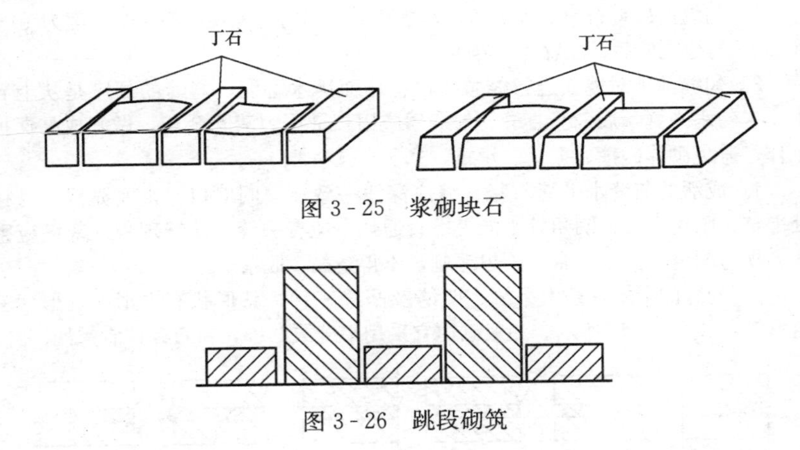

图 3-25 浆砌块石

图 3-26 跳段砌筑

12）墙体砌筑镶面石。镶面块石表面四周应加以修整，其修整进深不应小于 70mm，尾部应较修整部分略缩小。镶面丁石的长度，不应短于顺石宽度的 1.5 倍，每层镶面石均应事先按规定灰缝宽度及错缝要求配好石料，再用铺浆法顺序砌筑，并应随砌随填立缝。

13）墙体砌筑镶面石。一层镶面石砌筑完毕，方可砌填心石，其高度应与镶面石相平。

14）墙体砌筑镶面石。在同一部位上使用同类石料。

15）混凝土浇筑。

①装配式钢筋混凝土挡土墙。墙顶混凝土浇筑前，对墙顶的钢筋进行绑扎，并将墙顶混凝土面凿毛，清理干净。

②基础混凝土宜采用插入式振捣棒振捣，当振捣棒以直线行列插入时，移

动距离不得超过振捣棒作用半径的 1.5 倍；若以梅花式行列插入，移动距离不得超过作用半径的 1.75 倍；振捣时，振捣器不得直接放在钢筋上。

③振捣棒宜与模板保持 50～100mm 净距。

④混凝土应分层浇筑，分层厚度不超过 300mm。各层混凝土浇筑不得间断；应在前层混凝土振实尚未初凝前，将次层混凝土浇筑、捣实完毕。振捣次层混凝土时，振捣棒应插入前层混凝土 50～100mm。

⑤混凝土浇筑振捣完毕，将上口甩出的钢筋加以整理，用木抹子按设计标高控制线对墙体上口进行找平。

(3) 勾缝。

1) 砌体勾缝除设计有规定外，一般可采用平缝或凸缝。浆砌较规则的块材时，可采用凹缝。

2) 勾缝前应将石面清理干净，勾缝宽度应均匀、美观，深（厚）度为 10～20mm，勾缝完成后，注意浇水养生。

3) 勾缝前须对墙面进行修整，再将墙面洒水湿润，勾缝的顺序是从上到下，先勾水平缝，后勾竖直缝。勾缝后应用扫帚用力清除余灰，做好成品保护工作，避免砌体碰撞、振动、承重。

4) 成活的灰缝水平缝与竖直缝应深浅一致、交圈对口、密实光滑，搭接处平整，阳角方正，阴角处不能上下直通，不能有丢缝、瞎缝现象。灰缝应整齐、拐弯圆滑、宽度一致、不出毛刺，不得空鼓、脱落。

5) 勾缝的形式一般有平缝、凹缝及凸缝三种，其形状有方形、圆形、三角形等，如图 3-27 所示。一般砌体宜采用平缝或凸缝，料石砌体宜采用凹缝。

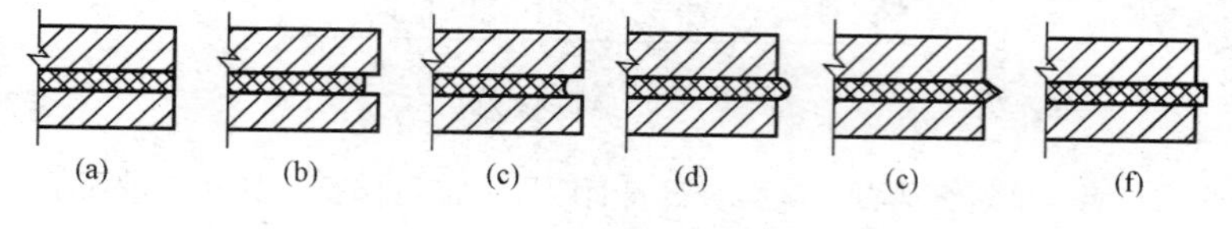

图 3-27　勾缝类型及形状

(4) 回填及压实。

1) 须待砌体砂浆强度达 70%以上时，方可回填墙背填料，并应优先选择渗水性较好的砂砾土填筑。

2) 压实时应注意，勿使墙身受较大的冲击影响，临近墙背 1m 的范围内，应采用蛙式打夯机、内燃打夯机、手扶式振动压路机、振动平板夯等小型实机具碾压。

3) 墙后地面横坡陡于 1∶3 时，应作基底处理（如挖成台阶），然后再回填。

4）浆砌挡土墙的墙顶，可用M5砂浆抹平，厚2cm，干砌挡土墙顶50cm厚度内，用M2.5砂浆砌筑，以利稳定。

2. 材料选择及检验

（1）材料选择。

1）片石。片石一般指用爆破法或楔劈法开采的石块，片石应具有两个大致平行的面，其厚度不小于15cm（卵形薄片者不得使用），宽度及长度不小于厚度的1.5倍，如图3-28（a）所示，质量约30kg。用做镶面的片石应表面平整，尺寸较大，并应稍加修整。

2）块石。块石一般形状大致方正，上下面也大致平整，厚度不小于20cm，宽度宜为厚度的1～1.5倍，长度约为厚度的1.5～3倍，如有锋棱锐角应敲除。块石用做镶面石时，应由外露面四周向内加以修凿；后部可不修凿，但应略小于修凿部分，其加工形状如图3-28（b）所示。

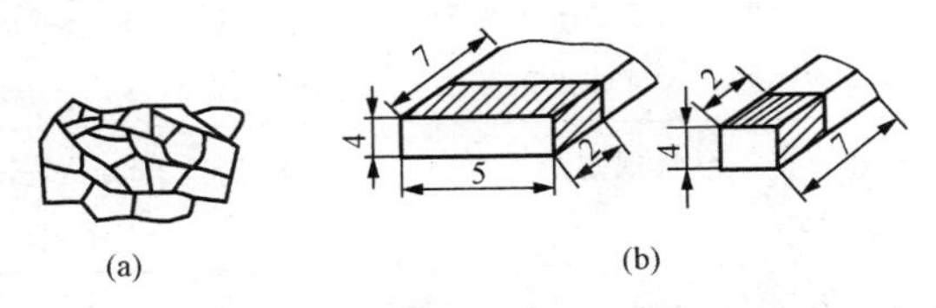

图3-28 石料类型（尺寸单位：cm）
（a）片石；（b）镶面块石

3）普通混凝土预制块，是用水泥混凝土预制而成，一般按块体的高度分为小型砌块、中型砌块和大型砌块。小型砌块高度为180～350mm，中型砌块高度为360～900mm，大型砌块高度大于900mm。强度等级分为MU15、MU10、MU7.5、MU5、MU3.5。挡土墙所用砌块一般为小型、中型砌块，其强度等级不低于MU10。

4）混凝土或片石混凝土就地浇筑，一般地区可用强度等级不低于C15的混凝土或片石混凝土；严寒地区应采用强度等级为C20的混凝土或片石混凝土。

5）填缝料主要有沥青软木板、沥青甘蔗板、沥青麻筋以及胶泥等。高等级道路或者渗水量大、填料易于流失和冻害严重的地区，填缝料应选用沥青麻筋或涂以沥青的软木板等具有弹性的材料；对于低等级道路，也可采用胶泥作为填缝料。

（2）材料检验。

1）石料。石料应符合设计规定的类别和强度，石质应均匀、不易风化、无裂纹。石料强度、试件规格及换算应符合设计要求，石料强度的测定应按现行《公路工程岩石试验规程》（JTG E41—2005）执行。石料种类、规格要求应符合表3-46的规定。

表3-46　石料、种类、规格要求表

石料种类	规格要求
片石	片石形状不受限制，最小长度及中部厚度不小于150mm，每块重量宜为20～30kg
块石	块石形状大致方正，厚度不宜小于200mm；长、宽不宜小于及等于厚度，顶面及底面应平整。用做镶面时，应稍加修凿，打去棱凸角，表面凹入部分不得大于20mm
细料石	形状规则的六面体，经细加工，表面凹凸深度不得大于20mm，厚度和宽度均不小于200mm，长度不大于厚度的3倍
半细料石	除对表面凹凸深度要求不大于10mm外，其他规格与细料石相同
粗料石	除对表面凹凸深度要求不大于20mm外，其他规格与细料石相同
毛料石	稍加修整，形状规则的六面体，厚度不小于200mm，长度为厚度的1.5～3倍
板石	形状规则的六面体，厚度和宽度均不小于200mm，长度超过厚度的3倍，按其表面修凿程度，分为细板石、半细板石和毛板石

2）砂浆。

①砂浆的类别和强度等级应符合设计规定。

②砂浆的配合比应通过试验确定，可采用质量比或体积比。

③砂浆应有良好的和易性，圆锥体沉入度50～70mm，气温较高时可适当增大。

三、现浇重力式钢筋混凝土挡土墙施工及检验要点

1. 施工要点

（1）钢筋制作与安装。

1）钢筋绑扎前应将垫层清理干净，并用粉笔在垫层上画好主筋、分布筋间距。按画好的间距，先摆放受力主筋、后放分布筋。预埋件、预留孔等应及时配合安装。

2）绑扎钢筋时一般用顺扣或八字扣，除外围两根筋的相交点应全部绑扎外，其余各点可交错绑扎。

3）在钢筋与模板之间垫好垫块，间距不大于1.5m，保护层厚度应符合设

计要求。

4）钢筋连接方法宜采用焊接或机械连接。

5）在绑扎双层钢筋网片时，应设置足够强度的撑脚，以保证钢筋网片的定位准确、稳定牢固，在浇筑混凝土时不得松动变形。

6）钢筋焊接成型时，焊前不得有水锈、油渍；焊缝处不得咬肉、裂纹、夹渣，焊药皮应清除干净。

（2）支立模板。

1）模板脱模剂应涂刷均匀，不得污染钢筋。

2）基础模板安装后，应检查预留洞口及预埋件位置，符合设计要求后，方可进行下道工序。

3）按位置线安装墙体模板，模板应支牢固，下口处加扫地方木，上口模内加方木内撑，以防模板在浇筑混凝土时松动、跑模。

4）按照模板设计方案先拼装好一面的模板并按位置线就位，然后安装拉杆或斜撑，安装套管和穿墙螺栓，穿墙螺栓规格和间距在模板设计中应明确规定。

5）模板安装完成后，检查扣件、螺栓是否牢固，模板拼缝及下口是否严密，并办理预检手续。

（3）浇筑混凝土。

1）混凝土浇筑时，自由落差一般不大于2m；当大于2m时，应用导管或溜槽输送。

2）现浇重力式钢筋混凝土挡土墙，应根据挡土墙的具体形式、尺寸确定浇筑方案。当基础与墙体分期浇筑时，应符合下列规定：

①基础混凝土强度达到2.5MPa以上时，方可支搭挡土墙墙体模板。

②浇筑基础混凝土时，宜在基础内埋设供支搭墙体模板定位连接件。

3）墙体混凝土浇筑前，在底部接槎处先均匀浇筑15～20mm厚与墙体混凝土强度等级相同的减石子混凝土。

4）混凝土应按规范规定分层浇筑、振捣密实，分层厚度不大于300mm。混凝土下料点应分散布置。墙体应连续进行浇筑，每层间隔时间不超过混凝土初凝时间。墙体混凝土施工缝宜设在设计伸缩缝处。

5）预留洞口两侧混凝土浇筑高度应对称均匀浇筑。振捣棒距洞边300mm以上，防止洞口移位、变形。

2. 季节性施工

（1）雨期施工。

1）混凝土浇筑施工时必须随时准备遮盖挡雨和排出积水，以防雨水浸泡、冲刷，影响混凝土质量。

2）雨期施工期间，砂、石含水率变化较大，要及时测定，并调整施工配合比，确保混凝土的质量。

3）混凝土开盘前应了解天气变化情况，尽量避免下雨时浇筑混凝土。下雨时应对已入模振捣成型的混凝土及时覆盖，防止雨水冲淋。

4）涂刷水溶性脱模剂的模板，应采取有效措施，防止雨水直接冲刷而脱落流失，影响脱模及混凝土表面质量。

5）在浇筑混凝土时，若突然遇雨，停歇时间过长，超过混凝土初凝时间时，应按施工缝处理。雨后继续施工时，应先对接合部位进行技术处理后，再进行浇筑。

（2）冬期施工。

1）冬期施工的混凝土可选用普通硅酸盐水泥，控制水灰比不大于 0.5，并掺加防冻剂。

2）混凝土在浇筑前，应清除模板上的冰雪。当采用泵送混凝土时，泵管应采取保温措施。

3）混凝土浇筑时，在裸露部位表面采用塑料薄膜覆盖并加盖保温层。对结构边、棱角等易受冻的部位，应采取防止混凝土过早冷却的保温措施。

4）模板和保温层应在混凝土强度达到其临界强度后，方可拆除。当混凝土表面与外界温差大于 15℃时，拆模后的混凝土表面，应采取使其缓慢冷却的临时覆盖措施。

3. 质量标准

（1）混凝土表面应光洁、平整、密实，无蜂窝、麻面、露筋现象，泄水孔通畅。

（2）现浇混凝土挡土墙允许偏差应符合表 3-47 的规定。

表 3-47　现浇混凝土挡土墙允许偏差

项目		规定值或允许偏差	检验频率		检验方法
			范围	点数	
长度/mm		±20	每座	1	用钢尺量
断面尺寸/mm	厚	±5	20m	1	用钢尺量
	高	±			
垂直度		≤0.15%H 且≤10mm		1	用经纬仪或垂直线检测
外露面平整度/mm		≤5		1	用 2m 直尺、塞尺量取最大值
顶面高程/mm		±5		1	用水准仪测量

注：表中 H 为挡土墙板高度。

四、加筋土挡土墙施工及检验要点

1. 施工要点

(1) 基础砌（浇）筑施工。基础砌（浇）筑施工应符合现浇重力式钢筋混凝土挡土墙有关规定。

(2) 安装面板。

1) 当挡土墙的基础混凝土强度达 70%以上时，即可安装第一层墙面板。安装面板可以从墙端和沉降缝两侧开始，配以适当的吊装设备，即可吊线安装就位。十字形、六角形和矩形面板安装顺序如图 3-29 所示。面板在起吊升降定位时要求平稳，慢速轻放，切忌碰撞。所有面板在安装前必须仔细检查，若有裂纹或其他缺陷者，一律弃之不用。

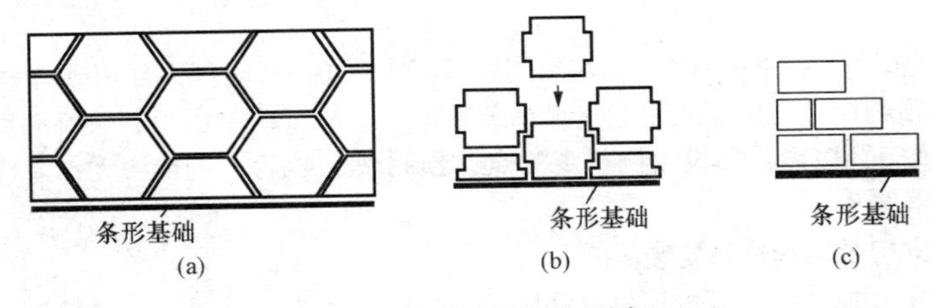

图 3-29　面板安装顺序

(a) 六角形面板安装示意图；(b) 十字形面板安装示意图；(c) 矩形面板安装示意图

2) 当有必要时，底座处可用低强度等级砂浆嵌填调整标高，一般情况下，同层相邻面板水平误差不应大于 10mm，轴线偏差每 20 延米不应大于 10mm。同时，可用垂线法控制单块面板的倾斜度，内倾度一般可允许在 1%～2%范围之内，作为填料压实时面板在侧向压力作用下的外倾位移值，水平位移的具体数值应综合面板高度、填料性质和压实机械而定。

3) 为防止相邻面板错位和确保面板的相对稳定，第一层面板的安装宜用斜撑固定，以上各层宜采用夹木螺栓固定，如图 3-30 所示。

4) 墙面混凝土预制块安装。

①第一层预制块安装。

a. 在清洁的条形基础顶面上，准确画出预制块外缘线，曲线部位应加密控制点。

b. 在确定的外缘线上定控制点，然后进行水平测量。

c. 预制块安装时用低强度砂浆砌筑调平，同层相邻预制块水平误差不大于 10mm；轴线偏差每 20m 时不大于 10mm。

d. 按要求的垂直度、坡度挂线安装，安装缝宽宜小于 10mm。

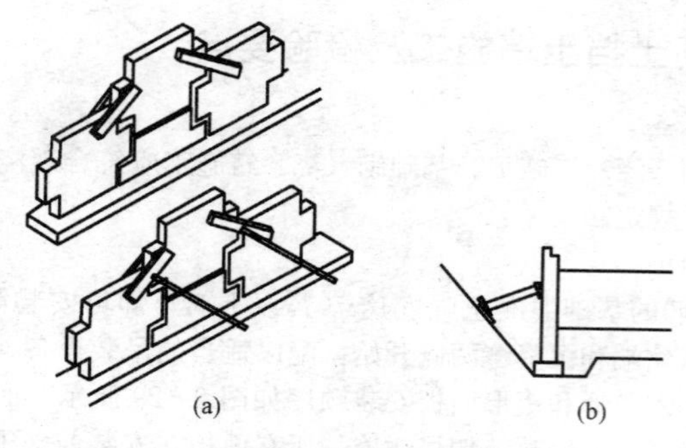

图 3 - 30　面板安装固定法
(a) 螺栓固定法；(b) 斜撑固定法

e. 当填料为黏性土时，宜在预制块后不小于 0.5m 范围内回填砂砾材料。

f. 预制块安装可用人工或机械吊装就位。安装时，单块预制块倾斜度，一般可内倾 1%以内，并设置侧斜观测点。预制块安装后，经校测无误，浇筑基础槽口混凝土。

②以后各层预制块安装。

a. 沿预制块纵向每 5m 间距设标桩，每层安装时用垂球或挂线核对，每三层预制块安装完毕，均应测量标高和轴线，其允许偏移量与第一层相同。

b. 为防止相邻预制块错位，第一层用斜撑固定，以后各层宜用夹木螺栓固定施工。水平误差用软木条或低强度砂浆逐层调整，避免累计误差。

c. 严禁采用坚硬石子及铁片支垫。上层预制块应在下层预制块填土作业完成后安装。

d. 对于上下板的承压面积较大的情况，水平及竖直安装缝一般不做处理，采用干砌。

e. 当上下板预制块的承压面积小、板轻、填料不流失、加筋土体有少量水渗出时，水平缝宜采用低强度砂浆砌筑，垂直缝采用干砌。

f. 对于上下预制块的承压面积小、板轻，加筋土体干燥、不渗水的情况，采用水平缝铺浆，并对所有缝采用预勾缝的做法。当缝宽较大时，采用沥青木板、沥青甘蔗板、沥青麻絮等填缝料进行填塞。

g. 对预制块尺寸大、质量大（如大型十字形板、六角形板），应在水平缝间垫以具有一定强度的衬垫，在垂直缝中宜嵌入聚氨酯泡沫塑料。

③设有错台的高加筋挡土墙，上墙预制块的底部应按设计要求进行处理，随同上墙预制块的铺筑，错台表面按设计要求及时封闭。

④拉环与聚丙烯土工带隔离。可利用拉环上的三油二布、涂塑防锈层或橡

胶等垫衬物隔离。

(3) 筋带铺设。

1) 裁料。聚丙烯土工带的裁料长度一般为2倍设计长度加上穿孔所需长度。

2) 筋带的连接、铺设及固定。

①连接。聚丙烯土工带与面板的连接，一般可将土工带的一端从面板预埋拉环或预留孔中穿过，折回与另一端对齐，穿孔方式有单孔穿、上下穿或左右环孔合并穿三种，并以活结绑扎牢固。

②铺设。筋带底面的填料压实整平后，铺设筋带。筋带铺设应平顺，不宜重叠、扭曲，聚丙烯土工带应呈扇形辐射状铺设，并拣除硬质棱角填料。在拐角处和曲线部位，布筋方向应与墙面垂直。当设有加强筋时，加强筋可与面板斜交。土工布搭接宽度为300～400mm，并按设计要求留出折回长度。

③固定。聚丙烯土工带在铺设时，可用夹具将筋带两端均力拉紧，再用少量填料压住筋带，使之固定并保持正确位置。

④拉环与聚丙烯土工带隔离。可利用拉环上的三油二布、涂塑防锈层或橡胶等垫衬物隔离。

(4) 填料、摊铺。

1) 卸料时，机具与面板距离不应小于1.5m，机具不得在未覆盖填料的筋带上行驶。

2) 填料应根据筋带竖向间距进行分层等厚摊铺和压实，摊铺机具作业时距面板不应小于1.5m，距离面板1.5m范围内，应用人工摊铺。填筑时，距面板1.5m范围内先不填筑，推土机应平行面板按作业幅宽由远及近顺次作业，填筑的进度应为近墙面处快于远墙面处。

(5) 填料碾压。

1) 碾压前应进行压实试验。根据碾压机械和填料性质，确定填料分层摊铺厚度、碾压遍数。每层虚铺土不宜大于250mm，压实度应符合设计规定，并应大于95%（重型击实）。

2) 距加筋土面墙1000mm范围外，填料采用大中型振动压实机械压实，距加筋土面墙1000mm范围内，采用小型压实机械（5t以下）压实。

3) 应分层碾压，作业方式一般先轻后重，压实顺序应先从筋带中部开始，逐步碾压至筋带尾部，再碾压靠近墙体部位。每层填料摊铺完毕应及时碾压成型，并随时检查含水量，确保压实度。用小型压实机械（5t以下）压实时，先由墙面混凝土块后轻压，再逐步向路线中心压实。当碾压困难时，可用人工夯实，确保面板不错位。

4) 填料压实度要求应符合表3-48的规定。

表 3-48　加筋土工程填料压实度表

填土范围	路槽底面以下深度/mm	压实度/%	
		主干路、快速路	次干路、支路
距面板 1.0m 范围以外	0～80	>95	>93
	80 以下	>90	>90
距面板 1.0m 范围以内	全部墙高	≥90	≥90

注：高速公路，一、二级公路按重型击实试验方法确定压实标准，三级以下（包括三级）公路按轻型击实试验方法确定压实标准。

2. 季节性施工

（1）冬期施工。加筋土挡土墙不宜在冬期施工。

（2）雨期施工。

1）加筋土施工现场应做好临时排水设施。

2）雨天应停止混凝土浇筑和墙体砌筑作业。若需在雨天施工，则应采取必要的防护措施。

3. 质量标准

（1）主控项目。

1）挡土墙地基承载力符合设计要求。

2）预制板面强度应符合设计要求。

3）填料规格、分层厚度和压实度均应符合设计要求。

（2）一般项目。

1）加筋土挡土墙安装允许偏差见表 3-49。

表 3-49　加筋土挡土墙板安装允许偏差

项目	允许偏差	检验频率		检验方法
		范围	点数	
每层顶面高程/mm	±10	20m	4 组板	用水准仪测量
轴线偏位/mm	≤10		3	用经纬仪测量
墙面板垂直度或坡度	0～−0.5%H①		3	用垂线或坡度板量

注：1. 墙面板安装以同层相邻两板为一组。

2. 表中 H 为挡土墙板高度。

① 示垂直度，“+”指向外、“−”指向内。

2）加筋土挡土墙总体允许偏差见表 3-50。

表 3-50 加筋土挡土墙总体允许偏差

<table>
<tr><th colspan="2" rowspan="2">项目</th><th rowspan="2">允许偏差</th><th colspan="2">检验频率</th><th rowspan="2">检验方法</th></tr>
<tr><th>范围/m</th><th>点数</th></tr>
<tr><td rowspan="2">墙顶线拉</td><td>路堤式/mm</td><td>−100
+50</td><td rowspan="8">20</td><td rowspan="2">3</td><td rowspan="2">用 20m 线和钢尺量见注 1</td></tr>
<tr><td>路肩式/mm</td><td>±50</td></tr>
<tr><td rowspan="2">墙顶高程</td><td>路堤式/mm</td><td>±50</td><td rowspan="2">3</td><td rowspan="2">用水准仪测量</td></tr>
<tr><td>路肩式/mm</td><td>±30</td></tr>
<tr><td colspan="2">墙面倾斜度</td><td>+ (≤0.5%H)
且≤+50① mm
− (≤0.5%H)
且≥−100① mm</td><td>2</td><td>用垂直或坡度板量</td></tr>
<tr><td colspan="2">墙面板缝宽/mm</td><td>±10</td><td>5</td><td>用钢尺量</td></tr>
<tr><td colspan="2">墙面平整度/mm</td><td>≤15</td><td>3</td><td>用 2m 直尺、塞尺量</td></tr>
</table>

注：1. 平面位置及垂直度："+"指向外，"−"指向内。
2. 表中 H 为挡墙板高度（mm）。

（3）外观鉴定。墙面板应光洁、无破损，平顺、美观，板缝均匀，线形顺畅，沉降缝上下贯通顺直，防水工程齐全并符合设计要求。

五、砌体挡土墙施工及检验要点

1. 施工要点

（1）砂浆拌制。

1）砂浆宜利用机械搅拌，投料顺序应先倒砂、水泥、掺和料，最后加水。搅拌时间宜为 3～5min，不得少于 90s。砂浆稠度应控制在 50～70mm。

2）砂浆配制应采用质量比，砂浆应随拌随用，保持适宜的稠度，一般宜在 3～4h 内使用完毕；气温超过 30℃时，宜在 2～3h 内使用完毕。发生离析、泌水的砂浆，砌筑前应重新拌和，已凝结的砂浆不得使用。

3）为改善水泥砂浆的和易性，可掺入无机塑化剂或以皂化松香为主要成分的微沫剂等有机塑化剂，其掺量可以通过试验确定。

（2）砌筑要求。

1）砌筑材料应符合下列要求：

①预制砌块强度、规格应符合设计规定。

②砌筑应采用水泥砂浆。

③宜采用 32.5～42.5 级硅酸盐水泥、普通硅酸盐水泥、矿渣水泥和火山灰质水泥和质地坚硬、含泥量小于 5%的粗砂、中砂及饮用水拌制砂浆。

2）砌筑应符合下列规定：

①施工中宜采用立杆、挂线法控制砌体的位置、高程与垂直度。

②砌筑砂浆的强度应符合设计要求。稠度宜按表 3-51 控制，加入塑化剂时砌体强度降低不得大于 10%。

表 3-51　　砌筑用砂浆稠度

稠度/cm	砌块种类		
	块石	料石	砖、砌块
正常条件	5～7	7～10	7～10
干热季节或石料砌块吸水率大	10	—	—

③墙体每日连续砌筑高度不宜超过 1.2m。分段砌筑时，分段位置应设在基础变形缝部位。相邻砌筑段高差不宜超过 1.2m。

④沉降缝嵌缝板安装应位置准确、牢固，缝板材料符合设计规定。

⑤砌块应上下错缝、丁顺排列、内外搭接，砂浆应饱满。

（3）勾缝要求。参见本章第六节第二条。

2. 季节性施工

（1）冬期施工。

1）砌石工程不宜在冬期施工。如在冬期施工时，需采用暖棚法、蓄热法等施工方法进行，砌块温度在 5℃以上，并须根据不同气温条件编制具体施工方案。

2）冬期施工时，施工前应清除冰雪等冻结物。水泥砂浆在拌和前，应对材料进行加热处理，但水温不超过 80℃，砂子不超过 40℃，砂浆温度不低于 20℃。

3）冬期砌筑砂浆，必须使用水泥砂浆或水泥石灰砂浆，严禁使用无水泥配制的砂浆，砂浆宜选用普通硅酸盐水泥拌制。砂浆应随拌随用，搅拌时间应比常温时增加 0.5～1 倍，砌体砂浆稠度要求为 40～60mm。

4）冬期当日气温低于－15℃时，采用抗冻砂浆的强度等级按常温提高一级，抗冻砂浆不应低于 5℃。抗冻砂浆的抗冻剂掺量可通过试验确定。

5）气温低于 5℃时，不能洒水养护。

6）解冻期间应对砌体进行观察，当发生裂缝、不均匀沉降的情况，应具体分析原因，并采取相应补救措施。

(2) 雨期施工。

1) 雨期施工应有防雨措施，防止雨水冲刷砌体，下雨时应立即停止砌筑，并对已砌完的墙体进行覆盖、遮雨。

2) 在深槽处砌筑挡墙时，应采取必要的排水措施，以防水浸泡墙体。

3) 填土路基挡墙也应做好排水设施，以防路基坍塌，挤倒挡墙。

3. 质量标准

(1) 主控项目。

1) 砂浆的抗压强度必须符合设计要求。

2) 在施工过程中，砂浆各组成材料计量结果的偏差应符合表 3-52 的规定。

表 3-52　　砂浆各组成材料计量结果的允许偏差

组成材料	水泥、外加剂	砂子
允许偏差（重量计）	±2%	±3%

3) 施工临时间断处，砌筑前，必须将接槎处表面清理干净，浇水湿润，并将松动的石块拆除重砌。

(2) 一般项目。砌筑挡土墙允许偏差应符合表 3-53 的规定。

表 3-53　　砌筑挡土墙允许偏差

<table>
<tr><th colspan="2" rowspan="2">项目</th><th colspan="4">允许偏差、规定值</th><th colspan="2">检验频率</th><th rowspan="2">检验方法</th></tr>
<tr><th>料石</th><th colspan="2">块石、片石</th><th>预制块</th><th>范围</th><th>点数</th></tr>
<tr><td colspan="2">断面尺寸/mm</td><td>0
+10</td><td colspan="2">不小于设计规定</td><td></td><td rowspan="9">20m</td><td>2</td><td>用钢尺量，上下各 1 点</td></tr>
<tr><td rowspan="2">基底高程
/mm</td><td>土方</td><td>±20</td><td>±20</td><td>±20</td><td>±20</td><td rowspan="2">2</td><td rowspan="3">用水准仪测量</td></tr>
<tr><td>石方</td><td>±100</td><td>±100</td><td>±100</td><td>±100</td></tr>
<tr><td colspan="2">顶面高程/mm</td><td>±10</td><td>±15</td><td>±20</td><td>±10</td><td>2</td></tr>
<tr><td colspan="2">轴线偏位/mm</td><td>≤10</td><td>≤15</td><td>≤15</td><td>≤10</td><td>2</td><td>用经纬仪测量</td></tr>
<tr><td colspan="2">墙面垂直度</td><td>≤0.5%H
且≤20mm</td><td>≤0.5%H
且≤30mm</td><td>≤0.5%H
且≤30mm</td><td>≤0.5%H
且≤20mm</td><td>2</td><td>用垂线检测</td></tr>
<tr><td colspan="2">平整度/mm</td><td>≤5</td><td>≤30</td><td>≤30</td><td>≤5</td><td>2</td><td>用 2m 直尺和塞尺量</td></tr>
<tr><td colspan="2">水平缝平直度
/mm</td><td>≤10</td><td>—</td><td>—</td><td>≤10</td><td>2</td><td>用 20m 线和钢尺量</td></tr>
<tr><td colspan="2">墙面坡度</td><td colspan="4">不陡于设计规定</td><td>2</td><td>用坡度板检验</td></tr>
</table>

注：表中 H 为构筑物全高。

(3) 外观鉴定。

1) 石砌体不得先干砌后灌浆；石块间均应用砂浆填满，砂浆饱和度不小于80%。

2) 砌筑片石基础的第一皮石块应坐浆，并将大面向下。砌筑料石基础的第一皮石块应用丁砌法坐浆砌筑。

3) 砌筑片石应合下列规定：

①每砌3～4皮为一个分层高度，每个分层高度应找平一次。

②外露面的灰缝厚度不得大于40mm，两个分层高度间分层处的错缝不得小于80mm。

4) 料石挡土墙，当中间部分用片石砌时，丁砌料石伸入片石部分的长度不应小于200mm。

5) 沉降缝必须顺直贯通。

6) 预埋件的位置必须符合设计要求。

六、成品保护

(1) 现浇混凝土拆模后要及时覆盖并洒水养生，尤其是夏季气温高，防止混凝土表面出现干裂现象。

(2) 挡土墙基础及墙体模板，应在混凝土具有保证结构不因拆除模板受损伤的强度后进行。混凝土强度达到设计强度标准值75%及其以上时，方可拆除侧模。拆模板时不要硬砸硬撬，损坏混凝土的表面及棱角。基础底板混凝土达到设计强度的25%以上时，方可搭设挡土墙墙体模板。

(3) 安装模板要轻起轻放，防止碰撞已完混凝土成品。

(4) 基础混凝土强度未达到2.5MPa前，不应进行下道工序施工，并根据气温情况，适时覆盖和养护。

(5) 墙面砌筑时，防止砂浆流到墙面，造成表面污染。

(6) 混凝土面板可竖向堆放，也可平放，但应防止扣环变形和碰坏翼缘角隅。当面板平放时，其高度不宜超过5块，板块间宜用方木衬垫。聚丙烯土工带应堆放在通风、遮光的室内。

(7) 加筋土挡土墙加筋土体完工后，应按设计要求及时修筑护角。

七、职业健康安全管理

1. 安全操作技术要求

(1) 挡土墙后背回填土，应在预制挡墙安装完成、固定牢固或现浇挡土墙混凝土强度达到设计规定，方可进行。

(2) 模板、支架不得使用腐朽、锈蚀等劣质材料。模板、支撑连接应牢固，支撑杆件不得撑在不稳定物体上。

(3) 使用起重机吊运较长材料和骨架时，必须使用专用吊具捆绑牢固，并应采取控制摇摆的措施。严禁超载吊运。

(4) 混凝土浇筑应遵守下列规定：

1) 施工中，应根据施工组织设计规定的浇筑程序，分层连续浇筑。

2) 混凝土运输车辆进入现场后，应设专人指挥。车辆应行驶于安全路线，停置于安全处。

3) 自卸汽车、机动翻斗车运输、卸料时，应设专人指挥。指挥人员应站位于车辆侧面安全处，卸料前应检查周围环境状况，确认安全后，方可向车辆操作工发出卸料指令。卸料时，车辆应挡掩牢固，卸料下方严禁有人。

4) 采用混凝土泵车辆送混凝土时，严禁泵车在电力架空线路下方作业，需在其一侧作业时，应符合相关规定。

5) 严禁操作人员站在模板或支撑上进行浇筑作业。

6) 混凝土振动设备应完好；防护装置应齐全、有效；电气接线、拆卸必须由电工负责，使用前应检查，确认安全。作业中应保护缆线、随时检查，发现漏电征兆、电缆破损等，必须立即停止作业，由电工处理。

7) 从高处向模板仓浇筑混凝土时，应使用溜槽或串筒。溜槽、串筒应坚固，串筒应连接牢固。严禁攀登溜槽或串筒作业。

8) 施工中，应配备模板操作工和架子操作工值守。模板、支撑、作业平台发生位移、变形、沉陷等倒塌征兆时，必须立即停止浇筑，施工人员撤出该作业区，经整修、加固，确认安全，方可恢复作业。

9) 使用振动器的作业人员必须穿绝缘鞋、戴绝缘手套。

(5) 中沟槽边 1m 内，不得堆放和推运砖、砌块、块石、砂浆等材料。

(6) 相邻段基础深度不一致时，应先砌筑深段，再砌筑浅段。

(7) 搬运和砌筑砖、石块、预制块时，作业人员应精神集中，并应采取防止砸伤手脚和坠落砸伤他人的措施。

(8) 现浇混凝土强度达到设计强度的 75%后，方可安装预制墙板构件。

(9) 加筋土挡土墙。加筋带原材料调直、切断、裁剪时，应采取防止碰伤的措施。

2. 其他管理

(1) 所有进入工地人员必须戴安全帽。

(2) 工地电线按有关规定架设。电闸箱内开关及电器必须完整无损，具有良好的防漏电保护装置，接线正确。各类接触装置灵敏、可靠，绝缘良好，无灰、杂物，固定牢固。

(3) 基槽两侧安装护栏。防护栏杆用架子管搭设，高 1.2m，上下两道横杆。

(4) 混凝土振捣过程中，振捣器应由两人（一人操作振捣器，一人持振捣棒）操作，操作人员必须戴绝缘手套，穿绝缘鞋。

（5）电焊机具、混凝土振捣机具等要有漏电保护装置，接电要由专职电工操作，用电过程中的故障，非专业人员不得私自处置。

（6）挡土墙板安装就位后，将肋板预留钢板与基础预留钢板点焊固定后，方可松吊钩。

（7）大雪及风力5级以上（含5级）等恶劣天气时，应停止作业。

（8）砌筑高度超过1.2m应搭设脚手架。向脚手架上运块石时，严禁投抛。脚手架上只能放一层石料，且不得集中堆放。

（9）汽车运输石料时，石料不应高出槽帮，车槽内不得乘人；人工搬运石料时，作业人员应协调配合，动作一致。

（10）混凝土预制构件吊装作业时，应由专人指挥，吊装设备不得碰撞桥梁结构，非施工人员不得进入作业区。

（11）电动机具的接电应有漏电保护装置，接电及用电过程中的故障不得由非专业人员私自处置。

（12）施工机械的操作应符合操作规程，由专人指挥。操作人员要经过专业培训，持证上岗。

八、环境管理

（1）施工中的中小机具要由专人负责，集中管理，使用前要进行修理养护，避免油渍污染结构和周围环境。

（2）施工垃圾要分类处理、封闭清运。混凝土罐车退场前，要在指定地点清洗料斗及轮胎。

（3）在邻近居民区施工作业时，要采取低噪声振捣棒，混凝土拌和设备要搭设防护棚，降低噪声污染。

（4）砌块切割时，应搭设加工棚，加工棚应具有隔声降噪功能和除尘设施，切割人员应佩戴防噪、防尘、护目、鞋盖等防护用品。

（5）砂浆搅拌站应设沉淀池，污水经沉淀后，才能排入市政管线。

（6）在用的搅拌机、砂浆机旁必须设有沉淀池，不得将水直接排放下水道及河流等处。

第六节　道路附属构筑物施工现场管理与施工要点

一、作业条件

（1）石材进场后，已对品种、规格、数量等按设计要求进行详细核对，并对有裂纹、缺棱、掉角、色差和表面缺陷的石材进行剔除。石材下垫方木堆码整齐。

(2) 混凝土基层施工验收合格，已办好验收手续。

(3) 广场铺砌时，混凝土基层抗压强度达到 2.5MPa 以上。

(4) 混凝土基层表面应平整、坚实、粗糙、清洁，表面的浮土、浮浆及其他污染物清理干净并充分湿润，无积水。

(5) 道路基层经有关方面验收合格。

(6) 材料已基本准备齐全，经现场复试符合设计要求。

二、现场工、料、机管理

1. 施工人员工作要点

(1) 路缘石安装。

1) 钉桩挂线后，沿基础一侧把路缘石依次排好。安装路缘石时，先拌制 1∶3砂浆铺底，砂浆厚 10～20mm，按放线位置安装路缘石。

2) 事先计算好每段路口路缘石块数，路缘石调整块应用机械切割成型或以现浇同强度等级混凝土制作，不得用砖砌抹面方式做路缘石调整块，雨水口处的路缘石应与雨水口配合施工。相邻路缘石缝隙用 8mm 厚木条或塑料条控制，缝隙宽不应大于 10mm。

3) 路缘石安装后，必须再挂线，调整路缘石至顺直、圆滑、平整，对路缘石进行平面及高程检测，当平面及高程超过标准时应进行调整。无障碍路缘石、盲道口路缘石应按设计要求安装。

4) 勾缝及养护。勾缝前，先将路缘石缝内的土及杂物剔除干净，并用水润湿，然后用符合设计要求的水泥砂浆灌缝填充密实后勾平，用弯面压子压成凹型。用软扫帚扫除多余灰浆，并应适当洒水养护。

5) 路缘石背后还土。路缘石背后宜用水泥混凝土浇筑三角支撑，还土应用素土或石灰土夯实，夯实宽度不应小于 500mm，每层厚度不应大于 150mm。

(2) 人行步道砖铺设。

1) 人行铺砌步道砖采用的砂浆强度及厚度应符合设计要求。砂浆摊铺宽度应大于步道砖宽度的 50～100mm。

2) 铺砖时应轻拿平放，用橡胶锤敲打稳定，但不得损伤砖的边角。

3) 砂浆层不平时，应拿起步道砖重新用砂浆找平，严禁向砖底填塞砂浆或支垫碎砖块等。大方砖接缝 10mm，小方砖及盲道方砖接缝宽 3mm。

4) 井室周围、边角及不合模数处，小方砖采取切割，大方砖采用现浇同强度混凝土补齐。铺盲道砖，应将导向行走砖与止步砖严格区分，不得混用。

5) 平面、高程检测。方砖铺好后，应对步道砖进行平面及高程检测，当平面及高程超过规定时，应返工处理。并检查方砖是否稳固及表面平整度，发现步道砖有活动现象时，应立即修整。

6）灌缝及养生。方砖铺筑后，经检查合格方可进行灌缝。用过筛干砂掺水泥（设计无要求时按 1∶5）拌和均匀，将砖缝灌满，并在砖面洒水，使砂灰下沉，再灌砂灰补足；养生 3d 后方可通行。大方砖铺好后，用过筛干砂掺水泥（设计无要求时按 1∶5）拌和均匀，将砖缝灌满，并在砖面洒水使砂灰下沉，表面用符合设计要求的水泥砂浆勾缝（设计无要求时，水泥砂浆强度不低于 M7.5），勾缝必须勾实勾满，并在表面压成凹缝；待砂浆凝固后，洒水养生 7d 方可通行。

（3）广场铺砌。

1）混凝土基层处理。用钢丝刷和洗涤剂将粘结在混凝土基层表面的砂浆和油污清除干净。

2）铺砌砂浆初找平、铺石材初找平。石材铺装应根据广场平面网格控制图中的编号、图案，在十字控制线交点开始铺装。首先，将混凝土基层用喷壶洒水湿润，刷一层水灰比为 0.4～0.5 的素水泥浆，不宜刷得面积过大，随铺砂浆随刷。根据石材水平线确定结合层砂浆厚度，砂浆的厚度一般高出石材底标高 10～20mm 左右，结合层砂浆一般采用 1∶2～1∶3 的干硬性水泥砂浆，干硬程度以手捏成团、落地即散为宜，用木抹子趟平后将石材初就位；然后，试夯石材至设计高程。如通过试夯发现砂浆的厚度过大，则抬起石材，调整砂浆的厚度。

3）石材铺装。在初找平的干硬性砂浆上，满浇一层水灰比为 0.5 的素水泥浆（用浆壶浇均匀），然后安放石材，安放时四角同时下落，石材安放后调整石材位置，用大锤（要求在石材表面垫放橡胶垫）、木夯相互配合，锤击石材，使其达到设计高程和平整度、相邻板高差的质量要求。在锤击过程中，要注意随时调整石材的位置，保持经纬方向的顺直。铺完纵、横行“十”字形冲筋后，方可分段分区依次铺砌。

4）石材拼缝填充。在石材铺砌后 1～2 昼夜，进行灌缝。石材拼缝采用 1∶10的水泥干砂灌缝、扫缝填充。灌完缝后，对铺砌完成的广场砖进行全面积的洒水，使石材拼缝中的干水泥砂充分下沉密实后，进行二次灌缝。

5）石材表面清理。二次灌缝完成后，对石材表面进行浇水清理。

2. 材料选择及检验

（1）材料选择。

1）路缘石主要包括立缘石、平缘石、专用缘石，宜用石材或混凝土制作，应有出厂合格证。施工前应根据设计图纸要求，选择符合规定的石材或预制混凝土路缘石。安装前应按产品质量标准进行现场检验，合格后方可使用。

2）人行步道砖表面应颜色一致，无蜂窝、露石、脱皮、裂缝等现象，表面应平整、宜有倒角，应有必要的防滑功能，以保证行人安全。出厂应有合格证。

3）广场铺砌石材应有产品合格证明，其品种、规格、技术等级、光泽度、外观质量应符合国家有关标准的规定，并满足设计要求。

（2）材料检验。

1）预制混凝土路缘石外观质量允许偏差应符合表 3-54 的规定。

表 3-54　　预制混凝土路缘石外观质量允许偏差

项　　目	允许偏差
缺棱掉角影响顶在或正侧面的破坏最大投影尺寸/mm	≤15
面层非贯穿裂纹最大投影尺寸/mm	≤10
可视面粘度（脱皮）及表面缺损最大面积/mm^2	≤30
贯穿裂纹	不允许
分层	不允许
色差、杂色	不明显

2）安装路缘石的控制桩，直线段桩距宜为 10～15m；曲线段桩距宜为 5～10m；路口处桩距宜为 1～5m。

3）路缘石应以干硬性砂浆铺砌，砂浆应饱满、厚度均匀。路缘石砌筑应稳固、直线段顺直、曲线段圆顺、缝隙均匀；路缘石灌缝应密实，平缘石表面应平顺、不阻水。

4）路缘石背后宜浇筑水泥混凝土支撑，并还土夯实。还土夯实宽度不宜小于 50cm，高度不宜小于 15cm，压实度不得小于 90%。

5）路缘石宜采用 M10 水泥砂浆灌缝。灌缝后，常温期养护不应少于 3d。

6）钢筋。钢筋应具有出厂质量证明书和试验报告单；钢筋的品种、级别、规格应符合设计要求；钢筋进场时应抽取试样做力学性能试验，其质量必须符合国家现行标准《钢筋混凝土用钢　第 1 部分：热轧光圆钢筋》（GB 1499.1—2008)《钢筋混凝土用钢　第 2 部分：热轧带肋钢筋》（GB 1499.2—2007）的规定。

当发现钢筋脆断、焊接性能不良或力学性能显著不正常现象时，应对该批钢筋进行化学分析或其他专项检验。

3. 道路附属构筑物施工主要机械使用方法

道路附属构筑物所使用的施工机械较少，主要有砂浆搅拌机、手推车、打夯机等小型机具，这里不做过多介绍。

三、路缘石安装施工及检验要点

1. 施工要点

（1）安装路缘石的控制桩，直线段桩距宜为 10～15m；曲线段桩距宜为 5～10m；路口处桩距宜为 1～5m。

（2）路缘石应以干硬性砂浆铺砌，砂浆应饱满、厚度均匀。路缘石砌筑应稳固、直线段顺直、曲线段圆顺、缝隙均匀；路缘石灌缝应密实，平缘石表面应平顺、不阻水。

（3）路缘石背后宜浇筑水泥混凝土支撑，并还土夯实。还土夯实宽度不宜小于 50cm，高度不宜小于 15cm，压实度不得小于 90%。

（4）路缘石宜采用 M10 水泥砂浆灌缝。灌缝后，常温期养护不应少于 3d。

2. 季节性施工

路缘石施工不得在雨天施工。冬期施工气温不得低于 5℃。

3. 质量标准

（1）路缘石应砌筑稳固、砂浆饱满、勾缝密实，外露面清洁、线条顺畅，平缘石不阻水。

（2）立缘石、平缘石安砌允许偏差应符合表 3 - 55 的规定。

表 3 - 55　　立缘石、平缘石安砌允许偏差

项目	允许偏差/mm	检验频率		检验方法
		范围/m	点数	
直顺度	≤1	100	1	用 20m 线和钢尺量①
相邻块高差	≤3	20	1	用钢板尺和塞尺量①
缝宽	±3	20	1	用钢尺量①
顶面高程	±10	20	1	用水准仪测量

注：曲线段缘石安装的圆顺度允许偏差应结合工程具体制订。

① 随机抽样，量 3 点取最大值。

四、人行步道砖铺设施工及检验要点

1. 施工要点

（1）铺砌控制基线的设置距离，直线段宜为 5～10m，曲线段应视情况适度加密。

（2）当采用水泥混凝土做基层时，铺砌面层胀缝应与基层胀缝对齐。

(3) 铺砌中砂浆应饱满，且表面平整、稳定、缝隙均匀。与检查井等构筑物相接时，应平整、美观，不得反坡。不得用在料石下填塞砂浆或支垫方法找平。

(4) 伸缩缝材料应安放平直，并应与料石粘贴牢固。

(5) 在铺装完成并检查合格后，并应与料石粘贴牢固。

2. 季节性施工

人行步道砖铺设不得在雨天施工。冬期施工气温不得低于5℃。

3. 质量标准

(1) 表面应平整、稳固、无翘动，缝线直顺、灌缝饱满，无反坡积水现象。

(2) 料石面层允许偏差应符合表3-56的规定。

表3-56　料石面层允许偏差

项目	允许偏差/mm	检验频率		检验方法
		范围	点数	
纵断高程/mm	±10	10m	1	用水准仪测量
中线偏位/mm	≤20	100m	1	用经纬仪测量
平整度/mm	≤3	20m	1	用3m直尺和塞尺连续量两尺，取较大值
宽度/mm	不小于设计规定	40m	1	用钢尺量
横坡(%)	±0.3%且不反坡	20m	1	用水准仪测量
井框与路面高差/mm	≤3	每座	1	十字法，用直尺和塞尺量，取最大值
相邻块高差/mm	≤2	20m	1	用钢板尺量
纵横缝直顺度/mm	≤5	20m	1	用20m线和钢尺量
缝宽/mm	+3 −2	20m	1	用钢尺量

五、广场铺砌施工及检验要点

1. 施工要点

广场面层铺砌施工符合人行步道砖铺砌规定。

2. 季节性施工

广场铺砌施工不得在雨天施工。冬期施工气温不得低于5℃。

3. 质量标准

(1) 石材面层与下一层结合紧密，铺砌平整、稳固，不得有翘动现象；砂浆及灌缝饱满，缝隙一致。

(2) 铺砌面层与结构物应顺接，不得有反坡、积水现象。

(3) 实测项目及允许偏差见表3-57。

表3-57 实测项目及允许偏差

项次	检验项目	规定值或允许偏差/mm	检验频率		检验方法
			范围	点数	
1	平整度	≤3	20m	1	用3m直尺和塞尺连续量取2尺，取最大值
2	宽度	不小于设计值	每座	4	用钢尺或测距仪量测
3	相邻块高差	≤2	20m	2	用钢尺量4点取较大值
4	横坡	±0.5%	20m	1	用水准仪测量
5	纵缝直顺度	≤5	40m	1	拉20m小线量3点取最大值
6	横缝直顺度	≤5	20m	1	拉20m小线量3点取最大值
7	缝宽	±2	100m²	1	用钢尺量3点取最大值
8	高程	±10	100m²	4	用水准仪测量
9	井框与路面高差	≤3	每座	4	十字法，用塞尺量最大值

六、成品保护

(1) 路缘石勾缝及人行步道方砖施工完成后应洒水养护，养护不得少于3d，不得碰撞路缘石和踩踏步道。

(2) 当路缘石安装后进行透层、封层洒布时，应对路缘石进行遮盖。

(3) 当路缘石安装后进行路面面层施工时，应采取措施，防止损坏路缘石。

(4) 严禁在已铺好的步道方砖上拌和砂浆。

(5) 石材广场铺砌完成后 3d 内，严禁任何车辆在石材表面上行驶与施工作业，防止损坏石材表面。

(6) 铺砌广场石材过程中，应随铺随用干布擦净石材表面的水泥浆痕迹。

七、职业健康安全管理

1. 安全操作技术要求

(1) 运输路缘石、隔离墩、方砖、混凝土管等构件时，应先检查其质量，有断裂危及人身安全者不得搬运。

(2) 路缘石、隔离墩安装、方砖铺砌应遵守下列规定：

1) 路缘石、隔离砖等构件质量超过 25kg 时，应使用专用工具，由两人或多人抬运，动作应协调一致。

2) 步行道方砖应平整、坚实，有粗糙度，铺砌平整、稳固。

3) 构件就位时，不得将手置于构件的接缝间。

4) 调整构件高程时应相互呼应，并采取防止砸伤手脚的措施。

5) 切断构件宜采用机械方法，使用混凝土切割机进行。

(3) 手推车运输构件时，除应按顺序装卸、码放平稳外，严禁扬把猛卸。

2. 其他管理

(1) 装卸路缘石、步道方砖的人员应戴手套、穿平底鞋，必须轻装轻放，严禁抛掷和碰撞，防止挤手、砸脚等事故发生。

(2) 砂浆搅拌机应经常保养，作业后应对搅拌机全面清洗，如需进入筒内清洗时，必须切断电源，设专人在外监护。

(3) 铺石材时应稳拿稳放，待石块摆放平稳后方可松手，操作人员应戴防护手套。

(4) 搅拌机料斗下严禁有人，不得用手扳转拌和筒或将工具伸入筒里扒砂浆。

(5) 施工机械的各类防护装置齐全，并由专人操作。

(6) 现场配电线路不得有老化漏电现象，电缆走向应设专用支架，穿越道路处要有保护。

(7) 移动式机械设备及手持式电动工具配漏电保护器；漏电保护器合格、可靠；各种机具金属外壳均需接零保护。

八、环境管理

(1) 施工现场应经常洒水润湿，防止扬尘。

(2) 运送回填土、水泥砂浆、白灰、水泥等车辆，应采取防遗撒措施。

(3) 使用现场搅拌站时，应设置污水处理设施。污水未经处理，不得随意排放。

（4）大风天严禁筛制砂料，对施工用砂料、散装水泥要采取封闭遮盖措施，不得露天存放。

（5）施工现场使用或维修机械时，应有防滴漏油措施，对废弃的棉丝（布）等应集中回收，严禁随意丢弃或燃烧处理，防止污染周围环境。

第四章 市政桥梁工程施工现场管理

第一节 市政桥梁工程施工现场综合管理

一、施工现场平面管理

1. 绘制平面图

（1）平面布置图绘制要求。

1）工程总平面图。其中，应表明一切拟建和原有建筑物与交通线路的平面位置，并有表示地形变化的等高线。

2）制订单位工程施工平面图所需的平面图与剖面图。

3）仓库和加工厂（站）的位置应尽可能靠近材料和产品的使用地点，使其运输费用最少，这样通常就需要布置在场地周边的平地上。仓库和加工厂（站）最好能分类集中布置，这样可以缩短各种道路和管线，简化供应工作，也便于管理。

4）全工地性管理用房的位置最好靠近工地出、入口，以便于管理和接待外来人员。而施工的办公室，则尽可能靠近施工对象；工人居住用房应设在现场以外而贴近的地点；食堂、商店等以设在工人聚集的地方为宜。

5）布置临时水电和其他动力线路。这些管线一般都沿桥梁方向敷设，以连接各需要地点。

6）为单项工程服务的临时建筑物一般为数不多，通常只有现场指挥办公室、工长办公室、料具仓库、工人休息室、厕所等，其设置位置应当保证使用方便、不妨碍现场施工，并符合消防、保安要求。

7）单项工程各阶段（如基础、结构、安装等）施工情况可能变化较大，故常需按不同施工阶段，分别设计施工平面图。有些复杂的特殊工程的施工，也可能还需设计专门的施工平面图。

（2）平面布置图绘制方法。

1）施工组织总设计平面图的布置较粗些，一般是首先标明场外道路的引入（场外道路指已建的道路或乡村道路）；其次是仓库、加工厂棚、混凝土搅拌站；第三是场内主干道；第四是临时房屋；第五是水、电、动力、通信等管线及设施；第六是任务划分区域；最后绘制施工场地总平面图。

2）单位工程施工组织施工场地平面图的布置要求要细致些，它直接指导施工。第一，确定高空作业的起重吊装机械的位置；第二，确定搅拌站、楼的位置及仓库、棚、预制构件厂、构件成品、材料露天堆放位置；第三，运输主干道和支道的位置；第四，水、电、通信管线；第五，场内排水系统。

3）临时设施及新建工程、已有工程所使用的符号，一般采用各行业的通用符号、图示及按文字叙述的要求进行标注。

2. 临时设施

按照施工总平面图的布置，建造所有生产、办公、生活、居住和储存等临时用房，以及临时便道、混凝土拌和站、构件预制场等。

场地围挡采用公司统一临时护栏围住，按照管理区、生活区、生产区分别围圈，并按建设单位规定，涂刷色彩和标语、标牌。

场内修建的经理部管理、办公用房，采用集装箱结构，合理布局；生活用房及试验室采用砖墙结构；场地用混凝土硬化。

由于施工人员较多，生活用房采用钢架石棉瓦屋面结构，并且临时房屋修建及置放位置，随施工阶段场地变化而确定。材料堆放加工、钢筋加工、泥浆制作等生产用房采用钢架石棉瓦敞棚。

临时房屋的修建，按场地布置位置，请专业施工队伍，形式和色彩与环境协调，严禁乱搭棚。施工场地内，为保持场地清洁，防止泥水污染，除机械行走道路按上述要求施工外，全部采用灰土或混凝土硬化。

3. 补充钻探

某些桥梁工程在初步设计时所依据的地质钻探资料往往因钻孔较少、孔位过远而不能满足施工的需要，因此必须对有些地质情况不明了的墩位进行补充钻探，以查明墩位处的地质情况和可能的隐蔽物，为基础工程的施工创造有利条件。

4. 交通导改

交通导改方案根据不同桥梁工程的现场情况不同而改变，大多数采取分段施工方法，跨线桥梁下部施工采取半幅施工方法，具体实施参见市政道路工程（本书第三章第二节）交通导改。

5. "四通一平"

"四通一平"指施工现场水通、电通、通信通、路通和场地平整。为了蒸汽养生的需要以及在寒冷冰冻地区，还要考虑暖气供热的要求。

6. 施工征地、施工拆迁、施工便道、管线保护等管理措施

参见市政道路工程（本书第二章第二节相关内容）。

二、施工测量

1. 测量内容

在桥涵施工准备阶段及施工过程中，测量工作一般按以下内容要求进行：

(1) 对业主及监理工程师参加、由设计单位所交付的桥涵中线位置、控制点及水准点等桩位和有关测量资料进行复测核对。

(2) 根据施工桥梁的形式、跨径及设计要求的施工精度，确定利用原设计网点加密或重新布设控制网点，以满足施工测量要求，无论加密或重建控制网都必须进行平差计算，并且评定点位精度。

(3) 补充施工需要的桥涵中线桩和水准点。

(4) 测定墩台中线和基础桩的位置。

(5) 对构造物进行高程测量及施工放样。

(6) 在施工过程中，测定并检查施工部分的位置和标高，为工程质量的评定提供依据。

(7) 对有关构造物及临时支架进行必要的施工变形观测和精度控制。例如，对现浇梁进行支架沉降观测，对高墩身桥梁的墩身进行沉降、位移、垂直度、平整度等观测。

(8) 对已完工程进行竣工测量。

2. 平面控制测量

(1) 重新建立平面控制网和复测平面控制网的精度要求。对各类桥梁首级平面控制网的精度要求见表 4-1。

表 4-1 对各类桥梁首级平面控制网的精度要求

桥梁分类	桥位控制测量等级
≥5000m 的特大桥	二等三角和三边测量
5000m>特大桥≥2000m	三等三角及三边测量和导线测量
2000m>特大桥≥1000m	四等三角及三边测量和导线测量
1000m>特大桥≥500m	一级小三角、小三边和导线测量
<500m 的桥梁	二级小三角、小三边和导线测量

表 4-1 中的规定，可以作为桥梁施工对首级平面控制网的精度要求。承包人在接受设计单位交底时，应弄清楚设计单位所移交的首级平面控制网，能否满足表 4-1 的规定。而在制订平面控制网复测的施测方案时，可以按“同精度复测”的原则，确定平面控制网复测时的精度等级。

(2) 对桥梁施工平面控制网控制点的密度要求。通常情况下，设计单位移交给施工单位的平面控制网中控制点的数量，是比较少的。它是平面控制点加密和施工放样、施工监控和验收检测的依据。为了提高施工放样、施工监控及验收检测结果的可靠性，并为了方便使用，有必要对已有的施工平面控制网进行加密。加密平面控制网，除了满足一定的精度要求之外，还要满足一定的密度要求。

不同的桥梁，不同的地形条件，不同的施工方案和施工设备，即不同的施工对象和不同的施工环境，对平面控制点的密度有着不同的要求。但有一条原则是在设计平面控制网时，安置测量仪器，后视已知点，直接观测前视点（放样点或监控测量点或验收检测点），而不必再用临时加密点作为过渡点，则所加密的平面控制点的密度基本上够用了。若顾及施工环境的易变性和复杂性，可能会破坏个别控制点，则在上述密度的基础上适当多加密几个控制点，便可起到有备无患的作用。

不应在临时加密的支导线点上做施工放样、施工监控和验收检测。

（3）平面控制测量的数据处理。测量监理工程师在平面控制测量的数据处理过程中，应做以下三件事情：

1）检查承包人的外业观测记录。首先通览全部记录，检查其记录是否规范，有无涂改、用橡皮擦、刀子刮这样的，然后抽查检验其计算是否有误，最后再检查其各项限差是否超限。

2）督促承包人将复测成果与原有控制点成果进行比较，并做统计分析，剔除特异点，评定原平面控制网的整体精度和确定哪些点可作为加密控制点的依据。

3）督促承包人根据统计分析所确定的控制点和加密控制点的外业观测资料，解求加密控制点的坐标，审查承包人编制的实用坐标成果表，其中应包括控制点和加密点的坐标。

3. 高程控制测量

（1）对桥梁施工高程控制网中控制点的密度要求。不同的桥梁，不同的地形条件，不同的施工方案和施工设备，即不同的施工对象和不同的施工环境，对高程控制点的密度有不同的要求，但仍有一条原则是：在设计高程控制网时，安置测量仪器，后视已知水准点，便能直接观测前视点（放样点或施工监测点或验收检测点），而不必再用临时支水准点作为过渡点，则高程控制点的密度基本上够了。若顾及施工环境的易变性和复杂性，则在上述密度的基础上适当多加密几个高程控制点，便可起到有备无患的作用。

不应使用临时加密的支水准点，作为施工放样、施工监控和验收检测的依据。

（2）高程控制测量的数据处理。

1）检查承包人的外业观测记录。

2）督促承包人用复测成果与原有高程控制点成果进行比较，并做统计分析，剔除特异点。评定原高程控制网的整体精度和确定哪些点可以作为加密高程控制点的依据。

3）督促承包人根据统计分析所确定的控制点和加密高程控制点的外业观测资料，解求加密点的高程。审查承包人编制的实用高程成果表，其中应包括控制点和加密点的高程。

三、人员管理

1. 合理设置施工班组

施工班组的建立应认真考虑专业和工种之间的合理配置，技工和普工的比例要满足合理的劳动组织，并符合流水作业方式的要求，同时制订出该工程的劳动力需要量计划。

2. 集结施工力量、组织劳动力进场

进场后应对工人进行技术、安全操作规程以及消防、文明施工等方面的培训教育。

3. 施工组织设计、施工计划和施工技术的交底

在单位工程或分部分项工程开工前，应将工程的设计内容、施工组织设计、施工计划和施工技术等要求，详尽地向施工班组和工人进行交底，以保证工程能严格按照设计图纸、施工组织设计、施工技术规范、安全操作规程和施工验收规范等要求进行施工。交底工作应按照管理系统自上而下逐级进行，交底的方式有书面、口头和现场示范等形式。

交底的内容主要有：工程的施工进度计划、月（旬）作业计划；施工组织设计，尤其是施工工艺、安全技术措施、降低成本措施和施工验收规范的要求；新技术、新材料、新结构和新工艺的实施方案和保证措施；有关部位的设计变更和技术核定等事项。

4. 班组安排

举例说明：某立交工程，桩基承台土方开挖工班人数配备。

桩基承台开挖断面：6.0m×4.0m 矩形断面，深 4m。

人工开挖，采用工具是铁锹、铁镐、垂直提升用卷扬机，地面水平运输用人工手推车。每个人最小工作面通过测定为 2.5m²。

施工面可容纳的人数为

$$\frac{6\times4}{2.5}=\frac{24}{2.5}=9.6(\text{人})$$

选用 10 人为开挖班的最多人数。

工班组织：开挖土方（包括垂直提升）为 10 人，地面运、装、卸人数为 4 人，桩基承台土方开挖工班共 14 人参加施工。

这样的工班人数已经是合理而且是优化的组织。经过两天的施工，证明没

有窝工现象，充分发挥了每个生产者的能力。但反映的问题是施工进度慢。

现场指挥者认为施工进度慢，为加快施工进度要求施工队增加土方开挖的人数，第三天，增加6人，将原14人增加到20人工作。结果不但没有加快施工进度，反而引起窝工，表现为有人没有工作干，站在一边看。

5. 劳动力组合

在结构工程施工中，为使各工种互相搭配合理、均衡施工，采用混合队形式。

(1) 钻孔灌注桩成孔施工需配备钻孔机操作人员、普工和工长。

(2) 混凝土施工需要模板工人、混凝土工，混凝土工一般按浇筑、摊铺、振捣和修饰几个工序安排工人。

(3) 钢筋施工需要钢筋工和电焊工，钢筋施工的生产率将由钢筋的规格、形状、间距和结构的复杂程度决定。

人员管理还应符合市政道路工程第三章第二节人员管理相关规定。

四、材料管理

1. 水泥

(1) 进场验收。

1) 检查出厂合格证和出厂检验报告。水泥出厂应有水泥生产厂家的出厂合格证，内容包括厂别、品种、出厂日期、出厂编号和试验报告。试验报告内容应包括相应水泥标准规定的各项技术要求及试验结果，助磨剂、工业副产品石膏、混合材料的名称和掺加量，属转窑或立窑生产。水泥厂应在水泥发出之日起7d内寄发除28d强度以外的各项试验结果。28d强度数值，应在水泥发出日起32d内补报。

2) 包装标志的验收。水泥的包装方法有袋装和散装两种，散装水泥在供应时必须提交与袋装水泥标志相同内容的卡片。

在水泥包装袋上应清楚地标明产品名称，代号，净含量，强度等级，生产许可证编号，生产者名称和地址，出厂编号，执行标准号，包装年、月、日等主要包装标志。掺火山灰质混合材料的普通硅酸盐水泥，必须在包装上标上"掺火山灰"字样。包装袋两侧应印有水泥名称和强度等级。硅酸盐水泥和普通硅酸盐水泥的印刷采用红色；矿渣硅酸盐水泥的印刷采用绿色；火山灰质硅酸盐水泥、粉煤灰硅酸盐水泥和复合硅酸盐水泥的印刷采用黑色。

3) 数量的验收。袋装水泥每袋净含量为50kg，且不得少于标志质量的99%；随机抽取20袋总质量不得少于1000kg。其他包装形式由供需双方协商确定，但有关袋装质量要求，必须符合上述原则规定。但快硬硅酸盐水泥每袋净重为（45±1）kg，砌筑水泥为（40±1）kg，硫铝酸盐早强水泥为（46±1）

kg，验收时应特别注意。

4）质量的验收。水泥交货时的质量验收可抽取实物试样以其检验结果为依据，也可以水泥厂同编号水泥的试验报告为依据。采用何种方法验收由买卖双方商定，并在合同或协议中注明。

以水泥厂同编号水泥的试验报告为验收依据时，在发货前或交货地，买方在同编号水泥中抽取试样，双方共同签封后保存三个月；或委托卖方在同编号水泥中抽取试样，签封后保存三个月。在三个月内，买方对质量有疑问时，则买卖双方应将签封的试样送交有关监督检验机构进行仲裁检验。

以抽取实物试样的检验结果为验收依据时，买卖双方应在发货前或交货地共同取样和签封。取样方法按 GB 12573—2008 进行，取样数量为 20kg，缩分为二等份。一份由卖方保存 40d；一份由买方按相应标准规定的项目和方法进行检验。在 40d 以内，买方检验认为产品质量不符合相应标准要求，而卖方又有异议时，则双方应将卖方保存的另一份试样，送交有关监督检验机构进行仲裁检验。

①复验按照《混凝土结构工程施工质量验收规范》（GB 50204—2002）以及工程质量管理的有关规定，用于承重结构的水泥，用于使用部位有强度等级要求的混凝土用水泥，或水泥出厂超过三个月（快硬硅酸水泥为超过一个月）和进口水泥，在使用前必须进行复验，并提供试验报告。水泥的抽样复验应符合见证取样送检的有关规定。

②仲裁检验。水泥出厂后三个月内，如购货单位对水泥质量提出疑问或施工过程中出现与水泥质量有关问题需要仲裁检验时，用水泥厂同一编号水泥的封存样进行。

若用户对体积安定性、初凝时间有疑问要求现场取样仲裁时，生产厂应在接到用户要求后，7d 内会同用户共同取样，送水泥质量监督检验机构检验。生产厂在规定时间内不去现场，用户可单独取样送检，结果同等有效。仲裁检验由国家指定的省级以上水泥质量监督机构进行。

（2）储存运输及保管。

1）材料运输。

①水泥在运输时不得受潮和混入杂物，不同品种和强度等级的水泥应分开运输。

②水泥运输时应采取防尘措施，防止在运输过程中对环境造成污染。

2）材料保管。

①水泥在保管时不得受潮，不同品种和强度等级的水泥应区分储存。

②储存水泥的库房应注意防潮、防漏。存放袋装水泥时，地面垫板要离地 30cm，四周离墙 30cm；袋装水泥堆垛不宜太高，以免下部水泥受压结硬，一

般以 10 袋为宜；如存放期短，库房紧张，也不宜超过 15 袋。

③水泥的储存应按照水泥到货先后，依次堆放，尽量做到先进先用。

④水泥的储存期不宜过长，以免受潮而降低水泥强度。储存期一般水泥为 3 个月，高铝水泥为 2 个月，快硬水泥为 1 个月。

⑤过期水泥应按规定进行取样复验，并按复验结果使用，但不允许用于重要工程和工程的重要部位。

2. 钢材

(1) 进场验收。

1) 质量证明书等进场资料检查。

①检查《全国工业产品生产许可证》。国家将热轧带肋钢筋、冷轧带肋钢筋和预应力混凝土用钢材（钢丝、钢棒和钢绞线）划为重要工业产品，实行了生产许可证管理制度。其他类型的钢材国家目前未发放《全国工业产品生产许可证》。该证由国家质量监督检验检疫总局颁发，证书上带有国徽，一般有效期不超过 5 年。

②检查质量证明书。质量证明书必须字迹清楚、证明书中应注明：供方名称或厂标；需方名称；发货日期；合同号；标准号及水平等级；牌号；炉罐（批）号；交货状态、加工用途、重量、支数或件数；品种名称、规格尺寸（型号）和级别；标准中所规定的各项试验结果（包括参考性指标）；技术监督部门印记等。

钢筋混凝土用热轧带肋钢筋的产品质量证明书上应印有生产许可证编号和该企业产品表面标志；冷轧带肋钢筋的产品质量证明书上应印有生产许可证编号。质量证明书应加盖生产单位公章或质检部门检验专用章。若钢材是通过中间供应商购买的，则质量证明书复印件上应注明购买时间、供应数量、买受人名称、质量证明书原件存放单位，在钢材质量证明书复印件上必须加盖中间供应商的印色印章，并有送交人的签名。

2) 包装的检查。除大、中型型钢外，不论是钢筋还是型钢，都必须成捆交货，每捆必须用钢带、盘条或铁丝均匀捆扎结实，端面要求平齐，不得有异类钢材混装现象。

每一捆扎件上一般都拴有两个标牌，上面注明生产企业名称或厂标、牌号、规格、炉罐号、生产日期、带肋钢筋生产许可证标志和编号等内容。按照《钢筋混凝土用钢　第 2 部分：热轧带肋钢筋》国家标准规定，带肋钢筋生产企业都应在自己生产的热轧带肋钢筋表面轧上明显的牌号标志，并依次轧上厂名（或商标）和直径（mm）数字。钢筋牌号以阿拉伯数字表示，HRB335、HRB400、HRB500 对应的阿拉伯数字分别为 2、3、4。厂名以汉语拼音字头表示。直径（mm）数以阿拉伯数字表示。

3）外观质量的检查。钢筋的外观质量应符合表 4-2 的要求。

表 4-2　　钢筋外观质量

钢筋种类	表面质量
热轧钢筋	表面不得有裂缝、结疤和折叠，如有凸块不得超过螺纹高度，其他缺陷的高度和深度不得大于所在部位的允许偏差
热处理钢筋	表面无肉眼可见裂纹、结疤，折叠，如有凸块，不得超过横助高度，表面不得沾有油污
冷拉钢筋	表面不得有裂纹和局部缩颈
碳素钢丝	表面不得有裂纹、小刺、机械损伤、氧化铁皮和油迹，允许有浮锈
刻痕钢丝	表面不得有裂纹、分层、铁锈、结疤，但允许有浮锈
钢绞线	不得有折断、横裂和相互交叉的钢丝，表面不得有润滑剂、油渍，允许有轻微浮锈，但不得有锈麻坑

4）尺寸、重量的检查。

①热轧圆盘条。逐盘检查盘条的尺寸偏差。钢筋的直径允许偏差不大于±0.45mm，不圆度（同一截面上最大值与最小值直径之差）不大于 0.45mm。

②热轧光圆钢筋。

a. 尺寸偏差。钢筋的直径允许偏差不大于±0.4mm，不圆度不大于 0.4mm。钢筋的弯曲度每米不大于 4mm，总弯曲度不大于钢筋总长度的 0.4%。测量精确到 0.1mm。

b. 长度偏差。钢筋按直条交货时，其通常长度为 3.5～12m，其中长度为 3.5m 至小于 6m 之间的钢筋不得超过每批重量的 3%。定尺、倍尺长度：钢筋按定尺或倍尺长度交货时，应在合同中注明。其长度允许偏差不得大于＋50mm。弯曲度：钢筋每米弯曲度应不大于 4mm，总弯曲度不大于钢筋总长度的 0.4%。

c. 重量偏差。钢筋按重量偏差交货时，其实际重量与公称重量的允许偏差应符合表 4-3 的要求。

表 4-3　　光圆钢筋的实际重量与公称重量的允许偏差

公称直径/mm	实际重量与公称重量的偏差（%）
8～12	±7
14～20	±5

③热轧带肋钢筋。

a. 尺寸偏差。热轧带肋钢筋的内径尺寸及其允许偏差应符合表 4-4 要求。

表 4-4　　热轧带肋钢筋内径尺寸及其允许偏差　　(mm)

公称直径	6	8	10	12	14	16	18	20	22	25	28	32	36	40	50
内径尺寸	5.8	7.7	9.6	11.5	13.4	15.4	17.3	19.3	21.3	24.2	27.2	31.0	35.0	38.7	48.5
允许偏差	±0.3	±0.4						±0.5			±0.6			±0.7	±0.8

b. 长度偏差（见热轧光圆钢筋）。

c. 重量偏差。钢筋按重量偏差交货时，其实际重量与理论重量的允许偏差应符合表 4-5 的要求。

表 4-5　　热轧钢筋的实际重量与理论重量的允许偏差

公称直径/mm	实际重量与理论重量的偏差（%）
6～12	±7
14～20	±5
22～50	±4

④热轧扁钢。

a. 尺寸偏差。见表 4-6。

表 4-6　　热轧扁钢的截面尺寸允许偏差　　(mm)

宽度			厚度		
尺寸	允许偏差		尺寸	允许偏差	
	普通级	较高级		普通级	较高级
10～50	+0.5 -1.0	+0.3 -0.9	3～16	+0.3 -0.5	+0.2 -0.4
>50～75	+0.6 -1.3	+0.4 -1.2			
>75～100	+0.9 -1.8	+0.7 -1.7	>16～60	+1.5% -3.0%	+1.0% -2.5%
>100～150	+1.0% -2.0%	+0.8% -1.8%			

b. 长度偏差。见表 4 - 7。

表 4 - 7　　热轧扁钢的长度允许偏差

定尺、倍尺长度/m	允许偏差/mm	定尺、倍尺长度/m	允许偏差/mm
8	+40 0	8	+80 0

⑤热轧工字钢（截面与尺寸标注如图 4 - 1 所示）。

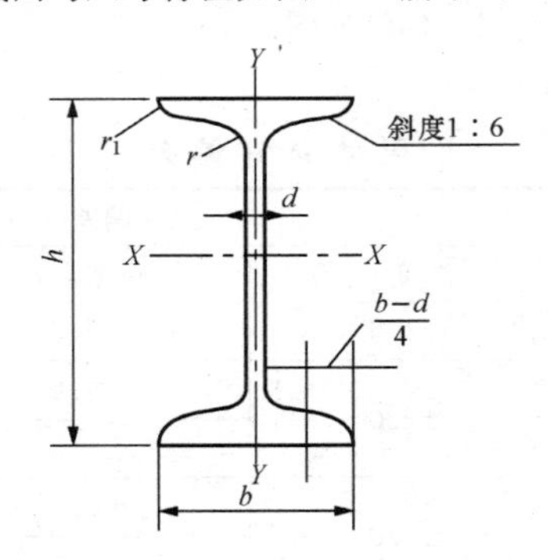

图 4 - 1　热轧工字钢截面与尺寸

h—高度；b—腿宽度；d—腰厚度；r—内圆弧半径；

r_1—腿端圆弧半径

a. 尺寸偏差。见表 4 - 8。

表 4 - 8　　尺寸允许偏差　　(mm)

型号	允许偏差		
	高度 h	脚宽度 b	腰厚度 d
≤14	±2.0	±2.0	±0.5
>14～18		±2.0	
>18～30	±3.0	±3.0	±0.7
>30～40		±3.5	±0.8
>40～63	±4.0	±4.0	±0.9

b. 长度偏差。见表 4 - 9。

表 4-9 热轧工字钢的长度允许偏差

定尺、倍尺长度/m	允许偏差/mm	定尺、倍尺长度/m	允许偏差/mm
8	+40 0	8	+80 0

c. 重量偏差。工字钢每米重量允许偏差不得超过−3%～5%。(计算工字钢理论重量时，钢密度为7.85g/cm³。工字钢的截面面积公式为

$$hd+2t(b-d)+0.815(r^2-r_1^2) \quad (4-1)$$

⑥热轧槽钢（截面与尺寸标注如图4-2所示）。

a. 尺寸偏差。见表4-10。

表 4-10 尺寸允许偏差

型号	允许偏差/mm		
	高度 h	腿宽度 b	腰厚度 d
5～8	±1.5	±1.5	±0.4
>8～14	±2.0	±2.0	±0.5
>14～18		±2.5	±0.6
>18～30	±3.0	±3.0	±0.7
>30～40		±3.5	±0.8

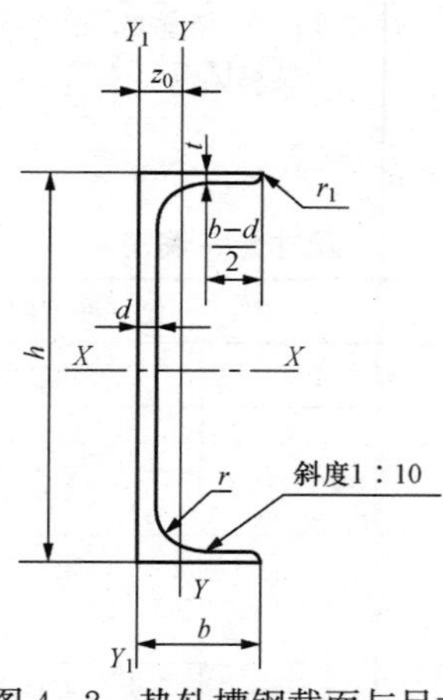

图 4-2 热轧槽钢截面与尺寸

h—高度；b—腿宽度；d—腰厚度；t—平均腿厚度；r—内圆弧半径；r_1—腿端圆弧半径；z_0—YY 轴与 Y_1Y_1 轴间距

b. 长度偏差。见表 4 - 11。

表 4 - 11　　热轧槽钢的长度允许偏差

定尺、倍尺长度/m	允许偏差/mm	定尺、倍尺长度/m	允许偏差/mm
≤8	$^{+40}_{0}$	>8	$^{+80}_{0}$

c. 重量偏差。

a）槽钢按理论重量或实际重量交货。

b）槽钢计算理论重量时，钢的密度为 7.85g/cm³。

c）槽钢截面面积的计算公式为

$$hd + 2t(b - d) + 0.349(r^2 - r_1^2) \qquad (4-2)$$

d）根据双方协议，槽钢每米重量允许偏差不得超过+5～3%。

3. 桥梁橡胶支座

（1）分类。普通板式橡胶支座是由橡胶单元与加强薄钢板经热压硫化而成，支座储存期不宜超过两年，在应用时要进行有关检验。桥梁橡胶支座分为桥梁盆式橡胶支座和桥梁板式橡胶支座两类：

1）桥梁盆式橡胶支座按使用性能分为双向活动支座（SX），如图 4 - 3 所示，竖向转动和纵向与横向滑动；单向活动支座（DX），如图 4 - 4 所示，竖向转动和单一方向滑动；固定支座（GD），如图 4 - 5 所示，竖向转动。桥梁盆式橡胶支座按适用温度范围分为常温型和耐寒型两种。

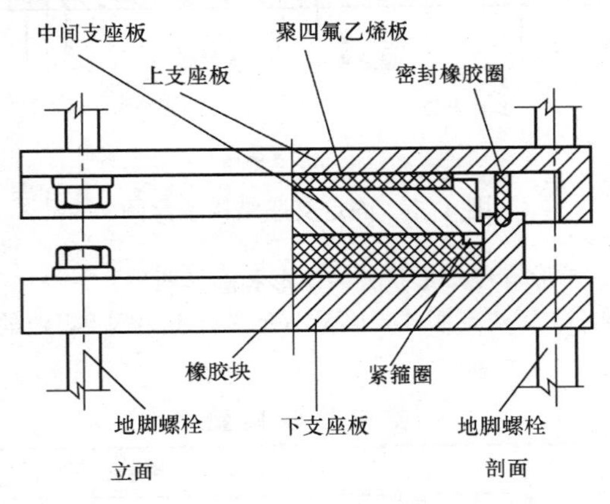

图 4 - 3　双向活动支座结构示意图

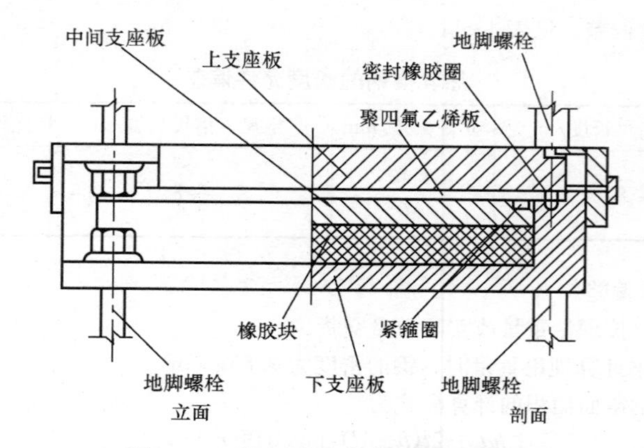

图 4-4 单向活动支座结构示意图

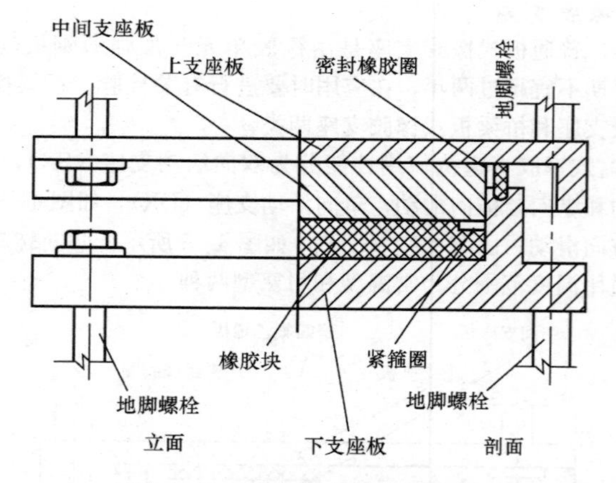

图 4-5 固定支座结构示意图

2）桥梁板式橡胶支座按形状分为矩形和圆形两种。

（2）进场验收。每块支座外观质量不允许有表 4-12 规定的两项以上缺陷同时存在。

表 4-12 支座外观质量

名　称	成品质量标准
气泡、杂质	气泡、杂质总面积不得超过支座平面面积的 0.1%，且每一处气泡、杂质面积不能大于 $50mm^2$，最大深度不超过 2mm

续表

名　称	成品质量标准
凹凸不平	当支座平面面积小于 0.15m² 时，不多于两处大于 0.15m² 时，不多于四处，且每处凹凸高度不超过 0.5mm，面积不超过 6mm²
四侧面裂纹、钢板外露	不允许
掉块、崩裂、机械损伤	不允许
钢板与橡胶粘结处开裂或剥离	不允许
支座表面平整度	1. 橡胶支座：表面不平整度不大于平面最大长度的 0.4%； 2. 四氟滑板支座：表面平整度不大于四氟滑板平面最大长度的 0.2%
四氟滑板表面划痕、碰伤、敲击	不允许
四氟滑板与橡胶支座粘贴错位	不得超过橡胶支座短边或直径尺寸的 0.5%

（3）储存运输。

1）储存。

①储存支座的库房应干燥通风，支座应堆放整齐，保持清洁，严禁与酸、碱、油类、有机溶剂等相接触，并应距热源 1m 以上且不能与地面直接接触。

②支座储存期不宜超过一年。如储存期较长，则在使用时应进行有关检验，其力学性能应符合相关标准的规定和要求。

2）运输。支座在运输中，应避免阳光直接曝晒、雨淋、雪浸，并应保持清洁，不应与影响橡胶质量的物质相接触。

4. 预应力用锚具及连接器

（1）分类。后张预应力钢绞线用 YM 型锚具及连接器，锚具是预应力专用材料，YM 型锚具按结构形式分为张拉端锚具、固定端锚具和连接器三类。

1）YM锚具按适用的钢绞线规格分为YM12和YM15两个系列，适用范围：YM12系列：适用 ϕ12.0～ϕ12.9mm钢绞线；YM15系列：适用 ϕ15.0～ϕ15.7mm钢绞线。

2）张拉端锚具包括钢绞线端头锚固用锚固板（锚圈）和喇叭形垫板（锚下垫板）锚固形式为夹片式。固定端锚头如采用轧花（H型），则主要是用轧花机把钢绞线压成轧花球头，打入混凝土中锚固；如采用挤压式（P型），除P型锚具外，还有垫板。

3）连接器用于锚固和接续钢绞线，包括连接体和喇叭形垫板等。

（2）进场验收。

1）产品合格证的检查。内容应包括型号与规格；适用的预应力钢材品种、规格强度等级；产品批号；出厂日期；有签章的质量合格文件；厂名、厂址。

2）标志的检查。内容包括制造厂名、产品名称、规格、型号、制造日期、或生产批号、对容易混淆而又难于区分的锚固零件（如锚件），应有标识识别。

3）外观及尺寸检验。外观尺寸应符合设计图样的规定，全部产品均不得有裂纹的出现。产品外观用目测法检验，裂缝可用有刻度或无刻度的放大镜检验。产品尺寸按机械制造常规方法用直尺、游标卡尺、螺旋千分尺、和赛环规等量具检验。

4）产品检验。检验项目见表4-13。

表4-13　　产品检验项目

锚具、夹具、连接器类别	出厂检验项目	型式检验项目
锚具及永久留在混凝土结构或构件中的连接器	外观 硬度 静载性能检验	外观 硬度 静载性能检验 疲劳性能检验 周期荷载性能检验 辅助性试验（选项）
夹具及张拉后将要放张和拆卸的连接器	外观 硬度 静载性能检验	外观 硬度 静载性能检验

（3）储存和运输。在储存与运输的过程中应避免锈蚀、玷污、遭受机械损

伤或散失。

5. 桥梁用伸缩装置

伸缩装置按照伸缩体结构不同分为四类：

（1）纯橡胶式伸缩装置。

（2）板式伸缩装置，适用于伸缩量小于60mm以下的公路桥梁工程，不适用于高速公路桥梁工程。

（3）组合式伸缩装置，适用于伸缩量不大于120mm以下的公路桥梁工程，不适用于高速公路桥梁工程。

（4）模数式伸缩装置，适用于伸缩量为80～1200mm的公路桥梁工程。

6. 周转材料

WDJ碗扣型多功能脚手架；门式钢管脚手架构件，组合钢模板，组合钢模板按结构分为平面模板、阳角模板、阴角模板和联接角模；集装箱，集装箱主要适用于铁路、水运、公路运输，能进行快速装卸，并可以在不动箱内货物情况下，直接进行换装。我国集装箱根据质量分为5t、10t、20t、30t四种。

五、机械管理

1. 常用施工机械

（1）通用施工机械。

1）常用的有各类吊车，各类运输车辆和自卸车等。

2）桥梁施工通用机械。

①水泥混凝土搅拌运输车。混凝土搅拌运输车是运送混凝土的专用设备，由搅拌灌体容积决定其能力，一般为4～6m^3，水泥混凝土搅拌运输车适用于大方量或长距离运送水泥混凝土。它的特点是在运量大、运距远的情况下，能保证混凝土的质量均匀。一般是在混凝土制备点与浇灌点距离较远时使用，特别适用于道路、机场、水利等大面积的工程施工及特殊工程的机械化施工中运送拌制好的混凝土。

②水泥混凝土输送泵和输送泵车。混凝土输送泵是输送混凝土的专用机械，它配有特殊的管道，可以将混凝土沿管道输送到浇筑现场。由主油泵的参数决定泵送混凝土的速度，运送高度，水平距离由布料杆长度决定。适用于固定方式的混凝土现场浇筑，并能保证混凝土的均匀性和增加密实性。一般情况下，混凝土输送泵的输送距离，沿水平方向能达205～300m，沿垂直方向可达100m以上。

将混凝土泵和布料杆安装在汽车底盘上，称为混凝土泵车，由主油泵的参数和布料杆长度决定泵送混凝土的速度，运送高度和水平距离。由于混凝土泵车机动灵活，布料杆运动自如，适合于进行水平和垂直方向输送混合料，甚至跨越障碍物进行浇筑，在桥梁施工中得到广泛应用。

③起重机械。

a. 起重机械有自行式、移动式和固定安装式三种。

b. 起重机的种类很多，在桥梁工程中运用较多的有履带式起重机、轮胎式起重机、汽车式起重机、桅杆式起重机、牵缆式起重机、龙门式起重机、缆式起重机等。

(2) 下部施工机械。

1) 预制桩施工机械。常用的有蒸汽打桩机，液压打桩机，振动沉拔桩机，静压沉桩机等。

2) 灌注桩施工机械。根据施工方法的不同配置不同的施工机械。

①全套管施工法。相应配置全套管钻机。

②旋转钻施工法。相应配置有钻杆旋转机和无钻杆旋转机（潜水钻机）。

③旋挖钻孔法。相应配置旋挖钻桩机。

④冲击钻孔法。相应配置冲击钻机。

⑤螺旋钻孔法。相应配置螺旋钻孔机。

(3) 上部施工机械。

1) 顶推法。主要施工设备有油泵车，大吨位千斤顶，穿心式千斤顶，导向装置等。

2) 滑模施工方法。主要施工设备有滑移模架、卷扬机油泵、油缸、钢模板等。

3) 悬臂施工方法。主要施工设备有吊车、悬挂用专门设计的挂篮设备。

4) 预制吊装施工方法。主要施工设备有各类吊车或卷扬机、万能杆件、贝雷架等。

5) 满堂支架现浇法。主要施工设备有各类万能杆件、贝雷架和各类轻型钢管支架等。

另外，对海口大桥等的施工，需配置相应的专业施工设备，如打桩船、浮吊、搅拌船等。

(4) 施工机械选择。施工机械的选择一般来说是以满足施工方法的需要为基本依据。但在现代化施工的条件下，施工方法的确定往往取决于施工机械，特别在一些关键的工程部位更是如此，即施工机械的选择有时将成为主要问题。因此，应将施工机械的选择与施工方法的确定进行综合考虑。

选择施工机械时应注意以下几点：

1) 应根据工程特点来选择适宜的主导工程的施工机械。

2) 所选择的机械必须满足施工的需要，但要避免大机小用。

3）选择辅助机械时，要考虑其与主导机械的合理组合，互相配套，充分发挥主导机械的效率。

4）考虑通用性，尽可能选择标准机械。

5）应考虑充分发挥施工单位现有机械的能力，当本单位的机械能力不能满足工程需要时。方考虑租赁或购置所需新型机械或多用途机械。

2. 施工机械施工过程中管理

（1）施工中的组织管理工作。

1）做好施工中施工机械的调度工作。调度工作是执行施工计划和补充计划不足的一种措施。由于施工现场受到地形、地质条件和气候等的影响，虽然已有了较好的施工计划，但现场情况的变化使施工机械施工情况也发生变化是常有的事。这就要求及时发现、及时解决。如因雨期的提前到来，挖土机不能按正常计划工作，调度就应及时发现，或用石渣和砂提前整修倾卸车运行道路；或调动挖土机到雨期施工不泥泞的地区作业；或增加挖土机和倾卸车赶在雨期之前完成大量施工量等。

2）做好施工机械实际运转记录。实际运转记录非常重要，它能反映每班的工作内容、运转小时、台班产量、动力燃料消耗、故障和维护保养情况。从中可以分析到完成工程量的好坏，未能完成任务的原因，以便能及时采取措施挽救。它也是基层单位经济核算的主要依据。

（2）合理安排施工任务。

1）项目所需机械设备应编制机械设备使用计划。

2）对进场的机械设备必须进行安装验收，做到资料齐全准确。

3）进入现场的机械设备在使用中应做好维护和管理。

4）项目经理部应采取技术、经济、组织、合同措施保证施工机械设备合理使用，提高施工机械设备的使用效率。

机械管理还应符合市政道路工程第三章第一节机械管理相关规定。

第二节　桥梁基础工程现场管理与施工要点

一、作业条件

（1）土方开挖前，应根据施工图纸和施工方案的要求，将施工区域内的地下、地上障碍物清除，完成对地下管线进行改移或采取保护措施。

（2）场地平整，并做好临时性排水沟。

（3）夜间施工时，应有足够的照明设施；在危险地段应设置明显标志。

（4）施工机械进入现场所经过的道路、桥梁等应事先经过检查，并进行必要的加固或加宽。

(5) 施工区域运行路线的布置，应根据桥梁工程墩台的大小、埋深、机械性能、土方运距等情况加以确定。

(6) 配备人工修理边坡、清理槽底，完成机械施工无法作业的部位。

(7) 当基坑受场地限制不能按规定放坡或土质松软、含水量较大基坑坡度不宜保持时，应对坑壁采取支护措施。

二、现场工、料、机管理

1. 施工人员工作要点

(1) 扩大基础。

1) 挖基坑时，不得超挖，避免扰动基底原状土。可在设计基底标高以上暂留 0.3m 不进行土方机械开挖，应在抄平后由人工挖出。

2) 在机械施工挖不到的土方（如桩基间土方），应配合人工随时进行清除。

3) 坑底加固。

①打砂桩时基底可提高 0.5～1m 的覆土，待打完砂桩后，将覆土挖至设计标高。如坑底不够密实，可辅以人工夯实。

②在砂桩顶铺设一层厚度不小于 20cm 的砂垫层，使整个基底作为排水通道，土壤受挤压时，水份沿砂桩上升至砂垫层，并经砂垫层向外排泄。

4) 基底处理采用砂垫层和砂石垫层时，应按级配拌和均匀，再铺填捣实，厚度一般 25cm 一层，底面宜铺设在同一标高上，多层分段施工，每层接头错开 0.5～1m，要充分捣实，有条件可采用压路机往复辗压，达到密实度为准。

5) 钢筋混凝土及块石基础参见第三章第六节。

(2) 灌注桩。

1) 护筒埋设。

①钻孔前应埋设护筒。护筒可用钢或混凝土制作，应坚实、不漏水。当使用旋转钻时，护筒内径应比钻头直径大 20cm；使用冲击钻机时，护筒内径应大于 40cm。

②护筒顶面宜高出施工水位或地下水位 2m，并宜高出施工地面 0.3m。其高度尚应满足孔内泥浆面高度的要求。

③埋设时，护筒中心轴线应对正测量标定的桩位中心，其偏差不得大于 5cm，并应严格保持护筒的竖直位置。

④当地下水位在地面以下超过 1m 时，可采用挖埋法。

⑤在水深小于 3m 的浅水处埋设护筒。一般需围堰筑岛。岛面应当高出施

工水位1.5～2.0m。也可适当提高护筒顶面标高，以减少筑岛填土体积。

⑥在水深3m以上的深水河床埋设护筒。在深水中埋设护筒，其主要工序为搭设工作平台（有搭设支架、浮船、钢板桩围堰、浮运薄壳沉井、木排、筑岛等方法）、下沉护筒定位的导向架和下沉护筒等。

2）钻孔施工。钻孔施工主要由机械完成，施工人员应注意以下几点。

①如发生孔口坍塌时，可立即拆除护筒并回填钻孔、重新埋设护筒再钻。

②如发生孔内坍塌，判明坍塌位置，回填砂和黏土（或砂砾和黄土）混合物到坍孔处以上1～2m，如坍孔严重时，全部回填，待回填物沉积密实后再行钻进。

③开钻前应清除孔内落物，零星铁件可用电磁铁吸取。较大落物和钻具，也可用冲抓锥打捞。然后在护筒口加盖。

④为防止钻孔漏浆，可加稠泥浆或倒入粉土慢速转动，或回填土掺片石、卵石，反复冲击强护壁，在有护筒防护范围内，接缝处泥浆可由潜水工用棉絮堵塞，封闭接缝。

3）清孔。清孔可采用抽浆法、换浆法、掏渣法、喷射清孔法和砂浆置换钻渣清孔法。清孔时施工人员应注意：

①不论采用何种清孔方法，在清孔排渣时，必须注意保持孔内水头，防止坍孔。

②对于摩擦桩，孔底沉淀土的厚度：中、小桥不得大于（0.1～0.6）d（d为桩直径），大桥按设计文件规定。清孔后泥浆性能指标：含砂率4%～8%，相对密实1.1～1.25，黏度18～20s。对支承桩（柱桩，包括嵌岩桩）宜以抽浆法清孔，并宜清理至吸泥管出清水为止。灌注混凝土前，孔底沉淀土厚度不得大于5cm。岩土层易坍孔，必须在泥浆中灌注混凝土时，建议采用砂浆置换钻渣清孔法。清孔后的泥浆性能指标，含砂率不大于4%，其余指标同摩擦桩。以上泥浆指标，以孔口流出的泥浆测量值为准。

4）钢筋骨架制作。钢筋骨架的制作方法可以分为卡板成型法、支架成型法、箍筋成型法和加劲筋成型法。钢筋骨架保护层设置时需要注意保护层厚度一般为6～8cm，如果设计有规定，应该按照设计设置。

5）灌注混凝土。

①导管制作。

a. 导管是灌注水下混凝土的重要工具，用钢板卷制焊成或采用无缝钢管制作。其直径按桩长、桩径和每小时需要通过的混凝土数量决定。可按表4-14选用。为了保证导管的强度和刚度，管壁厚度根据导管直径和总长度按表4-15选用。

表 4-14　　导管直径表

导管直径/mm	通过混凝土数量/(m³/h)	桩径/m
200	10	0.6～1.2
250	17	1.0～2.2
300	25	1.5～3.0
350	35	>3.0

注：最下端一节壁厚不宜薄于 5mm。

表 4-15　　导管壁厚度

导管长度/m	导管壁厚/mm			
	导管直径 200～250/mm		导管直径 300～350/mm	
	钢板卷制	无缝钢管	钢板卷制	无缝钢管
<30	3	8	4	10
30～50	4	9	5	11
50～100	5	10	6	12

b. 导管分节长度应便于拆装和搬运。中间节一般长 2m 左右。下端节可加长至少 4～6m。

c. 导管吊放时宜用两根钢丝绳分别系吊在最下端一节导管的两个吊耳上，并沿导管每隔 5m 左右用铅丝将导管和钢丝绳捆扎在一起。

d. 导管吊放时，应使位置居孔中、轴线顺直，稳步沉放，防止卡挂钢筋骨架和碰撞孔壁。

②漏斗设置。

a. 导管顶部应设置漏斗，其上方设溜槽、储料斗和工作平台。

b. 漏斗一般用 5～6mm 厚的钢板制成圆锥形或棱锥形。在距漏斗上口约 15cm 处的外面两侧，对称地焊吊环各一个。为了增加圆锥漏斗的刚度，可沿漏斗上口周边外侧焊直径为 14～16mm 的钢筋。棱锥形外漏斗则沿斗口外侧焊 30mm×30mm 角钢加强。

③灌注施工。

a. 混凝土灌注开始后，应紧凑地、连续地进行，严禁中途停工。在灌注过程中要防止混凝土拌和物从漏斗顶溢出或从漏斗外掉入孔底。灌注过程中，应注意观察管内混凝土下降和孔内水位升降情况，及时测量孔内混凝土面高度，正确指挥导管的提升和拆除。

b. 在灌注过程中，当导管内混凝土不满、含有空气时，后续混凝土要徐徐灌入，不可整斗地灌入漏斗和导管。

c. 为确保桩顶质量，在桩顶设计标高以上应加灌一定高度，增的高度，可按孔深、成孔方法、清孔方法确定，一般不宜小于 0.5m，深桩不宜小于 1.0m。

（3）沉入桩。沉入桩施工时施工人员应注意以下问题：

1）桩帽与桩之间的垫层（包括锤垫和桩垫）要仔细安放，要有适当的厚度（根据天津、上海等地的经验，桩垫厚度采用 12cm 厚水泥袋纸或 7.5～10cm 厚的松木是比较适宜的），在锤击过程中须及时修理锤垫更换桩垫，避免桩头引起很高的压应力。桩帽要夹着垫层，减少锤击时产生振动，使锤击力能均匀地分布在桩头上。桩帽不应紧密固定在桩头上，以免引起桩弯矩和扭矩的传递。

2）锤击时应严格控制桩的垂直度。桩身不垂直，除了桩顶产生集中应力外，桩身还要受到压弯联合作用，产生拉应力和弯曲应力，这是很危险的。

3）预应力混凝土桩的预应力筋与桩顶须切除得很平整，否则在锤击时会导致产生很高的应力。

4）锤击时导杆不得把桩过分嵌制，或发生转动，否则会引起桩的扭转开裂。

5）方桩的主筋宜用整根的钢筋，如需要接长时，宜用对头接触法焊接，焊接处强度不得低于钢筋本身的强度，相邻钢筋的接头位置要相互错开，其距离不小于钢筋直径 30 倍，且不小于 50cm，在同一截面中的钢筋接头不应超过主钢筋总数的 25%。

6）钢筋混凝土方桩（包括空心方桩）连接的法兰盘可用不等边的角钢制成。法兰盘的长肢与桩的主筋焊接，法兰盘的短肢焊以钢板加劲肋加强，并用专用样板钻以圆孔，用螺栓将上下二节桩连接起来，其连接如图 4-6 所示。

（4）沉井。沉井施工时施工人员应注意以下问题。

1）不管采用任何下沉方法，井内除土均应从中间开始，对称、均匀地逐步分层向刃脚推进。不得偏斜除土，以防沉井发生偏斜（纠偏除外）。

2）为防止沉井下沉时产生较大的偏斜，应根据土质情况、沉井大小、质量、入土深度等控制井内除土量及各井孔间底面高差。一般情况下：

①近刃脚处除清理风化岩及胶结层外，取土面不宜低于刃脚。

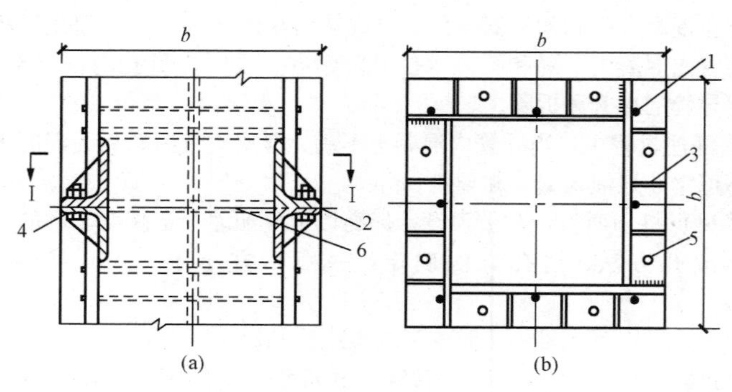

图 4-6 钢筋混凝土方桩法兰盘连接

(a) 纵剖面；(b) Ⅰ—Ⅰ剖面

1—纵向主钢筋；2—法兰盘角钢；3—法兰盘加劲肋；

4—连接螺栓；5—螺栓孔；6—石棉垫

②周边井孔的取土底面不宜低于刃脚 1～2m。

③中间井孔的取土底面不宜低于刃脚 2～3m。

④相邻井孔间底面高差不宜大于 0.5～1.5m。

⑤隔墙底面不得支承于土层上。

3）沉井下沉接近设计标高前 2m，应控制井内除土量，注意调整沉井，避免沉井发生大量下沉或大的偏斜，造成难以按标准下沉至设计标高。

2. 材料选择及检验

(1) 材料选择。

1）泥浆的调试。钻孔泥浆一般由水、黏土（或膨润土）和添加剂按适当比例配制而成，其性能指标可参照表 4-16 选用。

2）混凝土和钢筋材料选择与检验参见混凝土与钢筋工程。

(2) 材料检验。

1）石料。石料应符合设计规定的类别和强度，石质应均匀，不易风化，无裂纹。石料强度、试件规格及换算应符合设计要求，石料强度的测定应按现行《公路工程岩石试验规程》(JTGE 41—2005) 执行。石料种类、规格要求应符合表 4-17 的规定。

2）砂浆。

①砂浆的类别和强度等级应符合设计规定。

②砂浆的配合比应通过试验确定，可采用质量比或体积比，并应满足国家现行标准《公路桥涵施工技术规范》(JTG/T F50—2011) 中 13.2.3 的砂浆技术要求。

表 4-16　泥浆性能指标选择

钻孔方法	地层情况	泥浆性能指标							
		相对密度	黏度 (Pa·s)	含砂率 (%)	胶体率 (%)	失水率 (mL/30min)	泥皮厚/(mm/30min)	静切力 /Pa	酸碱度 /pH
正循环	一般地层	1.05～1.20	16～22	8～4	≥96	≥25	≤2	1.0～2.5	8～10
	易坍地层	1.20～1.45	19～28	8～4	≥96	≤15	≤2	3～5	8～10
反循环	一般地层	1.02～1.06	16～20	≤4	≥95	≤20	≤3	1～2.5	8～10
	易坍地层	1.06～1.10	18～28	≤4	≥95	≤20	≤3	1～2.5	8～10
	卵石土	1.10～1.15	20～35	≤4	≥95	≤20	≤3	1～2.5	8～10
推钻冲抓	一般地层	1.10～1.20	18～24	≤4	≥95	≤20	≤3	1～2.5	8～11
冲击	易坍地层	1.20～1.40	22～30	≤4	≥95	≤20	≤3	3～5	8～11

注　1. 地下水位高或其流速大时，指标取高限，反之取低限。
2. 地质状态较好，孔径或孔深较小的取低限，反之取高限。
3. 在不易坍塌的黏质土层中，使用推钻、冲抓、反循环回转钻进时，可用清水提高水头（不小于 2m）维护孔壁。
4. 若当地缺乏优良黏质土，远运膨润土也很困难，调制不出合格泥浆时，可掺添加剂改善泥浆性能，各种添加剂可按相关选取。
5. 泥浆的各种性能指标测定方法见可按相关规定。

表 4-17　　石料规格要求表

石料种类	规格要求
片石	片石形状不受限制，最小长度及中部厚度不小于 150mm，每块重量宜为 20～30kg
块石	块石形状大致方正，厚度不宜小于 200mm；长、宽不宜小于及等于厚度，顶面及底面应平整。用作镶面时，应稍加修凿，打去棱凸角，表面凹人部分不得大于 20mm
细料石	形状规则的六面体，经细加工，表面凹凸深度不得大于 20mm，厚度和宽度均不小于 20mm，长度不大于厚度的 3 倍
半细料石	除对表面凹凸深度要求不大于 10mm 外，其他规格与细料石相同
粗料石	除对表面凹凸深度要求不大于 20mm 外，其他规格与细料石相同
毛料石	稍加修整，形状规则的六面体，厚度不小于 200mm，长度为厚度的 1.5～3 倍
板石	形状规则的六面体，厚度和宽度均不小于 200mm，长度超过厚度的 3 倍，按其表面修凿程度分为细板石、半细板石和毛板石

③砂浆应有良好的和易性，圆锥体沉入度为 50～70mm，气温较高时可适当增大。

3）钢筋。钢筋应具有出厂质量证明书和试验报告单；钢筋的品种、级别、规格应符合设计要求；钢筋进场时应抽取试样做力学性能试验，其质量必须符合国家现行标准《钢筋混凝土用钢　第 1 部分：热轧光圆钢筋》（GB 1499.1—2008）、《钢筋混凝土动脑筋钢　第 2 部分：热轧带肋钢筋》（GB 1499.2—2007）和《冷轧带肋钢筋》（GB 13788—2008）等的规定。

3. 桥梁基础施工主要机械使用方法

（1）长螺旋钻机成孔及施工注意事项。

1）钻进时注意事项。开钻前应纵横调平钻机，安装导向套。在开始钻进，或穿过软硬土层交界处时，为保持钻杆竖直，宜缓慢进尺。在含砖头、瓦块的杂填土层或含水量较大的软塑黏性土层中钻进时，应尽量减少钻杆晃动，以免扩大孔径。钻进过程中如发现钻杆摇晃或难钻进时，可能是遇到硬土、石块或硬物等，这时应立即提钻检查，等查明原因并妥善处理后再钻，以免导致桩孔严重倾斜、偏移，甚至使钻杆、钻具扭断或损坏。钻进过程中应随时清除孔口积土和地面散落土。遇到孔内渗水、塌孔、缩颈等异常情况时，应将钻具从孔内提出，研究妥善处理。在砂土层中钻进如遇地下水，则钻深应不超过初见水位，以防塌孔。在硬夹层中钻进时可采取以下方法：对于均质的冻土层、硬土层可采用高转速、小给进量、均压钻进；对于直径小于 10cm 的石块和碎砖，可用普通螺旋钻头钻进；对于直径大于成孔直径 1/4 的石块，宜用镶焊硬质合金的耙齿钻头慢速钻进，石块一部分可挤进孔壁，一部分沿螺旋钻杆输出钻孔；对于直径很大的块石、条石、砖堆，可用镶有硬质合金的筒式钻头钻进，钻透后硬石砖块挤入钻筒内提出。钻孔完毕，应用盖板盖好孔口，并防止在盖板上行车。

2）清理孔底虚土时的注意事项。钻到预定孔深后，必须在原深处进行空转清土，然后停止转动，提起钻杆。注意在空转清土时不得加深钻进；提钻时不得回转钻杆。孔底虚土厚度超过质量标准时，要分析和采取措施处理。

（2）冲抓钻机成孔（无套管冲抓钻机）。国产冲抓钻机多属无套管一类，是我国迄今为止一直沿用的冲抓钻孔施工机具。其成孔施工要点为：

1）冲抓锥定位。先吊起冲抓锥，然后将锥落入护筒内，检查起吊钢丝绳是否在护筒中心位置。如不符合，可旋转钻架上的校正联杆和调动两侧风缆或斜撑，直到起重绳居中为止，其偏差不得大于 2cm。

2）为了保护钻机，确保安全，提高功效，必须控制合理的落锥高度，其控制方法是：将冲抓锥放置孔底，收紧钢丝绳，在与平台同一标高处，把钢丝绳绑一标志，当标志上升高出平台 2～3m，即可松开卷扬机离合器，抓锥自动落下，当绳上标志下落到平台以下 0.5～1.0m 时，应立即合上离合器，这样，既不造成落空锥，又不会引起松绳过多。当每钻进 0.5m 时，应重设钢丝绳上的标志。

3）在强透水层（砂层）中钻进，若护筒内水位下降快、水头不稳定时，应增加泥浆相对密度，可倒入黏土，将冲抓锥叶瓣张开，把自动挂钩挂住挂砣一起用铁丝捆紧。用冲抓锥在孔内反复冲击一段时间，使一部分黏土被挤入松散孔壁内，另一部分黏土用来增大泥浆相对密度。待水头稳定后，取去捆扎的铁丝，继续冲抓钻进。

4）在一般松散土层（如腐殖土、砂类土、细粒土等）钻进时，冲抓进尺较快，冲抓高度宜控制为 1.0～1.5m。

5）在坚实的砂卵石层中钻进困难时，可加大冲抓锥配重，提高落锥高度 2～3m，亦可绑住挂钩反复冲击一段时间，再抓一段时间，交替冲抓钻进。

6）当孔内遇到漂石或探头石冲抓很困难时，或因土质松软，需投片石、卵石冲击加固孔壁时，或到达坚硬岩层时，可换用冲击锥钻进。

7）在粉质土钻进，因叶瓣不密缝，抓锥里的粉砂易被水冲掉，致使抓瓣空上空下。此时，可将叶瓣焊补密缝。

8）当钻机出现不正常的现象时，如带负荷停车失灵、开车反转松绳不活、刹车散发难闻的臭味等，应注意调整电磁制动刹车至适当松紧程度。

（3）冲击钻机成孔。

1）用正式钻机正常钻进时，应注意以下事项：

①冲程应根据土层情况分别规定。一般在通过坚硬密实卵石层或基岩漂石之类的土层中时宜采用高冲程（100cm），在通过松散砂、砾类土或卵石夹土层中时宜采用中冲程（约75cm）。冲程过高，对孔底振动大，易引起坍孔。在通过高液限黏土、含砂低液限黏土时，宜采用中冲程。在易坍塌或流沙地段宜用小冲程，并应提高泥浆的黏度和相对密度。

②在通过漂石或岩层，如表面不平整，应先投入黏土、小片石，将表面垫平，再用十字形钻锥进行冲击钻进，防止发生斜孔、坍孔事故。

③要注意均匀地松放钢丝绳的长度。一般在松软土层每次可松绳5～8cm，在密实坚硬土层每次可松绳3～5cm。应注意防止松绳过少，形成“打空锤”，使钻机、钻架及钢丝绳受到过大的意外荷载，遭受损坏。松绳过多，则会减少冲程，降低钻进速度，严重时使钢丝绳纠缠发生事故。

2）用卷扬机简易钻机正常钻进时，除按正式钻机钻进的要求外，并应注意以下事项：

①冲程大小和泥浆稠度应按通过的土层情况掌握。当通过砂、砂砾石或含砂量较大的卵石层时，宜采用1～2m的中、小冲程，并加大泥浆稠度，反复冲击使孔壁坚实，防止坍孔。

②当通过含砂低液限黏土等黏质土层时，因土层本身可造浆，应降低输入的泥浆稠度，并采用1～1.5m的小冲程，防止卡钻、埋钻。

③当通过坚硬密实卵石层及漂石、基岩之类土层时，可采用4～5m的大冲程，使卵石、漂石或基岩破碎。泥浆性能要求见前述。

④在任何情况下，最大冲程不宜超过6m，防止卡钻、冲坏孔壁或使孔壁不圆。

⑤为正确提升钻锥的冲程，宜在钢丝绳上油漆长度标志。

⑥在掏渣后或因其他原因停钻后再次开钻时，应由低冲程逐渐加大到正常冲程以免卡钻。

3）掏渣。破碎的钻渣，部分和泥浆一起被挤进孔壁，大部分靠掏渣筒清除出孔外，故在冲击相当时间后，应将冲击锥提出，换上掏渣筒，下入孔底掏取钻渣，倒进钻孔外的倒渣沟中。管锥本身兼作掏渣筒，无须另换掏渣筒。

当钻渣太厚时，泥浆不能将钻渣全部悬浮上来，钻锥冲击不到新土（岩）

层上，还会使泥浆逐渐变稠，吸收大量冲击能，并妨碍钻锥转动，使冲击进尺显著下降，或有冲击成梅花孔、扁孔的危险，故必须按时掏渣。

一般在密实坚硬土层每小时纯钻进小于5～10cm、松软地层每小时纯钻进小于15～30cm时，应进行掏渣。或每进尺0.5～1.0m时掏渣一次，每次掏4～5筒，或掏至泥浆内含渣显著减少、无粗颗粒、相对密度恢复正常为止。

在开孔阶段，为使钻渣挤入孔壁，可待钻进4～5m后再掏渣。正常钻进每班至少应掏渣一次。

在松软土层，用管锥钻进比十字型冲击锥快，故掏渣应较勤。一般锥管内装满钻渣后，应立即提锥倒渣。管锥装满状态，可根据实际测定。

掏渣后应及时向孔内添加泥浆或清水以维护水头高度。投放黏土自行造浆的，一次不可投入过多，以免粘锥、卡锥。

黏土来源困难的地方，为节约黏土，可将泥浆去渣净化后，再回流入孔中循环使用。泥浆去渣净化方法，较简单方法如下。

①掏渣筒提出孔外后，放一细孔筛在孔口，使泥浆经过筛子漏回孔中，然后倒掉遗留在筛上的钻渣。

②在孔口放一盛渣盘，下接溜槽，盛渣盘和溜槽与水平成不大于10°的倾斜角。将掏渣筒提到盛渣盘上，使渣浆流到盘中，钻渣沉淀后，泥浆越过挡板，经溜槽流回孔中再用。溜槽去渣如图4-7所示。

4）分级钻进。为适应钻机负荷能力，在钻大孔时，可分级扩钻到设计孔径，当用十字型钻锥钻150cm以上孔径时，一般分两级钻进。第一级钻头直径可为孔径的0.4～0.6倍。

当用管锥钻70cm以上孔径时，一般分2～4级钻进。

分级钻进，会产生大粒径的卵石掉入先一级已钻成的小孔中，造成扩钻困难，可在小孔钻成后向小孔填泥块到1/4～1/3孔深处。一般先钻的孔只宜超前数米，随后即钻次级的孔；如超前过深，将使先钻的孔淤塞。

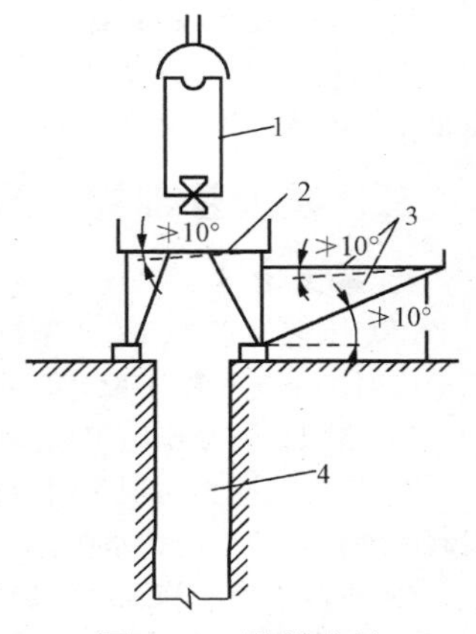

图4-7　溜槽去渣
1—掏渣筒；2—盛渣筛盘；
3—溜槽；4—钻孔

4. 沉入桩架

桩架为沉桩的主要设备，可以用钢、木结构组拼而成，其主要作用是装吊锤和桩，并控制锤的运动方向。

桩架的组成主要有：①导杆（或称龙门）和导向架——控制锤的运动方向；②起吊装置——滑轮、绞车或其他起重设备；③撑架——由各种杆件拼成，以支承导杆和起吊装置；④底盘——用以承托以上说的构件或支承移动的装置。

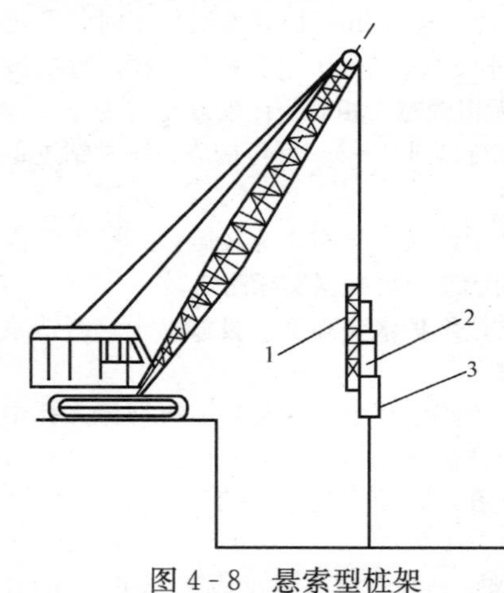

图 4-8　悬索型桩架

1—短导杆；2—桩锤；3—桩套

（1）自行移动式。悬索型桩架：桩架如图 4-8 所示，是利用履带式起重机的悬壁杆以钢丝绳悬挂短的导杆和桩锤。

广泛采用的方法是用起重机的悬壁杆悬挂双动汽锤，并利用锤脚的固定装置，固定在桩头上，进行下沉基桩或钢板桩，不使用导杆和桩套。

（2）非自行移动式桩架。

1）导杆木桩架。桩架如图4-9所示。桩架的底盘置于枕木或钢轨平台上，在基间垫以元楞，由卷扬机绞动变位。桩架的木龙门梃应用角钢包边以增刚性。可用于较重的坠锤、单动汽锤及双动汽锤，但其刚性较差。

2）双面导杆木桩架。桩架如图 4-10 所示。它一面可用于下沉垂直桩，另一面可下沉斜桩，适用于坠锤、单动汽车锤和双动汽锤。

5. 沉入桩导向设备

当用起重机作沉桩工作时，应带有导向设备，如图 4-11 所示的三点支撑型桩架、图 4-12 所示的吊杆型桩架、图 4-13 所示的防噪声桩架等。

三、扩大基础施工及检验要点

1. 施工要点

（1）围堰施工要点。当基础位于河、湖、浅滩中采用围堰进行施工时，施工前应对围堰进行施工设计，并应符合下列规定。

1）围堰顶宜高出施工期间可能出现的最高水位（包括浪高）0.5～0.7m。

2）围堰应减少对现状河道通航、导流的影响。对河流断面被围堰压缩而引起的冲刷，应有防护措施。

3）围堰应便于施工、维护及拆除。围堰材质不得对现河道水质产生污染。

4）围堰应严密，不得渗漏。

（2）基坑开挖施工要点。

1）基坑宜安排在枯水或少雨季节开挖。

2）坑壁必须稳定。

3）基底应避免超挖，严禁受水浸泡和受冻。

4）当基坑及其周围有地下管线时，必须在开挖前探明现况。对施工损坏的管线，必须及时处理。

5）槽边堆土时，堆土坡脚距基坑顶边线的距离不得小于 1m，堆土高度不得大于 1.5m。

6）基坑挖至标高后应及时进行基础施工，不得长期暴露。

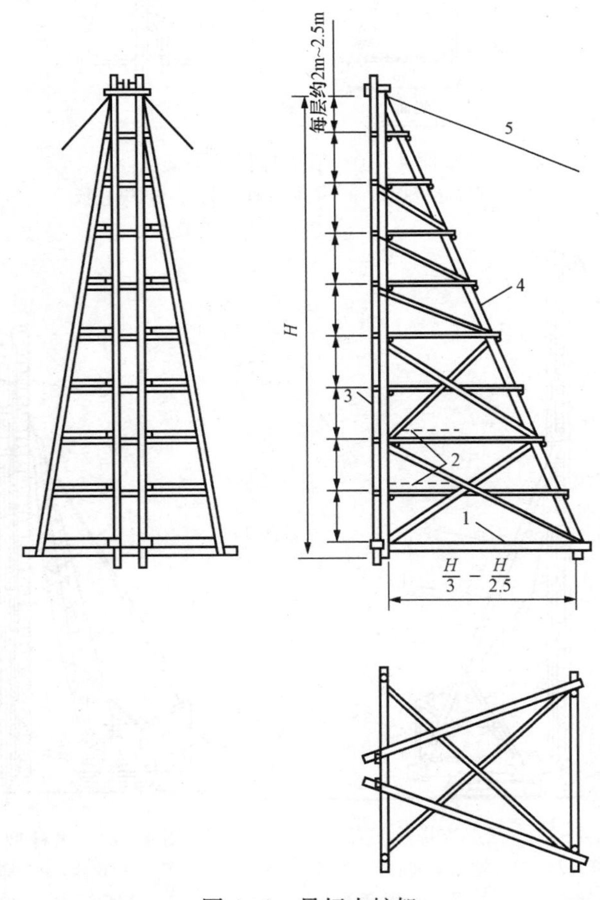

图 4-9 导杆木桩架

1—底盘；2—脚手板；3—导杆；4—扶梯；5—缆风

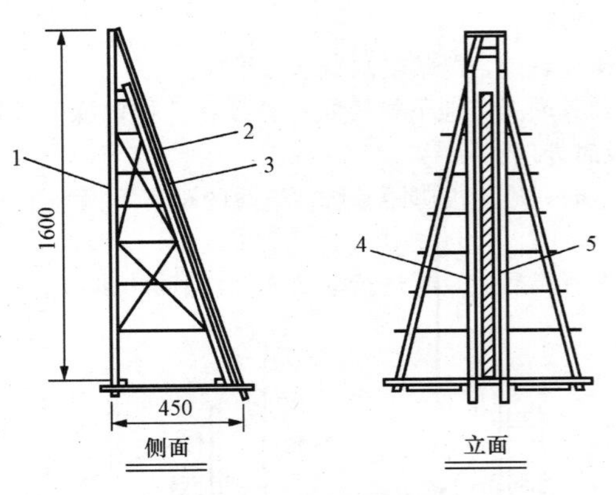

图 4-10　双面导杆木桩架

1—直桩导杆；2、5—斜桩导杆；3、4—汽锤托板

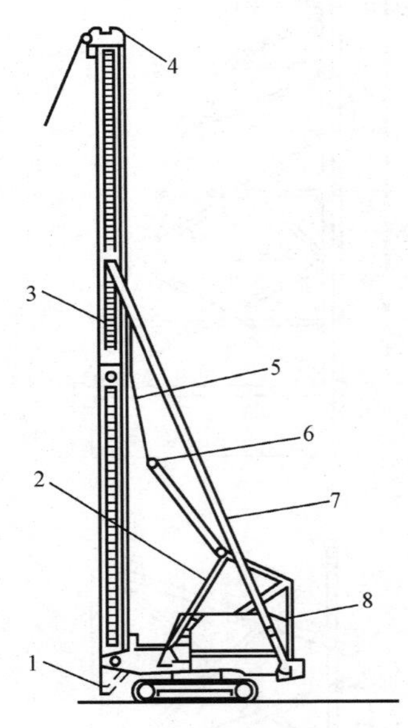

图 4-11　三点支撑型桩架

1—导杆托架；2—辅助支架；3—导杆；
4—顶部导轮；5—吊绳；6—中间滑轮；
7—支柱；8—调整支架

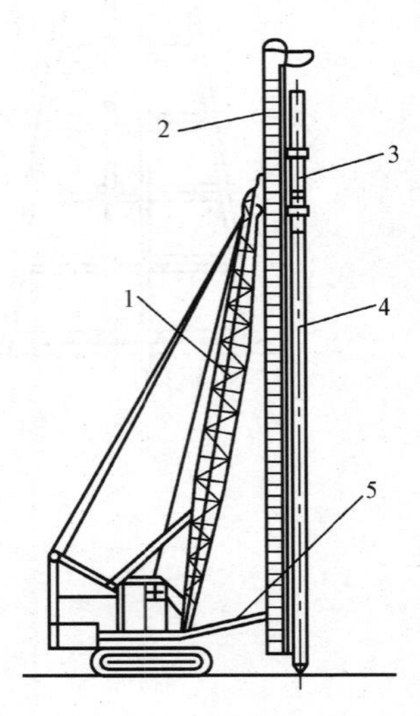

图 4-12　吊杆型桩架

1、4—支柱；2—导杆；
3—柴油锤；5—叉型挡

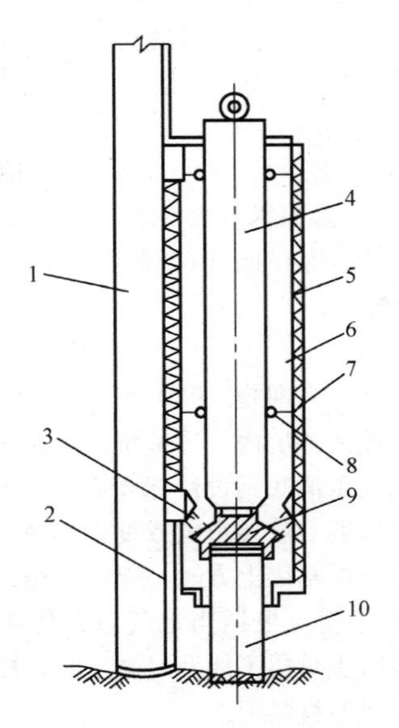

图 4-13　防噪声桩架

1—履带式桩架的导向架；2—导向；3—钢弹簧；4—桩锤；
5—框架；6—吸收噪声设施；7—壳套；8—导轮；
9—桩帽；10—桩

基坑大小应满足基础施工的要求，一般基底应比设计平面尺寸各边增宽50～100cm，当基坑深度在5m以内，施工期较短，坑底在地下水位以上，土的湿度正常，土层构造均匀时，坑壁坡度可参考表4-18确定。

表 4-18　坑壁坡度

坑壁土类	坑壁坡度		
	基坑坡顶无荷载	基坑坡顶有静荷载	基坑坡顶有动荷载
砂类土	1∶1	1∶1.25	1∶1.5
碎、卵石类土	1∶0.75	1∶1	1∶1.25
砂质粉土	1∶0.67	1∶0.75	1∶1
粉质黏土、黏土	1∶0.33	1∶0.67	1∶0.75
极软岩	1∶0.25	1∶0.33	1∶0.67
软质岩	1∶0	1∶0.1	1∶0.33
硬质岩	1∶0	1∶0	1∶0

基坑深度大于 5m 时，应将坑壁坡度适当放缓或加设平台，如果土的湿度可能引起坑壁坍塌时，坑壁坡度应缓于该湿度下土的天然坡度。

(3) 回填土方施工要点。

1) 填土应分层填筑并压实。

2) 基坑在道路范围时，其回填技术要求应符合有关规定。

3) 当回填涉及管线时，管线四周的填土压实度应符合相关管线的技术规定。

2. 季节性施工

(1) 雨期施工。土方开挖雨期施工时，在基坑四周外 0.5m～1m 处设排水沟和挡水埝，防止地面水流入基坑内。当基坑较大、地下水位较高时，应设临时排水沟和集水坑。基坑人工清底到设计标高后，应及时浇筑垫层混凝土。注意边坡稳定，必要时，可以适当放缓边坡或设置支撑。

(2) 冬期施工。冬期开挖基坑土方时，应在冻结以前用保温材料覆盖或将表层土翻耕耙松，其翻耕深度应根据当地气温条件确定，一般不小于 0.3m。为防止基底土受冻，当混凝土垫层不能及时施工时，应在基底标高以上预留适当厚度的松土，或用其他保温材料覆盖。

3. 质量标准

(1) 基础施工涉及的模板与支架、钢筋、混凝土、预应力混凝土、砌体质量检验应符合相关规范的规定。

(2) 扩大基础质量检验应符合下列规定：

1) 基坑开挖允许偏差应符合表 4-19 的规定。

表 4-19　　基坑开挖允许偏差

<table>
<tr><th colspan="2" rowspan="2">序号项目</th><th rowspan="2">允许偏差/mm</th><th colspan="2">检验频率</th><th rowspan="2">检　验　方　法</th></tr>
<tr><th>范围</th><th>点数</th></tr>
<tr><td rowspan="2">基底高程</td><td>土方</td><td>0
−20</td><td rowspan="4">每座基坑</td><td>5</td><td rowspan="2">用水准仪测量四角和中心</td></tr>
<tr><td>石方</td><td>+50
−200</td><td>5</td></tr>
<tr><td colspan="2">轴线偏位</td><td>50</td><td>4</td><td>用经纬仪测量，纵横各 2 点</td></tr>
<tr><td colspan="2">基坑尺寸</td><td>不小于设计规定</td><td>4</td><td>用钢尺量每边各 1 点</td></tr>
</table>

2) 当年筑路和管线上填方的压实度标准应符合表 4-20 的要求。

表 4-20 当年筑路和管线上填方的压实度标准

项目	压实度	检验频率		检验方法
		范围	点数	
填土上当年筑路	符合国家现行标准《城镇道路工程施工与质量验收规范》CJJ 1—2008的有关规定	每个基坑	每层4点	用环刀法或灌砂法
管线填土	符合现行相关管线施工标准的规定	每条管线	每层1点	

3）除当年筑路和管线上回填土方以外，填方压实度不应小于87%（轻型击实）。

4）填料应符合设计要求，不得含有影响填筑质量的杂物。基坑填筑应分层回填、分层夯实。

四、钻孔灌注桩基础施工及检验要点

1. 施工要点

（1）埋设护筒。

1）在岸滩上的埋设深度。黏性土、粉土不得小于1m；砂性土不得小于2m。当表面土层松软时，护筒应埋入密实土层中0.5m以下。

2）水中筑岛，护筒应埋入河床面以下1m左右。

3）在水中平台上沉入护筒，可根据施工最高水位、流速、冲刷及地质条件等因素确定沉入深度，必要时应沉入不透水层。

4）护筒埋设允许偏差。顶面中心偏位宜为5cm。护筒斜度宜为1%。

钻孔成败的关键是防止孔壁坍塌。当钻孔较深时，在地下水位以下的孔壁土体在静水压力作用下会向孔内坍塌，甚至发生流砂现象。钻孔内若能保持比地下水位高的水头，增加孔内静水压力，便能稳定孔壁、防止坍孔。护筒除保护孔口不坍塌外，还有隔离地表水、保护孔口地面、固定桩孔位置和起到钻头导向作用等，一般采用钢护筒，也可以采用现场预制的钢筋混凝土护筒，护筒应坚实、不漏水，护筒内径应比桩径稍大20～30cm。施工时，在放样好的桩位处，开挖一个圆形基坑将护筒埋入。采用反循环钻时，应使护筒顶高出地下水位2.0m；采用正循环钻时，应高出地下水位1.0～1.5m，处于旱地时；护筒在满足上述条件的基础上还应高出地面0.3m。

（2）泥浆制备。钻孔泥浆由水、黏土（或膨润土）和添加剂组成，具有浮悬钻渣、冷却钻头、润滑钻具，增大静水压力，并在孔壁形成泥皮，隔断孔内外渗流，防止塌孔的作用。开工前应准备数量充足和性能合格的黏土和膨润土。调制泥浆时，先将土加水浸透，然后用拌和机或人工拌制，泥浆稠度应视地层变化或操作要求机动掌握，泥浆太稀，排渣能力小，护壁效果差。泥浆性能指标要求见表 4-21。

(3) 钻孔施工。

1) 钻孔时，孔内水位宜高出护筒底脚 0.5m 以上或地下水位以上 1.5～2m。

2) 钻孔时，起落钻头速度应均匀，不得过猛或骤然变速。孔内出土，不得堆积在钻孔周围。

3) 钻孔应一次成孔，不得中途停顿。钻孔达到设计深度后，应对孔位、孔径、孔深和孔形等进行检查。

4) 钻孔中出现异常情况，应进行处理，并应符合下列要求：

①坍孔不严重时，可加大泥浆相对密度继续钻进，严重时必须回填重钻。

②出现流沙现象时，应增大泥浆相对密度，提高孔内压力或用黏土、大泥块、泥砖投下。

③钻孔偏斜、弯曲不严重时，可重新调整钻机在原位反复扫孔，钻孔正直后继续钻进。发生严重偏斜、弯曲、梅花孔、探头石时，应回填重钻。

④出现缩孔时，可提高孔内泥浆量或加大泥浆相对密度采用上下反复扫孔的方法，恢复孔径。

⑤冲击钻孔发生卡钻时，不宜强提。应采取措施，使钻头松动后再提起。

(4) 清孔。

1) 钻孔至设计标高后，应对孔径、孔深进行检查，确认合格后即进行清孔。

2) 清孔时，必须保持孔内水头，防止坍孔。

3) 清孔后应对泥浆试样进行性能指标试验。

4) 清孔后的沉渣厚度应符合设计要求。设计未规定时，摩擦桩的沉渣厚度不应大于 300mm；端承桩的沉渣厚度不应大于 100mm。

(5) 钢筋吊装。

1) 钢筋笼宜整体吊装入孔。需分段入孔时，上下两段应保持顺直。

2) 应在骨架外侧设置控制保护层厚度的垫块，其间距竖向宜为 2m，径向圆周不得少于 4 处。钢筋笼入孔后，应牢固定位。

3) 在骨架上应设置吊环。为防止骨架起吊变形，可采取临时加固措施，入孔时拆除。

4) 钢筋笼吊放入孔应对中、慢放，防止碰撞孔壁。下放时应随时观察孔内水位变化，发现异常应立即停放，检查原因。

表 4-21　　泥浆性能指标要求

钻孔方法	地层情况	泥浆性能指标						
		相对密度	黏度/s	静切力/MPa	含砂率（%）	胶体率（%）	失水率/（mL/30min）	酸碱度 pH
正循环回转冲击	黏性土	1.05～1.20	16～22	1.0～2.5	<8～4	≥96	≤25	8～10
	砂土 碎石土 卵石 漂石	1.2～1.45	19～28	35	<8～4	≥96	≤15	8～10
推钻冲抓	黏性土	1.1～1.2	22～24	1～2.5	≤4	≥95	<30	8～11
	砂土 碎石土	1.2～1.4	22～30	3～5	≤4	≥95	<20	8～11
反循环回转	黏性土	1.02～1.06	16～20	1～2.5	≤4	≥95	≤20	8～10
	砂土	1.06～1.10	19～28	1～2.5	≤4	≥95	≤20	8～10
	碎石土	1.10～1.15	20～35	1～2.5	≤4	≥95	≤20	8～10

(6) 灌注混凝土。

1) 灌注水下混凝土之前，应再次检查孔内泥浆性能指标和孔底沉渣厚度，如超过规定，应进行第二次清孔，符合要求后方可灌注水下混凝土。

2) 水下混凝土的原材料及配合比除应满足相关规范的要求以外，尚应符合下列规定：

①水泥的初凝时间，不宜小于 2.5h。

②粗骨料优先选用卵石，如采用碎石宜增加混凝土配合比的含砂率。粗骨料的最大粒径不得大于导管内径的 1/6～1/8 和钢筋最小净距的 1/4，同时不得大于 40mm。

③细骨料宜采用中砂。

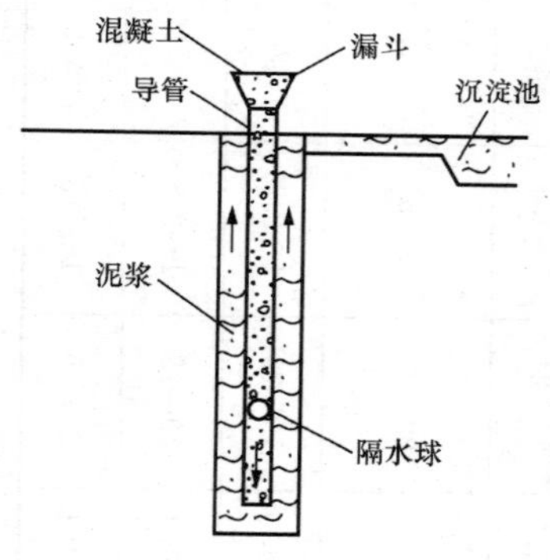

图 4-14 水下混凝土灌注方法

④混凝土配合比的含砂率宜采用0.4～0.5，水胶比宜采用 0.5～0.6。经试验，可掺入部分粉煤灰（水泥与掺合料总量不宜小于 350kg/m³，水泥用量不得小于 300kg/m³）。

⑤水下混凝土拌和物应具有足够的流动性和良好的和易性。

⑥灌注时坍落度宜为 180～220mm。

⑦混凝土的配制强度应比设计强度提高 10%～20%。

灌注方法如图 4-14 所示，当钢筋笼就位，导管下至设计深度，主批混凝土已拌和完毕运送至桩位处时，即可开始灌注混凝土（俗称灌桩）。

2. 季节性施工

(1) 钢筋骨架的冬期生产。过低的负温对钢筋骨架的焊接质量会产生一定的影响。因此，钢筋骨架的焊接成型均应采取供暖保温措施，使生产作业场地有适当的防风、雨、雪、严寒设施。环境温度在 5℃～－10℃时，施焊采取技术措施；低于－20℃时，不得进行焊接。工地一般建设不易发生火灾的活动房，内设暖器或火炉，作为钢筋骨架的生产采暖房屋。

在钢筋骨架入孔就位时，如果孔内泥浆温度在 10℃以上，由于骨架入孔到混凝土灌注前要经过 2h 左右的准备时间，则骨架与泥浆的温度可以达到平衡；如果入孔泥浆温度低于 10℃，则需要用蒸汽针预热泥浆后骨架才可吊装入孔。为了增加负温下钢筋笼整体连接的可靠性，如果设计有焊接要求，在焊缝部位应尽量采取电热器或蒸汽预热措施。

(2) 冬期灌注混凝土时施工要点。冬期施工的关键是防止混凝土早期受冻，必须十分重视水下混凝土的养护。

施工实践证明，水下混凝土一经入孔，即处在地温的蓄热养护之中。但是在地层冰冻线以上部分的桩身混凝土，必须采取可靠的早期防冻措施。例如供热、保温、在混凝土中配入外掺剂，以促进强度增长至不受冻害的限度。施工中经常采取的主要做法如下：

1）为了提高混凝土的早期强度，提高混凝土水化作用后的温度和抗冻性，可以采用 FDN、NNO、木钙等外掺剂。

2）混凝土灌注温度应控制在 10～15℃，这样可以满足技术要求，并能合理地利用能源。

3）适当地延长混凝土的搅拌时间，并采用掺入温水的热拌工艺，提高其灌注时的温度与和易性。

4）在混凝土灌注前，应对混凝土储料斗、混凝土漏斗、导管等用蒸汽针进行预热清洗，以减少不必要的热量损失。

5）对冰冻线以上的桩身，可采取局部温水并用蒸汽针加温，以提高养护温度或者采取蓄热养护。

3. 质量标准

混凝土灌注桩允许偏差应符合表 4 - 22 的规定。

表 4 - 22　混凝土灌注桩允许偏差

<table>
<tr><th colspan="2" rowspan="2">项目</th><th rowspan="2">允许偏差/mm</th><th colspan="2">检验频率</th><th rowspan="2">检验方法</th></tr>
<tr><th>范围</th><th>点数</th></tr>
<tr><td rowspan="2">桩位</td><td>群桩</td><td>100</td><td rowspan="6">每桩</td><td>1</td><td rowspan="2">用全站仪检查</td></tr>
<tr><td>排架桩</td><td>50</td><td>1</td></tr>
<tr><td rowspan="2">沉渣厚度</td><td>摩擦桩</td><td>符合设计要求</td><td>1</td><td rowspan="2">沉淀盒或标准测锤，查灌注前记录</td></tr>
<tr><td>支承桩</td><td>不大于设计要求</td><td>1</td></tr>
<tr><td rowspan="2">垂直度</td><td>钻孔桩</td><td>≤1%桩长，且不大于 500</td><td>1</td><td>用测壁仪或钻杆垂线和钢尺量</td></tr>
<tr><td>挖孔桩</td><td>≤0.5%桩长，且不大于 200</td><td>1</td><td>用垂线和钢尺量</td></tr>
</table>

五、沉入桩基础施工及检验要点

1. 施工要点

（1）混凝土桩的制作。

1）在现场预制时，场地应平整、坚实、不积水，并应便于混凝土的浇筑和桩的吊运。

2）钢筋混凝土桩的主筋，宜采用整根钢筋，如需接长宜采用闪光对焊。主筋与箍筋或螺旋筋应连接紧密，交叉处应采用点焊或钢丝绑扎牢固。

3）混凝土的坍落度宜为 4～6cm。

4）混凝土应连续浇筑，不得留工作缝。

（2）振动沉桩施工。

1）振动沉桩法应考虑振动对周围环境的影响，并应验算振动上拔力对桩结构的影响。

2）开始沉桩时应以自重下沉或射水下沉，待桩身稳定后再用振动下沉。

3）每根桩的沉桩作业，应一次完成，中途不宜停顿过久。

4）在沉桩过程中如发生机械故障应即暂停，查明原因经采取措施后，方可继续施工。

（3）锤击沉桩施工。

1）混凝土预制桩达到设计强度后方可沉桩。

2）沉型钢桩时，应采取防止桩横向失稳的措施。

3）当沉桩的桩顶标高低于落锤的最低标高时，应设送桩，其强度不得小于桩的设计强度。送桩应与桩锤、桩身在同一轴线上。

4）开始沉桩时应控制桩锤的冲击能，低锤慢打；当桩入土一定深度后，可按要求落距和正常锤击频率进行。

5）锤击沉桩的最后贯入度，柴油锤宜为 1～2mm/击，蒸汽锤宜为 2～3mm/击。

6）停锤应符合下列要求。

①桩端位于黏性土或较松软土层时，应以标高控制，贯入度作为校核。如桩沉至设计标高，贯入度仍较大时，应继续锤击，其贯入度控制值应由设计确定。

②桩端位于坚硬、硬塑的黏土及中密以上的粉土、砂、碎石类土、风化岩时，应以贯入度控制。当硬层土有冲刷时应以标高控制。

③贯入度已达到要求，而桩尖未达到设计标高时，应在满足冲刷线下最小嵌固深度后，继续锤击 3 阵（每阵 10 锤），贯入度不得大于设计规定的数值。

7）在沉桩过程中发现以下情况应暂停施工，并应采取措施进行处理。

①贯入度发生剧变。

②桩身发生突然倾斜、位移或有严重回弹。

③桩头或桩身破坏。

④地面隆起。

⑤桩身上浮。

(4) 混凝土桩的运输与保存。

1) 堆放场地应平整、坚实、排水通畅。

2) 混凝土桩的支点应与吊点上下对准，堆放不宜超过 4 层。

3) 钢桩的支点应布置合理，防止变形，堆放不得超过 3 层。应采取防止钢管桩滚动的措施。

(5) 射水沉桩施工要点。

射水沉桩应符合下列规定。

①在砂类土、砾石土和卵石土层中采用射水沉桩，应以射水为主；在黏性土中采用射水沉桩，应以锤击为主。

②当桩尖接近设计高程时，应停止射水进行锤击或振动下沉，桩尖进入未冲动的土层中的深度应根据沉桩试验确定，一般不得小于 2m。

③采用中心射水沉桩，应在桩垫和桩帽上，留有排水通道，降低高压水从桩尖返入桩内的压力。

④射水沉桩应根据土层情况，选择高压泵压力和排水量。

射水施工方法的选择应视土质情况而异，在砂夹卵石层或坚硬土层中，一般以射水为主，锤击或振动为辅；在粉质黏土或黏土中，为避免降低承载力，一般以锤击或振动为主，以射水为辅，并应适当控制射水时间和水量。下沉空心桩，一般用单管内射水，当下沉较深或土层较密实，可用锤击或振动，配合射水；下沉实心桩，将射水管对称地装在桩的两侧，并能沿着桩身上下自由移动，以便在任何高度上射水冲土。必须注意，不论采取任何射水施工方法，在沉入最后阶段 1～1.5m 至设计高程时，应停止射水，单用锤击或振动沉入至设计深度。射水沉桩的设备包括水泵、水源、输水管路（应减少弯曲，力求顺直）和射水管等。射水沉桩的施工要点是吊插基桩时要注意及时引送输水胶管，防止拉断与脱落；基桩插正立稳后，压上桩帽桩锤，开始用较小水压，使桩靠自重下沉。初期应控制桩身不使下沉过快，以免阻塞射水管嘴，并注意随时控制和校正桩的方向；下沉渐趋缓慢时，可开锤轻击，沉至一定深度（8～10m）已能保持桩身稳定后，可逐步加大水压和锤的冲击动能；沉桩至距设计高程一定距离（1.0m 以上）停止射水，拔出射水管，进行锤击或振动，使桩下沉至设计要求高程。

2. 质量标准

(1) 钢筋混凝土和预应力混凝土桩的预制允许偏差应符合表 4-23 的规定。

(2) 桩身表面无蜂窝、麻面和超过 0.15mm 的收缩裂缝。小于 0.15mm 的横向裂缝长度，方桩不得大于边长或短边长的 1/3，管桩或多边形桩不得大于直径或对角线的 1/3；小于 0.15mm 的纵向裂缝长度，方桩不得大于边长或短边长的 1.5 倍，管桩或多边形桩不得大于直径或对角线的 1.5 倍。

表 4-23　　钢管桩的预制允许偏差

项目		允许偏差/mm	检验频率		检验方法
			范围	点数	
实心桩	横截面边长	±5	每批抽查10%	3	用钢尺量相邻两边
	长度	±5		2	用钢尺量
	桩尘对中轴线的倾斜	10		1	用钢尺量
	桩轴线的弯曲矢高	≤0.1%桩长，且不大于20	全数	1	沿构件全长拉线，用钢尺量
	桩顶平面对桩纵轴线的倾斜	≤1%桩径（边长），且不大于3	每批轴查10%	1	用垂线和钢尺量
	接桩的接头平面与桩轴平面垂直度	0.5%	每批抽查2%	4	用钢尺量
空心桩	内径	不小于设计	每批抽查10%	2	用钢尺量
	壁厚	0 -3		2	用钢尺量
	桩轴线的弯曲矢高	0.2%	全数	1	沿管节全长拉线，用钢尺量

(3) 沉桩质量检验。

1) 沉入桩的入土深度、最终贯入度或停打标准应符合设计要求。

2) 沉桩允许偏差应符合表 4-24 的规定。

表 4-24　　沉桩允许偏差

项目			允许偏差/mm	检验频率		检验方法
				范围	点数	
桩位	群桩	中间桩	≤d/2，且不大于250	每排桩	20	用经纬仪测量
		外缘桩	d/4			
	排架桩	顺桥方向	40			
		垂直桥轴方向	50			
桩尖高程			不高于设计要求	每根桩	全数	用水准仪测量
斜桩倾斜度			±15%tanθ			用垂线和钢尺量尚沉入部分
直桩垂直度			1%			

注：1. d 为桩的直径或短边尺寸（mm）。

2. θ 为斜桩设计纵轴线与铅垂线间夹角（°）。

六、沉井基础施工及检验要点

1. 施工要点

(1) 沉井制作。

1) 在旱地制作沉井应将原地面平整、夯实；在浅水中或可能被淹没的旱地、浅滩应筑岛制作沉井；在地下水位很低的地区制作沉井，可先开挖基坑至地下水位以上适当高度（一般为 1～1.5m），再制作沉井。

2) 制作沉井处的地面承载力应符合设计要求。当不能满足承载力要求时，应采取加固措施。

3) 刃脚部位采用土内膜时，宜用黏性土填筑，土膜表面应铺 20～30mm 的水泥砂浆，砂浆层表面应涂隔离剂。

4) 沉井分节制作的高度，应根据下沉系数、下沉稳定性，经验算确定。底节沉井的最小高度，应能满足拆除支垫或挖除土体时的竖向挠曲强度要求。

5) 混凝土强度达到 25%时可拆除侧模，混凝土强度达 75%时方可拆除刃脚模板。

6) 底节沉井抽垫时，混凝土强度应满足设计文件规定的抽垫要求。抽垫程序应符合设计规定，抽垫后应立即用砂性土回填、捣实。抽垫时应防止沉井偏斜。

(2) 沉井下沉。

1) 在渗水量小，土质稳定的地层中宜采用排水下沉。有涌水翻砂的地层，不宜采用排水下沉。

2) 下沉困难时，可采用高压射水、降低井内水位、压重等措施下沉。

3) 沉井应连续下沉，尽量减少中途停顿时间。

4) 下沉时，应自中间向刃脚处均匀对称除土。支承位置处的土，应在最后同时挖除。应控制各井室间的土面高差，并防止内隔墙底部受到土层的顶托。

5) 沉井下沉中，应随时调整倾斜和位移。

6) 弃土不得靠近沉井，避免对沉井引起偏压。在水中下沉时，应检查河床因冲、淤引起的土面高差，必要时可采用外弃土调整。

7) 在不稳定的土层或沙土中下沉时，应保持井内外水位一定的高差，防止翻沙。

8) 纠正沉井倾斜和位移应先摸清情况、分析原因，然后采取相应措施，如有障碍物应先排除再纠偏。

(3) 水下封底沉井。

1) 采用数根导管同时浇筑时，导管数量和位置宜符合表 4-25 的规定。

表 4-25 导管作用范围

导管内径/mm	导管作用半径/m	导管下口要求埋入深度/m
250	1.1左右	2.0以上
300	1.3～2.2	
300～500	2.2～4.0	

2）导管底端埋入封底混凝土的深度不宜小于0.8m。

3）混凝土顶面的流动坡度宜控制在1∶5以下。

4）在封底混凝土上抽水时，混凝土强度不得小于10MPa，硬化时间不得小于3d。

2. 质量标准

(1) 混凝土沉井制作允许偏差应符合表4-26的规定。

表 4-26 混凝土沉井制作允许偏差

项目		允许偏差/mm	检验频率		检验方法
			范围	点数	
沉井尺寸	长、宽	±0.5%边长，大于24m时±120	每座	2	每钢尺量长、宽各1点
	半径	±0.5%半径，大于12m时±60		4	用钢尺量，每侧1点
对角线长度差		1%理论值，且不大于80		2	用钢尺量，圆井量两个直径
井壁厚度	混凝土	+40 −30		4	用钢尺量，每侧1点
	钢壳和钢筋混凝土	±15			
平整度		8		4	用2m直尺、塞尺量，每侧各1点

(2) 混凝土沉井壁表面应无孔洞、露筋、蜂窝、麻面和宽度超过0.15mm的收缩裂缝。

(3) 就地浇筑沉井首节下沉应在井壁混凝土达到设计强度后进行，其上各节达到设计强度的75%后方可下沉。

(4) 就地制作沉井下沉就位允许偏差应符合表4-27的规定。

(5) 浮式沉井下沉就位允许偏差应符合表4-28的规定。

(6) 下沉后内壁不得渗漏。

表4-27　　就地制作沉井下沉就位允许偏差

项　　目	允许偏差/mm	检验频率		检　验　方　法
		范围	点数	
底面、顶面中心位置	$H/50$	每座	4	用经纬仪测量纵横向各2点
垂直度	$H/50$		4	用经纬仪测量
平面扭角	1°		2	经纬仪检验纵、横轴线交点

注：H为沉井高度（mm）。

表4-28　　浮式沉井下沉就位允许偏差

项　　目	允许偏差/mm	检验频率		检　验　方　法
		范围	点数	
底面、顶面中心位置	$H/50+250$	每座	4	用经纬仪测量纵横向各2点
垂直度	$H/50$		4	用经纬仪测量
平面扭角	2°		2	经纬仪检验纵、横轴线交点

注：H为沉井高度（mm）。

七、成品保护

(1) 基础开挖完成后，严禁对边坡、基底进行扰动。施工人员必须从指定地点的梯道上下。

(2) 土方开挖时，应防止邻近已有道路、管线发生下沉和变形，并与有关单位协商采取保护措施。

(3) 土方开挖时应对定位桩、轴线引桩、标准水准点加以保护、防止挖土时碰撞。

(4) 钢筋笼在制作、运输和安装过程中，应采取措施防止变形。吊入钻孔时，应有保护垫块或垫管和垫板。

(5) 钢筋笼在吊放入孔时，不得碰撞孔壁。浇筑混凝土时，应采取措施固定其位置。

(6) 钢模板安装前均匀涂抹脱模剂，涂好后立即进行安装，防治污染，不得在模板就位后涂抹脱模剂，以免污染钢筋。

(7) 桩应达到设计强度的75%方可起吊，达到100%才能运输。

(8) 桩在起吊和搬运时，必须做到吊点符合设计要求，应平稳并不得损坏。

(9) 在邻近有建筑物或岸边、斜坡上打桩时，应会同有关单位采取有效的加固措施。施工时应随时进行观测，确保避免因打桩振动而发生安全事故。

(10) 混凝土施工时，要有防雨措施，避免浇筑混凝土时，终凝前表面遭雨淋水冲。

八、职业健康安全管理

1. 钻孔施工

(1) 钻机运行中作业人员应位于安全处，严禁人员靠近和触摸钻杆。钻具悬空时严禁下方有人。

(2) 钻孔过程中，应经常检查钻渣并与地质剖面图核对，发现不符时应及时采取安全技术措施。

(3) 成孔后或因故停钻时，应将钻具提至孔外置于地面上，关机、断电并应保持孔内护壁措施有效，孔口应采取防护措施。

(4) 钻孔作业中发生坍孔和护筒周围冒浆等故障时，必须立即停钻；钻机有倒塌危险时，必须立即将人员和钻机撤至安全位置，经技术处理并确认安全后，方可继续作业。

(5) 施工中严禁人员进入孔内作业。

(6) 冲抓钻机钻孔，当钻头提至接近护筒上口时，应减速、平稳提升，不得碰撞护筒，作业人员不得靠近护筒，钻具出土范围内严禁有人。

(7) 起重机吊装时应缓起，宜设拉绳保持稳定。桩长超过运输车厢时，车辆转弯应速度缓、半径大，并应观察周围环境，确认安全。

(8) 用起重机悬吊振动桩锤沉桩时，其吊钩上必须由防松脱的保护装置，并应控制吊钩下降速度与沉桩速度一致，保持桩身稳定。

(9) 浇筑混凝土作业必须由作业组长指挥，浇筑前检查各项准备工作，确认合格后，方可发布浇筑混凝土的指令。

(10) 水下混凝土浇筑过程中，从桩孔内溢出的泥浆应引流至规定地点，不得随意漫流。

(11) 浇筑混凝土结束后，桩顶混凝土低于现状地面时，应设护栏和安全标志。

2. 其他管理

（1）槽深度超过 1.5m 时，必须按规定放坡或做可靠支撑，并设置人员上下坡道或爬梯。深度超过 2m 时，在距沟槽边 1m 处设置两道不低于 1.2m 高的护身栏。施工期间设警示牌，夜间设红色标志灯。

（2）夜间施工要有足够的照明。

（3）沟槽边堆土高度不得超过 1.5m，堆土距沟槽边大于 1m。

（4）汛期开槽时，要放缓边坡坡度，并做好排水措施。

（5）施工现场附近有电力架空线路时，施工中应设专人监护。

九、环境管理

（1）施工现场道路和场地应做硬化处理，配备洒水车洒水降尘。

（2）土方施工在城区运输时，必须封闭、覆盖，不得沿途遗洒；运土车辆出工地时，应对轮胎进行清洗，防止污染社会道路。

（3）沉井下沉前，应对其附近的堤防、建（构）筑物采取有效的防护措施，并应在下沉过程中加强观测。

（4）在城区、居民区、乡镇、村庄、机关、学校、企业、事业单位等人员密集区严格控制噪音污染，夜间土方开挖时，司机不得随意鸣笛，应控制施工机械人为噪声，不得采用锤击、振动沉桩施工。

（5）对易飞扬的散体材料，应安排在库房内存放并严密遮盖。

（6）生活、施工垃圾不得随意丢弃，现场设置封闭式垃圾存放站，定期封闭清运。

（7）桩的堆放场地应平整、坚实、不积水。

（8）沉桩作业应由具有经验的技术工人指挥，作业前指挥人员必须检查各岗位人员的准备工作情况和周围环境，确认安全后，方可向操作人员发出指令。

（9）用混凝土罐车浇筑时，混凝土罐车退场时应在指定地点清洗料斗，防治遗洒和污染外流。

第三节　桥梁墩台施工现场管理与施工要点

一、作业条件

（1）基础（承台或扩大基础）和预留插筋经验收合格。

（2）基础（承台或扩大基础）与墩台接缝位置按有关规定已充分凿毛。

（3）作业面已临时通水通电，道路畅通，场地平整，满足施工要求。

（4）所需机具已进场，机械设备状况良好。

二、现场工、料、机管理

1. 施工人员工作要点

（1）墩台钢筋加工。参见第四章第四节。

（2）模板的安拆。

1）首先按结构物的轮廓尺寸设计绘制模板总装图，并对不足模数的空缺部位按符合设计尺寸的木模板配补，编制钢模板配件表，拟定所需机具和各工序劳动力计划。

2）按承受混凝土侧压力的要求配备连接件和支撑件。

3）拼装前要平整预拼场地，清理立模现场，测量模板控制点标高，底板上划出模板位置。

4）组拼模板一般按自下而上的顺序进行每块模板要求位置正确，用各种尺寸的标准模板利用销钉连接，并与拉杆、加劲构件等组成墩台所需形状模板，并设立支撑使模板保持整体稳定，防止浇筑混凝土时，模板受力变形。墩台模板构造图如图 4-15 所示。

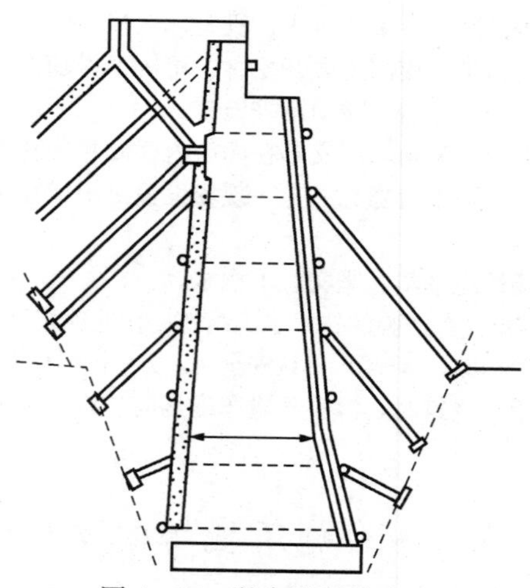

图 4-15　墩台模板构造图

5）墩柱的模板一般采用整体安装的钢模板，一是可以重复使用多次，拆卸也较方便。二是外观平整，施工效果好，墩柱模板如图 4-16 所示。

6）墩帽模板如图 4-17 所示。

7）模板拆除顺序和方法，应按设计规定先拆侧面模板，后拆底面模板，先拆非承重部分后拆承重部分。

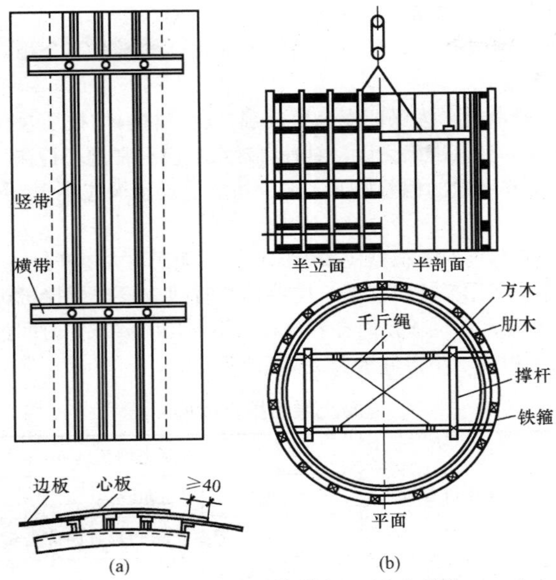

图 4-16　圆形桥墩整体模板（尺寸单位：cm）

（a）拼装式钢模板；（b）整体式吊装模板

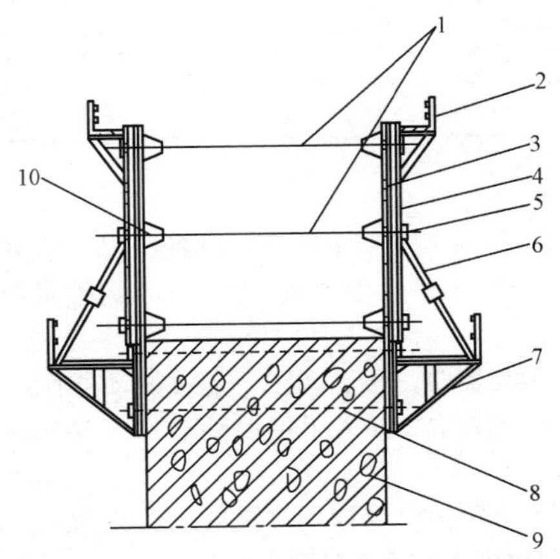

图 4-17　高墩台应用拼装式模板示意

1—拉杆；2—上脚手；3—模板；4—立柱；5—横肋；6—可调斜撑；7—下脚手；8—预埋螺栓；9—已浇墩身混凝土；10—锥形螺母（拆模取出砂浆抹平）

（3）混凝土拌制。混凝土拌制应注意以下几点：

1）为保证混凝土质量，混凝土用的各种主要材料应符合相应的国家标准和合理的设计配合比。

2）混凝土拌制时，为保证配合比准确，所有材料均按质量比配料，并经常检查各种衡器，使其准确无误，对骨料含水量应经常进行检测，以调整骨料和水的用量，配料数量的偏差如下：水、外加剂及水泥应小于2%；粗、细骨料应小于3%。

3）混凝土上料前对各衡器应按配比单校对无误，方得开盘。

4）混凝土应使用搅拌机搅拌，搅拌延续时间应根据搅拌机类型，混凝土坍落度等情况确定，时间不足时拌和物将达不到均匀要求，时间过长拌和物可能产生离析。一般要求不得低于表4-29的规定。

表4-29　混凝土最短搅拌时间

搅拌机类别	搅拌机容量/L	混凝土坍落度/mm		
		<30	30～70	>70
		混凝土最短搅拌时间/min		
自落式	≤400	2.2	1.5	1.0
	≤800	2.5	2.0	1.5
	≤1200	—	2.5	1.5
强制式	≤400	1.5	1.2	1.0
	≤1500	2.5	1.5	1.5

（4）混凝土浇筑。

1）墩台基底为非黏性土或干土时，应设置垫层，基面为岩石时，应加以润湿，铺一层厚20～30mm的水泥砂浆，然后于水泥砂浆凝固前浇筑第一层混凝土。

2）使用插入式振捣器时，移动间距不超过振动器作用半径的1.5倍，与侧模保持50～100mm的距离，插入下层混凝土50～100mm，每一处振毕，徐徐提出振动棒。

3）每一振动部位必须振动到该部位混凝土密实为止，密实的标志是混凝土停止下沉，不再冒出气泡，表面呈现平坦、泛浆。

4）浇筑混凝土时，应保证混凝土本身的均匀性不产生离析现象；均匀填充模板不使混凝土表面产生蜂窝麻面现象；保证保护层厚度。

5）混凝土浇筑完成后，对混凝土裸露面应及时进行抹平，等定浆后再抹第二遍并压光。

6）在浇筑后一定时间内使混凝土保持适当的温度和湿润状态，用麻袋等覆盖混凝土表面后及时浇水，浇水次数以混凝土保持充分潮湿状态为度，在强度允许时尽早拆模对混凝土直接洒水，洒水养护时应防止水冲混凝土而影响其设计强度。

（5）砌石（块）墩台。

1）墩台在砌筑基础的第一层砌块时，如基底为土质，只在已砌石块侧面铺上砂浆即可，不需坐浆，如基底为岩层或混凝土基础，应将其表面清洗、润湿后，先坐浆再砌筑石块。

2）砌筑斜面墩、台时，斜面应逐层收坡，以保证规定坡度。若用块石或料石砌筑，应分层放样加L石料应分层分块编号，砌筑时对号入座。

3）墩、台应分段分层砌筑。两相邻工作段的砌筑高差不超过1.2m。分段位置宜尽量设置在沉降缝或伸缩缝处。

4）混凝土预制块墩、台安装顺序应从角石开始，竖缝应用厚度较灰缝略小的铁片控制。安砌后立即用扁铲捣实砂浆。

5）墩、台砌筑的方法和要求如下：

①砌体中的石块或预制块均应以砂浆黏结，砌块间要求有一定厚度的砌缝，在任何情况下不得互相直接接触。上层石块应在下层石块上铺满砂浆后砌筑。竖缝可在先砌好的砌块侧面抹止砂浆。所有砌缝要求砂浆饱满。若用小块碎石填塞砌缝时，要求碎石四周都有砂浆。不得采取先堆积几层石块，然后以稀砂浆灌缝的方法砌筑。

②同一层石料及水平灰缝的厚度要均匀一致，每层按水平砌筑，丁顺相间，砌石灰缝互相垂直。砌石顺序为先角石，再镶面，后填腹。填腹石的分层高度应与镶面相同。

③为使砌块稳固，每处应选取形状尺寸较适宜的石块并铺好砂浆，再将石块稳妥地砌搁在砂浆上。

④分层砌筑时，宜将较大石块用于下层，并应用宽面为底铺砌。

⑤砌筑上层时，应避免震动下层砌块。砌筑工作中断后重新开始时，应先将原砌层表面清扫干净，适当湿润，再铺浆砌筑。

⑥浆砌片石的砌缝宽度一般不应大于4cm，用小石子混凝土砌筑时，可为3～7cm。

⑦浆砌块石的砌缝宽度不大于3cm。上下层竖缝错开距离不小于8cm。砌体里层平缝不应大于3cm，竖缝宽度不应大于4cm，用小石子混凝土砌筑时不应大于5cm。

⑧浆砌粗料石的砌缝宽度不应大于2cm，混凝土预制块的砌缝宽度不应大于

1cm；上下层竖缝错开距离不应小于10cm。砌体里层为浆砌块石时，其要求同⑦。

6）石砌墩、台和破冰棱的镶面应按设计规定，镶面的砌筑应符合下列要求：

①破冰棱与垂线间夹角小于20°时，破冰体的镶面分层应成水平，破冰棱与垂线间夹角大于20°时，破冰体的镶面分层应垂直于破冰棱。破冰体分层应与墩身一致。

②砌缝宽度应为1.0～1.2cm。砌缝不得设在破冰棱中线上及破冰棱与墩身相交线上。

7）在砌筑中应经常检查平面外形尺寸及侧面坡度是否符合设计要求。砌筑完后所有砌石（块）均应勾缝。

2. 材料选择及检验

（1）材料选择。

1）钢筋。钢筋出厂时，应具有出厂质量证明书和检验报告单。品种、级别、规格和性能应符合设计要求；进场时，应抽取试件做力学性能复试，其质量必须符合国家现行标准《钢筋混凝土用钢　第1部分：热轧光圆钢筋》（GB1499.1—2008）、《钢筋混凝土用钢　第2部分：热轧带肋钢筋》（GB1499.2—2007）等的规定。当发现钢筋脆断、焊接性能不良或力学性能显著不正常等现象时，应对该批钢筋进行化学分析或其他专项检验。

2）电焊条。电焊条应有产品合格证，品种、规格、性能等应符合国家现行标准《非合金钢及细晶粒钢焊条》（GB/T 5117—2012）的规定。选用的焊条型号应与母材强度相适应。

3）水泥。宜采用硅酸盐水泥和普通硅酸盐水泥。水泥进场应有产品合格证或出厂检验报告，进场后应对强度、安定性及其他必要的性能指标进行取样复试，其质量必须符合国家现行标准《通用硅酸盐水泥》（GB 175—2007/XG1—2009）等的规定。

当对水泥质量有怀疑或水泥出厂超过3个月时，在使用前必须进行复试，并按复试结果使用。不同品种的水泥不得混合使用。

4）石料。

①类别、强度应符合设计要求，石质应均匀、耐风化、无裂纹。

②石料的外观要求。片石最小边不应小于150mm，每块重量宜在20～30kg，不得采用卵石、薄片；块石形状应大致方正，上下面大致平整，厚度200～300mm，宽度约为厚度的1～1.5倍，长度约为厚度的1.5～3倍。用做镶面的块石，应由外露面四周向内稍加修凿，后部可不修凿；粗料石外形应方正，成六面体，最小边不应小于200mm，长度不宜大于厚度的4倍。修凿面每100mm长需有錾路4～5条，修凿后的侧面应与外露面垂直，正面凹陷深度不

应超过 15mm。镶面粗料石的外露面需细凿边缘时，细凿边缘的宽度应为 30～50mm。细料石形状应为规则六面体，厚度、高度均应大于 200mm，长度应大于厚度的 3 倍；剁斧石的纹路应直顺、整齐，不得有死坑。

③寒冷地区的石料应具有一定的抗冻性。

④石料的坚固性和磨耗性视其使用部位不同有不同的要求。

（2）材料检验。材料检验参见第四章第四节和第五节桥梁混凝土工程和钢筋工程。

3. 桥梁墩台施工主要机械和辅助设备使用方法

（1）起重机。

1）起重机启动前重点检查项目应符合下列要求。

①各安全保护装置和指示仪表齐全完好。

②钢丝绳及连接部位符合规定。

③燃油、润滑油、液压油及冷却水添加充足。

④各连接件无松动。

⑤轮胎气压符合规定。

2）起重机启动后，应怠速运转，检查各仪表指示值，运转正常后接合液压泵，待压力达到规定值，油温超过 30℃时，方可开始作业。

3）作业前，应全部伸出支腿，并在撑脚板下垫方木，调整机体使回转支承面的倾斜度在无载荷时不大于 1/1000（水准泡居中）。支腿有定位销的必须插上。底盘为弹性悬挂的起重机，放支腿前应先收紧稳定器。

4）作业中严禁扳动支腿操纵阀。调整支腿必须在无载荷时进行，并将起重臂转至正前或正后方可再行调整。

5）应根据所吊重物的重量和提升速度，调整起重臂长度和仰角，并应估计吊索和重物本身的高度，留出适当空间。

6）起重臂伸缩时，应按规定程序进行，在伸臂的同时应相应下降吊钩。当限制器发出警报时，应立即停止伸臂。起重臂缩回时，仰角不宜太小。

7）起重臂伸出后，出现前节臂杆的长度大于后节伸出长度时，必须进行调整，消除不正常情况后，方可作业。

8）起重臂伸出后，或主副臂全部伸出后，变幅时不得小于各长度所规定的仰角。

9）汽车式起重机起吊作业时，汽车驾驶室内不得有人，重物不得超越驾驶室上方，且不得在车的前方起吊。

10）采用自由（重力）下降时，载荷不得超过该工况下额定起重量的 20%，并应使重物有控制地下降，下降停止前应逐渐减速，不得使用紧急制动。

11）起吊重物达到额定起重量的 50%及以上时，应使用低速挡。

12）作业中发现起重机倾斜、支腿不稳等异常现象时，应立即使重物下降落在安全的地方，下降中严禁制动。

13）重物在空中需要较长时间停留时，应将起升卷筒制动锁住，操作人员不得离开操纵室。

14）起吊重物达到额定起重量的90％以上时，严禁同时进行两种及以上的操作动作。

15）起重机带载回转时，操作应平稳，避免急剧回转或停止，换向应在停稳后进行。

16）当轮胎式起重机带载行走时，道路必须平坦坚实，载荷必须符合出厂规定，重物离地面不得超过500mm，并应拴好拉绳，缓慢行驶。

17）作业后，应将起重臂全部缩回放在支架上，再收回支腿。吊钩应用专用钢丝绳挂牢；应将车架尾部两撑杆分别撑在尾部下方的支座内，并用螺母固定；应将阻止机身旋转的销式制动器插入销孔，并将取力器操纵手柄放在脱开位置，最后应锁住起重操纵室门。

（2）墩台模板。模板一般用木材、钢料或其他符合设计要求的材料制成。木模重量轻，便于加工成结构物所需要的尺寸和形状，但装拆时易损坏，重复使用次数少。对于大量或定形的混凝土结构物，则多采用钢模板。钢模板造价较高，但可重复多次使用，且拼装拆卸方便。

常用的模板类型有拼装式模板、整体吊装模板、组合型钢模板及滑动钢模板等。各种模板在工程上的应用，可根据墩台高度、墩台型式、机具设备及施工期限等条件，因地制宜，合理选用。模板的设计可参照《公路桥涵钢结构及木结构设计规范》（JTJ 025—1986）的其他有关规定，验算模板的刚度时，其变形值不得超过下列数值：结构表面外露的模板，挠度为模板构蔽的模板，挠度为模板构件跨度的1/400；结构表面隐蔽的模板，挠度为模板构蔽的模板，挠度为模板构件跨度的1/250，钢模板的面板变形为1.5mm，钢模板的钢棱、柱箍变形为3.0mm。

（3）扣件式钢管脚手架。由钢管及扣件组成，具有承载力大、装拆方便和较为经济的优点。一般情况下，脚手架单管立柱的承载力可达15～35kN。

1）单排扣件式钢管脚手架仅适用于高度小于24m的墩、台。单管立柱的扣件式脚手架搭设高度不宜超过50m。50m以上的高架，有以下两种做法：

①脚手架的下部采用双管立柱，上部采用单管立柱，单管立柱部分高度应在35m以下。

②将脚手架的下部柱距减半，较大柱距的上部高度在35m以下。

2）脚手架组成应满足以下基本要求：

①脚手架是由立柱、纵向与横向水平杆共同组成的“空间框架结构”，在

脚手架的中心节点处（图 4 - 18），必须同时设置立柱、纵向与横向水平杆。

②扣件螺栓拧紧扭力矩应在 40～60N · m，以保证“空间框架结构”的节点具有足够的刚性和传递荷载的能力。

③在脚手架和建筑物之间，必须设置足够数量、分布均匀的连墙杆，以便在脚手架的侧向（垂直建筑物墙面方向）提供约束，防止脚手架横向失稳或倾覆，并可靠地传递风荷载。

④脚手架立柱的地基与基础必须坚实，应具有足够的承载能力，并防止不均匀的或过大的沉降。

⑤应设置纵向支撑（剪刀撑）和横向支撑，以使脚手架具有足够的纵向和横向整体刚度。

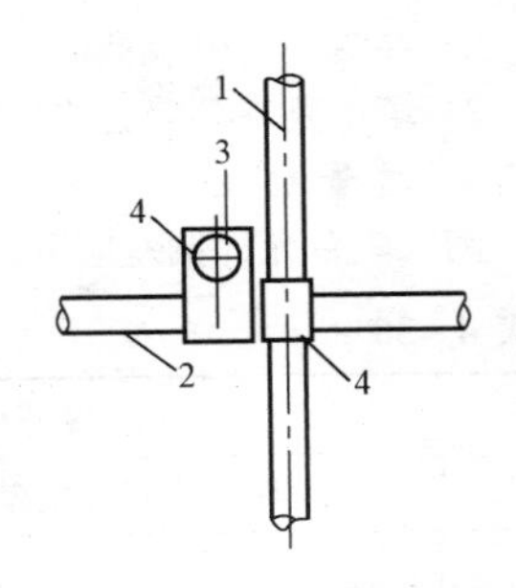

图 4 - 18　扣件式脚手架的中心节点

1—立柱；2—纵向水平杆；3—横向水平杆；4—直角扣件

三、砌石（块）墩台施工及检验要点

1. 施工要点

砌石（块）墩台施工应符合市政道路工程第三章第五节砌体挡土墙施工规定。

2. 季节性施工

（1）冬期施工。

1）砌石工程不宜在冬期施工。如在冬期施工时，需采用暖棚法、蓄热法等施工方法进行，砌块温度在 5℃以上，并须根据不同气温条件编制具体施工方案。

2）冬期施工时施工前应清除冰雪等冻结物。水泥砂浆在拌和前应对材料进行加热处理，但水温不超过 80℃，砂子不超过 40℃，使砂浆温度不低于 20℃。

3）冬期砌筑砂浆，必须使用水泥砂浆或水泥石灰砂浆，严禁使用无水泥配制的砂浆，砂浆宜选用普通硅酸盐水泥拌制。砂浆应随拌随用，搅拌时间应比常温时增加 0.5～1 倍，砌体砂浆稠度要求 40～60mm。

4）冬期当日气温低于－15℃时，采用抗冻砂浆的强度等级按常温提高一级，抗冻砂浆不应低于 5℃。抗冻砂浆的抗冻剂掺量可通过试验确定。

5）气温低于 5℃时，不能洒水养护。

6）解冻期间应对砌体进行观察，当发生裂缝、不均匀沉降的情况，应具体分析原因并采取相应补救措施。

（2）雨期施工。

1）雨期施工应有防雨措施，防止雨水冲刷砌体，下雨时应立即停止砌筑，并对已砌完的墙体进行覆盖、遮雨。

2）在深槽处砌筑挡墙时，应采取必要的排水措施以防水浸泡墙体。

3）填土路基挡墙也应做好排水设施，以防路基坍塌挤倒挡墙。

3. 质量标准

砌筑墩台允许偏差应符合表 4-30 的规定。

表 4-30　　砌筑墩台允许偏差

项目		允许偏差/mm		检验频率		检验方法
		浆砌块石	浆砌料石、砌块	范围	点数	
墩台尺寸	长	+20 −10	+10 0	每个墩台身	3	用钢尺量 3 个断面
	厚	±10	+10 0		3	用钢尺量 3 个断面
顶面高程		±15	±10		4	用水准仪测量
轴线偏位		15	10		4	用经纬仪测量，纵、横各 2 点
墙面垂直度		≤0.5%H 且≤20mm	≤0.5%H 且≤20mm		4	用经纬仪测量或垂线和钢尺量
墙面平整度		30	10		4	用 2m 直尺，塞尺量
水平缝平直		—	10		4	用 10m 小线、钢尺量
墙面坡度		符合设计要求	符合设计要求		4	用坡度板量

注：表中 H 为墩台高度（mm）。

四、钢筋混凝土墩台施工及检验要点

1. 施工要点

钢筋与混凝土工程符合桥梁工程钢筋工程和混凝土工程。

（1）重力式混凝土墩台施工应符合下列规定：

1）墩台混凝土浇筑前应对基础混凝土顶面做凿毛处理，清除锚筋污锈。

2）墩台混凝土宜水平分层浇筑，每次浇筑高度宜为 1.5～2m。

3）墩台混凝土分块浇筑时，接缝应与墩台截面尺寸较小的一边平行，邻层分块接缝应错开，接缝宜做成企口形。分块数量，墩台水平截面积在 200m² 内不得超过 2 块；在 300m² 以内不得超过 3 块。每块面积不得小于 50m²。

（2）柱式墩台施工应符合下列规定：

1）模板、支架除应满足强度、刚度外，稳定计算中应考虑风力影响。

2）墩台柱与承台基础接触面应凿毛处理，清除钢筋污锈。浇筑墩台柱混凝土时，应铺同配合比的水泥砂浆一层。墩台柱的混凝土宜一次连续浇筑完成。

3）柱身高度内有系梁连接时，系梁应与柱同步浇筑。V形墩柱混凝土应对称浇筑。

4）采用预制混凝土管做柱身外模时，预制管安装应符合下列要求。

①基础面宜采用凹槽接头，凹槽深度不得小于5cm。

②上下管节安装就位后，应采用四根竖方木对称设置在管柱四周并绑扎牢固，防止撞击错位。

③混凝土管柱外模应设斜撑，保证浇筑时的稳定。

④管接口应采用水泥砂浆密封。

2. 季节性施工

（1）雨期施工。

1）雨期施工中，脚手架地基须坚实平整、排水顺畅。

2）模板涂刷脱模剂后，要采取措施避免脱模剂受雨水冲刷而流失。

3）及时准确地了解天气预报信息，避免雨中进行混凝土浇筑。

4）高墩台采用钢模板时，要采取防雷击措施。

（2）冬期施工。

1）应根据混凝土搅拌、运输、浇筑及养护的各环节进行热工计算，确保混凝土入模温度不低于5℃。

2）混凝土的搅拌宜在保温棚内进行，对骨料、水泥、水、掺合料及外加剂等应进行保温存放。

3）视气温情况可考虑水、骨料的加热，但首先应考虑水的加热，若水加热仍不满足施工要求时，应进行骨料加热。水和骨料的加热温度应通过计算确定，但不得超过有关标准的规定。投料时水泥不得与80℃以上的水直接接触。

4）混凝土运输时间尽可能缩短，运输混凝土的容器应采取保温措施。

5）混凝土浇筑前应清除模板、钢筋上的冰雪和污垢，保证混凝土成型开始养护时的温度，用蓄热法时不得低于10℃。

6）根据气温情况和技术经济比较可以选择使用蓄热法、综合蓄热法及暖棚法进行混凝土养护。

7）在确保混凝土达到临界强度且混凝土表面温度与大气温度温差小于15℃，方可撤除保温及拆除模板。

3. 质量标准

（1）现浇混凝土墩台质量检验应符合下列规定：

1）钢筋混凝土柱的铜管制作质量检验应符合规范的规定。

2）混凝土与钢管应紧密结合，无空隙。

3）现浇混凝土墩台允许偏差应符合表 4 - 31 的规定。

表 4 - 31　　现浇混凝土墩台允许偏差

项目		允许偏差/mm	检验频率		检验方法
			范围	点数	
墩台身尺寸	长	+15 −0	每个墩台或每个节段	2	用钢尺量
	厚	+10 −8		4	用钢尺量，每侧上、下各 1 点
顶面高程		±10		4	用水准仪测量
轴线偏位		10		4	用经纬仪测量，纵、横各 2 点
墙面垂直度		≤0.25%H 且≤25mm		2	用经纬仪测量或垂线和钢尺量
墙面平整度		8		4	用 2m 直尺、塞尺量
节段间错台		5		4	用钢尺和塞尺量
预埋件位置		5	每件	4	经纬仪放线，用钢尺量

注：H 为墩台高度（mm）。

4）现浇混凝土柱允许偏差应符合表 4 - 32 的规定。

表 4 - 32　　现浇混凝土柱允许偏差

项目		允许偏差/mm	检验频率		检验方法
			范围	点数	
断面尺寸	长、宽（直径）	±5	每根柱	2	用钢尺量，长、宽各 1 点，圆柱量 2 点
顶面高程		±10		1	用水准仪测量
垂直度		≤0.2%H，且不大于 15		2	用经纬仪测量或垂线和钢尺量
轴线偏位		8		2	用经纬仪测量
平整度		5		2	用 2m 直尺、塞尺量
节段间错台		3		4	用钢板尺和塞尺量

注：H 为柱高（mm）。

5）模板、支架和拱架制作及安装应符合施工设计图（施工方案）的规定，且稳固牢靠，接缝严密，立柱基础有足够的支撑面和排水、防冻融措施。

6）模板制作允许偏差应符合表 4-33 的规定。

表 4-33　　模板制作允许偏差

<table>
<tr><th colspan="3" rowspan="2">项　　目</th><th rowspan="2">允许偏差
/mm</th><th colspan="2">检验频率</th><th rowspan="2">检验方法</th></tr>
<tr><th>范围</th><th>点数</th></tr>
<tr><td rowspan="6">木模板</td><td colspan="2">模板的长度和宽度</td><td>±5</td><td rowspan="14">每个构筑物或每个构件</td><td rowspan="5">4</td><td>用钢尺量</td></tr>
<tr><td colspan="2">不刨光模板相邻两板表面高低差</td><td>3</td><td rowspan="2">用钢板尺和塞尺量</td></tr>
<tr><td colspan="2">刨光模板和相邻两板表面高低差</td><td>1</td></tr>
<tr><td colspan="2">平板模板表面最大的局部不平（刨光模板）</td><td>3</td><td rowspan="2">用 2m 直尺和塞尺量</td></tr>
<tr><td colspan="2">平板模板表面最大的局部不平（不刨光模板）</td><td>5</td></tr>
<tr><td colspan="2">榫槽嵌接紧密度</td><td>2</td><td>2</td><td rowspan="2">用钢尺量</td></tr>
<tr><td rowspan="8">钢模板</td><td colspan="2">模板的长度和宽度</td><td>0
−1</td><td>4</td></tr>
<tr><td colspan="2">肋高</td><td>±5</td><td>2</td><td rowspan="2">用水平尺量</td></tr>
<tr><td colspan="2">面板端偏斜</td><td>0.5</td><td>2</td></tr>
<tr><td rowspan="3">连接配件（螺栓、卡子等）的孔眼位置</td><td>孔中心与板面的间距</td><td>±0.3</td><td rowspan="4">4</td><td rowspan="3">用钢尺量</td></tr>
<tr><td>板端孔中心与板端的间距</td><td>0
−0.5</td></tr>
<tr><td>沿板长宽方向的孔</td><td>±0.6</td></tr>
<tr><td colspan="2">板面局部不平</td><td>1.0</td><td>用 2m 直尺和塞尺量</td></tr>
<tr><td colspan="2">板面和板侧挠度</td><td>±1.0</td><td>1</td><td>用水准仪和拉线量</td></tr>
</table>

7）模板、支架和拱架安装允许偏差应符合表 4-34 的规定。

8）固定在模板上的预埋件、预留孔内模不得遗漏，且应安装牢固。

五、成品保护

（1）钢模板安装前均匀涂抹脱模剂，涂好后立即进行安装，防止污染，不得在模板就位后涂刷脱模剂，以免污染钢筋。

表 4-34　　模板、支架和拱架安装允许偏差

项目		允许偏差/mm	检验频率		检验方法
			范围	点数	
相邻两板表面高低差	清水模板	2	每个构筑构或每个构件	4	用钢板尺和塞尺量
	混水模板	2			
	钢模板	2			
表面平整度	清水模板	3		4	用 2m 直尺和塞尺量
	混水模板	5			
	钢模板	3			
垂直度	墙、柱	$H/1000$，且不大于 6		2	用经纬仪或垂线和钢尺量
	墩、台	$H/500$，且不大于 20			
	塔柱	$H/3000$，且不大于 30			
模内尺寸	基础	±10		3	用钢尺量，长、宽、高各 1 点
	墩、台	+5 −8			
	梁、板、墙、柱、桩、拱	+3 −6			
轴线偏位	基础	15		2	用经纬仪测量，纵、横向各 1 点
	墩、台、墙	10			
	梁、柱、拱、塔柱	8			
	悬浇各梁段	8			
	横隔梁	5			
支承面高程		+2 −5	每支承面	1	用水准仪测量
悬浇各梁段底面高程		+10 0	每个梁段	1	用水准仪测量

续表

<table>
<tr><th colspan="3" rowspan="2">项目</th><th rowspan="2">允许偏差/mm</th><th colspan="2">检验频率</th><th rowspan="2">检验方法</th></tr>
<tr><th>范围</th><th>点数</th></tr>
<tr><td rowspan="4">预埋件</td><td rowspan="2">支座板、锚垫板连接板等</td><td>位置</td><td>5</td><td rowspan="4">每个预埋件</td><td>1</td><td>用钢尺量</td></tr>
<tr><td>平面高差</td><td>2</td><td>1</td><td>用水准仪测量</td></tr>
<tr><td rowspan="2">螺栓、锚筋等</td><td>位置</td><td>3</td><td>1</td><td rowspan="2">用钢尺量</td></tr>
<tr><td>外露长度</td><td>±5</td><td>1</td></tr>
<tr><td rowspan="3">预留孔洞</td><td colspan="2">预应力筋孔道位置（梁端）</td><td>5</td><td rowspan="3">每个预留孔洞</td><td>1</td><td>用钢尺量</td></tr>
<tr><td rowspan="2">其他</td><td>位置</td><td>8</td><td>1</td><td rowspan="2">用钢尺量</td></tr>
<tr><td>孔径</td><td>+10
0</td><td>1</td></tr>
<tr><td colspan="3">梁底模拱度</td><td>+5
−2</td><td rowspan="10">每根梁、每个构件、每个安装段</td><td>1</td><td>沿底模全长拉线，用钢尺量</td></tr>
<tr><td rowspan="3">对角线差</td><td colspan="2">板</td><td>7</td><td rowspan="3">1</td><td rowspan="3">用钢尺量</td></tr>
<tr><td colspan="2">墙板</td><td>5</td></tr>
<tr><td colspan="2">桩</td><td>3</td></tr>
<tr><td rowspan="3">侧向弯曲</td><td colspan="2">板、拱肋、桁架</td><td>L/1500</td><td rowspan="3">1</td><td rowspan="3">沿侧模全长拉线，用钢尺量</td></tr>
<tr><td colspan="2">柱、桩</td><td>L/1000，且不大于10</td></tr>
<tr><td colspan="2">梁</td><td>L/2000，且不大于10</td></tr>
<tr><td>支架、拱架</td><td colspan="2">纵轴线的平面偏位</td><td>L/2000，且不大于30</td><td rowspan="2">3</td><td>用经纬仪测量</td></tr>
<tr><td colspan="3">拱架高程</td><td>+20
−10</td><td>用水准仪测量</td></tr>
</table>

注：1. H 为构筑物高度（mm），L 为计算长度（mm）。

2. 支承面高程系指模板底模上表面支撑混凝土面的高程。

（2）现浇墩台拆模（不含系梁）须在混凝土强度达到 2.5MPa 后进行，在拆除模板时注意轻拿轻放，不得强力拆除，以免损坏结构棱角或清水混凝土面。

（3）在进行基坑回填或台背填土时，结构易损部位要用木板包裹，以免夯实机械运行过程中将其损坏。回填时，宜对称回填对称夯实，距离结构0.5～0.8m范围内宜采用人工夯实。

（4）砌筑上层石料时应避免振动下层已砌好的石块。

（5）砂浆强度未达到设计强度的70%前，不得使砌体承重、被碰撞。

（6）勾缝完成后应及时覆盖养护。

（7）砌体砌筑完成后，未经有关人员检查验收，轴线桩、水准点桩不得扰动和拆除。

六、职业健康安全管理

1. 安全操作技术要求

（1）在施工组织设计中，应规定混凝土浇筑方法、程序和相应的安全技术措施。对墩台模板应进行施工设计，其强度、刚度、稳定性应满足各个施工阶段中最大施工荷载组合的要求，其连接螺栓应经计算确定。

（2）作业平台不得和模板、支架相连接。

（3）采用液压滑动模板施工应遵守下列规定。

1）滑模施工应符合现行《液压滑动模板施工安全技术规程》JGJ 65—2013的有关规定。

2）参加滑模作业的人员必须进行安全技术培训，考核合格方可上岗。

3）滑模施工中应经常与当地气象台、站取得联系，遇有雷雨、六级（含）以上大风时，必须停止施工，并将作业平台上的设备、工具、材料等固定牢固，人员撤离，切断通向平台的电源。

4）采用滑模施工的墩台周围必须划定防护区，警戒线至墩台的距离不得小于结构物高度的1/10，且不得小于10m。不能满足要求时，应采取有效的安全防护措施。

5）滑模施工应根据墩台结构、滑模工艺、使用机具和环境状况对滑模进行施工设计，制订专项施工方案，采取相应的安全技术措施。

6）液压滑动模板应由具有资质的企业加工，具有合格证和全部技术文件，进场前应经验收确认合格，并形成文件。

7）滑升作业前，应检查模板和平台系统，确认符合设计要求；检查电气接线，确认符合有关规定；检查液压系统，确认各部油管连接牢固、无渗漏，并经试运行确认合格，形成文件。

8）滑模系统应由专业作业组操作，经常维护，发现问题及时处理。

9）浇筑和振捣混凝土时不得冲击、振动模板及其支撑；滑升模板时不得进行振捣作业。

10）滑升过程中，应随时检查，保持作业平台和模板的水平上升，发现问题应及时采取措施。

11）夜间施工应有足够的照明。便携式照明应采用36V（含）以下的安全电压。固定照明灯具距平台不得低于2.5m。

12）拆除滑模装置必须按专项方案规定进行。

（4）现浇混凝土柱式墩台施工尚应遵守下列规定：

1）V型柱混凝土应对称浇筑。

2）帽梁的悬臂部分混凝土应从悬臂端开始浇筑。

3）在墩柱上设预埋件支承模板时，预埋件构件应由计算确定。

4）混凝土入模时，卸料位置下方严禁有人。

5）人员在狭小模板内振捣混凝土，应轮换作业，并设人监护。

2. 其他管理

（1）施工前应搭好脚手架及作业平台，脚手架搭设必须由专业工人操作。脚手架及工作平台外侧设栏杆，栏杆不少于两道，防护栏杆须高出平台顶面1.2m以上，并用防火阻燃密目网封闭。脚手架作业面上脚手板与龙骨固定牢固，并设挡脚板。

（2）采用吊斗浇筑混凝土时，吊斗升降应设专人指挥。落斗前，下部的作业人员必须躲开，不得身倚栏杆推动吊斗。

（3）高处作业时，上下应走马道（坡道）或安全梯。梯道上防滑条宜用木条制作。

（4）混凝土振捣作业时，必须戴绝缘手套。

（5）暂停拆模时，必须将活动件支稳后方可离开现场。

七、环境管理

1. 施工垃圾及污水的清理排放处理

（1）在施工现场设立垃圾分拣站，施工垃圾及时清理到分拣站后统一运往处理站处理。

（2）进行现场搅拌作业的，必须在搅拌机前台及运输车清洗处设置排水沟、沉淀池，废水经沉淀后方可排入市政污水管道。

（3）其他污水也不得直接排入市政污水管道内，必须经沉淀后方可排入。

2. 施工噪声的控制

（1）要杜绝人为敲打、叫嚷、野蛮装卸噪声等现象，最大限度减少噪声扰民。

（2）电锯、电刨、搅拌机、空压机、发电机等强噪声机械必须安装在工作棚内，工作棚四周必须严密围挡。

（3）对所用机械设备进行检修，防止带故障作业、噪声增大。

3. 施工扬尘的控制

（1）对施工场地内的临时道路要按要求硬化或铺以炉渣、砂石，并经常洒水压尘。

（2）对离开工地的车辆要加强检查清洗，避免将泥土带上道路，并定时对附近的道路进行洒水压尘。

（3）水泥和其他易飞扬的细颗粒散体材料，应安排在库内存放或严密遮盖。

（4）运输水泥和其他易飞扬的细颗粒散体材料和建筑垃圾时，必须封闭、包扎、覆盖，不得沿途泄漏、遗撒，卸车时采取降尘措施。

（5）运输车辆不得超量运载。运载工程土方最高点不得超过槽帮上沿500mm，边缘低于车辆槽帮上沿100mm，装载建筑渣土或其他散装材料不得超过槽帮上沿。

第四节　混凝土工程施工现场管理与施工要点

一、作业条件

（1）班组操作前准备工作。

1）工作面的准备。清理现场，道路畅通，搭设架木，准备好操作面。

2）作业条件准备。

①图样会审后，根据工作特点、计划合同工期及现场环境等编写各分部、分项混凝土结构操作工艺要求及说明。

②根据工程结构形式、特点和现场施工条件，合理确定施工的流水段划分。

③模板已支设完毕，钢筋绑扎完，预埋水电管线、预埋件等，绑好钢筋保护层垫块，并办理好预检、隐检手续。

（2）开工前按照技术交底内容做好以下方面的施工安排。

1）各项技术指标的要求，具体实施的各项技术措施。

2）设计修改、变更的具体内容或应注意的关键部位。

3）有关规范、规程和工程质量要求。

4）结构吊装机械、设备的性能，构件重量，吊点位置，索具规格尺寸，吊装顺序，节点焊接及支撑系统，以及注意事项。

5）在特殊情况下，应知应会应注意的问题。

6）一般工程（工人已熟悉的项目）。准备简要的操作交底和措施及要求。

7）特殊工程（如新技术等）。准备图纸和大样，准备细部做法和要求。

（3）开工前向工人做好如下交底。

1）计划交底。

①任务数量。

②任务开始、结束时间。

③该任务在全部工程中对其他工序的影响和重要程度。

2）技术措施和操作方法交底。

①施工规范、技术规程和工艺标准的有关部分。

②有关图纸要求及细部做法。

③施工组织设计或施工方案的要求和所采取的提高工程质量、保证安全生产的技术措施。

④具体操作部位的施工技术要求及注意事项。

⑤具体操作部位的施工质量要求。

⑥总分包协作施工组（队）的交叉作业、协作配合的注意事项，以及施工进度计划安排。

（4）作业条件。

1）配制混凝土的各组成材料进场并经检验合格，数量或补给速度满足施工要求。

2）混凝土搅拌站已安装就位，并经验收合格。

3）混凝土浇筑作业面及搅拌站通水通电，混凝土运输道路畅通。

4）模板、钢筋及预埋件等经验收合格，具备混凝土浇筑条件。

5）混凝土浇筑施工方案已经有关部门及监理审批。

二、现场工、料、机管理

1. 施工人员工作要点

（1）混凝土拌制。

1）严格掌握混凝土材料配合比，并将配合比换算成每盘材料用量，在搅拌机旁挂牌明示，便于检查。

2）混凝土配料称量应准确，材料按质量计的允许偏差不得超过规定。

3）投料顺序。当无外加剂、掺和料时，依次投料的顺序为石子、水泥、砂，提起料斗将全部材料倒入拌桶中进行搅拌，同时开启水阀，使定量的水均匀洒布于拌和料中。

在拌和掺有掺和料（如粉煤灰等）的混凝土时，宜先以部分水、水泥及掺合料在机内拌和后，再加入砂、石及剩余水，并适当延长拌和时间。

4）搅拌时间随搅拌机的类型及混凝土混合料和易性的不同而异，但搅拌的最短时间应符合规范规定。

5）搅拌混凝土前，加水先转数分钟，将积水倒净，使拌筒充分湿润，运转正常后，再加料搅拌。拌第一罐混凝土时，宜按配合比多加入10%的水泥、水、细骨料的用量；或减少10%的粗骨料用量，使富余的砂浆布满鼓筒内壁及搅拌叶片，防止第一罐混凝土拌和物中的砂浆偏少。

6）当开始按新的配合比进行拌制或原材料有变化时，应注意开拌检测工作。

7）向搅拌筒内加料应在运转中进行，添加新料必须先将搅拌机内原有的混凝土全部卸出后才能进行。不得中途停机或满载时启动搅拌机，反转出料者除外。

8）工作完毕，应及时将机内、水箱内、管道内的存料、积水放尽，并清洁保养机械，清理工作场地，切断电源，锁好电闸箱。

（2）混凝土浇筑。

1）浇筑混凝土前，应对支架、模板、钢筋和预埋件进行检查，模板内的杂物、积水和钢筋上的污垢应清理干净。模板如有缝隙，应填塞严密，模板表面应涂刷脱模剂。

2）为了使混凝土各部位都振捣密实，混凝土必须分层浇筑，决不可一次下料过多，否则虽经振捣，其下面部分因振动器的振动作用达不到，还是松散不密实，会造成质量事故。混凝土每层浇筑的厚度要根据振捣方法、结构的配筋情况等条件确定。

3）混凝土浇筑和间歇的全部时间不得超过规定，当超过规定时间应留置施工缝。

4）浇筑竖向结构混凝土前，底部应先铺填50～100mm厚与混凝土成分相同的水泥砂浆。

5）浇筑混凝土时，应经常观察模板、支架、钢筋、预埋件和预留孔洞的情况，当发现有变形、移位时，应立即停止筑，并应在已浇筑的混凝土凝结前修整完好。

6）梁和板应同时浇筑混凝土。较大尺寸的梁（梁的高度大于1m）、拱和类似的结构，可单独浇筑，但施工缝的设置应符合有关规定。

7）浇筑锥形基础时，应注意斜坡部位混凝土的捣固密实。振捣完后，再用人工将斜面修正、拍平、拍实，使符合设计要求。

（3）混凝土振捣。

1）人工振捣。采用人工振捣的混凝土，应按规定分层浇筑，每层需用捣钎捣实，并注意沿模板边缘捣边，捣边时要用手锤轻敲模板，使其抖动。捣实时应注意均匀，大力振捣不如用小力而加快振捣有效。

2）振捣棒插入混凝土时应垂直，避免碰撞模板、钢筋及其他预埋件。插点要均匀，可按行列式或交错式进行，移动间距不应超过振动器作用半径的1.5倍，与侧模应保持50～100mm的距离，振捣上一层的混凝土时应将振捣器略微插入下层混凝50～100mm，以促使上下层相互结合，每一处振动完毕后应边振动边徐徐提出振动棒。

3）振捣器的振捣时间可借肉眼观察，以混凝土不再下沉、气泡不再发生、水泥砂浆开始上浮、表面平整为止。要达到这样程度所需要的时间，平板式约为25～40s；插入式约为15～30s。过久地振捣，可能使混凝土内的石子下沉，灰浆上升。因此，过久地振捣所造成的危害比振捣不足更大。

4）在一个模板上，同时用多台附着式振动器振动时，各振动器的频率必须保持一致，相对面的振动器应交错布置。作业时，每次振动时间不超过1min，当混凝土在模内泛浆流动成水平状不再出现气泡时，即可停振，不得在混凝土初凝状态时再振。

5）平板式振动器作业时，应使平板与混凝土保持接触，使振波有效地振实混凝土，待表面出浆，不再下沉后，即可缓慢向前移动，每一位置连续振动时间一般为20～40s。振捣器每次振捣的有效面积应与已振部分重叠，以使振动器平板能覆盖已振实部分100mm左右为宜。在振动的振动器不应放在已凝固或初凝的混凝土上，以免振伤振动器和振松已凝混凝土。

（4）混凝土施工缝。

1）应凿除处理层混凝土表面的水泥砂浆和松弱层，但凿除时，处理层混凝土须达到下列强度：

①用水冲洗凿毛时，须达到0.5MPa。

②用人工凿除时，须达到2.5MPa。

③用风动机凿毛时，须达到10MPa。

2）经凿毛处理的混凝土面，应用水冲洗干净，在浇筑上层混凝土前，对垂直施工缝宜刷一层水泥净浆，对水平缝宜铺一层厚为10～20mm的1∶2的水泥砂浆。

3）重要部位及有防震要求的混凝土结构或钢筋稀疏的钢筋混凝土结构，应在施工缝处补插锚固钢筋或石榫；有抗渗要求的施工缝宜做成凹形、凸形或设置止水带。

4）施工缝为斜面时应浇筑成或凿成台阶状。

5）施工缝处理后，须待处理层混凝土达到一定强度后才能继续浇筑混凝土。需要达到的强度，一般最低为1.2MPa，当结构物为钢筋混凝土时，不得低于 2.5MPa。

(5) 混凝土养护。

1) 一般混凝土浇筑完成后，应在收浆后尽快予以覆盖和洒水养护。对干硬性混凝土、炎热天气浇筑的混凝土以及桥面等大面积裸露的混凝土，有条件的可在浇筑完成后立即加设棚罩，待收浆后再予以覆盖和洒水养护。覆盖时不得损伤或污染混凝土的表面。混凝土面有模板覆盖时，应在养护期间经常使模板保持湿润。混凝土养护用水的条件与拌和用水相同。

2) 混凝土的洒水养护时间一般为 7d，每天洒水次数以能保持混凝土表面经常处于湿润状态为度。采用塑料薄膜或喷化学浆液等养护层时，可不洒水养护。

3) 当结构物混凝土与流动性的地表水或地下水接触时，应采取防水措施，保证混凝土在浇筑后 7d 以内不受水的冲刷侵袭。当环境水具有侵蚀作用时，应保证混凝土在 10d 以内，且强度达到设计强度的 70%以前，不受水的侵袭。

(6) 混凝土拆模。

1) 混凝土结构浇筑后，达到了一定强度，方可拆模。模板拆卸日期，应按结构特点和混凝土所达到的强度来确定。

2) 不承重的侧面模板，应在混凝土强度能保证其表面及棱角不因拆模板而受损坏的情况下，方可拆除。

3) 承重的模板应在混凝土达到下列强度后，才可以拆除（按设计强度等级的百分率计)。

板及拱：①跨度为 2m 及小于 2m，50%；②跨度为大于 2～8m，75%；③梁(跨度为 8m 及小于 8m)，75%；④承重结构（跨度大于 8m)，100%；⑤悬臂梁和悬壁板，100%。

4) 已拆除模板及其支架的结构，应在混凝土达到设计强度后，才允许承受全部计算荷载。施工中不得超载作用，严禁堆放过量建筑材料。当承受施工荷载大于计算荷载时，必须经过核算加设临时支撑。

2. 材料选择及检验

(1) 材料选择。

1) 水泥。选用水泥时，应以能使所配制的混凝土强度达到要求、收缩小、和易性好和节约水泥为原则。水泥应符合现行国家标准，并随有制造厂的水泥品质试验报告等合格证明文件。水泥进场后，应按其品种、强度、证明文件以及出厂时间等情况分批进行检查验收。对所用水泥应进行复查试验，为快速鉴定水泥的现有强度，也可用促凝压蒸法进行复验。袋装水泥在运输和储存时应防止受潮，堆垛高度不宜超过 10 袋。不同强度等级、品种和出厂日期的水泥应分别堆放。散装水泥的储存，应尽可能采用水泥罐或散装水泥仓库。水泥如受潮或存放时间超过 3 个月，应重新取样检验，并按其复验结果使用。

配制混凝土所用的水泥，可采用硅酸盐水泥、普通硅酸盐水泥、火山灰硅酸盐水泥或粉煤灰硅酸盐水泥。有特殊需要时，可采用快硬硅酸盐水泥、抗硫酸盐硅酸盐水泥、硅酸盐大坝水泥或其他水泥。常用水泥的选用条件见表 4 - 35。

表 4 - 35　常用水泥的选用条件

项次	混凝土结构物的环境条件或特殊要求	优先使用	可以使用	不得使用
1	在地面以上，不接触水流的普通环境中	硅酸盐水泥 普通水泥	矿渣水泥 火山灰水泥 粉煤灰水泥	—
2	在干燥环境中	硅酸盐水泥 普通水泥	矿渣水泥	火山灰水泥 粉煤灰水泥
3	受流水冲刷	硅酸盐水泥 普通水泥	矿渣水泥	火山灰水泥 粉煤灰水泥
4	受水流冲刷及冰冻	硅酸盐水泥 普通水泥	矿渣水泥	火山灰水泥 粉煤灰水泥
5	处于河床最低冲刷线以下	矿渣水泥 火山灰水泥 粉煤灰水泥	硅酸盐水泥 普通硅酸盐水泥	—
6	严寒地区露天或寒冷地区所处在水位长降范围内	硅酸盐水泥 普通水泥	矿渣水泥	火山灰水泥 粉煤灰水泥
7	严寒地区处在水位长降范围内	硅酸盐水泥 普通水泥	—	矿渣水泥 火山灰水泥 粉煤灰水泥
8	大体积结构施工时要求水化热低	矿渣水泥 粉煤灰水泥	普通硅酸盐水泥 火山灰水泥	快硬水泥 硅酸盐水泥

续表

项次	混凝土结构物的环境条件或特殊要求	优先使用	可以使用	不得使用
9	施工时要求快速脱模	硅酸盐水泥 快硬水泥	普通硅酸盐水泥	矿渣水泥 火山灰水泥 粉煤灰水泥
10	低温时，施工要求早强	硅酸盐水泥 快硬水泥	普通硅酸盐水泥	矿渣水泥 火山灰水泥 粉煤灰水泥
11	低温时，施工要求早强	矿渣水泥 火山灰水泥 粉煤灰水泥	硅酸盐水泥 快硬水泥	—
12	要求抗渗	普通水泥 火山灰水泥	硅酸盐水泥	矿渣水泥
13	要求耐磨	硅酸盐水泥 矿渣水泥	矿渣水泥 快硬水泥	火山灰水泥 粉煤灰水泥
14	接触侵蚀性环境	根据侵蚀介质种类、浓度等具体条件，按有关规定或通过试验选用		

2）细骨料。桥涵混凝土的细骨料，应采用级配良好、质地坚硬、颗粒洁净、粒径小于5mm的河砂，若不易得到时，也可用山砂或用硬质岩石加工的机制砂。对混凝土的强度要求较高时，更应注意砂子的细度、含泥量、坚固性等指标的控制，做到节约水泥并获得理想的混凝土强度。

3）骨料。桥涵混凝土的粗骨料，应采用坚硬的卵石或碎石，应按产地、类别、加工方法和规格等不同情况，分批进行检验，粗骨料的试验可按现行《公路工程骨料试验规程》（JTG E42—2005）的规定执行。

粗骨料的颗粒级配，可采用连续级配或连续级配与单粒级配合使用。在特殊情况下，通过试验证明混凝土无离析现象时，也可采用单粒级配。

粗骨料最大粒径应按混凝土结构情况及施工方法选取，但最大粒径不得超过结构最小结构尺寸的1/4和钢筋最小净距的3/4；在两层或多层密布钢筋结构中，不得超过钢筋最小净距的1/2，同时最大粒径不得超过100mm。

4）拌和用水。采用自来水拌和，其他凡能饮用的水均可用于施工拌和。如采用其他水源时，其水质应符合国家现行标准《混凝土用水标准》（JGJ 63—2006）。不可用海水拌和。

5）外加剂。根据外加剂的特点，结合使用目的，通过技术、经济比较来确定外加剂的使用品种。如果使用一种以上的外加剂，必须经过配合比设计，并按要求加入到混凝土拌和物中。外加剂的品种确定后，掺量应根据使用要求、施工条件、混凝土原材料的变化进行调整。常用的外加剂有以下几种类型。

①普通减水剂。

②高效能减水剂。

③早强剂及早强减水剂。

④缓凝剂及缓凝减水剂。

⑤引气剂及引气减水剂。

⑥防冻剂。

⑦膨胀剂。

⑧防水剂。

⑨混凝土泵送剂。

⑩养护剂。

（2）材料检验。

1）水泥。

①水泥的强度等级应根据所配制混凝土的强度等级选定。水泥与混凝土强度等级之比：C30 及以下的混凝土，宜为 1.1～1.2；C35 及以上混凝土，宜为 0.9～1.5。

②水泥的技术条件应符合现行国家标准《通用硅酸盐水泥》（GB 175—2007）的规定，并应有出厂检验报告和产品合格证。

③进场水泥，应按现行国家标准《混凝土结构工程施工质量验收规范》（GB 50204—2011）的规定进行强度、细度、安定性和凝结时间的试验。

④当在使用中对水泥质量有怀疑或出厂日期逾 3 个月（快硬硅酸盐水泥逾 1 个月）时，应进行复验，并按复验结果使用。

⑤技术要求，见表 4-36。

表 4-36　　硅酸盐水泥、普通水泥技术要求

项目	技 术 要 求
不溶物	Ⅰ型硅酸盐水泥中不溶物不得超过 0.75% Ⅱ型硅酸盐水泥中不溶物不得超过 1.50%

续表

项目	技 术 要 求
烧失量	Ⅰ型硅酸盐水泥中烧失量不得大于3.0% Ⅱ型硅酸盐水泥中烧失量不得大于3.5%。普通水泥中烧失量不得大于5.0%
氧化镁	水泥中氧化镁的含量不宜超过5.0%。如果水泥经压蒸安定性试验合格，则水泥中氧化镁的含量允许放宽到6.0%
三氧化硫	水泥中三氧化硫的含量不得超过3.5%
细度	硅酸盐水泥比表面积大于300m²/kg，普通水泥80μm方孔筛筛余不得超过10.0%
凝结时间	硅酸盐水泥初凝不得早于45min，终凝不得迟于6.5h。普通水泥初凝不得早于45min，终凝不得迟于10h
安定性	用沸煮法检验必须合格
强度等级	水泥强度等级按规定龄期的抗压强度和抗折强度来划分，各强度等级水泥的各龄期强度不得低于规范规定数值
碱	水泥中碱含量按 $Na_2O+0.658K_2O$ 计算值来表示。若使用活性骨料，用户要求提供低碱水泥时，水泥中碱含量不得大于0.60%或由供需双方商定

2）混凝土用砂应符合表4-37的要求。

表4-37　混凝土用砂的技术要求

项目			不小于C30混凝土				小于C30混凝土		
颗粒级配	筛孔尺寸/mm		10.0	5.0	2.5	1.25	0.63	0.315	0.16
	累计筛余（以质量%计）	Ⅰ区	0	10～0	35～5	65～35	85～71	95～80	100～90
		Ⅱ区	0	10～0	25～0	50～10	70～41	92～70	100～90
		Ⅲ区	0	10～0	15～0	25～0	40～16	85～55	100～90
含泥量（按质量计%）			≤3				≤5		
云母含量（按质量计%）			≤2				≤2		
轻物质含量（按质量计%）			≤1				≤1		

续表

项目	不小于 C30 混凝土	小于 C30 混凝土
硫化物及硫酸盐含量（折算成 SO_3 按质量计%）	≤1	≤1
泥块含量（按质量计%）	≤1	≤2
有机质含量（用比色法试验）	颜色不应深于标准色，如深于标准色，则应按水泥胶浆强度试验方法，进行强度对比试验，抗压强度比不应低于 0.95	

注：1. 对于有抗冻、抗渗或其他特殊要求的混凝土用砂，其含泥量不应大于 3%，云母含量不应大于 1%。但对不大于 C10 的混凝土，其含泥量可酌情放宽。

2. 砂中含有颗粒状的硫酸盐或硫化物，则要求经专门检验，确认能满足混凝土耐久性要求时方可能采用。

3. 如砂的实际颗粒级配与表中所列的累计筛余百分率相比，除 5.0mm 和 0.63mm 筛外，允许稍有超出分界线，但其总量不应大于 5%。

4. 砂的坚固性，用硫酸的溶液法检验，试样经 5 次循环后，其质量损失应不大于 10%。

5. 密度：干燥状态下平均 1500～1600kg/m^3；紧密状态 1600～1700kg/m^2。

3）骨料。碎石和卵石的强度，可用岩石的抗压强度和压碎值指标两种方法表示。碎石和卵石的压碎值可参照表 4-38 的规定采用。

表 4-38　碎石和卵石的压碎指标值

石子品种		混凝土强度等级	压碎指标值（%）
碎石	沉积岩	C60～40	≤10
		≤C35	≤16
	变质岩 深层的火成岩	C60～40	≤12
		≤C35	≤20
	火成岩	C60～40	≤13
		≤C35	≤30
卵石		C60～40	≤12
		≤C35	≤16

注：混凝土强度等级为 C60 及其以上时进行岩石抗压强度检验，其他情况下，如有怀疑或认为有必要时也可进行岩石抗压强度检验。岩石的抗压强度与混凝土强度等级之比不应小于 1.5，且火成岩强度不宜低于 80MPa，变质岩不宜低于 60MPa，水成岩不宜低于 30MPa。

①细骨料应符合下列规定：

a. 混凝土的细骨料，应采用质地坚硬、级配良好、颗粒洁净、粒径小于5mm的天然河砂、山砂，或采用硬质岩石加工的机制砂。

b. 混凝土用砂一般应以细度模数2.5～3.5的中、粗砂为宜。

c. 砂的分类、级配及各项技术指标应符合国家现行标准《普通混凝土用砂、石质量及检验方法标准》(JGJ 52—2006) 的有关规定。

②粗骨料应符合下列规定：

a. 粗骨料最大粒径应按混凝土结构情况及施工方法选取，最大粒径不得超过结构最小边尺寸的1/4和钢筋最小净距的3/4；在两层或多层密布钢筋结构中，不得超过钢筋最小净距的1/2，同时最大粒径不得超过100mm。

b. 施工前应对所用的粗骨料进行碱活性检验。

c. 粗骨料的颗粒级配范围、各项技术指标以及碱活性检验应符合国家现行标准《普通混凝土用砂、石质量及检验方法标准》(JGJ 52—2006) 的有关规定。

③拌和用水应符合国家现行标准《混凝土用水标准》(JGJ 63－2006) 的规定。

④外加剂应符合现行国家标准《混凝土外加剂》(GB 8076－2008) 的规定。

4) 拌和用水。拌制混凝土用的水中不应含有影响水泥正常凝结与硬化的有害杂质或油脂、糖类及游离酸类等；污水、pH值小于5的酸性水及含硫酸盐量按SO_2^{-4}计、超过水的质量2700mg/L的水不得使用。

5) 外加剂。

①外加剂匀质性指标应符合表4-39的要求。

表4-39 外加剂匀质性指标

试验项目	指　　标
含固量或含水量	1. 对液体外加剂，应在生产厂控制值的相对量的3%内； 2. 对固体外加剂，应在生产厂控制值的相对量的5%之内
密度	对液体外加剂，应在生产厂控制值±0.02g/cm³之内
氯离子含量	应在生产厂所控制值相对量的5%之内
水泥净浆流动度	应不小于生产控制值的95%
细度	0.315mm筛筛余应小于15%
pH值	应在生产厂控制值±1之内

续表

试验项目	指　　标
表面张力	应在生产厂控制值±1.5之内
还原糖	应在生产厂控制值±3%
总碱量（Na_2O+0.65K_2O）	应在生产厂控制值的相对量的5%之内
硫酸钠	应在生产厂控制值的相对量的5%之内
泡沫性能	应在生产厂控制值的相对量的5%之内
砂浆减水率	应在生产厂控制值±1.5%之内

②判定规则。现场抽检时，外加剂的匀质性，各种类型的减水剂的减水率、缓凝型外加剂的凝结时间差、引气型外加剂的含气量及硬化混凝土的各项性能符合表4-40的要求，则判定该编号外加剂为相应等级的产品，如不符合上述要求时，则判该编号外加剂不合格。其余项目作为参考指标。

表4-40　　掺外加剂混凝土性能指标

试验项目		外加剂品种							
		普通减水剂		高效减水剂		早强减水剂		缓凝高效减水剂	
		一等品	合格品	一等品	合格品	一等品	合格品	一等品	合格品
减水率不小于（%）		8	5	12	10	8	5	12	10
泌水率比不大于（%）		95	100	90	95	95	100	100	
含气量（%）		≤3.0	≤4.0	≤3.0	≤4.0	≤3.0	≤4.0	＜4.5	
凝结时间之差/min	初凝	−90～+120		−90～+120		−90～+90		＞+90	
	终凝							—	
抗压强度比不小于（%）	1d	—	—	140	130	140	130	—	
	3d	115	110	130	120	130	120	125	120
	7d	115	110	125	115	115	110	125	115
	28d	110	105	120	110	105	100	120	110
收缩率比不大于（%）	28d	135		135		135		135	
相对耐久性指标，200次，不小于（%）		—		—		—		—	
对钢筋锈蚀作用		应说明对钢筋有无锈蚀危害							

续表

试验项目		外加剂品种									
		缓凝减水剂		引气减水剂		早强剂		缓凝剂		引气剂	
		一等品	合格品	一等品	合格品	一等品	合格品	一等品	合格品	一等品	合格品
减水率不小于（%）		8	5	10	10	—	—	—	—	6	6
泌水率比不大于（%）		100		70	80	100		100	110	70	80
含气量（%）		＜5.5		＞3.0		—		—		＞3.0	
凝结时间之差 /min	初凝	＞＋90		－90～＋120		－90～＋90		＞＋90		－90～＋120	
	终凝	—						—			
抗压强度比不小于（%）	1d	—		—		135	125	—		—	
	3d	100		115	110	130	120	100	90	95	80
	7d	110		110		110	105	100	90	95	80
	28d	110	105	100		100	95	100	90	90	80
收缩率比不大于（%）	28d	135		135		135		135		135	
相对耐久性指标，200次，不小于（%）		—		80	60	—		—		80	60
对钢筋锈蚀作用		应说明对钢筋有无锈蚀危害									

3. 混凝土工程施工主要机械使用方法

（1）水泥混凝土搅拌设备。

1）搅拌机。常用的混凝土搅拌机按其搅拌原理主要分为自落式搅拌机和强制式搅拌机两种。

①自落式搅拌机。自落式搅拌机按其形式和卸料方式又分为鼓筒式、锥形反转出料式、锥形倾翻出料式，其中鼓筒式为逐渐淘汰产品。常用自落式搅拌机性能见表4-41。

表 4-41　　常用自落式搅拌机性能

项目 \ 型号		J1—250 自落式	JCZR 350 自落式	JZC 350 双锥自落式	J1—400 自落式
进料容量/L		250	560	560	400
出料容量/L		160	350	350	260
拌和时间/min		2	2	2	2
平均搅拌能力/(m^3/h)		3～5	—	12～14	6～12
拌筒尺寸（直径×长×宽）/mm		1218×960	1447×1096	1560×1890	1447×1178
拌筒转速/(r/min)		18	17.4	14.5	18
电动机	kW	5.5	—	5.5	7.5
	r/min	1440	—	1440	1450
配水箱容量/L		40			65
外形尺寸/mm	长	2280	3500	3100	3700
	宽	2200	2600	2190	2800
	高	2400	3000	3040	3000
整机质量/kg		1500	3200	2000	3500

注：估算搅拌机的产量，一般以出料系数表示，其数值为 0.55～0.72，通常取 0.66。

②强制式搅拌机。强制式搅拌机分为立轴强制式和卧轴强制式两种，其中卧轴式又有单卧轴和双卧轴之分。

强制式搅拌机的鼓筒筒内有若干组叶片，搅拌时叶片绕竖轴或卧轴旋转，将材料强行搅拌，直至搅拌均匀。这种搅拌机多用于集中搅拌站。

2）搅拌设备使用注意事项。

①现场搅拌站必须考虑工程任务大小、施工现场条件、机具设备等情况，因地制宜设置。一般宜采用流动性组合方式，使所有机械设备采取装配连接结构，基本能做到拆装、搬运方便，有利于建筑工地转移搅拌站的设计尽量做到自动上料、自动称量、机动出料和集中操纵控制，有相应的环境保护措施，使搅拌站后台上料作业走向机械化、自动化生产。

②搅拌机停放的场地应有良好的排水条件，机械旁应有水源，机棚内应有良好的通风、采光及防雨、防冻条件，并不得积水。

③固定式搅拌机应设在可靠的基础上。移动式搅拌机设在平坦坚硬的地坪上，并用方木或撑架支牢，保持水平。

④电源接通后，必须仔细检查，经 2～3min 空车试转认为合格后，方可使

用。主要应校验拌筒转速是否合适，一般空车速度比重车（装料后）稍快 2～3 转，如相差较多，应进行调整。

⑤拌筒的旋转方向应符合箭头指示方向，如不符时，应更正电机接线。

⑥检查传动离合器和制动器是否灵活可靠，钢丝绳有无损坏，轨道滑轮是否良好，周围有无障碍及各部位的润滑情况等。

（2）混凝土拌和站。利用拌和站（楼）制备混凝土的全过程是机械化或自动化，生产量大，拌和效率高、质量稳定、成本低，劳动强度减轻。拌和站的生产能力较小，结构容易拆装，能组成集装箱转移地点，适用于施工现场；拌和楼体积大，生产效率高，只能作为固定式的拌和装置，适用于产量大的商品混凝土供应。

（3）混凝土输送设备。

1）混凝土水平运输设备。混凝土水平运输，短距离多用单、双手推车、机动翻斗车、轻轨翻斗车、皮带运输机；长距离则用自卸汽车、混凝土搅拌运输车等。目前常用的水平运输设备及其适用范围见表 4 - 42。

表 4 - 42　常用混凝土拌和物水平运输设备及其适用范围

项次	设备名称	容积/m³	运距/m	适用范围
1	单、双轮手推车	0.1～0.12	30～50	施工现场、露天预制厂，也可配合井架、塔吊等作垂直运输用
2	机动翻斗车	0.4	100～300	短距离施工现场、露天预制厂
3	皮带运输机	—	<50	浇灌量大、浇灌速度比较稳定的大型设备基础，或现场地形起伏不平未筑施工道路的工地，也可作角度不大于 15°的斜向运输以代替垂直运输
4	自卸汽车	1.5～2.5	500～2000	远距离大用量的工地或预制厂
5	混凝土搅拌运输车	1.5～6.0	10 000	远距离商品混凝土运输
6	混凝土输送泵	—	200～500 水平 50～100（垂直）	用于大型设备基础、高层建筑等工程作水平与垂直运输

混凝土搅拌运输车是一种用于长距离输送混凝土的高效能机械，将运送混

凝土的搅拌筒安装在汽车底盘上，从混凝土搅拌站生产的混凝土拌和物灌装入搅拌筒内，直接运至施工现场，供浇筑作业需要。在运输途中，混凝土搅拌筒始终不停地慢速转动，从而使筒内的混凝土拌和物可以连续得到搅动，以保证混凝土在长途运输后，仍不致产生离析现象。当运输距离很长时，也可将混凝土干料装入筒内，在运输途中加水搅拌，这样能减少由于长途运输而引起的混凝土坍落度损失。

2）混凝土垂直运输机具。混凝土垂直运输可用各种井架、提升机、施工电梯、塔式起重机以及汽车式混凝土泵等，并配合采用钢吊斗等容器来装运混凝土。

①井架。井架又称高车架，主要由井架、拔杆、卷扬机、吊盘、自动倾卸吊斗及缆风绳等组成，具有一机多用、构造简单、装拆方便等特点，起重高度25～40m。

②井式提升机。井式提升机是供快速输送大量混凝土垂直提升的设备。其由钢井架、混凝土提升斗、高速卷扬机等组成，其提升速度可达50～100m/min。当混凝土提升到施工楼层后，卸入楼面受料斗，再采用其他楼面水平运输工具（如手推车等）运送到施工部位浇筑。一般每台容量为0.5m^3×2的双斗提升机，当其提升速度为75m/min，最高高度达120m，混凝土输送能力可达20m^3/h。

③混凝土泵和混凝土泵车。混凝土泵是将混凝土沿管道连续输送到浇筑工作面的一种混凝土输送机械。混凝土泵按移动方式分为固定式、拖式、汽车式等。按构造和工作原理分为活塞式、挤压式和风动式。

混凝土泵车是将混凝土泵装置在汽车底盘上，并用液压折叠式或伸缩式臂架（又称布料杆）管道来输送混凝土，一台泵车配2～3台混凝土搅拌运输车输送混凝土，以使混凝土泵能不间断地得到混凝土供应。

三、混凝土工程施工及检验要点

1. 施工要点

（1）混凝土拌制和运输。

1）混凝土应使用机械集中拌制。

2）混凝土拌和物应均匀、颜色一致，不得有离析和泌水现象。混凝土拌和物均匀性的检测方法应符合现行国家标准《混凝土搅拌机》（GB/T 9142）的规定。

3）混凝土拌和物的坍落度，应在搅拌地点和浇筑地点分别随机取样检测，每一工作班或每一单元结构物不应少于两次。评定时应以浇筑地点的测值为准。如混凝土拌和物从搅拌机出料起至浇筑入模的时间不超过15min时，其坍落度可仅在搅拌地点取样检测。

4）拌制高强度混凝土必须使用强制式搅拌机。减水剂宜采用后掺法。加入减水剂后，混凝土拌和物在搅拌机中继续搅拌的时间，当用粉剂时不得少于60s，当用溶液时不得少于30s。

5）混凝土在运输过程中应采取防止发生离析、漏浆、严重泌水及坍落度损失等现象的措施。用混凝土搅拌运输车运输混凝土时，途中应以每分钟2～4转的慢速进行搅动。当运至现场的混凝土出现离析、严重泌水等现象，应进行第二次搅拌。经二次搅拌仍不符合要求，则不得使用。

（2）混凝土浇筑及振捣。

1）自高处向模板内倾卸混凝土时，其自由倾落高度不得超过2m；当倾落高度超过2m时，应通过串筒、溜槽或振动溜管等设施下落；倾落高度超过10m时应设置减速装置。

2）混凝土应按一定厚度、顺序和方向水平分层浇筑，上层混凝土应在下层混凝土初凝前浇筑、捣实，上下层同时浇筑时，上层与下层前后浇筑距离应保持1.5m以上。

3）浇筑混凝土时，应采用振动器振捣。振捣时不得碰撞模板、钢筋和预埋部件。振捣持续时间宜为20～30s，以混凝土不再沉落、不出现气泡、表面呈现浮浆为度。

4）混凝土的浇筑应连续进行，如因故间断时，其间断时间应小于前层混凝土的初凝时间。

5）泵送混凝土施工应符合下列规定：

①混凝土的供应必须保证输送混凝土的泵能连续工作。

②输送管线宜直，转弯宜缓，接头应严密。

③泵送前应先用与混凝土成分相同的水泥浆润滑输送管内壁。

④泵送混凝土因故间歇时间超过45min时，应采用压力水或其他方法冲洗管内残留的混凝土。

⑤泵送过程中，受料斗内应具有足够的混凝土，以防止吸入空气产生阻塞。

（3）混凝土施工缝。当浇筑混凝土过程中，间断时间超过规定值时，应设置施工缝，并应符合下列规定。

1）施工缝宜留置在结构受剪力和弯矩较小、便于施工的部位，且应在混凝土浇筑之前确定。施工缝不得呈斜面。

2）先浇混凝土表面的水泥砂浆和松弱层应及时凿除。凿除时的混凝土强度，水冲法应达到0.5MPa；人工凿毛应达到2.5MPa；机械凿毛应达到10MPa。

3）经凿毛处理的混凝土面，应清除干净，在浇筑后续混凝土前，应铺

10～20mm 同配比的水泥砂浆。

4）重要部位及有抗震要求的混凝土结构或钢筋稀疏的混凝土结构，应在施工缝处补插锚固钢筋或石榫；有抗渗要求的施工缝宜做成凹形、凸形或设止水带。

5）施工缝处理后，应待下层混凝土强度达到 2.5MPa 后，方可浇筑后续混凝土。

（4）混凝土养护。

1）常温下混凝土浇筑完成后，应及时覆盖并洒水养护。

2）当气温低于 5℃时，应采取保温措施，并不得对混凝土洒水养护。

3）混凝土洒水养护的时间，采用硅酸盐水泥、普通硅酸盐水泥或矿渣硅酸盐水泥的混凝土，不得少于 7d；掺用缓凝型外加剂或有抗渗等要求以及高强度混凝土，不得少于 14d。使用真空吸水的混凝土，可在保证强度条件下适当缩短养护时间。

4）采用涂刷薄膜养护剂养护时，养护剂应通过试验确定，并应制订操作工艺。

5）采用塑料膜覆盖养护时，应在混凝土浇筑完成后及时覆盖严密，保证膜内有足够的凝结水。

2. 季节性施工

（1）雨期施工。

1）水泥等材料应存放于库内或棚内，散装水泥仓应采取防雨措施。

2）雨期施工中，对骨料含水率的测定次数应增加，并及时对施工配合比进行调整。

3）模板涂刷脱模剂后，要采取措施避免脱模剂受雨水冲刷而流失。

4）及时准确地了解天气预报信息，避免在雨中进行混凝土浇筑，必须浇筑时，应采取有效措施确保混凝土质量。

5）雨期施工中，混凝土模板支架及施工脚手架地基须坚实平整、排水顺畅。

（2）冬期施工。

1）室外日平均气温连续 5d 稳定低于 5℃时，混凝土施工应采取冬期施工的措施。

2）冬期施工混凝土的搅拌。

①应优先选用硅酸盐水泥或普通硅酸盐水泥，水泥强度等级不应低于 42.5 级，最小水泥用量不宜低于 300kg/m³，水灰比不宜大于 0.6。

②宜使用无氯盐类防冻剂，对抗冻性要求高的混凝土，宜使用引气剂或引气减水剂，其掺量应根据混凝土的含气量要求，通过试验确定。在钢筋混凝土

和预应力混凝土中不得掺有氯盐类防冻剂。

③混凝土所用骨料必须清洁，不得含有冰、雪等冻结物及易冻裂的矿物质。

④混凝土的搅拌宜在保温棚内进行；应优先选用水加热的方法，水和骨料的加热温度应通过计算确定，但不得超过表 4-43 的规定。

表 4-43　　拌和水和骨料加热最高温度　　(℃)

项　　目	拌和水	骨料
强度等级≤42.5 的普通硅酸盐水泥、矿渣硅酸盐水泥	80	60
强度等级＞42.5 的普通硅酸盐水泥、矿渣硅酸盐水泥	60	40

水泥不得直接加热，宜在使用前运入保温棚存放。

当骨料不加热时，水可加热到 100℃，但投料时水泥不得与 80℃以上的水直接接触。投料顺序为先投入骨料和已加热的水，然后再投入水泥。

⑤混凝土拌制前，应用热水或蒸汽冲洗搅拌机，拌制时间应取常温的 1.5 倍；混凝土拌和物的出机温度不宜低于 10℃，入模温度不得低于 5℃。

3）冬期施工混凝土拌和物除应进行常温施工项目检测外，还应进行以下检查。

①检查外加剂的掺量。

②测量水和外加剂溶液以及骨料的加热温度和加入搅拌机时的温度。

③测量混凝土的出机温度和入模温度。

以上检查每一工作班应至少测量检查 4 次。

④混凝土试块除应按常温施工要求留置外，还应增设不少于 2 组与结构同条件养护的试件，分别用于检验受冻前的混凝土强度和转入常温养护 28d 的混凝土强度。

4）混凝土运输车应采取保温措施，宜采用混凝土罐车运输，采用混凝土输送泵进行混凝土浇筑时，对泵管应采取保温措施。

5）及时准确地了解天气预报信息，浇筑混凝土要避开寒流及雪天，必须浇筑时，应采取有效措施确保混凝土质量。

6）混凝土浇筑成型后，应及时对其进行保温养护。

3. 质量标准

（1）基本要求。

1）所用的水泥、砂、石、水、外掺剂及混合材料的质量和规格，必须符合有关技术规范的要求，按规定的配合比施工。使用预拌混凝土需有预拌混凝土出厂合格证。

2）混凝土强度必须符合设计要求。强度的检验一般是做抗压试验，设计有特殊要求时，应做抗折、抗拉、弹性模量、抗冻、抗渗等试验。

3）混凝土应振捣密实，不应有蜂窝、孔洞、裂缝及露筋现象。

4）钢筋混凝土结构在自重荷载下，不允许出现受力裂缝。

5）预应力筋的孔道必须通顺、洁净。

（2）外观鉴定。

1）混凝土表面应平整，施工缝应平顺。

2）结构外形应轮廓清晰，线条直顺。

3）封锚混凝土应密实、平整。

四、成品保护

（1）在已浇筑的混凝土未达到1.2MPa以前，不得在其上踩踏或进行施工操作。

（2）在拆除模板时不得强力拆除，以免损坏结构棱角或清水混凝土面。

（3）不应在清水混凝土面上乱涂乱画，以免影响美观。

（4）在模板拆除后，对易损部位的结构棱角（如方柱的四角）应采取有效措施予以保护。

五、职业健康安全管理

1. 安全操作技术要求

（1）搅拌站设备的各种电气接线必须由电工引接、拆卸。作业中发现漏电征兆、缆线破损等必须立即停机、断电，由电工处理。

（2）机械运转工程中，机械操作工应精神集中，不得离岗；机械发生故障必须立即关机、断电。

（3）固定式搅拌机的料斗在轨道上移动提升（降落）时，严禁其下方有人，料具悬空放置时，必须锁固。

（4）搅拌机运转中不得将手或木棒、工具等伸进搅拌筒或在筒口清理混凝土。

（5）浇筑现场必须设专人指挥运输混凝土的车辆，指挥人员必须站在车辆的安全一侧。车辆卸料处必须设牢固的挡掩。

（6）采用泵送混凝土应搅拌均匀，严格控制坍落度。当出现输送管道堵塞时，应在泵机卸载情况下拆管排除堵塞。排除的混凝土应及时清理，保持环境整洁。

（7）使用手推车运送混凝土，必须装设车槽前挡板，装料应低于车槽至少10cm；卸料时应设牢固挡掩，并严禁撒把。

（8）浇筑混凝土时，施工人员不得踏踩、碰撞模板及其支撑，不得在钢筋上行走。

(9) 浇筑混凝土时，应设模板工监护，发现模板和支架、支撑出现位移、变形必须立即停止浇筑，施工人员撤离危险区域。排除必须在施工负责人的指挥下进行。排险结束后必须确认安全，方可恢复施工。

(10) 使用插入式振动器进入模板仓内振捣时，应对缆线加强保护，防止磨损漏电。仓内照明必须使用12V电压。

(11) 用附着式振动器时，模板和振动器的安装应坚固牢靠，经试振动确认合格方可使用。

(12) 电热养护应遵守下列规定。

1) 施工前应根据结构物特点、现场环境条件进行电热养护施工设计，选定相应环境下的安全电压。

2) 电热装置的电气接线必须由电工安装和拆卸，电热装置每次通电前，必须由电工检查，确认安全。

3) 电热区域内的金属结构和外露钢筋必须有接地装置，并缠裹绝缘材料。

4) 测量人员必须按规定佩戴防护用品，应在规定路线行走、规定位置测温。

5) 养护结束后必须及时切断电源，拆除电热装置系统。

(13) 用输送泵输送混凝土时，输送前必须试送，试送无误，方可正式作业。检修输送泵时，必须先卸压。

(14) 泵车应避免经常处理高压下工作。泵车停歇后再启动时，要注意表压是否正常，预防堵管和爆管。

(15) 少量混凝土采用人工搅拌时，要采取两人对面翻拌作业，防止铁锹等手工工具碰伤；由高处向上推拨混凝土时，要注意不要用力过猛，以免由于惯性作用发生人员摔伤事故。

(16) 雨天振捣作业时，必须将电机加以遮盖，避免雨水浸入电动机导电伤人。

(17) 夜间施工应有足够的照明，照明灯应有防护罩，并不得用超过36V的电压。金属容器内行灯照明不得超过12V。夜间施工期间不得随意移动临时照明线，不得将衣物等挂在电线上。

(18) 冬期施工，如用炉火增温，必须经主管防火的负责人批准，并有可靠的防火措施。

2. 其他管理

(1) 高处作业时，上下应走马道（坡道）或安全梯。

(2) 采用吊斗浇筑混凝土时，吊斗升降应设专人指挥。落斗前，下部的作业人员必须躲开，不得身倚栏杆推动吊斗。

(3) 浇筑墩台等结构混凝土时，应搭设临时脚手架并设防护栏，不得站在模板或支撑上操作。

(4) 使用溜槽浇灌基础等结构混凝土时，不准站在溜槽帮上操作，必要时应设临时支架。

(5) 使用内部振动器振捣混凝土时，振捣手必须戴绝缘手套并穿胶鞋。

(6) 高压电线下施工时必须满足安全距离。

六、环境管理

(1) 必须在搅拌机前台及运输车清洗处设置排水沟、沉淀池，废水经沉淀后方可排入市政污水管道。其他污水也不得直接排入市政污水管道内，必须经沉淀后方可排入。

(2) 加强人为噪声的监管力度，要防止人为敲打、叫嚷、野蛮装卸噪声等现象，最大限度减少噪声扰民。

(3) 搅拌机、空压机、发电机等强噪声机械应安装在工作棚内，工作棚四周应严密围挡。

(4) 对施工场地内的临时道路要按要求硬化或铺以炉渣、砂石，并经常洒水降尘。

(5) 水泥和其他易飞扬的细颗粒散体材料，应安排在库内存放或严密遮盖。

(6) 运输水泥和其他易飞扬的细颗粒散体材料和建筑垃圾时，必须封闭、包扎、覆盖、不得沿途泄漏遗洒。

第五节　钢筋工程施工现场管理与施工要点

一、作业条件

(1) 所需材料机具及时进场，机械设备状况良好。

(2) 钢筋加工厂场地平整、道路畅通，供电等满足施工需求。

(3) 钢筋安装方案已审批，作业面已具备安装条件。

二、现场工、料、机管理

1. 施工人员工作要点

(1) 钢筋加工。

1) 钢筋除锈。工作量不大或在工地设置的临时工棚中操作时，可用麻袋布擦或用钢刷子刷；对于较粗的钢筋，可用沙盘除锈法，即制作钢槽或木槽，槽盘内放置干燥的粗砂和细石子，将有锈的钢筋穿进沙盘中来回抽拉。

2）钢筋手工调直。工程量小、临时性工地加工钢筋的条件下，经常采用手工调直钢筋。对于冷拔低碳钢丝，一般可能过夹轮牵引调直，如牵引过夹轮的钢丝还存在局部慢弯，可用小锤敲打平直；也可以使用直径约为25mm的钢管弯曲成弓背形，钢丝从钢管穿过，由人力向前牵引以调直（弯管的管壁四周钻小孔，供牵引拉出过程中排出铁锈粉末）。

对于热轧圆盘条，可采用绞盘拉直装置；直条钢筋的直径较大，但弯曲平缓，可根据具体弯折状况将弯折部位置于工作台的扳柱之间，就势利用手扳子矫直。

3）钢筋切断。钢筋切断是将已调直的钢筋剪切成所需要的长度，分为机械切断和人工切断两种。机械切断常用钢筋切断机，操作时要保证断料正确，钢筋与切断口要垂直，并严格执行操作规程，确保安全。手工切断常采用手动切断机（用于直径16mm以下的钢筋），克子（又称踏扣，用于直径6～32mm）、断线钳（用于钢丝）等几种工具。

切断操作控制要点：

①一般先断长料，后断短料，以减少短头、接头和损耗。避免用短尺量长料，以免产生累积误差；切断操作时应在工作台上标出尺寸刻度并设置控制断料尺寸用的挡板。

②向切断机送料时应将钢筋摆直，避免变成弧形，操作者应将钢筋握紧，并应在冲动刀片向后退时送进钢筋。切断长30mm以下钢筋时，应将钢筋套在钢管内送料，防止发生事故。

③操作时，如发现钢筋硬度异常（过硬或过软）与钢筋级别不相称时，应考虑对该批钢筋进一步检验。热处理预应力钢筋切断时，只允许用切断机或氧乙炔割断，不得用电弧切割。

4）钢筋弯曲。钢筋的弯曲成型方法有手工弯曲和机械弯曲两种。

①弯折钢筋的弯曲部分，应弯成规定的曲线，圆弧半径约为钢筋直径的1.5倍，弯起的位置和角度，应符合设计图纸的规定。

②弯起两端的直线段长度和弯钩，应按设计图纸进行加工，如图纸上没有注明时，则应按照下列规定处理。

a. 在受拉范围内，直线段长度应不小于钢筋直径的10倍。

b. 在受拉范围内，直线段长度应不小于钢筋直径的20倍。

c. 在高度超过1m的构件中，弯起两端可不用直线段，但在钢筋的末端仍须有弯钩。

③热轧螺纹钢筋的末端应具有直线段，可不用弯钩，其直线段的长度，于受压部分为钢筋直径的15倍，于受拉部分为钢筋直径的20倍。

④钢筋的弯制和末端的弯钩应符合设计要求，如设计无规定时，应符合表4-44的规定。

表 4-44 受力主钢筋制作和末端弯钩形状

弯曲部位	弯曲角度	形状图	钢筋种类	弯曲直径 D	平直部分长度	备注
末端弯钩	180°		HPB235	≥2.5d	≥3d	d为钢筋直径
	135°		HRB335	ϕ8～ϕ25 ≥4d	≥5d	
			HRB400	ϕ28～ϕ40 ≥5d		
	90°		HRB335	ϕ8～ϕ25 ≥4d	≥10d	
			HRB400	ϕ28～ϕ40 ≥5d		
中间弯钩	90°以下		各类	≥20d		

注：环氧树脂涂层钢筋当进行弯曲加工时，对直径 d 不大于 20mm 的钢筋，其弯曲直径不应小于 4d；对直径 d 大于 20mm 的钢筋，其弯曲直径不小于 6d。

⑤手工弯曲直径 12mm 以下细筋可用手摇扳子，弯曲粗钢筋可用铁板扳柱和横口扳手。

⑥钢筋在弯曲机上成型时，心轴直径应为钢筋直径的 2.5 倍，成型轴宜加偏心轴套，以适应不同直径的钢筋弯曲需要。

⑦螺旋形钢筋成型，小直径可用手摇滚筒成型，较粗（ϕ16～ϕ30）钢筋可在钢筋弯曲机的工作盘上安设一个型钢制成的加工圆盘，圆盘外直径相当于需加工螺栓筋（或圆箍筋）的内径，插孔相当于弯曲机板柱间距，使用时将钢筋一端固定，即可按一般钢筋弯曲加工方法弯成所需螺旋形钢筋。

（2）钢筋连接。

1）闪光接触对焊。钢筋的接头应以闪光接触对焊为宜，这种接头的传力性能好，且省钢料。闪光接触对焊，可分不加预热的连续闪光和加预热的闪光两种方法。一般常用不加预热的连续闪光焊，若对焊机功率不足，不能用连续闪光焊时，对直径较粗的钢筋，可采用加预热的闪光焊。

不加预热的连续闪光焊接，系将夹紧于对焊机钳口内的钢筋，在接通电流时，以不大的压力移近钢筋两头，使轻微接触。在移近过程中，钢筋端隙间向四面喷射火花，而钢筋端头则逐渐发生溶化，缓慢地移拢钢筋端部，以保持连续闪光。在钢筋熔融到既定的长度值后，便对钢筋进行快速的顶锻，至此焊接操作即告完成。

预热闪光焊接，系将钢筋移拢，使两端面轻微接触，以便立刻激发瞬时的闪光过程，然后移开钢筋，继续移拢或移开使钢筋端部逐渐加热，最后对钢筋进行快速顶锻。移近次数视钢筋直径、对焊机功率而定，一般在3～20次范围内变动。

钢筋对焊完毕，应对接头进行外观检查，并按批切取部分接头进行机械性能试验。抗拉试验时，其抗拉极限强度不能小于该种钢筋抗拉极限强度；绕一定直径的芯棒作90°冷弯试验时，不得出现裂缝，亦不得沿焊接部位破坏。外观检查应满足下列要求：

①接头应有适当的墩粗和均匀的金属毛刺。

②钢筋表面无裂缝和明显的烧伤。

③接头如有弯折，其角度不得大于4°。

④两根钢筋的轴线在接头处的偏移不得大于钢筋直径的0.1倍，亦不得大于2mm。

2）电弧焊。在不能进行闪光接触对焊时，可采用电弧焊（如搭接焊、帮条焊、坡口焊、熔槽焊等）。焊接接头在构件内应尽量错开布置，且受拉主钢筋的接头截面积不得超过受力钢筋总截面积的50%。装配式构件连接处受力钢筋的焊接接头可不受此限制。电弧焊系将一根导线接在被焊钢筋上，另一根导线接在夹有焊条的焊钳上，合上开关，将接触焊件接通电流，此时立即将焊条提起2～3mm，产生电弧。电弧温度高达4000℃，将焊条和钢筋熔化并汇合成一条焊缝，至此焊接过程结束。

钢筋焊接完毕，同样应对接头进行外观检查，并进行机械性能试验，其抗拉极限强度不得小于该种钢筋的抗拉极限强度。外观检查应满足下列要求：

①焊缝应没有缺口、裂缝和较大的金属焊瘤。

②接头处钢筋轴线的曲折，其角度不得大于4°。

③接头处钢筋轴线的偏移不得大于钢筋直径的0.1倍，亦不得大于3mm。

④焊缝宽度和焊缝高度应按规范所要求的尺寸进行测量。

在搭接焊中，采用单面焊缝或双面焊缝，应视施工情况而定。在预制钢筋骨架中多采用双面焊缝；在模板内焊合的钢筋，多采用单面焊缝。

3）钢筋绑扎接头。

①在普通混凝土结构中钢筋绑扎接头的搭接长度，不得小于表4-45规定的数值。在受拉区内不得小于250mm，在受压区内不得小于200mm。

②直径不大于12mm的受压圆钢筋的末端，以及轴心受压构件中任意直径的纵向钢筋的末端，可不做弯钩，但钢筋搭接时的搭接长度不应小于30d。

表 4-45　混凝土结构中钢筋绑扎接头的最小搭接长度

项次	钢 筋 级 别	受拉区	受压区
1	HRB335 钢筋	$35d_0$	$25d_0$
2	HRB400 级钢筋	$40d_0$	$30d_0$
3	冷拔低碳钢丝	250mm	200mm

注：d_0 为钢筋直径（mm）。

③绑扎接头在同一截面的接头截面积，受拉区不得超过总截面积的 25%，受压区不超过 50%。凡两个绑扎接头的间距在钢筋直径的 30 倍以内及 50cm 内的为在同一截面。

④绑扎时应在钢筋搭接处的两端和中间至少三处用钢丝扎紧，不得有滑动和移位情况。

⑤绑扎接头与钢筋弯曲处相距不得小于 $10d_0$，也不宜位于最大弯矩处。

⑥焊接骨架和焊接网采用绑扎连接时，应符合下列规定。

a. 焊接骨架的焊接网的搭接接头，不宜位于构件的最大弯矩处。

b. 焊接网在非受力方向的搭接长度，不宜小于 100mm。

c. 受拉焊接网架和焊接网在受力钢筋方向的搭接长度，应符合设计规定；受压焊接骨架和焊接网在受力钢筋方向的搭接长度，可取受拉焊接骨架和焊接网在受力钢筋方向的搭接长度的 0.7 倍。

⑦在绑扎骨架中非焊接的搭接接头长度范围内，当搭接钢筋为受拉时，其箍筋的间距不应大于 $5d$，且不应大于 100mm。当搭接钢筋为受压时，其箍筋间距不应大于 $10d$，且不应大于 200mm（d 为受力钢筋中的最小直径）。

4）铁丝绑扎搭接。当没有条件采用焊接时，接头可用铁丝绑扎搭接，但钢筋直径不应超过 25mm，搭接长度应满足有关的规定。搭接长度区段内受力钢筋接头的面积，在受拉区不得超过钢筋总截面积的 25%，在受压区不得超过 50%。其搭接长度要满足规范要求。

5）钢筋机械连接还应注意以下几点：

①施工操作人员须经过培训、考核持证才能上岗。

②钢筋连接时，应对准轴线方向用力将锥螺纹丝头拧入连接套，其拧紧力矩值见表 4-46，不得超拧，且拧紧后应做好标记。

表 4-46　连接钢筋拧紧力矩值

钢筋直径/mm	16	18	20	22	25～28	32	36～40
扭紧力矩/(N·m)	118	147	177	216	275	314	343

③为了保证螺纹质量，减少套丝机和梳刀的损坏，钢筋下料时，应做到切口端面垂直钢筋轴线。钢筋平直，切口无马蹄形，且不挠曲。

④钢筋锥螺纹丝头质量好坏直接影响接头的连接质量，绝不允许使用牙型撕裂、掉牙、牙瘦、小端直径过小、钢筋纵肋上无齿形等不合格丝头连接钢筋。

⑤必须把带连接套的钢筋固定牢固。为了防止水泥浆等杂物进入连接套而影响接头的连接质量，一定要坚持取下一个密封盖连接一根钢筋的施工顺序。

⑥考虑到力矩扳手的使用次数不一样，可根据需要将使用频繁的力矩扳手提前校准。不准用力矩扳手当锤子或撬棍使用，要轻拿轻放，不许坐、踏。不用时，将力矩扳手调到 0 刻度，以保持力矩扳手精度。

⑦连接钢筋时，应先将钢筋对正轴线后拧入锥螺纹连接套筒，再用力矩扳手拧到规定的力矩值。决不应在钢筋锥螺纹没拧入锥螺纹连接套筒，就用力矩扳手连接钢筋，以免损坏接头螺纹，造成接头质量不合格。不许接头拧的过紧的目的是防止损坏接头螺纹。为了防止接头漏拧，每个接头拧到规定的力矩值之后，一定要在接头上做标记，以便检查。

（3）钢筋骨架和钢筋网的安装。

1）绑扎钢筋骨架（网）的安装。

①预制钢筋绑扎网与钢筋绑扎骨架，一般宜分块或分段绑扎，应根据结构配筋特点及起重运输能力而定，网片分块面积以 6～20m² 为宜，骨架分段长度以8～12m为宜，安装时再予以焊接或绑扎。为防止运输安装中歪斜变形，在斜向应用钢筋拉结临时加固（图 4 - 19），大型钢筋网或骨架应设钢筋桁架或型钢加固。

②钢筋网与钢筋骨架的吊点应根据其尺寸、重量和刚度确定。宽度大于 1m 的水平钢筋网宜采用 4 点起吊，跨度小于 6m 的钢筋骨架宜采用两点起吊，跨度大、刚度差的钢筋骨架宜采用横吊梁 4 点超吊。为防止吊点处钢筋受力变形，可采取兜底或用短筋加强。

③对较大型预制构件，为避免模内绑扎困难，常在模外或模上部位绑扎成整体骨架，再用吊车或设三木搭借捯链缓慢放入模内。

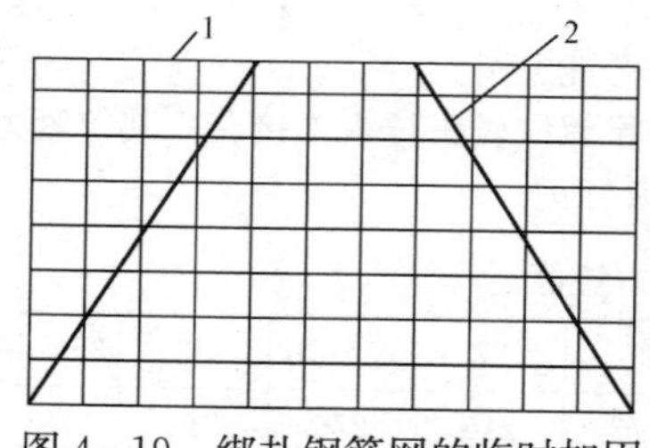

图 4 - 19　绑扎钢筋网的临时加固
1—钢筋网；2—加固筋

2）焊接钢筋骨架（网）的安装。

①钢筋焊接网运输时应捆扎整齐、牢固，每捆重量不应超过 2t，必要时应加刚性支撑或支架。

②进场的钢筋焊接网宜按施工要求堆放，并应有明确的标志。

③对两端须插入梁内锚固的焊接网，当网片纵向钢筋较细时，可利用网片的弯曲变形性能，先将焊接网中部向上弯曲，使两

端能先后插入梁内，然后铺平网片；当钢筋较粗．焊接网不能弯曲时，可将焊接网的一端少焊1～2根横向钢筋，先插入该端，然后退插另一端，必要时可采用绑扎方法补回所减少的横向钢筋。

④两张网片搭接时，在搭接区中心及两端应采用铁丝绑扎牢固。在附加钢筋与焊接网连接的每个节点处应采用铁丝绑扎。

⑤焊接网与焊接骨架沿受力钢筋方向的搭接接头宜位于受力小的部位，如承受均布荷载的简支受弯构件，接头宜放在跨度两端各1/4跨长范围内，其搭接长度应符合表4-47的规定。

表4-47 焊接网和受拉焊接骨架绑扎接头的搭接长度

项次	钢筋类型		混凝土强度等级		
			C20	C25	≥C30
1	HPB335级		30d	25d	20d
2	月牙肋	HRB335级	40d	35d	30d
		HRB400级	45d	40d	35d
3	冷拔低碳钢丝		250mm		

注：1. d为受力钢筋直径。当混凝土强度等级低于C20时，对HPB335级钢筋最小搭接长度不得小于40d；表中HRB335级钢筋不得小于50d；HRB400级钢筋不宜采用。
2. 搭接长度除应符合本表要求外，在受拉区不得小于250mm，在受压区不得小于200mm。
3. 当月牙肋钢筋直径d>25mm时，其搭接长度应按表中数值增加5d采用；当月牙肋钢筋直径d≤25mm。时，其搭接长度应按表中数值减小5d采用。
4. 轻骨料混凝土的焊接骨架和焊接网绑扎接头的搭接长度，应按普通混凝土搭接长度增加5d，对冷按低碳钢丝，增加50mm。
5. 当混凝土在凝固过程中受力钢筋易受扰动时，其搭接长度宜适当增加。
6. 当有抗震要求时，对一、二级抗震等级搭接长度应增加5d。

⑥在梁中焊接骨架的搭接长度内应配置箍筋或短的槽形焊接网。箍筋或网中的横向钢筋间距不得大于5d。轴心受压或偏心受压构件中的搭接长度内，箍筋或横向钢筋的间距不得大于10d。

⑦焊接网在非受力方向的搭接长度宜为100mm。当受力钢筋直径不小于16mm时，焊接网沿分布钢筋方向的接头宜辅以附加钢筋网，其每边的搭接长度为15d。

⑧钢筋焊接网安装时，下部网片应设置与保护层厚度相当的水泥砂浆垫块或塑料卡；板的上部网片应在短向钢筋两端，沿长向钢筋方向每隔600～900mm设一钢筋支墩。

2. 材料选择及检验

(1) 材料选择。

1) 普通混凝土结构钢筋。钢筋按生产工艺分可分为热轧钢筋、冷轧钢筋、冷拔钢丝、冷拉钢筋、余热处理钢筋、热处理钢筋等。混凝土结构用的普通钢筋主要分为两类：热轧钢筋和冷加工钢筋（冷轧带肋钢筋、冷轧扭钢筋、冷拔螺旋钢筋）。冷拉钢筋与冷拔钢丝已经基本被淘汰了。

2) 预应力筋。预应力高强钢筋主要有钢丝、钢绞线和粗钢筋三种。其中，以钢绞线与钢丝采用最多。

①预应力钢丝主要分为冷拉钢丝、消除应力钢丝（普通松弛型）、消除应力钢丝（低松弛型）、刻痕钢丝、螺旋肋钢丝。

②预应力钢绞线。预应力钢绞线是由多根冷拉钢丝在绞线机上成螺旋形绞合，并经消除应力回火处理而成的总称。钢绞线根据加工要求不同又可分为标准型钢绞线、刻痕钢绞线和模拔钢绞线。

(2) 材料检验。

1) 普通混凝土结构钢筋。

①热轧钢筋。

a. 热轧钢筋的外观质量要求。钢筋表面不得有裂纹、结疤和折叠。钢筋表面允许有凸块，但不得超过横肋的高度，钢筋表面上其他缺陷的深度和高度不得大于所在部位尺寸的允许偏差。

b. 每批钢筋的检验项目、取样方法和试验方法应符合表 4 - 48 的规定。

表 4 - 48　　热轧钢筋检验项目、取样方法和试验方法

序号	检验项目	取样数量	取样方法	试验方法
1	化学分析	1	GB/T 222—2006	GB/T 223 GB/T 4336—2002
2	力学	2	任选两根钢筋切取	GB 1499.1—2008
3	弯曲	2	任选两根钢筋切取	GB 1499.1—2008
4	反向弯曲	1	—	GB/T 5126—2013 GB 1499.1—2008
5	尺寸	逐支	—	GB 1499.1—2008
6	表面	逐支	—	目视
7	重量偏差	GB 1499—1998 第 7.4		GB 1499.1—2008

注：对化学分析和拉伸试验结果有争议时，仲裁试验分别按 GB/T 223 进行。

②冷轧带肋钢筋。

钢筋出厂检验的试验项目、取样方法、应符合表 4 - 49 的规定。

表 4 - 49　　冷轧带肋钢筋的试验项目、取样方法

序号	检验项目	取样数量	取样方法
1	拉伸试验	每盘 1 个	在每（任）盘中随机切取
2	弯曲试验	每批 2 个	
3	反复弯曲试验	每批 2 个	
4	应力松弛试验	定期 1 个	
5	尺寸	逐盘	—
6	表面	逐盘	—
7	重量偏差	每盘 1 个	—

注：1. 供方在保证 $\sigma_{p0.2}$ 合格的条件下，可不逐盘进行 $\sigma_{p0.2}$ 的试验。

2. 表中试验数量栏中的“盘”指生产钢筋“原料盘”。

③冷轧扭钢筋。

a. 冷轧扭钢筋的试样由验收批钢筋中随机抽取。取样部位应距钢筋端部不小于 500mm。试样长度宜取偶数倍节距，且不应小于 4 倍节距，同时不小于 500mm。应注意的是冷轧扭钢筋验收批应由同一牌号、同一规格尺寸、同一台轧机、同一台班的钢筋组成，且每批不大于 10t，不足 10t 按一批计。

b. 冷轧扭钢筋检验项目、取样数量的应符合表 4 - 50 的规定。

表 4 - 50　　冷轧扭钢筋检验项目、取样数量

序号	检验项目	取样数量	
		出厂检验	型式检验
1	外观质量	逐根	逐根
2	轧扁厚度	每批三个	每批三个
3	节距	每批三个	每批三个
4	定尺长度	—	每批三个
5	重量	每批三个	每批三个
6	化学成分	—	每批三个
7	拉伸试验	每批二个	每批三个
8	冷弯试验	每批一个	每批三个

注：拉伸试验中伸长率测定的原始标距为 10d（d 为冷轧钢筋标志直径）。

2）预应力筋。

①预应力钢丝。

a. 消除应力钢丝。消除应力钢丝的力学性能应符合表 4-51 的规定。

表 4-51　消除应力钢丝的力学性能

公称直径/mm	抗压强度 σ_0 不小于/MPa	规定非比例伸长应力 σ_p 不小于/MPa	伸长率 L_0=100mm 不小于（%）	弯曲次数		松弛		
				次数/180° 不小于	弯曲半径/mm	初始应力相当于公称抗拉强度的百分数（%）	1000h 应力损失不大于（%）	
							Ⅰ级松弛	Ⅱ级松弛
4.00	1470	1250	4	3	10	60	4.5	1.0
	1570	1330						
5.00	1670	1410		4	15			
	1770	1500				70	8	2.5
6.00	1570	1330						
	1670	1420						
7.00					20	80	12	4.5
8.00	1470	1250						
9.00	1570	1330			25			

注：1. Ⅰ级松弛即普通松弛，Ⅱ级松弛即低松弛，它们分别适用于所有钢丝。

2. 屈服强度 $\sigma_{p0.2}$ 值不小于公称抗拉强度的 85%。

b. 冷拉钢丝的力学性能。冷拉钢丝的力学性能应符合表 4-52 的规定。

表 4-52　冷拉钢丝的尺寸和力学性能

公称直径/mm	抗拉强度 σ_b 不小于/MPa	规定非比例伸长应力 σ_p 不小于/MPa	伸长率 L_0=100mm 不小于（%）	弯曲次数	
				次数/180° 不小于	弯曲半径/mm
3.00	1470	1100	2	4	7.5
	1570	1180			
4.00	1670	1250	3		10
5.00	1470	1100		5	15
	1570	1180			
	1670	1250			

注：规定非比例伸长应力 $\sigma_{p0.2}$ 值不小于公称抗拉强度的 75%。

c. 刻痕钢丝的力学性能：刻痕钢丝的力学性能应符合表 4 - 53 的规定。

表 4 - 53　　刻痕钢丝的力学性能

公称直径/mm	抗拉强度 σ_b 不小于/MPa	规定非比例伸长应力 σ_p 不小于/MPa	伸长率 L_0=100mm 不小于（%）	弯曲次数		松弛	
				次数/180° 不小于	弯曲半径/mm	1000h 松弛率不大于（%）	
						Ⅰ级松弛	Ⅱ级松弛
≤5.00	1470	1250	4	3	15	8	2.5
	1570	1340					
>5.00	1470	1250			20		
	1570	1340					

注：1. 规定非比例伸长应力 $\sigma_{p0.2}$ 值不大于公称抗拉强度的 85%。
2. 松弛试验时，初始应力相当于公称抗拉强度的 70%。

d. 外观质量。钢丝表面不得有裂纹、小刺、机械损伤，氧化铁皮和油污；回火成品表面允许有回火颜色。除非另有协议，表面允许有浮锈，但不得锈蚀成肉眼可见的麻坑。

e. 钢丝的伸直性检验。取 1m 的钢丝，其弦与弧的最大自然矢高：光面钢丝不大于 20mm，刻痕钢丝不大于 30mm。

②钢绞线。

a. 1×2 结构钢绞线的尺寸及允许偏差、每米参考质量应符合表 4 - 54 的规定，外形如图 4 - 20 所示。

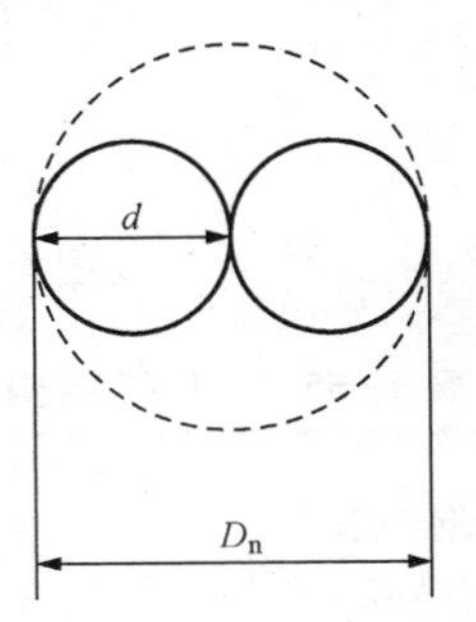

图 4 - 20　1×2 结构钢绞线外形示意图

表 4 - 54　　1×2 结构钢绞线尺寸及允许偏差、每米参考质量

钢绞线结构	公称直径		钢绞线直径允许偏差/mm	钢绞线参考截面积 S_n/mm²	每米钢绞线参考质量/(g/m)
	钢绞线直径 D_n/mm	钢丝直径 d/mm			
1×2	5.00	2.50	+0.15 −0.05	9.82	77.1
	5.80	2.90		13.2	104

续表

钢绞线结构	公称直径		钢绞线直径允许偏差/mm	钢绞线参考截面积 S_n/mm^2	每米钢绞线参考质量/(g/m)
	钢绞线直径 D_n/mm	钢丝直径 d/mm			
1×2	8.00	4.00	+0.25 −0.10	25.1	197
	10.00	5.00		39.3	309
	12.00	6.00		56.5	444

b. 1×3 结构钢绞线尺寸及允许偏差、每米参考质量应符合表 4 - 55 的规定，外形如图 4 - 21 所示。

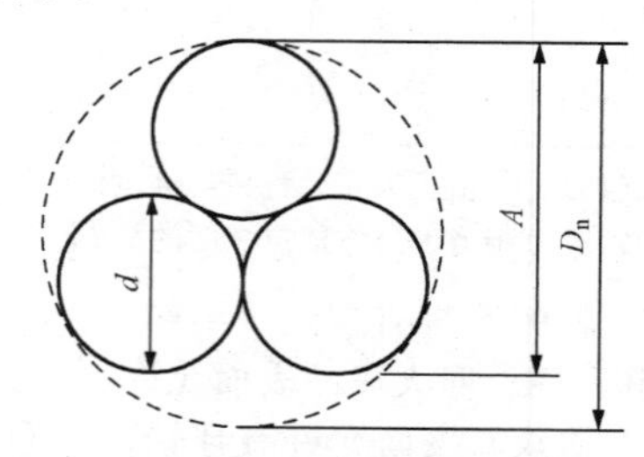

图 4 - 21　1×3 结构钢绞线外形示意图

表 4 - 55　　1×3 结构钢绞线尺寸及允许偏差、每米参考质量

钢绞线结构	公称直径		钢绞线测量尺寸 A/mm	测量尺寸 A 允许偏差/mm	钢绞线参考截面积 S_n/mm^2	每米钢绞线参考质量/(g/m)
	钢绞线直径 D_n/mm	钢丝直径 d/mm				
1×3	6.20	2.90	5.41	+0.15 −0.05	19.8	1555.41
	6.50	3.00	5.60		21.2	1665.60
	8.60	4.00	7.46	+0.20 −0.10	37.7	2967.46
	8.74	4.05	7.56		38.6	3037.56
	10.80	5.00	9.33		58.9	4629.33
	12.90	6.00	11.2		84.8	66 611.2
1×3　I	8.74	4.05	7.56		38.6	3037.56

c. 1×7 结构钢绞线尺寸及允许偏差、每米参考质量应符合表 4 - 56 的规

定，外形如图 4 - 22 所示。

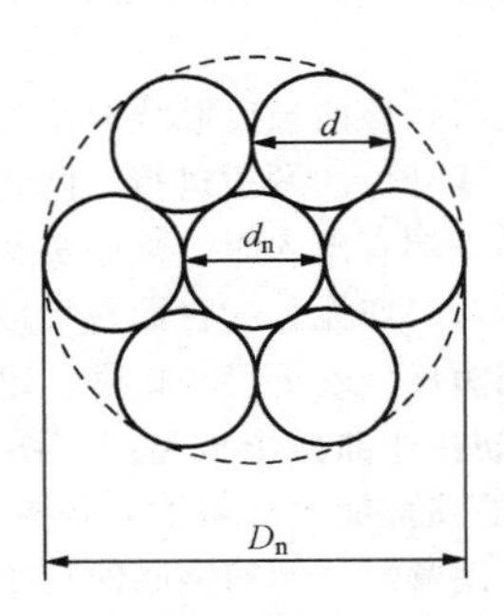

图 4 - 22　1×7 结构钢绞线外形示意图

表 4 - 56　1×7 结构钢绞线的尺寸及允许偏差、每米参考质量

钢绞线结构	公称直径 D_n/mm	直径允许偏差/mm	钢绞线参考截面积 S_n/mm^2	每米钢绞线参考质量/(g/m)	中心钢丝直径 d_0 加大范围（%）不小于
1×7	9.50	+0.30 −0.15	54.8	430	2.5
	11.10		74.2	582	
	12.70	+0.40 −0.20	98.7	775	
	15.20		140	1101	
	15.70		150	1178	
	17.80		191	1500	
(1×7) C	12.70	+0.40 −0.20	112	890	
	15.20		165	1295	
	18.00		223	1750	

d. 经供需双方协商，可提供表 4 - 54～表 4 - 56 以外规格的钢绞线。

e. 盘重。每盘卷钢绞线质量不少于 1000kg，允许有 10%的盘卷质量小于 1000kg，但不能小于 300kg。

3. 混凝土工程施工主要机械使用方法

（1）钢筋弯曲机操作要点。

1）画线。钢筋弯曲前，对形状复杂的钢筋（如弯起钢筋），根据钢筋料牌上标明的尺寸，用石笔将各弯曲点位置画出。画线时应注意：

①根据不同的弯曲角度扣除弯曲调整值，其扣法是从相邻两段长度中各扣一半。

②钢筋端部带半圆弯钩时，该段长度画线时增加 0.5d（d 为钢筋直径）。

③画线工作宜从钢筋中线开始向两边进行；两边不对称的钢筋，也可从钢筋一端开始画线，如画到另一端有出入时，则应重新调整。

④画线应在工作台上进行，如无画线台而直接以尺度量进行画线时，应使用长度适当的木尺，不宜用短尺（木折尺）接量，以防发生差错。

2）钢筋弯曲成型。钢筋在弯曲机上成型时（图 4 - 23），心轴直径应是钢筋直径的 2.5～5.0 倍，成型轴宜加偏心轴套，以便适应不同直径的钢筋弯曲需要。弯曲细钢筋时，为了使弯弧一侧的钢筋保持平直，挡铁轴宜做成可变挡架或固定挡架（加铁板调整）。

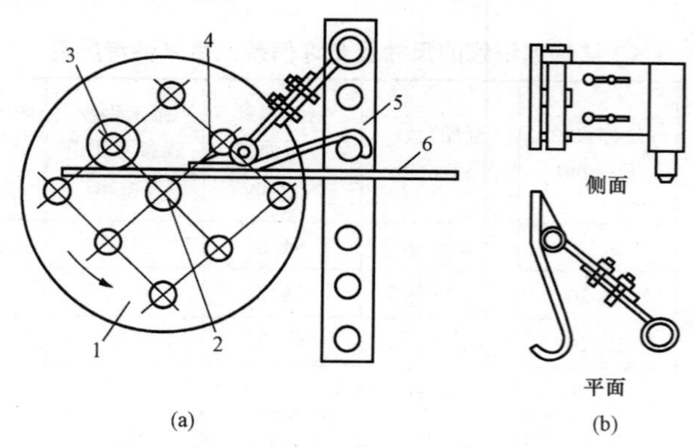

图 4 - 23　钢筋弯曲成型

（a）工作简图；（b）可变挡架构造

1—工作盘；2—心轴；3—成型轴；4—可变挡架；5—插座；6—钢筋

3）钢筋弯曲机操作要点。

①操作前要对机械各部件进行全面检查以及试运转，并查点齿轮、轴套等备件是否齐全。

②要熟悉倒顺开关的使用方法及所控制的工作盘旋转方向，使钢筋的放置能与成型轴、挡铁轴的位置相应配合；变换工作盘旋转方向时，操纵开关从倒至顺（或从顺至倒）必须由“停”挡过渡，不得超越停挡。

③使用钢筋弯曲机时，由于成型轴和心轴同时转动，就会带动钢筋向前滑移。所以，钢筋弯曲点线的画法虽然是与手工弯曲一样，但在操作时放在工作盘上的位置就不同了。因此，在钢筋弯曲前，应先做试弯以摸索规律。

④钢筋在弯曲机上进行弯曲时，其形成的圆弧弯曲直径是借助于心轴直径实现的，因此要根据钢筋粗细和所要求的圆弧弯曲直径大小随时更换轴套。

⑤为了适应钢筋直径和心轴直径的变化，应在成型轴上加一个偏心套，以调节心轴、钢筋和成型轴三者之间的间隙（钢筋在心轴与成型轴之间的空隙应大于 2mm）。

⑥严禁在机械运转过程中更换心轴、成型轴、挡铁轴，或进行清扫、注油。

⑦弯曲较长的钢筋应有专人帮助扶持，帮助人员应听从指挥，不得任意推送。

（2）钢筋切断机操作要点。

1）机械切断。常用的钢筋切断机（见表 4 - 57）可切断钢筋最大公称直径为 40mm。

表 4 - 57　　机械式钢筋切断机主要技术性能

参数名称		型号				
		CQL40	CQ40	CQ40A	CQ40B	CQ50
切断钢筋直径 d/mm		6～40	6～40	6～40	6～40	6～50
切断闪数/(次/min)		38	40	40	40	30
电动机型号		Y100L2-4	Y100L2-2	Y100L2-2	Y100L2-2	Y132S-4
功率/kW		3	3	3	3	5.5
转速/(r/min)		1420	2880	2880	2880	1450
外形尺寸	长/mm	685	1150	1395	1200	1600
	宽/mm	575	430	556	490	695
	高/mm	984	750	780	570	915
整机重量/kg		650	600	720	450	950
传动原理及特点		偏心轴	开式、插销离合器曲柄	凸轮、滑键离合器	全封闭曲柄连杆转键离合器	曲构连杆传动半开

2）工艺要点。

①使用前应检查刀片安装是否正确（固定刀片与冲切刀片的水平间隙以 0.5～1mm 为宜）、牢固，润滑及空车试运转应正常。

②钢筋切断应合理统筹配料，将相同规格钢筋根据不同长短搭配，统筹排料；一般先断长料，后断短料，以减少短头、接头和损耗。避免用短尺量长料，以防止产生累积误差；应在工作台上标出尺寸刻度并设置控制断料尺寸用的挡板。切断过程中如发现劈裂、缩头或严重的弯头等必须切除。

③向切断机送料时，应将钢筋摆直，避免弯成弧形。操作者应将钢筋握紧，并应在冲切刀片向后退时送进钢筋；切断长300mm以下钢筋时，应将钢筋套在钢管内送料，防止发生人身或设备安全事故。

④操作中，如发现钢筋硬度异常，过硬或过软，与钢筋牌号不相称时，应考虑对该批钢筋进一步检验；热处理预应力钢筋切料时，只允许用切断机或氧气乙炔割断，不得电弧切割。

⑤在机器运转时，不得进行任何修理、校正工作，不得触及运转部位，也不得取下防护罩，严禁将手置于刀口附近；不得用手抹或嘴吹遗留于切断机上的铁屑。

⑥禁止切断机技术性能规定范围外的钢材以及超过刀刃硬度或烧红的钢筋。

⑦使用电动液压切断机时，操作前应检查油位是否满足要求，电动机旋转方向是否正确；先松开放油阀，空载运转2min以排掉缸体内空气，然后拧紧；并用手拨动钢筋通过刀片给活塞以回程压力，使它复位，即可进行工作。更换液压油时，需将原先装进的液压油全部倒出，将缸体清洗干净，然后注入滤过的新油。

⑧切断后的钢筋断口不得有马蹄形或起弯等现象；钢筋长度偏差应小于10mm。

三、钢筋工程施工及检验要点

1. 施工要点

(1) 钢筋加工。

1) 钢筋弯制前应先调直。钢筋宜优先选用机械方法调直。当采用冷拉法进行调直时，HPB235钢筋冷拉率应不大于2%，HRB335、HRB400钢筋冷拉率应不大于1%。

2) 钢筋下料前应核对钢筋规格、级别及加工数量，并应根据设计要求和钢筋长度配料。下料后应按种类和使用部位分别挂牌注明。

3) 受力钢筋弯制和末端弯钩均应符合设计要求，设计未作具体规定时，应符合本节第二项（现场工、料机管理）规定。

4) 箍筋弯钩的弯曲直径应大于被箍主钢筋的直径，且HPB235钢筋不得小于箍筋直径的2.5倍；HRB335不得小于箍筋直径的4倍；弯钩平直部分的长度，一般结构不宜小于箍筋直径的 5 倍，对有抗震要求的结构不应小于箍筋直径的 10 倍。

5）钢筋宜在常温状态下弯制，不宜加热。钢筋宜从中部开始逐步向两端弯制，弯钩应一次弯成。

6）钢筋加工过程中，应采取防止油渍、泥浆等物污染和防止受损伤的措施。

（2）钢筋连接。

1）钢筋接头设置应符合下列规定：

①在同一根钢筋上宜少设接头。

②钢筋接头应设在受力较小区段，不宜位于构件的最大弯矩处。

③在任一焊接或绑扎接头长度区段内，同一根钢筋不得有两个接头，在该区段内的受力钢筋，其接头的截面面积占总截面面积的百分率应符合表 4 - 58 的规定。

表 4 - 58 接头长度区段内受力钢筋接头截面面积的最大百分率

接头类型	接头面积最大百分率（%）	
	受拉区	受压区
主钢筋绑扎接头	25	50
主钢筋焊接接头	50	不限制

注：1. 焊接接头长度区段内是指 35d（d 为钢筋直径）和长度范围内，但不得小于 500mm，绑扎接头长度区段是指 1.3 倍搭接长度。

2. 装配式构件连接处的受力钢筋焊接接头可不受此限制。

3. 环氧树脂涂层钢筋绑扎长度，对受拉钢筋应至少为涂层钢筋锚固长度的 1.5 倍且不小于 375mm：对受压钢筋为无涂层钢筋锚固长度的 1.0 倍且小于 250mm。

④接头末端至钢筋弯起点的距离不得小于小于钢筋直径的 10 倍。

⑤施工中钢筋受力分不清受拉、压的，接受拉办理。

⑥钢筋接头部位横向净距不得小于钢筋直径，且不得小于 25mm。

2）钢筋闪光对焊应符合下列规定。

①每批钢筋焊接前，应先选定焊接工艺和参数，进行试焊，在试焊质量合格后，方可正式焊接。

②闪光对焊接头的外观质量应符合下列要求。

a. 接头周缘应有适当的镦粗部分，并呈均匀的毛刺外形。

b. 钢筋表面不得有明显的烧伤或裂纹。

c. 接头边弯折的角度不得大于 3°。

d. 接头轴线的偏移不得大于 0.1d，并不得大于 2mm。

③焊接时的环境温度不宜低于 0℃。冬期闪光对焊宜在室内进行，且室外存放的钢筋应提前运入车间，焊后的钢筋应等待完全冷却后才能运往室外。在困难条件下，对以承受静力荷载为主的钢筋，闪光对焊的环境温度可降低，但最低不得低于－10℃。

3）热轧光圆钢筋和热轧带肋钢筋的接头采用搭接或帮条电弧焊时，应符合下列规定：

①接头应采用双面焊缝，在脚手架上进行双面焊困难时方可采用单面焊。

②当采用搭接焊时，两连接钢筋轴线应一致。双面焊缝的长度不得小于 5d，单面焊缝的长度不得小于 10d（d 为钢筋直径）。

③当采用帮条焊时，帮条直径、级别应与被焊钢筋一致，帮条长度：双面焊缝不得小于 5d，单面焊缝不得小于 10d（d 为主筋直径）。帮条与被焊钢筋的轴线应在同一平面上，两主筋端面的间隙应为 2～4mm。

④搭接焊和帮条焊接头的焊缝高度应不小于 0.3d，并不得小于 4mm；焊缝宽度应不小于 0.7d（d 为主筋直径），并不得小于 8mm。

⑤钢筋与钢板进行搭接焊时应采用双面焊接，搭接长度应大于钢筋直径的 4 倍（HPB235 钢筋）或 5 倍（HRB335、HRB400 钢筋）。焊缝高度应不小于 0.35d，且不得小于 4mm；焊缝宽度应不小于 0.5d，并不得小于 6mm（d 为钢筋直径）。

⑥采用搭接焊、帮条焊的接头，应逐个进行外观检查。焊缝表面应平顺、无裂纹、夹渣和较大的焊瘤等缺陷。

4）钢筋采用绑扎接头时，应符合下列规定：

①受拉区域内，HPB235 钢筋绑扎接头的末端应做成弯钩，HRB335、HRB340 钢筋可不做弯钩。

②直径不大于 12mm 的受压 HPB235 钢筋的末端，以及轴心受压构件中任意直径的受力钢筋的末端，可不做弯钩，但搭接长度不得小于钢筋直径的 35 倍。

③钢筋搭接处，应在中心和两端至少 3 处用绑丝绑牢，钢筋不得滑移。

④受拉钢筋绑扎接头的搭接长度，应符合表 4 - 59 的规定；受压钢筋绑扎接头的搭接长度，应取受拉钢筋绑扎接头长度的 0.7 倍。

表 4 - 59　受拉钢筋绑扎接头的搭接长度

钢筋牌号	混凝土强度等级		
	C20	C25	>C25
HPB235	35d	30d	25d

续表

钢筋牌号	混凝土强度等级		
	C20	C25	>C25
HRB335	45d	40d	35d
HRB400	—	50d	45d

注：1. 当带肋钢筋直径 $d>25$mm 时，其受拉钢筋的搭接长度应按表中数值增加 5d 采用。

2. 当带肋钢筋直径 $d<25$mm 时，其受拉钢筋的搭接长度应按表中值减少 5d 采用。

3. 当混凝土在凝固过程中受力钢筋易受扰动时，其搭接长度应适当增加。

4. 在任何情况下，纵向受拉钢筋的搭接长度不得小于 300mm；受压钢筋的搭接长度不得小于 200mm。

5. 轻骨料混凝土的钢筋绑扎接头搭接长度应按普通混凝土搭接长度增加 5d。

6. 当混凝土强度等级低于 C20 时，HPB235、HPB335 钢筋的搭接长度应按表中 C20 的数值相应增加 10d。

7. 对有抗震要求的受力钢筋的搭接长度，当抗震烈度为七度（及以上）时应增加 5d。

8. 两根直径不同的钢筋的搭接长度，以较细钢筋的直径计算。

⑤施工中钢筋受力分不清受拉或受压时，应符合受拉钢筋的规定。

(3) 钢筋骨架和钢筋网的安装。

1) 施工现场可根据结构情况和现场运输起重条件，先分部预制成钢筋骨架或钢筋网片，入模就位后再焊接或绑扎成整体骨架。为确保分部钢筋骨架具有足够的刚度和稳定性，可在钢筋的部分交叉点处施焊或用辅助钢筋加固。

2) 钢筋骨架制作和组装应符合下列规定：

①钢筋骨架的焊接应在坚固的工作台上进行。

②组装时应按设计图纸放大样，放样时应考虑骨架预拱度。简支梁钢筋骨架预拱度宜符合表 4-60 的规定。

③组装时应采取控制焊接局部变形措施。

④骨架接长焊接时，不同直径钢筋的中心线应在同一平面上。

表 4-60　　简支梁钢筋骨架预拱度

跨度/m	工作台上预拱度/cm	骨架拼装时预拱度/cm	构件预拱度/cm
7.5	3	1	0
10～12.5	3～5	2～3	1

续表

跨度/m	工作台上预拱度/cm	骨架拼装时预拱度/cm	构件预拱度/cm
15	4～5	3	2
20	5～7	4～5	3

注：跨度大于20m时应按设计规定预留拱度。

3）钢筋网片采用电阻点焊应符合下列规定：

①当焊接网片的受力钢筋为HPB235钢筋时，如焊接网片只有一个方向受力，受力主筋与两端的两根横向钢筋的全部交叉点必须焊接；如焊接网片为两个方向受力，则四周边缘的两根钢筋的全部交叉点必须焊接，其余的交叉点可间隔焊接或绑、焊相间。

②当焊接网片的受力钢筋为冷拔低碳钢丝，而另一方向的钢筋间距小于100mm时，除受力主筋与两端的两根横向钢筋的全部交叉点必须焊接外，中间部分的焊点距离可增大至250mm。

4）钢筋的混凝土保护层厚度，必须符合设计要求。设计无规定时应符合下列规定。

①普通钢筋和预应力直线形钢筋的最小混凝土保护层厚度不得小于钢筋公称直径，后张法构件预应力直线形钢筋不得小于其管道直径的1/2，且应符合表4-61的规定。

表4-61　普通钢筋和预应力直线形钢筋最小混凝土保护层厚度　（mm）

构件类型		环境条件		
		Ⅰ	Ⅱ	Ⅲ、Ⅳ
基础、桩基承台	基坑底面有垫层或侧面有模板（受力主筋）	40	50	60
	基坑底面无垫层或侧面无模板（受力主筋）	60	75	85
墩台身、挡土结构、涵洞、梁、板、拱圈、拱土建筑（受力主筋）		30	40	45
缘石、中央分隔带、护栏等行车道构件（受力主筋）		30	40	45
人行道构件、栏杆（受力主筋）		20	25	30
箍筋				
收缩、温度、分布、防裂等表层钢筋		15	20	25

注：1. 环境条件：Ⅰ—湿暖或寒冷地区的大气环境，与无侵蚀性的水或土接触的环境；Ⅱ—严寒地区的大气环境，使用除冰盐环境，滨海环境；Ⅲ—海水环境；Ⅳ—受侵蚀性物质影响的环境。

2. 对于环境树脂涂层钢筋，可按环境类别Ⅰ取用。

②当受拉区主筋的混凝土保护层厚度大于 50mm 时，应在保护层内设置直径不小于 6mm、间距不大于 100mm 的钢筋网。

③钢筋机械连接件的最小保护层厚度不得小于 20mm。

④应在钢筋与模板之间设置垫块，确保钢筋的混凝土保护层厚度，垫块应与钢筋绑扎牢固、错开布置。

2. 季节性施工

(1) 雨期施工。

1) 雨期施工应采取有效防雨、防潮措施，避免钢筋锈蚀及电焊条受潮。

2) 雨天不得露天进行焊接作业，并避免未冷却的接头与雨水接触。

(2) 冬期施工。

1) 焊接钢筋宜在室内进行，当必须在室外进行时，最低温度不宜低于−20℃，并应采取防雪挡风措施，以减小焊件温度差，严禁未冷却的接头与冰雪接触。

2) 冷拉钢筋时的温度不宜低于−15℃，当采取可靠的安全措施时可不低于−20℃；当采用冷拉率和控制应力方法冷拉钢筋时，冷拉控制应力宜较常温时适当予以提高，提高值应经试验确定，但不得超过 30MPa。

3. 质量标准

(1) 材料应符合下列规定：

1) 钢筋、焊条的品种、牌号、规格和技术性能必须符合国家现行标准规定和设计要求。

检查数量：全数检查。

检验方法：检查产品合格证、出厂检验报告。

2) 钢筋进场时，必须按批抽取试件做力学性能和工艺性能试验，其质量必须符合国家现行标准的规定。

检查数量：以同牌号、同炉号、同规格、同交货状态的钢筋，每 60t 为一批，不足 60t 也按一批计，每批抽检 1 次。

检验方法：检查试件检验报告。

3) 当钢筋出现脆断、焊接性能不良或力学性能显著不正常等现象时，应对该批钢筋进行化学成分检验或其他专项检验。

检查数量：该批钢筋全数检查。

检验方法：检查专项检验报告。

(2) 钢筋弯制和末端弯钩均应符合设计要求和规范规定。

检查数量：每工作日同一类型钢筋抽查不少于 3 件。

检验方法：用钢尺量。

(3) 受力钢筋连接应符合下列规定：

1) 钢筋的连接形式必须符合设计要求。

检查数量：全数检查。

检验方法：观察。

2）钢筋接头位置、同一截面的接头数量、搭接长度应符合设计要求和规范规定。

检查数量：全数检查。

检验方法：观察、用钢尺量。

3）钢筋焊接接头质量应符合国家现行标准《钢筋焊接及验收规程》（JGJ 18—2012）的规定和设计要求。

检查数量：外观质量全数检查；力学性能检验按规范规定抽样做拉伸试验和冷弯试验。

检验方法：观察、用钢尺量、检查接头性能检验报告。

4）HRB335 和 HRB400 带肋钢筋机械连接接头质量应符合国家现行标准《钢筋机械连接通用技术规程》（JGJ 107—2010）的规定和设计要求。

检查数量：外观质量全数检查；力学性能检验按规范规定抽样做拉伸试验。

检验方法：外观用卡尺或专用量具检查、检查合格证和出厂检验报告、检查进场验收记录和性能复验报告。

（4）钢筋安装时，其品种、规格、数量、形状，必须符合设计要求。

检查数量：全数检查。

检验方法；观察、用钢尺量。

四、成品保护

（1）弯曲成型好了的钢筋必须轻抬轻放，避免摔地产生变形；经过规格、外形尺寸检查过的成品应按编号上料牌，并应特别注意缩尺钢筋的料牌，勿使遗漏（必要时需加制分号料牌）。

（2）清点某一编号钢筋成品确切无误后，将该号钢筋按全部根数运离成型地点。在指定的堆放场地上，要按编号分隔整齐堆放，并记住所属工程名称。

（3）非急用于工程上的钢筋成品应堆放在仓库内，仓库屋顶应不漏雨，地面保持干燥，并有木方或混凝土板等作为垫件。

（4）与安装班组联系好，按工程名称、部位以及钢筋编号，依需用顺序堆放，防止先用的被压在下面，使用时因翻垛而使已成型的钢筋产生变形。

（5）绑扎好的钢筋不得随意变更位置或进行切割，当其与预埋件或预应力孔道等发生冲突时，应按设计要求处理，设计未规定时，应适当调整钢筋位置，不得已切断时应予以恢复。

（6）应尽量避免踩踏钢筋，当不得不在已绑好的钢筋（如箱梁顶板及底板）上作业且骨架刚度较小时，应在作业面铺设木板；绑扎墩台等较高结构钢筋时，应搭设临时架子，不准踩踏钢筋。

（7）应采取措施避免钢筋被脱模剂等污物污染。

五、职业健康安全管理

1. 调直机调直钢筋

（1）调直机上不得堆放物料，送钢筋时，手与轧辊应保持安全距离，机器运转中不得调整轧辊，严禁戴手套作业。

（2）作业中机械周围不得有无关人员，严禁跨越牵引钢丝绳和正在调直的钢筋，钢筋调直到末端时，作业人员必须与钢筋保持安全距离，料盘中的钢筋即将用完时，应采取措施防止端头弹出。

（3）调直小于 2m 或直径大于 9mm 的钢筋时，必须低速运行。

（4）展开盘条钢筋时，应卡牢端头；切断或调直前应压稳。

2. 切断机切断钢筋

（1）作业时应摆直、握紧钢筋，应在活动切刀向后退时送料入刀口，并在固定切刀一侧压住钢筋；严禁在活动切刀向前运动时送料；严禁两手同时在切刀两侧握住钢筋俯身送料。

（2）切长料时应设置送料工作台，并设专人扶稳钢筋，操作时动作应一致；手握端的钢筋长度不得小于 400mm，手与切口间距离不得小于 150mm；切断长度小于 400mm 的钢筋时，应用钢导管或钳子夹牢钢筋，严禁直接用手送料。

（3）作业中严禁用手清除铁屑、断头等杂物；作业中严禁进行检修、加油、更换部件。暂停作业或停电时，应切断电源。

3. 弯曲机弯制钢筋

（1）弯制未经冷拉或有锈皮的钢筋时，必须戴护目镜及口罩。

（2）作业中不得用手清除铁屑等杂物；清理工作必须在机械停稳后进行。

4. 钢筋焊接安全

（1）电焊工应持证上岗，作业时按要求佩戴好防护用品，作业现场周围 10m 范围内不得堆放易燃易爆物品。

（2）作业前，应检查电焊机、线路、焊机外壳保护接零等，确认安全后作业。

（3）作业时，临时接地线头严禁浮搭，必须固定、压紧、用胶布包严；焊把线不得放在电弧附近或炽热的焊缝旁。

（4）作业时，二次线必须双线到位，严禁用其他金属物作二次线回路。

（5）下班或暂停作业时，应拉闸断电，必须将地线和把线分开。

(6) 在遇到移动二次线、转移工作地点、检修电焊机、改变电焊机接头、暂停焊接作业等情况时，应切断电源。

(7) 操作中应注意防火，消防设施应齐全有效。

5. 钢筋绑扎安全

(1) 吊装钢筋骨架时，下方不得有人，骨架较长时应设控制缆绳，就位后必须支撑稳固方可摘除吊钩。

(2) 对易倾覆的钢筋骨架，应支撑牢固或用缆风绳拉牢，在施工中不得攀爬钢筋骨架。

(3) 不得在脚手架上集中码放钢筋，应随用随运送。

六、环境管理

(1) 对所用机械设备进行检修，防止带故障作业，产生噪声扰民。

(2) 加强人为噪声的管理，要防止人为敲打、叫嚷、野蛮装卸产生噪声等现象。

(3) 发电机等强噪声机械必须安装在工作棚内，工作棚四周必须严密围挡。

第六节　预应力混凝土工程施工现场管理与施工要点

一、作业条件

(1) 台座准备完毕、送汽管道安装完毕。生产线布置符合工艺要求。张拉台座、张拉端横梁及锚板应具备足够的强度和刚度，并能满足工艺要求及安全要求。张拉横梁及锚板跨中的最大挠度不宜大于 2mm，台座长度不宜超过 100m。

(2) 模具制作完毕并经过合模验收。

(3) 各设备安装调试完毕并经过安全检查。

(4) 对张拉设备进行检验，并对千斤顶、油泵、压力表系统进行配套检定，对搅拌站计量系统进行检定。

(5) 对工人进行技术交底及培训，未经培训合格者，不得上岗。

(6) 原材料经试验合格，水泥浆（或砂浆）和混凝土经试配并已确定配合比。配合比应符合设计图纸及本标准要求。混凝土中的总碱含量应符合设计和规范要求，配合比及相关资料应报监理审批。

(7) 钢筋料表编制并经过审核。

(8) 张拉前的准备工作。先张法梁的预应力筋是在底模整理后，在台座上进行张拉已加工好的预应力筋。对于长线台座，预应力筋或者预应力筋与拉杆、力筋的连接，必须先用连接器串联后才能张拉。先张法通常采用一端张拉，另一端在张拉前要设置好固定装置或安放好预应力筋的放松装置。

张拉前，应先安装定位板，检查定位板的力筋孔位置和孔径大小是否符合设计要求，然后将定位板固定在横梁上。在检查预应力数量、位置、张拉设备和锚具后，方可进行张拉。先张法的张拉台座布置如图 4 - 24 所示。

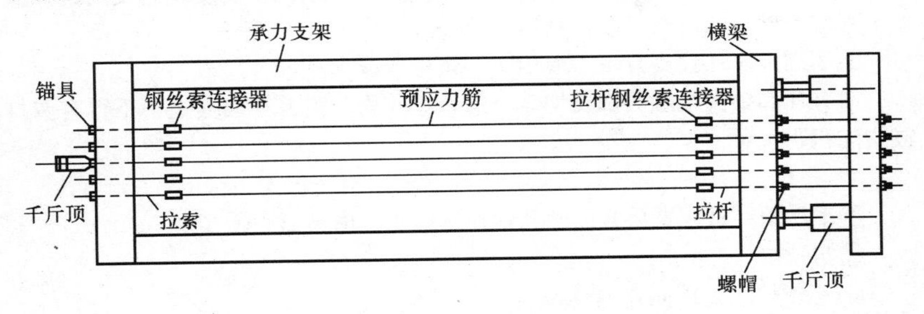

图 4 - 24 先张法的张拉台座布置图

预应力筋张拉前必须对千斤顶和油压表进行校验，计算与张拉吨位相应的油压表读数和钢丝伸长量。确定张拉顺序和清孔、穿束等工作，并完成制锚工作。

二、现场工、料、机管理

1. 施工人员工作要点

(1) 先张法预应力施工。

1) 模具清理与粘贴密封条。

①模板首次使用之前，宜用溶剂油进行清洗，之后每次涂刷脱落剂都应将模板上附着的污物清除。

②脱模剂涂刷厚度应均匀，不应留涂痕。

③密封条粘贴应牢固，接头不应留有缝隙。

2) 铺设钢绞线。

①钢绞线的下料长度应根据张拉设备及张拉台座情况经计算确定。

②应使用砂轮锯切割钢绞线，不得使用“氧气－乙炔”火焰切割钢绞线。

③钢绞线铺设时，应采取措施防止沾污钢绞线。

3) 穿塑料管与钢绞线端头锚固。

①塑料管内径以 $\phi 18$ 为宜，穿放位置尺寸要严格按图纸要求去做。

②塑料管可以连接加长，但接缝处必须用胶纸贴严，防止水泥浆流入。

③钢绞线端头锚固前，必须到法定检验部门对锚夹具硬度及静载锚固性能进行检测，合格后方可使用。

④采用砂箱放张工艺时，钢绞线端头锚固应先锚固有砂箱的一端，拉直钢绞线后，再锚固另一端。

4）锚夹具打蜡。

①按顺序逐一对锚夹具进行检查。检查时对丝扣磨损及发现裂纹的夹片应挑出报废，并清除出场，不许再用。

②不同厂家的锚夹具不得混用于一条生产线上。

③夹片和锚圈接触面都要均匀打蜡，让其均匀附着在表面上，不得有漏打或蜡沫积附现象。

5）张拉。

①千斤顶经过调平后必须使其轴线对准张拉横梁形心轴。

②初张拉。

a. 初张拉应力控制在 25%σ_{con}。

b. 使用 30t 小吨位千斤顶，采用单根张拉工艺进行初张拉。张拉时应缓慢进行，自两边向中间对称拉紧。

c. 初张拉进时，当油表开始启动便记录初张拉的伸长量，拉至 25%σ_{con}时，测量延伸长度。

d. 张拉控制应力要准确，油表读数要精确，尽可能使每一根钢绞线应力相等。

③整体张拉。

a. 张拉时两个油泵的表针应缓慢上升，速度均匀且相同。

b. 张拉工必须是经过专门训练，且对该项工作有经验的人员。

c. 张拉时，张拉横梁两端移动的距离必须相等，移动速度要同步。

d. 张拉前应定好钢绞线伸长值测定的基准点，张拉后钢绞线的实际伸长值与理论伸长值误差不应大于 6%。

e. 张拉时当钢绞线温度低于 10℃，钢绞线理论伸长值计算应考虑从张拉到混凝土初凝时钢绞线温度增加的因素。当测量钢绞线温度低于 0℃时，未得到监理工程师许可不得张拉。

④加钢塞支撑，千斤顶卸荷。

a. 钢塞要有足够的刚度。

b. 两侧钢塞长度必须相等，块数必须相同。

c. 钢塞放的位置必须使其形心与张拉横梁形心轴及轴绞线受力中心相重合。

（2）后张法预应力施工。

1）张拉。

①安装锚具和千斤顶，顺序为安装工作锚板→安装工作锚夹片→安装限位板→安装千斤顶→安装工具锚→安装工具锚夹片。安装过程应注意以下事项：

a. 钢绞线束要保持干净，不得有油污、泥沙等杂物。

b. 锚环及夹片使用前要用煤油或柴油清洗干净，不得有油污、铁屑、泥沙等杂物。

c. 工作锚必须准确放在锚垫板定位槽内，并与孔道对中。

d. 工作锚和工具锚锚孔中装入夹片，用胶圈或钢丝套好。可用长约800mm的铁管穿入钢绞线向前轻击将夹片顶齐，注意不可用力过猛。夹片间隙要均匀，如不均匀可用工具进行调整。每个孔中必须有规定的夹片数量，不得有缺少现象。

e. 夹片安装完后，其外露长度一般为4～5mm，并均匀一致，若外露太多，要对所用夹具、锚环孔尺寸及锥度进行检查，若发现有不合格者则要进行更换。

f. 穿入工作锚、工具锚的钢绞线束要顺直，不得使钢绞线束扭结、交叉。

g. 安装千斤顶时不要推拉油管及接头，油管要顺直，不得扭结成团。

h. 工具锚安装前，应将千斤顶活塞伸出30～50mm，钢束穿入工具锚时，位置要与工作锚钢束位置一一对应，不得交叉扭结。

i. 为了能使工具锚顺利退下，宜在工具锚的夹片光滑面或工具锚的锚孔中涂润滑剂。

j. 每次安装前要对夹片进行检查，看是否有裂纹及齿尖损坏等现象，若发现此现象，应及时更换以防张拉中滑丝、飞片。

②张拉过程中应按规定测伸长值，并复核，及时填写张拉记录。

a. 按设计给定的张拉顺序与张拉程序进行张拉。当设计无规定时，张拉程序应符合以下规定：0→初应力（10%～15%σ_{con}）→σ_{con}（持荷2min锚固）

注：程序中σ_{con}为张拉时的控制应力值，包括预应力损失值。

b. 以初应力为测量伸长值起点，分级加载，每级加载均应量测伸长值。

c. 张拉应缓慢进行，逐级加荷，稳步上升，给油不要忽快忽慢，防止发生事故。

d. 张拉时板的两端要随时进行联系，保持两端张拉同步，发现异常现象，及时停机检查。

③对预应力钢束张拉中发现异常情况必须卸锚时，可使用卸锚器对已锚固的钢束进行卸锚。

④张拉完成并经检验合格后，可对外露锚头多余的钢绞线进行切割，外留

长度不宜小于 30mm，然后用水泥浆封堵锚头。

2）移板。

①移板过程应缓慢进行，防止损伤构件。

②移板后板支点位置应符合设计要求。

3）灌浆。

①水灰比一般宜采用 0.4～0.45，掺入适量减水剂时，水灰比可减少到 0.35；水及减水剂必须对钢绞线无腐蚀作用。通过试验，水泥浆中可掺入适当膨胀剂。水泥（砂）浆稠度、泌水率、膨胀率应预先试验合格。

②灌浆应使用活塞式压浆泵缓慢均匀进行，灌浆压力宜为 0.5～0.7MPa，灌浆至另一端冒出浓浆后用丝堵封住一端灌浆孔，另一端继续压至最大压力并稳压 3～5min。

③水泥（砂）浆自调到灌入孔道的延续时间一般不宜超过 30～45min，水泥浆在使用前和灌浆过程中应经常进行搅拌，以保持稠度一致。

④灌浆完毕，应及时清洗灌浆设备。

4）封锚。

①用砂轮锯切断多余钢绞线，严禁使用电气焊切割。

②焊接钢筋网片，支立封锚混凝土模板。支立模板时必须严格控制板体长度；宜在板端孔最低点设排水孔。

③浇筑封锚混凝土，封锚混凝土应符合设计要求。

④封锚混凝土达到拆模强度后，方可拆除封锚模板。

（3）钢筋和混凝土工程应符合桥梁工程钢筋和混凝土工程有关规定。

2. 材料选择及检验

材料选择及检验应符合桥梁工程钢筋和混凝土工程有关规定。

3. 预应力混凝土工程施工主要机械、设备

（1）预应力筋锚固体系。

1）钢绞线锚固体系。单孔夹片锚具是由锚环与夹片组成，夹片的种类很多。按片数可分为三片或二片式。JM 型锚具为单孔夹片式锚具。可用于锚固 4～6 根直径为 12mm 的钢筋或 4～6 束直径为 12mm 的钢绞线。JM15 型锚具则可锚固直径为 15mm 的钢筋或钢绞线。JM 型锚具由锚环和夹片组成，构造如图 4-25 所示。

2）多孔夹片锚固体系。多孔夹片锚固体系是由多孔夹片锚具、锚垫板（也称铸铁喇叭管、锚座）、螺旋筋等组成如图 4-26 所示。

这种锚具是在一块多孔的锚板上，利用每个锥形孔装一副夹片，夹持一根钢绞线。多孔夹片锚固体系在后张法有粘结预应力混凝土结构中用途最广，主要品牌有 QM、OVM、HVM、B&S、YM、YLM、TM 等。

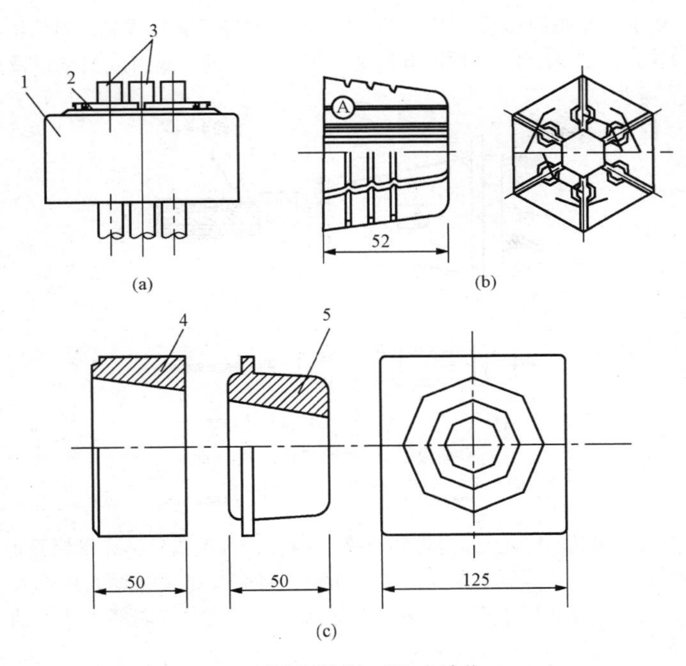

图 4-25 JM 型锚具（尺寸单位：mm）

(a) JM 型锚具；(b) 夹片；(c) 锚环

1—锚环；2—夹片；3—钢筋束和钢绞线束；4—圆钳环；5—方锚环

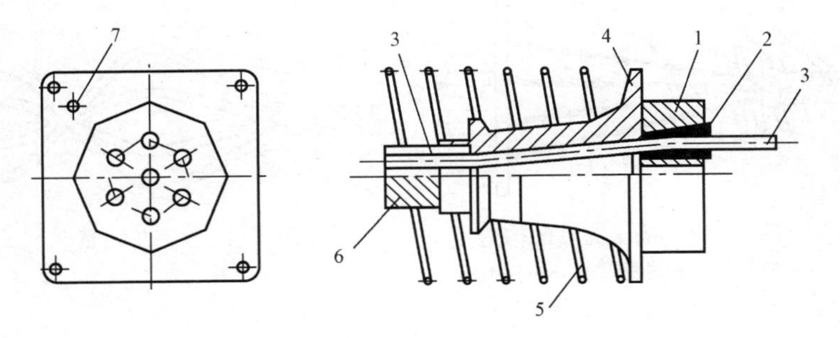

图 4-26 QM 型锚具

1—锚板；2—夹片；3—钢绞线；4—垫板；

5—螺旋筋；6—金属波纹管；7—灌浆孔

3）扁形夹片锚固体系。BM 型扁锚体系是由扁形夹片锚具、扁形锚垫板等组成，如图 4 - 27 所示。这种锚具特别适用于空心板、低高度箱梁以及桥面横向预应力等张拉。

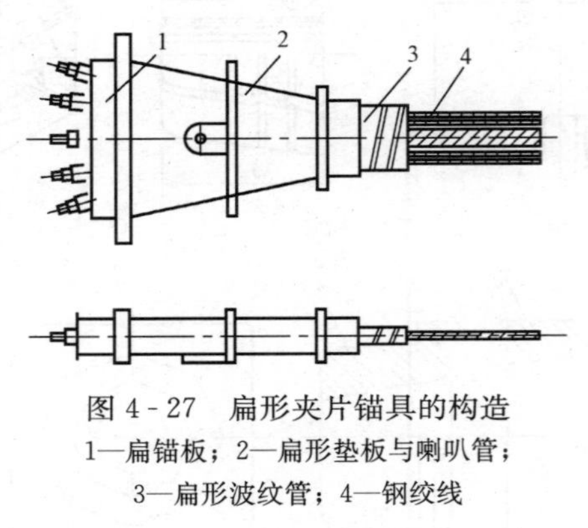

图 4 - 27　扁形夹片锚具的构造

1—扁锚板；2—扁形垫板与喇叭管；
3—扁形波纹管；4—钢绞线

4）固定端锚固体系。固定端锚有挤压锚具、压花锚具、环形锚具等。

①挤压锚具。挤压锚具是利用液压压头机将套筒挤紧在钢绞线端头上的一种锚具。这种锚具适用于施加在构件端部的预压力较大或端部尺寸受到限制的情况，具体构造如图 4 - 28 所示。

②压花锚具。压花锚具是利用液压压花机将钢绞线端头压成梨形散花状的一种锚具，如图 4 - 29 所示。

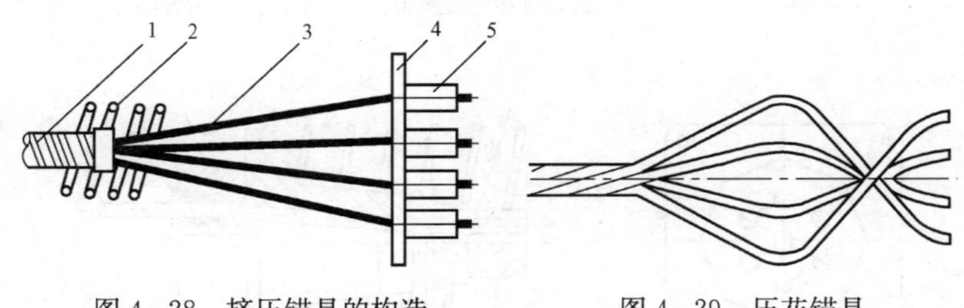

图 4 - 28　挤压锚具的构造

1—波纹管；2—螺旋筋；3—钢绞线；
4—钢垫板；5—挤压锚具

图 4 - 29　压花锚具

5）钢绞线连接器。

①单根钢绞线连接器。单根钢绞线锚头连接器是由带外螺纹的夹片锚具、挤压锚具与带内螺纹的套筒组成，如图 4 - 30 所示。

②多根钢绞线连接器。多根钢绞线连接器主要由连接体、夹片、挤压锚

具、白铁护套、约束圈等组成。其连接体是一块增大的锚板。锚板中部锥形孔用于锚固前段束，锚板外周边的槽口用于挂后段束的挤压锚具。

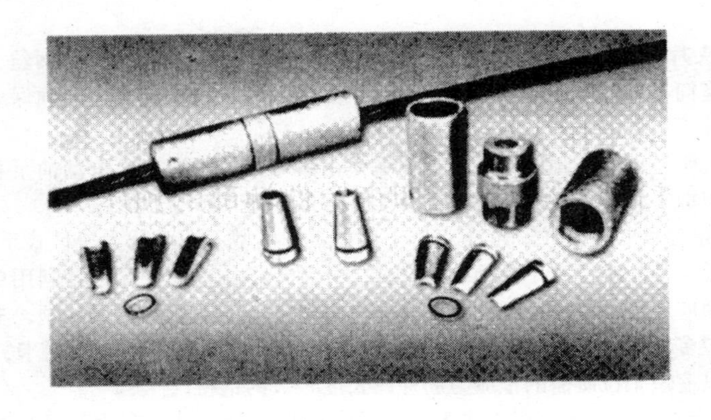

图 4-30　单根钢绞线锚头连接器

6）钢丝束锚固体系。

①镦头锚固体系。镦头锚具适用于锚具任意根数的钢丝束。镦头锚具的形式与规格，可根据需要自行设计。常用的镦头锚具分为A型与B型。A型由锚杯与螺母组成，用于张拉端；B型为锚板，用于固定端。其构造如图 4-31 所示。

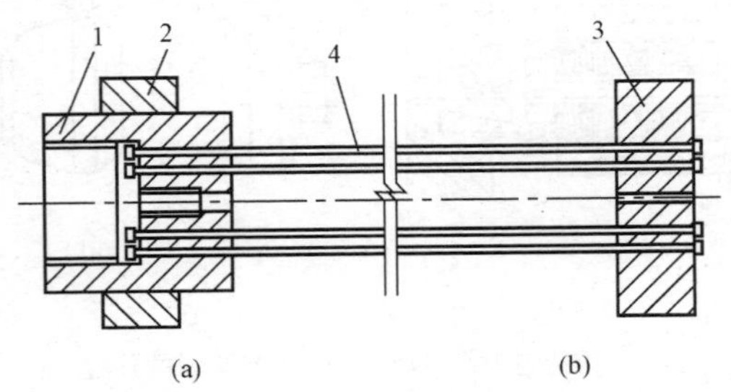

图 4-31　钢丝束镦头锚具

（a）张拉端锚具（A型）；（b）固定端锚具（B型）

1—锚环；2—螺母；3—锚板；4—钢丝束

②钢质锥形锚具。钢质锥形锚具（又称弗氏锚具）是用于锚固 ϕ5 钢丝的一种楔紧式锚具，它由钢锚环和锥形锚塞组成，因其构造简单、价格低廉，目前仍应用于张拉吨位较小的预应力结构中。

③单根钢丝夹具。

a. 锥销夹具。锥销夹具适用于夹持单根直径 4～5mm 的冷拔钢丝和消除应力钢丝。

b. 夹片夹具。夹片夹具适用于夹持单根直径 5mm 的消除应力钢丝。夹片夹具由套筒和夹片组成，套筒内装有弹簧圈，随时将夹片顶紧，以确保成组张拉时夹片不滑脱。

（2）张拉设备。预应力筋张拉设备是由液压张拉千斤顶、电动油泵和外接油管等组成。张拉设备应装有测力仪表，以准确建立预应力值。

1）液压张拉千斤顶。液压张拉千斤顶，按机型不同可分为拉杆式千斤顶、穿心式千斤顶、锥锚式千斤顶和台座式千斤顶等。拉杆式千斤顶是利用单活塞杆张拉预应力筋的单作用千斤顶，是国内最早生产的液压张拉千斤顶。多年来已逐步被多功能的穿心式千斤顶代替。在穿心式千斤顶中，设置前卡式工具锚，可以缩短张拉所需的预应力筋外露长度，节约钢材。

2）穿心式千斤顶。穿心式千斤顶是一种具有穿心孔，利用双液缸张拉预应力筋和顶压锚具的双作用千斤顶。该系列产品有 YC20D、YC60 和 YC120 型千斤顶等。

①YC60 型千斤顶。YC60 型千斤顶主要由张拉油缸、顶压油缸、顶压活塞、穿心套、保护套、端盖堵头、连接套、撑套、回弹弹簧和动、静密封圈等组成，如图 4-32 所示。

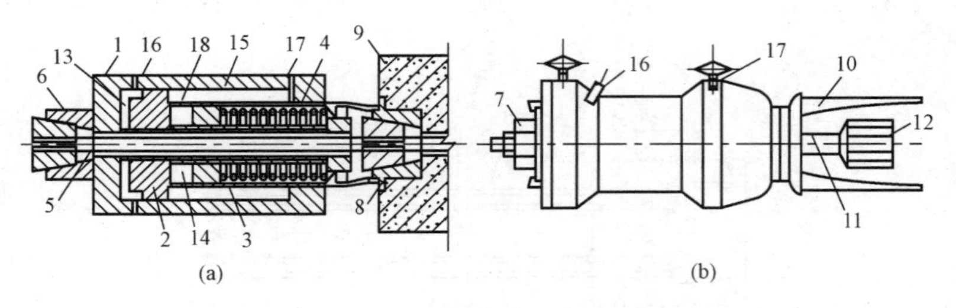

图 4-32　YC60 型千斤顶

（a）构造与工作原理；（b）加撑脚后的外貌

1—张拉油缸；2—顶压油缸（即张拉活塞）；3—顶压活塞；4—弹簧；5—预应力筋；6—工具锚；7—螺母；8—锚环；9—构件；10—撑脚；11—张拉杆；12—连接器；13—张拉工作油室；14—顶压工作油室；15—张拉回程油室；16—张拉缸油嘴；17—顶压缸油嘴；18—油孔

②YC120 型千斤顶。YC120 型千斤顶由张拉千斤顶和顶压千斤顶两个独立部件“串联”组成，但需多一根高压输油管和增设附加换向阀。

③锥锚式千斤顶。锥锚式千斤顶是具有张拉、顶锚和退楔功能三作用的千斤顶，用于张拉带锥形锚具的钢丝束。锥锚式千斤顶由张拉油缸、顶压油缸、退楔装置、楔形卡环、退楔翼片等组成（图 4 - 33）。

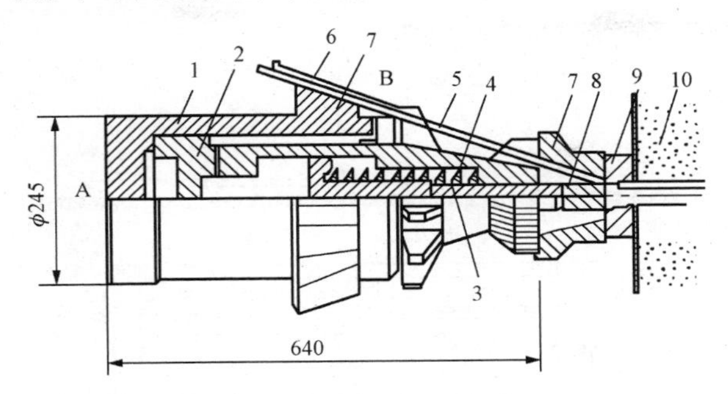

图 4 - 33　锥锚式千斤顶（尺寸单位：mm）

(a) 构造与工作原理；(b) 加撑脚后的外貌

1—张拉油缸；2—顶压油缸（张拉活塞）；3—顶压活塞；4—弹簧；5—预应力筋；6—楔块；7—对中套；8—锚塞；9—锚环；10—构件

3）油泵。高压油泵的作用是向液压千斤顶的各个油缸供油，使它们按照所需速度伸出或回缩。高压油泵按驱动方式可分为手动或电动两种。

（3）台座。

1）台座构造。台座是先张法施加预应力的主要设备之一，它承受预应力筋在构件制作时的全部张拉力。张拉台座类型：按构造形式分为框架式、槽式和墩式；按受力形式分轴心压柱式、偏心压柱式和无压柱式；按使用分可拆装配式和固定式；按材料分钢筋混凝土式、钢筋混凝土和型钢组合式及钢管混凝土式等。

墩式和槽式张拉台座的形式与构造如图 4 - 34 所示。台座的长度和宽度根据施工现场的实际情况和预制板梁的数量决定，长度一般为 50～120m。台座主要由憔板、承力架（支承架）、梁、定位板和固端装置几部分组成。

①底板。有整体式混凝土台面或装配式台面两种，作为预制构件的底模。其宽度由制作预应力构件的宽度决定。

②承力架或支承架。台座的主要量力结构是台座的支承。它要求承受全部张拉力，在制造时，要保证承力架变形小、经济、安全、便于操作等。其形式很多，如框架式、墩式、槽式等。

③横梁。将预应力筋的张拉力传给承力架的横向构件，常用型钢或钢筋混凝土制作。其断面尺寸由横梁的跨径及张拉力的大小决定，并且应保证刚度和

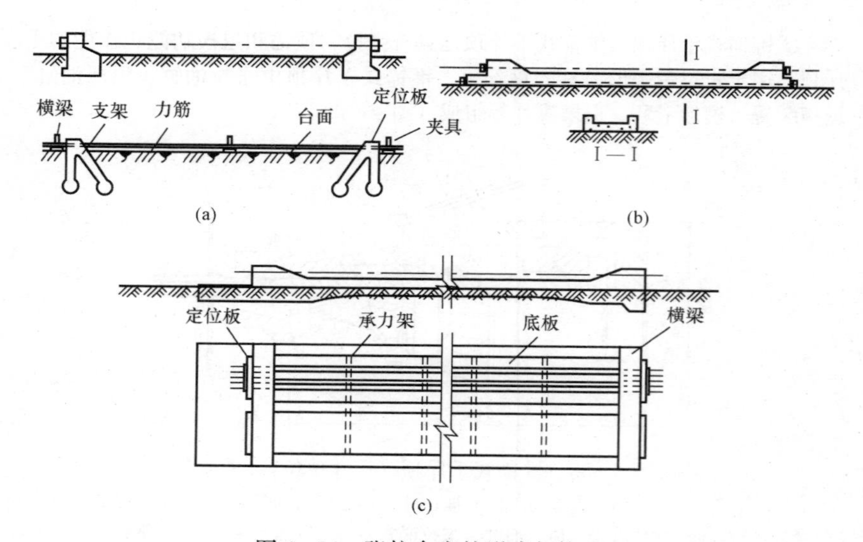

图 4-34　张拉台座的形式与构造

（a）墩式台座；（b）槽式台座；（c）台座构造示意

稳定性的要求。

④定位板。定位板用来固定预应力筋的位置，一般是用钢板制成，连接在横梁上。它必须保证承受张拉力后。具有足够的强度和刚度。孔的位置按照梁体预应力筋的位置设置，孔径比力筋大2～4mm，以便于穿筋。

⑤固定端装置。用于固定力筋位置并在梁预制完成后放松力筋。它设在非张拉端，仅用于一端张拉的先张台座。

2）常用的张拉台座有框架式台座、墩式台座及拼装式钢管混凝土台座。

三、预应力混凝土工程施工及检验要点

1. 施工要点

（1）预应力筋的张拉控制应力必须符合设计规定。

（2）预应力筋采用应力控制方法张拉时，应以伸长值进行校核。实际伸长值与理论伸长值的差值应符合设计要求；设计无规定时，实际伸长值与理论伸长值之差应控制在6%以内。

（3）预应力张拉时，应先调整到初应力（σ_0），该初应力宜为张拉控制应力（σ_{con}）的10%～15%，伸长值应从初应力时开始量测。

（4）预应力筋的锚固应在张拉控制应力处于稳定状态下进行，锚固阶段张

拉端预应力筋的内缩量，不得大于设计规定。当设计无规定时，应符合表4-62的规定。

表 4-62　　锚固阶段张拉端预应力筋的内缩量允许值　　(mm)

锚 具 类 别	内缩量允许值
支承式锚具（镦头锚、带有螺丝端杆的锚具等）	1
锥塞式锚具	5
夹片式锚具	5
每块后加的锚具垫板	1

注：内缩量值系指预应力筋锚固过程中，由于锚具零件之间和锚具与预应力筋之间的相对移动和局部塑性变形造成的回缩量。

(5) 先张法预应力施工应符合下列规定：

1) 张拉台座应具有足够的强度和刚度，其抗倾覆安全系数不得小于1.5，抗滑移安全系数不得小于1.3。张拉横梁应有足够的刚度，受力后的最大挠度不得大于2mm。锚板受力中心应与预应力筋合力中心一致。

2) 预应力筋连同隔离套管应在钢筋骨架完成后一并穿入就位。就位后，严禁使用电弧焊对梁体钢筋及模板进行切割或焊接。隔离套管内端应堵严。

3) 预应力筋张拉应符合下列要求：

①同时张拉多根预应力筋时，各根预应力筋的初始应力应一致。张拉过程中应使活动横梁与固定横梁保持平行。

②张拉程序应符合设计要求，设计未规定时，其张拉程序应符合表4-63的规定。张拉钢筋时，为保证施工安全，应在超张拉放张至0.9‰时安装模板、普通钢筋及预埋件等。

表 4-63　　先张法预应力筋张拉程序

钢筋	0→初应力→1.05σ_{con}→0.9σ_{con}→σ_{con}（锚固）
钢丝、钢绞线	0→初应力→1.05σ_{con}→（持荷2min）→0→σ_{con}（锚固）
	对于夹片式等具有自锚性能的锚具： 普通松弛力筋　0→初应力→1.03σ_{con}（锚固） 低松弛力筋　0→初应力→σ_{con}（持荷2min锚固）

注：σ_{con}张拉时的控制应力值，包括预应力损失值。

③放张预应力筋时混凝土强度必须符合设计要求。设计未规定时，不得低

于设计强度的75%。放张顺序应符合设计要求。设计未规定时，应分阶段、对称、交错地放张。放张前，应将限制位移的模板拆除。

(6) 后张法预应力施工应符合下列规定：

1) 预应力管道安装应符合下列要求：

①金属管道接头应采用套管连接，连接套管宜采用大一个直径型号的同类管道，且应与金属管道封裹严密。

②管道应留压浆孔和溢浆孔；曲线孔道的波峰部位应留排气孔；在最低部位宜留排水孔。

③管道安装就位后应立即通孔检查，发现堵塞应及时疏通。管道经检查合格后应及时将其端面封堵。

④管道安装后，需在其附近进行焊接作业时，必须对管道采取保护措施。

2) 预应力筋安装应符合下列要求：

①先穿束后浇混凝土时，浇筑之前，必须检查管道，并确认完好；浇筑混凝土时应定时抽动、转动预应力筋。

②先浇混凝土后穿束时，浇筑后应立即疏通管道，确保其畅通。

③混凝土采用蒸汽养护时，养护期内不得装入预应力筋。

④穿束后至孔道灌浆完成应控制在下列时间以内，否则应对预应力筋采取防锈措施：

a. 空气湿度大于70%或盐分过大时7d；

b. 空气湿度40%～70%时15d；

c. 空气湿度小于40%时20d。

⑤在预应力筋附近进行电焊时，应对预应力钢筋采取保护措施。

3) 预应力筋张拉应符合下列要求：

①混凝土强度应符合设计要求；设计未规定时，不得低于设计强度的75%。且应将限制位移的模板拆除后，方可进行张拉。

②预应力筋张拉端的设置，应符合设计要求；当设计未规定时，应符合下列规定。

a. 曲线预应力筋或长度不小于25m的直线预应力筋，宜在两端张拉；长度小于25m的直线预应力筋，可在一端张拉。

b. 当同一截面中有多束一端张拉的预应力筋时，张拉端宜均匀交错的设置在结构的两端。

③预应力筋的张拉顺序应符合设计要求；当设计无规定时，可采取分批、分阶段对称张拉。宜先中间，后上、下或两侧。

④预应力筋张拉程序应符合表4-64的规定。

表 4-64　　后张法预应力筋张拉程序

预应力筋种类		张拉程序
钢绞线束	对夹片式等有自锚性能的锚具	普通松弛力筋　0→初应力→1.03σ_{con}（锚固） 低松弛力筋　0→初应力→σ_{con}（持荷 2min 锚固）
	其他锚具	0→初应力→1.05σ_{con}（持荷 2min 锚固）→σ_{con}（锚固）
钢丝束	对夹片式等有自锚性能的锚具	普通松弛力筋　0→初应力→1.03σ_{con}（锚固） 低松弛力筋　0→初应力→σ_{con}（持荷 2min 锚固）
	其他锚具	0→初应力→1.05σ_{con}（持荷 2min 锚固）→0→σ_{con}（锚固）
精轧螺纹钢筋	直线配筋时	0→初应力→σ_{con}（持荷 2min 锚固）
	曲线配筋时	0→σ_{con}（持荷 2min）→0（上述程序可反复几次） 初应力→σ_{con}（持荷 2min 锚固）

注：1. σ_{con}张拉时的控制应力值，包括预应力损失值。
2. 梁的竖向预应力筋可一次张拉到控制应力，持荷 5min 锚固。

4）张拉控制应力达到稳定后方可锚固，预应力筋锚固后的外露长度不宜小于 30mm，锚具应采用封端混凝土保护，当需较长时间外露时，应采取防锈蚀措施。锚固完毕经检验合格后，方可切割端头多余的预应力筋，严禁使用电弧焊切割。

5）预应力筋张拉后，应及时进行孔道压浆，对多跨连续有连接器的预应力筋孔道，应张拉完一段灌注一段。孔道压浆宜采用水泥浆，水泥浆的强度应符合设计要求；设计无规定时不得低于 30MPa。

6）埋设在结构内的锚具，压浆后应及时浇筑封锚混凝土。封锚混凝土的强度等级应符合设计要求，不宜低于结构混凝土强度等级的 80%，且不得低于 30MPa。

7）孔道内的水泥浆强度达到设计规定后方可吊移预制构件；设计未规定时，不应低于砂浆设计强度的 75%。

2. 季节性施工

（1）雨期施工。

1）施工场地及周围应做好排水措施，钢筋加工厂应搭设防雨棚进行防护。

2）材料和机械应进行必要的防雨和防潮措施。

3）施工时应注意天气预报，尽量避开下雨天气浇筑混凝土；下雨时浇筑混凝土，工作面不能过大，应斜向缓慢推进混凝土，不宜水平分层浇筑，构件上表面浮浆，应在抹面时清除，并以混凝土填实。

4）经过雨水淋湿的钢筋应尽快使用，锈蚀超过要求的钢筋，禁止使用。

5）被雨水淋湿的模板，应重新涂刷隔离剂。

6）雨后模板及钢筋上的淤泥、杂物，在浇筑混凝土前应清除干净。

7）已经下料的钢绞线应支垫防护。

8）雨天张拉时，应设临时雨棚，防止雨水淋湿张拉设备。

（2）冬期施工。

1）环境温度低于−15℃时不应进行钢筋调直；−20℃以下应停止焊接。

2）模板清理应注意不能在模内残留冰碴。

3）灌浆过程中及灌浆后48h内，应采取措施保证结构混凝土温度不低于5℃。

3. 质量标准

（1）预应力筋张拉和放张时，混凝土强度必须符合设计规定；设计无规定时，不得低于设计强度的75%。

（2）预应力筋张拉允许偏差应分别符合表4-65～表4-67的规定。

表4-65　钢丝、钢绞线先张法允许偏差

<table>
<tr><th colspan="2">项　目</th><th>允许偏差/mm</th><th>检验频率</th><th>检验方法</th></tr>
<tr><td rowspan="3">镦头钢丝同束长度相对差</td><td>束长>20m</td><td>L/5000，且不大于5</td><td rowspan="3">每批抽查2束</td><td rowspan="3">用钢尺量</td></tr>
<tr><td>束长6～20m</td><td>L/300，且不大于4</td></tr>
<tr><td>束长<6m</td><td>2</td></tr>
<tr><td colspan="2">张拉应力值</td><td>符合设计要求</td><td rowspan="3">全数</td><td rowspan="3">查张拉记录</td></tr>
<tr><td colspan="2">张拉伸长率</td><td>±6%</td></tr>
<tr><td colspan="2">断丝数</td><td>不超过总数的1%</td></tr>
</table>

注：L为束长（mm）。

表4-66　钢筋先张法允许偏差

<table>
<tr><th>项　目</th><th>允许偏差/mm</th><th>检验频率</th><th>检验方法</th></tr>
<tr><td>接头在同一平面内的轴线偏位</td><td>2. 且不大于1/10直径</td><td rowspan="2">抽查30%</td><td rowspan="2">用钢尺量</td></tr>
<tr><td>中心偏位</td><td>4%短边，且不大于5</td></tr>
<tr><td>张拉应力值</td><td>符合设计要求</td><td rowspan="2">全数</td><td rowspan="2">查张拉记录</td></tr>
<tr><td>张拉伸长率</td><td>±6%</td></tr>
</table>

表 4-67　　钢筋后张法允许偏差

项目		允许偏差/mm	检验频率	检验方法
管道坐标	梁长方向	30	抽查 30%，每根查 10 个点	用钢尺量
	梁高方向	10		
管道间距	同排	10	抽查 30%，每根查 5 个点	用钢尺量
	上下排	10		
张拉应力值		符合设计要求	全数	查张拉记录
张拉伸长率		±6%		
断丝滑丝数	钢束	每束一丝，且每断面不超过钢丝总数的 1%		
	钢筋	不允许		

（3）孔道压浆的水泥浆强度必须符合设计规定，压浆时排气孔、排水孔应有水泥浓浆溢出。

（4）预应力筋用锚具、夹具和连接器使用前应进行外观质量检查，表面不得有裂纹、机械损伤、锈蚀、油污等。

四、成品保护

（1）构件宜用硬木支垫，支点在构件吊点处。垫木应做防水处理，受潮不易软化。

（2）构件的码放层数，应根据地基状况确定，不宜超过三层。各层之间的支点应在一条竖线上。边梁应在翼板处用方木支撑，方木数量及规格应满足受力要求。

（3）雨季或春季解冻期间，必须注意存放场地地基变化，防止地基下沉对构件造成损害。

（4）构件码放期间，不应在构件上放置过重的物体。

（5）芯模拆除后至侧模拆除前，禁止踩踏构件；压浆强度未达到设计要求的构件，禁止吊移。

（6）未达到养护期的构件，应继续洒水养护。对外观有较高要求的构件，应洒清洁水，洒水应适量，避免在构件上留下水迹，同时不得使构件受到污物的污染。注意冬期不得洒水。

五、职业健康安全管理

1. 安全操作技术要求

（1）张拉阶段和放张前，非施工人员严禁进入防护挡板之间。

(2) 高压油泵必须放在张拉台座的侧面。

(3) 预应力钢筋就位后，严禁使用电弧焊在钢筋上模板等部位进行切割或焊接，防止短路火花灼伤预应力筋。

(4) 先张法张拉作业应遵守下列规定：

1) 张拉前应检查台座、横梁和张拉设备，确认正常。

2) 张拉过程中活动横梁与固定横梁应始终保持平行。

3) 钢筋张拉后应持荷 3～5mm，确认安全后方可打紧夹具。

4) 打紧锚具夹片人员必须位于横梁上或侧面，对准夹片中心击打。

(5) 安装模板、绑扎钢筋等作业，应在预应力筋的应力为控制应力的80%～90%时进行。

(6) 预应力筋放张应遵守下列规定：

1) 混凝土强度应符合设计规定；当设计无规定时，不得低于混凝土设计强度的 75%。

2) 预应力筋的放张顺序应符合设计规定；设计无规定时，应分阶段、对称、交错进行。放张前应拆除限制位移的模板。

3) 预应力筋应慢速放张，且均匀一致。

4) 预应力筋放张后，应从放张端开始向另端方向进行切割。

5) 拆除锚具夹片时，应对准夹片轻轻敲击，对称进行。

(7) 后张法张拉作业应遵守下列规定：

1) 张拉前应检查张拉设备、锚具，确认合格。

2) 人工打紧锚具夹片时，应对准夹片均匀敲击，对称进行。

3) 张拉时，不得用手摸或脚踩被张拉钢筋，张拉和锚固端严禁有人。

4) 在张拉端测量钢筋伸长和进行锚固作业时，必须先停止张拉，且站位于被张拉钢筋的侧面。

5) 张拉完毕锚固后应静观 3min，待确认正常后，方可卸张拉设备。

(8) 预应力张拉后，孔道应及时灌浆；长期外露的金属锚具应采取防腐蚀措施。

(9) 孔道灌浆应遵守下列规定：

1) 灌浆前应依控制压力调整安全阀。

2) 负责灌浆嘴的操作工必须佩戴防护镜和手套、穿胶靴。

3) 灌浆嘴插入灌浆孔后，灌浆嘴胶垫应压紧在孔口上。

4) 输浆管道与灰浆泵应连接牢固，启动前应检查，确认合格。

5) 严禁超压灌浆。

6) 堵浆孔的操作工严禁站在浆孔迎面。

六、环境管理

1. 施工垃圾及污水的清理排放处理

(1) 施工垃圾按可回收和废料分类处理，对于可回收利用的物品再分类码放，交回材料库集中处理，废料集中堆放后运至渣土场或垃圾站处理。

(2) 混凝土浇筑遗洒或余下的混凝土须集中堆放，凝固后按渣土消纳处理。

(3) 预应力孔道灌浆流出的水泥浆待其凝固后做渣土消纳处理。

(4) 进行现场搅拌作业的，必须在搅拌机前台及运输车清洗处设置排水沟、沉淀池，废水经沉淀后方可排入市政污水管道。

2. 施工噪声的控制

(1) 要杜绝人为敲打、叫嚷、野蛮装卸等产生噪声现象，最大限度减少噪声扰民。

(2) 电锯、电刨、搅拌机、空压机、发电机等强噪声机械必须安装在工作棚内，工作棚四周必须严密围挡。

(3) 对所用机械设备进行检修，防止带故障作业，噪声增大。

3. 施工扬尘的控制

(1) 对施工场地内的临时道路要按要求硬化或铺以炉渣、砂石，并经常洒水降尘。

(2) 对离开工地的车辆要加强检查清洗，避免将泥土带上道路，并定时对附近的道路进行洒水降尘。

(3) 水泥和其他易飞扬的细颗粒散体材料，应安排在库内存放或严密遮盖。

(4) 运输水泥和其他易飞扬的细颗粒散体材料和建筑垃圾时，必须封闭、包扎、覆盖，不得沿途泄漏遗撒，卸车时采取降尘措施。

第七节　桥面及附属设施施工现场管理与施工要点

一、作业条件

1. 支座安装作业条件

(1) 桥墩混凝土强度已达到设计要求，并完成预应力张拉。

(2) 墩台（含垫石）轴线、高程等复核完毕并符合设计要求。

(3) 墩台顶面已清扫干净，并设置护栏。

（4）上下墩台的梯子已搭设就位。

2. 防水层作业条件

（1）防水施工方案已经审批完毕，施工单位必须具备防水专业资质，操作工人持证上岗。

（2）涂刷冷底子油之前应确保基层混凝土表面坚实平整、无尖刺、无坑洼且粗糙度适宜，无酥松、起皮、浮浆等现象。

（3）基层混凝土必须干净、干燥。含水率应控制在9%以下，采用简易检测方法，即在基层表面平铺1m² 卷材，自重静置3～4h后掀起检查，如基层被覆盖部位与卷材被覆盖面未见水印可进行铺设卷材防水层的施工。

（4）卷材铺贴前应保持干燥，表面云母、滑石粉等应清除干净。

（5）在原基层上留置的各种预埋钢件应进行必要的处理，割除并涂刷防锈漆。

（6）基层验收合格后方可进行防水层施工。

（7）桥面防水层应在现浇桥面结构混凝土或垫层混凝土达到设计要求强度，检查验收合格后施工。

（8）桥面防水层经验收合格后应及时进行桥面铺装施工。

（9）伸缩装置安装前应检查修正梁端预留缝的间隙，缝宽应符合设计要求，上下必须贯通，不得堵塞。伸缩装置应锚固可靠，浇筑锚固段（过渡段）混凝土时应采取措施防止堵塞梁端伸缩缝隙。

（10）伸缩装置安装前应对照设计要求、产品说明，对成品进行验收，合格后方可使用。安装伸缩装置时应按安装时气温确定安装定位值，保证设计伸缩量。

二、现场工、料、机管理

1. 施工人员工作要点

（1）支座安装。

1）找平修补。将墩台垫石处清理干净，用干硬性水泥砂浆将支承面缺陷修补找平，并使其顶面标高符合设计要求。

2）拌制环氧砂浆。

①将细砂烘干后，依次将细砂、环氧树脂、二丁酯、二甲苯放入铁锅中加热并搅拌均匀。

②环氧砂浆的配制严格按配合比进行，强度不低于设计规定，设计无规定时不低于40MPa。

③在粘结支座前将乙二胺投入砂浆中并搅拌均匀，乙二胺为固化剂，不得放得太早或过多，以免砂浆过早固化而影响粘结质量。

3）支座安装在找平层砂浆硬化后进行；粘结时，宜先粘结桥台和墩柱盖梁两端的支座，经复核平整度和高程无误后，挂基准小线进行其他支座的安装。

4）粘结时先将砂浆摊平拍实，然后将支座按标高就位，支座上的纵横轴线与垫石纵横轴线要对应。

5）支座与支承面接触应不空鼓，如支承面上放置钢垫板时，钢垫板应在桥台和墩柱盖梁施工时预埋，并在钢板上设排气孔，保证钢垫板底混凝土浇筑密实。

6）盆式橡胶支座安装。在螺栓预埋砂浆固化后找平层环氧砂浆固化前进行支座安装；找平层要略高于设计高程，支座就位后，在自重及外力作用下将其调至设计高程；随即对高程及四角高差进行检验，误差超标及时予以调整，直至合格。

7）安装活动支座前应对其进行解体清洗，用丙酮或酒精擦洗干净，并在四氟板顶面注满硅脂，重新组装应保持精度。

8）盆式支座安装时上、下各座板纵横向应对中，安装温度与设计要求不符时，活动支座上、下座板错开距离应经过计算确定。

（2）桥面铺装。

1）清除桥面浮浆、凿毛。先采用凿毛锤对桥梁板顶面进行人工凿毛，去除浮浆皮和松散的混凝土，再对每片梁进行检查、补凿。剔凿后的桥梁顶面验收前采用空压机吹扫，若采用高压水枪冲洗时，须用空压机将水吹干。

2）铺设、绑扎钢筋网片。

①成品钢筋网片大小应在订货前根据每次铺筑宽度和长度确定，确保网片伸入中央隔离带宽度满足设计要求，并应考虑运输和施工方便。

②成品钢筋网片要严格按照图纸要求铺设，横、纵向搭接部位对应放置，搭接长度为30d，采用10＃火烧丝全接点绑扎，扎丝头朝下。

③现场绑轧成型的钢筋网片，其横、纵向钢筋按设计要求排放，钢筋的交叉点应用火烧丝绑扎结实，必要时，可用点焊焊牢。绑扎接头的搭接长度应符合设计及规范要求。

④钢筋网片的下保护层采用塑料耐压垫块或同强度等级砂浆垫块支垫，呈梅花形均匀布设，确保保护层厚度及网片架立刚度符合设计及规范要求。对采用双层钢筋网时，两层钢筋网片之间要设置足够数量的定位撑筋。

3）模板可根据混凝土铺装层厚度选用木模或钢模两种材质。木模板应选用质地坚实、变形小、无腐朽、扭曲、裂纹的木料，侧模板厚度宜为50mm宽木条，端模可采用100mm×100mm方木。模板座在砂浆找平层上，后背用槽钢、钢管架做三角背撑。模板间连接要严密合缝，缝隙中填塞海绵条防止漏浆。铺装混凝土浇筑前，模板内侧要涂刷隔离剂。

4）混凝土拌制与浇筑、振捣符合桥梁工程混凝土工程有关规程。

（3）桥面防水。

1）桥面两侧防撞墙抹八字或圆弧角。泄水口周围直径500mm范围内的坡度不应小于5%，且坡向长度不小于100mm。泄水口槽内基层抹圆角、压光，PVC泄水管口下皮的标高应在泄水口槽内最低处。

2）对于基层表面过于光滑的表面，应视情况做刻纹处理，增加粗糙度。

3）冷底子油使用前应倒入专用的拌料桶中搅拌均匀，采用滚刷铺涂。

4）铺涂冷底子油时必须保证铺涂均匀，不留空白，且冷底子油分布均匀。

5）铺贴卷材附加层。根据规范要求对异形部位（如阴阳角、管根等）采用满贴铺贴法做卷材附加层，要求附加层宽度和材质应符合设计要求。

6）弹基准线。按防水卷材的规格尺寸、卷材铺贴方向和顺序，在桥面铺装层上用明显的色粉线弹出防水卷材铺贴基准线，尤其在桥面曲线部位，按曲线半径放线，以直代曲，确保铺贴接槎宽度。

7）将卷材按铺贴方向摆正，点燃喷灯或喷枪，用喷灯或喷枪加热卷材和基层，喷头距离卷材200mm左右。加热要均匀，卷材表面熔化后（以表面熔化至呈光亮黑点为度，不得过分加热或烧穿卷材）立即向前滚铺。铺设时应顺桥方向铺贴，铺贴顺序应自边缘最低处开始，从排水下游向上游方向铺设，滚铺时不得卷入异物。

8）用热熔机具或喷灯烘烤卷材底层近熔化状态进行粘结的施工方法。卷材与基层的粘贴必须紧密牢固，卷材热熔烘烤后，用钢压滚进行反复碾压。

9）在卷材未冷却前用胶皮刮板把边封好，铺贴顺序应自边缘最低处开始，顺流水方向搭接，长边搭接100mm，短边搭接150mm，相邻卷材短边搭接错开1.5m以上，并将搭接边缘用喷灯烘烤一遍，再用胶皮刮板挤压熔化的沥青，使粘结牢固。

10）泄水口槽内及泄水口周围0.5m范围内采用APP改性沥青密封材料涂封，涂料层贴入下水管内50mm。然后铺设APP卷材，热熔满贴至下水管内50mm。

11）所有卷材搭接接头施工时，应挤出一道热沥青条，以保证防水层的密实性。

（4）伸缩装置。

1）切缝、清理。

①用路面切割机沿边缘标线匀速将沥青混凝土面层切断，切缝边缘要整

齐、顺直，要与原预留槽边缘对齐。切缝过程中，要保护好切缝外侧沥青混凝土边角，防止污染破损。缝切割完成后，及时用胶带铺粘外侧缝边，以避免沥青混凝土断面边角在施工中损坏。

②人工清除槽内填充物，并将槽内混凝土凿毛，用水冲洗并吹扫干净。

2）安装就位。

①安装前将伸缩缝内止水带取下。根据伸缩缝中心线的位置设置起吊位置，以便于将伸缩缝顺利吊装到位。

②在已清理完毕的槽上横向约 2m 距离采用工字钢等型钢作为担梁，使用人工将伸缩缝抬放至安装位置，使其中心线与两端预留槽间隙中心线对正，其长度与桥梁宽度对正，具体操作可用小线挂线检查。伸缩装置与现况路面的调平采用两台千斤顶配合进行（图 4-35）。如果梁间间隙不顺直，伸缩缝中线应与桥梁端间隙中心线对应，中心位置要经反复校核合格后方可进行下道工序。初步定位后应检查槽内预埋钢筋位置是否合适，必要时进行调整。

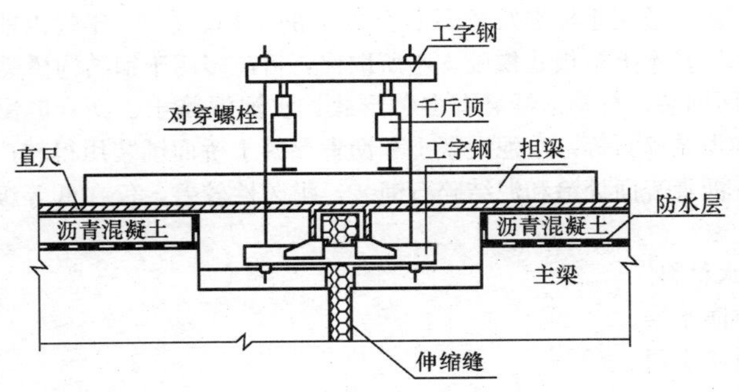

图 4-35　伸缩缝安装示意图

③用填缝材料（可采用聚苯板）将梁板（或梁台）间隙填满，填缝材料要直接顶在伸缩装置橡胶带的底部。为预防伸缩缝安装过程中焊渣烧坏填缝材料，可在填充缝隙两侧加薄铁皮对其加以保护，同时也应将伸缩缝装置的橡胶带 U 形槽内用聚苯板填充。

3）焊接固定采用对称点焊定位。在对称焊接作业时伸缩缝每 0.75～1m 范围内至少有一个锚固钢筋与预埋钢筋焊接，焊接长度应符合设计要求。两侧完全固定后就可将其余未焊接的锚固筋完全焊接，并穿横筋进行焊接加固，确保锚固可靠，不得在横梁上任意施焊，以防变形。

4）浇筑混凝土。

①在对缝槽做最后一次清理和冲洗后，用塑料布或苫布覆盖槽两侧路

面。同时用胶带粘封伸缩缝缝口，防止施工中混凝土污染路面或流入缝口内。

②伸缩缝混凝土坍落度宜控制在50～70mm。混凝土采用人工浇筑，振捣密实，应严格控制混凝土表面的高度和平整度。

③现浇混凝土时，必须要对称浇筑，防止已定位的构件变形。浇筑成型后用塑料布或无纺布等覆盖保水养护，养护期不少于7d。

5）嵌缝。伸缩缝混凝土完成后，清理缝内填充物，嵌入密封橡胶带。

2. 材料选择及检验

（1）材料选择。

1）桥梁支座。

①板式橡胶支座。一般用于中、小跨径（L_0<40m）梁（板）桥。

②盆式橡胶支座。常用于大跨径、大吨位的箱梁桥、斜拉桥和悬索桥。

③球型支座。常用于大跨径、大吨位、大转角的箱梁桥，特别适用于曲线桥、宽桥和坡道上斜桥。

④钢支座。适用于标准跨径不小于25m的梁桥。在60年代以前曾普遍采用，但现在已基本上被板式橡胶支座所取代，目前多用于钢结构桥梁上。

2）桥面铺装。行车道铺装有多种形式：水泥混凝土、沥青混凝土、沥青表面处治和泥结碎石等。水泥混凝土和沥青混凝土桥面铺装用得较广，能满足各项要求。沥青表面处治和泥结碎石铺装，耐久性较差，仅在低等级公路桥梁上使用。

3）防水材料。

①卷材防水层。

②涂料防水层。

③水泥砂浆防水层。

④石灰三合土或胶泥防水层。石灰三合土或胶泥防水层在非冰冻地区，中、小拱桥应用较多，为确保其防水效果，最好涂抹一层沥青。

4）伸缩装置。目前我国常用的伸缩装置按传力方式和构造特点大致可分为对接式、钢制支承式、橡胶组合剪切式、模数支承式和无缝式五大类。选择伸缩装置应符合下列规定：

①伸缩装置与设计伸缩量应相匹配。

②具有足够强度、能承受与设计标准相一致的荷载。

③城市桥梁伸缩装置应具有良好的防水、防噪声性能。

④安装、维护、保养、更换简便。

（2）材料检验。

1）桥梁支座（见表4-68、表4-69）。

表 4-68　成品板式橡胶支座平面尺寸偏差范围　(mm)

矩形支座		圆形支座	
长边范围（l_b）	偏差	直径范围（d）	偏差
$l_b \leqslant 300$	+2.0	$d \leqslant 300$	+2.0
$300 < l_b \leqslant 500$	+4.0	$300 < d \leqslant 500$	+4.0
$l_b > 500$	+5.0	$d > 500$	+5.0

表 4-69　成品板式橡胶支座外观质量检验要求

名　称	成品质量标准
气泡、杂质	气泡、杂质总面积不得超过支座平面面积的 0.1%，且每一处气泡、杂质面积不得大于 50mm²，最大深度不超过 2mm
凹凸不平	当支座平面面积小于 0.15m² 时，不多于两处；大于 0.15m² 时，不多于四处，且每处凹凸高度不超过 0.5mm，面积不超过 6mm²
四侧面裂纹、钢板外露	不允许
掉块、崩裂、机械损伤	不允许
钢板与橡胶粘结处开裂或剥离	不允许
支座表面平整度	1. 橡胶支座：表面不平整度不大于平面最大长度的 0.4% 2. 四氟滑板支座：表面不平整度不大于四氟滑板平面最大长度的 0.2%
四氟滑板与橡胶支座黏贴错位	不得超过橡胶支座短边或直径尺寸的 0.5‰

2）桥面铺装。钢筋、水泥、骨料、掺和料、外加剂应符合前面分述要求。

3）防水材料。

①检查涂料的品种、强度、出厂日期等项目是否与质量证明文件相符；检查涂料是否过期，是否有固体块等杂质存在，色泽是否均匀；抽样检查沥青的桶装重量。

②检查卷材的类型、规格尺寸等项目是否与质量证明文件相符；卷材的色泽是否鲜艳均匀；是否有断裂、皱折、孔洞、剥离、边缘不整齐等质量缺陷；每卷卷材的接头是否平整夯实。

③防水材料铺装或涂刷外观质量和细部做法应符合下列要求：

a. 卷材防水层表面平整，不得有空鼓、脱层、裂缝、翘边、油包、气泡和皱褶等现象。

b. 涂料防水层的厚度应均匀一致，不得有漏涂处。

c. 防水层与泄水口、汇水槽接合部位应密封，不得有漏封处。

4）伸缩装置。伸缩装置的形式和规格必须符合设计要求。

橡胶伸缩体的尺寸偏差应满足表 4-70 的要求。

表 4-70　橡胶伸缩体装置的尺寸偏差　（mm）

长度范围	偏差	宽度范围	偏差	厚度范围	偏差	螺孔中距 L_1 偏差
$L=1000$	−1，+2	$a \leqslant 80$	−2.0，+1.0	$t \leqslant 80$	−1.0+1.8	<1.5
		$80 < a \leqslant 240$	−1.5，+2.0	$t > 80$	−1.5+2.3	
		$a > 240$	−2.0，+2.0	—	—	

注：宽度范围正偏差用于伸缩体顶面，负偏差用于伸缩体底面。

三、桥梁支座安装施工及检验要点

1. 施工要点

（1）板式橡胶支座。

1）支座安装前应将垫石顶面清理干净，采用干硬性水泥砂浆抹平，顶面标高应符合设计要求。

2）梁板安放时应位置准确，且与支座密贴。如就位不准或与支座不密贴时，必须重新起吊，采取垫钢板等措施，并应使支座位置控制在允许偏差内。不得用撬棍移动梁、板。

（2）盆式橡胶支座。

1）当支座上、下座板与梁底和墩台顶采用螺栓连接时，螺栓预留孔尺寸应符合设计要求，安装前应清理干净，采用环氧砂浆灌筑；当采用电焊连接时，预埋钢垫板应锚固可靠、位置准确。墩顶预埋钢板下的混凝土宜分两次浇筑，且一端灌入，另一端排气，预埋钢板不得出现空鼓。焊接时应采取防止烧坏混凝土的措施。

2）现浇梁底部预埋钢板或滑板应根据浇筑时气温、预应力筋张拉、混凝土收缩和徐变对梁长的影响设置相对于设计支承中心的预偏值。

3）活动支座安装前应采用丙酮或酒精解体清洗其各相对滑移面，擦净后在聚四氟乙烯板顶面满注硅脂。重新组装时应保持精度。

4）支座安装后，支座与墩台顶钢垫板间应密贴。

（3）球形支座。

1）支座出厂时，应由生产厂家将支座调平，并拧紧连接螺栓．防止运输安装过程中发生转动和倾覆。支座可根据设计需要预设转角和位移，但需在厂内装配时调整好。

2）支座安装前应开箱检查配件清单、检验报告、支座产品合格证及支座安装养护细则。施工单位开箱后不得拆卸、转动连接螺栓。

3）当下支座板与墩台采用螺栓连接时，应先用钢楔块将下支座板四角调平，高程、位置应符合设计要求，用环氧砂浆灌注地脚螺栓孔及支座底面垫层。环氧砂浆硬化后，方可拆除四角钢楔，并用环氧砂浆填满楔块位置。

4）当下支座板与墩台采用焊接连接时，应采用对称、间断焊接方法将下支座板与墩台上预埋钢板焊接。焊接时应采取防止烧伤支座和混凝土的措施。

5）当梁体安装完毕，或现浇混凝土梁体达到设计强度后，在梁体预应力张拉之前，应拆除上、下支座板连接板。

2. 季节性施工

（1）雨期施工。

1）雨天不得进行混凝土及砂浆灌注。

2）盆式支座及球形支座安装完毕后，在上部结构混凝土浇筑前应对其采取覆盖措施，以免雨水浸入。

（2）冬期施工。

1）灌注混凝土及砂浆应避开寒流。

2）应采取有效保温措施，确保混凝土及砂浆在达到临界强度前不受冻。

3）采用焊接连接时，温度低于－20℃时，不得进行焊接作业。

3. 质量标准

（1）支座安装前，应检查跨距、支座栓孔位置和支座垫石顶面高程、平整度、坡度、坡向，确认符合设计要求。

（2）支座与梁底及垫石之间必须密贴，间隙不得大于0.3mm。垫层材料和强度应符合设计要求。

（3）支座锚栓的埋置深度和外露长度应符合设计要求。支座锚拴在其位置调整准确后固结，锚栓与孔之间隙必须填捣密实。

（4）支座的粘结灌浆和润滑材料应符合设计要求。

（5）支座安装允许偏差应符合表4-71的规定。

表4-71　　支座安装允许偏差

项目	允许偏差/mm	检验频率		检验方法
		范围	点数	
支座高程	±5	每个支座	1	用水准仪测量
支座偏位	3		2	用经纬仪、钢尺量

四、桥面铺装施工及检验要点

1. 施工要点

（1）铺装层应在纵向100cm、横向40cm范围内，逐渐降坡，与汇水槽、泄水口平顺相接。

（2）沥青混合料桥面铺装层施工应符合下列规定：

1）在水泥混凝土桥面上铺筑沥青铺装层应符合下列要求：

①铺筑前应在桥面防水层上撒布一层沥青石屑保护层，或在防水黏结层上撒布一层石屑保护层，并用轻碾慢压。

②沥青铺装宜采用双层式，底层宜采用高温稳定性较好的中粒式密级配热拌沥青混合料，表层应采用防滑面层。

③铺装宜采用轮胎或钢筒式压路机碾压。

2）在钢桥面上铺筑沥青铺装层应符合下列要求：

①铺装材料应防水性能良好；具有高温抗流动变形和低温抗裂性能；具有较好的抗疲劳性能和表面抗滑性能；与钢板粘结良好，具有较好的抗水平剪切、重复荷载和蠕变变形能力。

②桥面铺装宜采用改性沥青，其压实设备和工艺应通过试验确定。

③桥面铺装宜在无雨、少雾季节、干燥状态下施工。施工气温不得低于15℃。

④桥面铺筑沥青铺装层前应涂刷防水粘结层。涂防水粘结层前应磨平焊缝、除锈、除污，涂防锈层。

⑤采用浇筑式沥青混凝土铺筑桥面时，可不设防水粘结层。

3）水泥混凝土桥面铺装层施工应符合下列规定：

①铺装层的厚度、配筋、混凝土强度等应符合设计要求。结构厚度误差不得超过－20mm。

②铺装层的基面（裸梁或防水层保护层）应粗糙、干净，并于铺装前湿润。

③桥面钢筋网应位置准确、连续。

④铺装层表面应作防滑处理。

⑤水泥混凝土施工工艺及钢纤维混凝土铺装的技术要求应符合国家现行标准《城镇道路工程施工与质量验收规范》（CJJ1—2008）的有关规定。

2. 季节性施工

（1）冬期施工。

1）混凝土的抗折强度尚未达到1.0MPa或抗压强度尚未达到5.0MPa时，成型铺装面要采取保温材料覆盖，不得受冻。

2）混凝土搅拌站应在迎风面搭设围挡防风，设立防寒棚。

3）混凝土拌和物的入模温度不应低于5℃，当气温在0℃以下或混凝土拌和物的浇筑温度低于5℃时，应将水加热搅拌（砂、石料不加热）；如水加热仍达不到要求时，应将水和砂、石料都加热。加热搅拌时，水泥应最后投入。加热温度应使混凝土拌和物温度不超过35℃，水不应超过60℃，砂、石料不应超过40℃。

4）混凝土拌和物的运输、摊铺、振捣、做面等工序，应紧密衔接，缩短工序间隔时间，减少热量损失。

5）冬期作业面采用综合蓄热法施工养护。混凝土浇筑完后的头2d内，应每隔6h测一次温度；7d内每昼夜应至少测两次温度。混凝土终凝后，采用保温材料覆盖养护。

（2）雨期、暑期施工。

1）雨期不宜混凝土浇筑作业。若需在雨期施工时，要采取必要的防护措施。

2）暑期气温过高时，混凝土浇筑应尽可能安排在夜间施工，若必须在白天浇筑混凝土时，应采取降温措施。

3. 质量标准

（1）桥面铺装层材料的品种、规格、性能、质量应符合设计要求和相关标准规定。

（2）水泥混凝土桥面铺装层的强度和沥青混凝土桥面铺装层的压实度应符合设计要求。

（3）桥面铺装面层允许偏差应符合表4－72～表4－73的规定。

表 4-72　　水泥混凝土桥面铺装面层允许偏差

项　目	允许偏差/mm	检验频率		检验方法
		范围	点数	
厚度	±5mm	每 20 延米	3	用水准仪对比浇筑前后标高
横坡	±0.15%		1	用水准仪测量 1 个断面
平整度	符合城市道路面层标准	按城市道路工程检测规定执行		
抗滑构造深度	符合设计要求	每 200m	3	铺砂法

注：跨度小于 20m 时，检测频率按 20m 计算。

表 4-73　　沥青混凝土桥面铺装面层允许偏差

项　目	允许偏差/mm	检验频率		检验方法
		范围	点数	
厚度	±5mm	每 20 延米	3	用水准仪对比浇筑前后标高
横坡	±0.3%		1	用水准仪测量 1 个断面
平整度	符合道路面层标准	按城市道路工程检测规定执行		
抗滑构造深度	符合设计要求	每 200m	3	铺砂法

注：跨度小于 20m 时，检测频率按 20m 计算。

（4）外观检查应符合下列要求：

1）水泥混凝土桥面铺装面层表面应坚实、平整，无裂缝，并应有嘘唏的粗糙度；面层伸缩缝应直顺，灌缝应密实。

2）沥青混凝土桥面铺装层表面应坚实、平整，无裂纹、松散、油包、麻面。

3）桥面铺装层与桥头路接槎应紧密、平顺。

五、桥面防水层施工及检验要点

1. 施工要点

（1）桥面防水层应直接铺设在混凝土表面上，不得在二者间加铺砂浆找平层。

（2）防水基层面应坚实、平整、光滑、干燥，阴、阳角处应按规定半径做成圆弧。施工防水层前应将浮尘及松散物质清除干净，将应涂刷基层处理剂。基层处理剂应使用与卷材或涂料性质配套的材料。涂层应均匀、全面覆盖，待渗入基层且表面干燥后，方可施作卷材或涂膜防水层。

(3) 桥面防水层应采用满贴法；防水层总厚度和卷材或胎体层数应符合设计要求；缘石、地袱、变形缝、汇水槽和泄水口等部位应按设计和防水规范细部要求作局部加强处理。防水层与汇水槽、泄水口之间必须粘结牢固、封闭严密。

(4) 涂膜防水层施工应符合下列规定：

1) 基层处理剂干燥后，方可涂防水涂料，铺贴胎体增强材料。涂膜防水层应与基层黏结牢固。

2) 涂膜防水层的胎体材料，应顺流水方向搭接，搭接宽度长边不得小于50mm，短边不得小于70mm，上下层胎体搭接缝应错开1/3幅宽。

3) 下层干燥后，方可进行上层施工。每一涂层应厚度均匀、表面平整。

(5) 卷材防水层施工应符合下列规定：

1) 胶粘剂应与卷材和基层处理剂相互匹配，进场后应取样检验合格后方可使用。

2) 基层处理剂干燥后，方可涂胶粘剂，卷材应与基层粘结牢固，各层卷材之间也应相互粘结牢固。卷材铺贴应不皱不折。

3) 卷材应顺桥方向铺贴，应自边缘最低处开始，顺流水方向搭接，长边搭接宽度宜为70～80mm，短边搭接宽度宜为100mm，上下层搭接缝错开距离不应小于300mm。

(6) 防水粘结层施工应符合下列规定：

1) 防水粘结材料的品种、规格、性能应符合设计要求和国家现行标准规定。

2) 粘结层宜采用高黏度的改性沥青、环氧沥青防水涂料。

3) 防水粘结层施工时的环境温度和相对湿度应符合防水粘结材料产品说明书的要求。

4) 施工时严格控制防水粘结层材料的加热温度和洒布温度。

2. 季节性施工

(1) 冬期施工。

1) 冬季进行防水卷材施工时应搭设暖棚，保证各工序施工时的温度大于5℃时，方可进行施工。采用热熔法施工时，温度不应低于－10℃。

2) 防水卷材严禁在雪天施工，5级及5级以上大风时不得施工。

(2) 雨期施工。

1) 对于基层冷底子油施工前必须保证基层干燥，含水量不大于9%。

2) 经过雨后的基层必须晾干，经现场含水量检测合格后方可进行下步施工。

3) 严禁雨期进行卷材铺贴作业。

3. 质量标准

（1）防水材料的品种、规格、性能、质量应符合相关标准和设计要求。

（2）防水层、粘结层与基层之间应密贴，结合牢固。

（3）混凝土桥面防水层粘结质量和施工允许偏差应符合表 4 - 74 的规定。

表 4 - 74　　混凝土桥面防水层粘结质量和施工允许偏差

项目	允许偏差/mm	检验频率		检验方法
		范围	点数	
卷材接槎搭接宽度	不小于规定	每 20 延米	1	用钢尺量
防水涂膜厚度	符合设计要求：设计未规定时±0.1	每 $200m^2$	4	用测厚仪检测
粘结强度/MPa	不小于设计要求，且≥0.3（常温），≥0.2（气温≥35℃）	每 $200m^2$	4	拉拔仪（拉拔速度：10mm/min）
抗剪强度/MPa	不小于设计要求，且≥0.4（常温），≥0.3（气温≥35℃）	1 组	3 个	剪切仪（剪切速度：10mm/min）
剥离强度（N/mm）	不小于设计要求，且≥0.3（常温），≥0.2（气温≥35℃）	1 组	3 个	90°剥离仪（剪切速度：100mm/min）

（4）钢桥面防水粘结层质量应符合表 4 - 75 的规定。

表 4 - 75　　钢桥面防水粘结层质量

项目	允许偏差/mm	检验频率		检验方法
		范围	点数	
钢桥面清洁度	符合设计要求	全部	GB 8923 规定标准图片对照检查	
粘结层厚度	符合设计要求	每洒布段	6	用测厚仪检测
粘结层与基层结合力/MPa	不小于设计要求	每洒布段	6	用拉拔仪检测
防水层总厚度	不小于设计要求	每洒布段	6	用测厚仪检测

六、桥面伸缩装置安装及检验要点

1. 施工要点

(1) 伸缩装置宜采用后嵌法安装，即先铺桥面层，再切割出预留槽安装伸缩装置。

(2) 填充式伸缩装置施工应符合下列规定：

1) 预留槽宜为50cm宽、5cm深，安装前预留槽基面和侧面应进行清洗和烘干。

2) 梁端伸缩缝处应粘固止水密封条。

3) 填料填充前应在预留槽基面上涂刷底胶，热拌混合料应分层摊铺在槽内并捣实。

4) 填料顶面应略高于桥面，并撒布一层黑色碎石，用压路机碾压成型。

(3) 橡胶伸缩装置安装应符合下列规定：

1) 安装橡胶伸缩装置应尽量避免预压工艺。橡胶伸缩装置在5℃以下气温不宜安装。

2) 安装前应对伸缩装置预留槽进行修整，使其尺寸、高程符合设计要求。

3) 锚固螺栓位置应准确，焊接必须牢固。

4) 伸缩装置安装合格后应及时浇筑两侧过渡段混凝土，并与桥面铺装接顺。每侧混凝土宽度不宜小于0.5m。

(4) 齿形钢板伸缩装置施工应符合下列规定：

1) 底层支撑角钢应与梁端锚固筋焊接。

2) 支撑角钢与底层钢板焊接时，应采取防止钢板局部变形措施。

3) 齿形钢板宜采用整块钢板仿形切割成型，经加工后对号入座。

4) 安装顶部齿形钢板，应按安装时气温经计算确定定位值。齿形钢板与底层钢板端部焊缝应采用间隔跳焊，中部塞孔焊应间隔分层满焊。焊接后齿形钢板与底层钢板应密贴。

5) 齿形钢板伸缩装置宜在梁端伸缩缝处采用U形铝板或橡胶板止水带防水。

(5) 模数式伸缩装置施工应符合下列规定：

1) 伸缩装置应使用专用车辆运输，按厂家标明的吊点进行吊装，防止变形。现场堆放场地应平整，并避免雨淋曝晒和防尘。

2) 安装前应按设计和产品说明书要求检查锚固筋规格和间距、预留槽尺寸，确认符合设计要求，并清理预留槽。

3) 分段安装的长伸缩装置需现场焊接时，宜由厂家专业人员施焊。

4) 伸缩装置中心线与梁段间隙中心线应对正重合。伸缩装置顶面各点高程应与桥面横断面高程对应一致。

5）伸缩装置的边梁和支承箱应焊接锚固，并应在作业中采取防止变形措施。

6）过渡段混凝土与伸缩装置相接处应粘固密封条。

7）混凝土达到设计强度后，方可拆除定位卡。

2. 季节性施工

（1）冬期施工。

1）混凝土的抗折强度尚未达到 1.0MPa 或抗压强度尚未达到 5.0MPa 时，成型铺装面要采取保温材料覆盖，不得受冻。

2）混凝土搅拌站应在迎风面搭设围挡防风，设立防寒棚。

3）混凝土拌和物的入模温度不应低于 5℃，当气温在 0℃以下或混凝土拌和物的浇筑温度低于 5℃时，应将水加热搅拌（砂、石料不加热）；如水加热仍达不到要求时，应将水和砂、石料都加热。加热搅拌时，水泥应最后投入。加热温度应使混凝土拌和物温度不超过 35℃，水不应超过 60℃，砂、石料不应超过 40℃。

4）混凝土拌和物的运输、摊铺、振捣、做面等工序，应紧密衔接，缩短工序间隔时间，减少热量损失。

5）冬期作业面采用综合蓄热法施工养护。混凝土浇筑完后的头 2d 内，应每隔 6h 测一次温度；7d 内每昼夜应至少测两次温度。混凝土终凝后，采用保温材料覆盖养护。

（2）雨期、暑期施工。

1）雨期不宜混凝土浇筑作业。若需在雨期施工时，要采取必要的防护措施。

2）暑期气温过高时，混凝土浇筑应尽可能安排在夜间施工，若必须在白天浇筑混凝土时，应采取降温措施。

3. 质量标准

（1）伸缩装置的形式和规格必须符合设计要求，缝宽应根据设计规定和安装时的气温进行调整。

（2）伸缩装置安装时焊接质量和焊缝长度应符合设计要求和规范规定，焊缝必须牢固，严禁用点焊连接。大型伸缩装置与钢梁连接处的焊缝应做超声波检测。

（3）伸缩装置锚固部位的混凝土强度应符合设计要求，表面应平整，与路面衔接应平顺。

（4）伸缩装置安装允许偏差应符合表 4 - 76 的规定。

表 4 - 76　　伸缩装置安装允许偏差

项目	允许偏差/mm	检验频率		检验方法
		范围	点数	
顺桥平整度	符合道路标准	每条缝		按道路检验标准检测
相邻板差	2		每车道 1 点	用钢板尺和塞尺量
缝宽	符合设计要求			用钢尺量，任意选点
与桥面高差	2			用钢板尺和塞尺量
长度	符合设计要求		2	用钢尺量

七、成品保护

(1) 桥面铺装抹面时，要在工作面上架设操作架，避免在成品混凝土铺装面上留下脚印，确保平整度。

(2) 伸缩缝混凝土在浇筑完成后，应及时覆盖养护。混凝土养护期间应封闭交通。

(3) 应清扫密封橡胶带中泥沙、石屑等杂物，防止影响伸缩装置受力时的自由伸缩，以及大石子等杂物将密封胶带刺破，造成漏水和漏沙等。

(4) 施工过程中，操作人员要穿软底鞋，严禁穿带钉鞋进入现场，以免损坏防水层。

(5) 防水卷材施工完毕应封闭交通，严格限制载重车辆行走，进行铺装层施工时，运料汽车应慢行，严禁调头刹车。

八、职业健康安全管理

(1) 高处作业时要系好安全带。需设工作平台时，防护栏杆高于作业面不应小于 1.2m，且用密目安全网封闭。

(2) 安装大型盆式支座时，墩上两侧应搭设操作平台，墩顶作业人员应待支座吊至墩顶稳定后再扶正就位。

(3) 桥面铺装作业时，防撞护栏外侧要安装安全网及操作架，防止人及物体高空坠落。

(4) 钢筋网片及混凝土吊装作业时，由专人指挥，吊装设备不得碰撞桥梁结构，吊臂下不得站人。

(5) 电焊机、混凝土振捣机具的接电应有漏电保护装置，由专职电工操作，接电及用电过程中的故障不得由非专业人员私自处置。

(6) 操作人员要经过专业培训并按操作规程操作，操作时要戴安全帽及使用相关劳动保护用品。

（7）伸缩缝安装施工作业时，在桥头两端设置禁止车辆通行的标志。

（8）桥梁上部结构两侧要搭设防护网，夜间施工应配备足够的照明设备，并设红色标志灯。

（9）每台电焊机单独设开关，外壳做接零及接地保护，焊线保证双线到位，无破损。

（10）施工用的材料和辅助材料多属易燃物品，在存放材料的仓库与施工现场必须严禁烟火，同时要备有消防器材。材料存放场地应保持干燥、阴凉、通风且远离火源。

（11）防水作业区应封闭施工，严禁闲杂人员入内。

九、环境管理

（1）要防止人为敲打、叫嚷、野蛮装卸等产生的噪声，减少噪声扰民现象。

（2）对产生强噪声机械作业的工序，宜安排在白天进行；若安排夜间施工时，应采取隔声措施。

（3）支座处凿毛和清扫时，应采取降尘措施，防止粉尘污染周围环境。

（4）施工中的中小机具要由专人负责，集中管理、维修，避免漏油污染结构。

（5）在邻近居民区施工作业时，尽量避免夜间施工。要采取低噪声振捣棒，混凝土拌和设备要搭设防护棚，降低噪声污染。同时，施工中采用声级计定期对操作机具进行噪声监测。

（6）混凝土切缝机、风镐、振捣棒等强噪声机械施工，尽可能安排在白天施工。如必须夜间施工时应采取降噪措施。

（7）伸缩缝切缝、凿毛、清理时应采取洒水降尘措施，防止粉尘污染。

（8）有毒、易燃物品应盛入密闭容器内，并入库存放，严禁露天堆放。

第五章　市政排水工程施工现场管理

第一节　市政排水工程现场管理

一、施工现场平面管理

1. 绘制平面图

绘制平面图应符合第三章第二节市政道路工程管理有关规定。

2. 临时设施

临时道路、用水、用电及其他条件见表5-1。

表5-1　　现场临时设施情况表

调查项目	调 查 内 容
公路	1. 将主要材料运至工地所经过公路的等级，路面完好程度、允许最大载重量 2. 当地运输能力、效率、运费、装卸费
航运	1. 有无可利用航道 2. 工地至航运河流距离，道路情况 3. 洪水、平水、枯水期通航船只的吨位，取得船只的可能性 4. 航运费、码头装卸费
施工用水及排水	1. 临时施工用水的方式、接管地点、管径、管材、埋深、水量、水压、水质与供水可靠性等 2. 施工排水（含雨水排除）的去向、距离、管坡、有无洪水影响等
施工用电	1. 电源位置、引进可能性、允许供电容量、电压、导线截面、保障率、电费、接线地点、至工地距离、地形地物情况 2. 是否具备柴油发电条件（包括油价、油源） 3. 永久电源现状

3. 自然条件调查

施工现场自然条件见表5-2。

表 5-2　　施工现场自然条件情况表

调查项目	调查内容	调查目的
气温	1. 年平均、最高、最低、最冷、最热月的平均温度 2. ≤－3℃，0℃，5℃的天数与起止日期	1. 防暑降温 2. 冬期施工 3. 估计混凝土、灰浆强度的增长
降雨	1. 雨期起止时间 2. 全年降雨量，最大日降雨量 3. 年雪、暴日数及雷击情况	1. 雨期施工 2. 工地排水、防洪 3. 防雷
地形	1. 工程地形图 2. 控制桩与水准点的位置	1. 布置施工总平面 2. 施工测量
地质	1. 地质剖面图、各层土的类别与厚度 2. 最大冰冻深度 3. 地下障碍物、防空洞、洞穴、古墓等	1. 基础施工 2. 障碍物清除计划
地震	烈度大小	1. 对地基影响 2. 施工措施
地下水	1. 最高与最低地下水位及时间 2. 周围地下水水井开发情况 3. 水量、水质	1. 基础施工方案选择 2. 降低地下水 3. 临时给水 4. 取水工程施工
地面水	1. 临近河湖的距离 2. 洪水、平水与枯水期及时间，其水位、流量与航道深度 3. 水质	1. 临时给水 2. 取水工程施工 3. 航运组织

4. 施工征地、施工拆迁、交通导改等管理措施

参见第三章第一节“市政道路工程管理”相关内容。

二、施工测量

1. 管道施工测量

（1）给水、排水管道工程施工测量应在交桩后进行，并依据设计图提供的条件、结合工程施工的需要，做好测量所需各项数据的内业搜集、计算、复核工作。对原交桩进行复核测量，原测桩有遗失或变位时，应补桩校正。凡施工单位补桩，应经监理工程师认定。

(2) 测定管道中线时，应在起点、终点、平面折点、竖向折点及直线段的控制点测设中心桩。桩顶钉中心钉。并应在沟槽外适当位置设置栓桩。测定中心桩号时，应用测距仪或钢尺测量中心钉的水平距离。用钢尺丈量时应抻紧拉平。测量允许偏差见表 5-3 的有关规定。

表 5-3　施工测量允许偏差表

项目		允许偏差
水准测量高程闭合差	平地	$\pm 20\sqrt{L}$/mm
	山地	$\pm 6\sqrt{n}$/mm
导线测量方位角闭合差		$\pm 40\sqrt{n}('')$
导线测量相对闭合差		1/3000
直接丈量测距两次较差		1/5000

注：1. L 为水准测量闭合路线长度（km）。

2. n 为水准或导线测量的测站数。

(3) 临时水准点应设在稳固及不易被碰撞的地点，其间距宜不大于 200m。宜经常校测，冬、雨期及季节变化时应进行校测。应以两个临时水准点为一环进行施工高程点测设。其闭合差见表 5-3 的有关规定。施工高程点每次使用前应进行校测。

(4) 分段施工时，相邻施工段间的水准点，宜布设在施工分界点附近，并在工程开工前，由双方共同加以确认。施工测量时应对相邻段已完成管道高程进行复核。

遇有问题提请建设单位或其代表按其批准方案解决。

2. 管道中线控制测理

给水排水管道工程中线测量应采用合同规定的坐标、高程控制系统。如北京地区施工时应采用北京地区坐标系统。中线控制网的布设，应因地制宜，做到确保精度、方便实用、满足施工的实际需要。根据国家有关技术标准的规定各种精度的三角点，含二级以上的导线点及相应精度的 GPS 点，根据施工需要，均可作为给水排水管道中线测量的首级控制。给水排水管道中线控制网的建立可采用三角测量、导线测量、三边测量和边角测量等方法。

(1) 三角测量应符合的要求。

1) 三角测量的主要技术要求，应符合表 5-4 的规定。

表 5-4　　三角测量的主要技术要求

等级	平均边长/m	平均角误差（″）	起始边长相对中误差	最弱边边长相对中误差	测回数		三角形最大闭合差（″）
					DJ_2	DJ_6	
一级小三角	1000	±5	≤1/40 000	≤1/20 000	2	4	±15
二级小三角	500	±10	≤1/20 000	≤1/10 000	1	2	±30

注：中误差、闭合差均为正负值。

2）三角测量的网（锁）布设应符合下列要求：

①各等级的首级控制网，宜布设成近似等边三角形的网（锁），且其三角形的内角最大不应大于100°，最小不应小于30°；因受地形、地物的限制，个别的角可适当放宽，但也不应小于25°。

②控制网的加密方法及一级、二级小三角的布设，应符合《工程测量规范》(GB 50026—2007) 的规定。

(2) 导线测量应符合的要求。

1）导线测量的主要技术要求，应符合表5-5的规定。

表 5-5　　导线测量的主要技术要求

等级	导线长度/km	平均边长/km	测角中误差（″）	测距中误差/mm	测距相对中误差	测回数		方位角闭合差（″）	相对闭合差
						DJ_2	DJ_6		
一级	4.0	0.5	±5	±15	≤1/30 000	2	4	$10\sqrt{n}$	≤1/15 000
二级	2.4	0.25	±8	±15	≤1/14 000	1	3	$16\sqrt{n}$	≤1/10 000

注：表中 n 为测站数。

2）当导线平均边长较短时，应控制导线的边数，但不得超过表中相应等级导线平均长度和平均边长算得的边数；当导线长度小于表5-5中规定的长度的1/3时，导线全长的绝对闭合差不应大于13cm。

3）导线宜布设成直伸形状，相邻边长不宜相差过大。当附和导线长度超过规定时，应布设成结点网形。结点与结点、结点与高级点之间的导线长度，不应大于表5-5中规定长度的0.7倍。

(3) 三边测量应符合的要求。

1）各等级三边网的起始边至最远边之间的三角形不宜多于10个，三边测量的主要技术要求，应符合表5-6中的规定。

表 5-6　三边测量的主要技术要求

等级	平均边长/km	测距中误差/mm	测距相对中误差
一级小三边	1	25	≤1/40 000
二级小三边	0.5	25	≤1/20 000

注：中误差为正负值。

2）各等级三边网的边长宜近似相等，其组成的各内角宜为30°～100°。当受条件限制时，个别角可适当放宽，但不应小于25°，图形欠佳时，应加测对角线边。

3）当以测边方法进行交汇插点时，至少应有一个多余观测，根据多余观测与必要观测的结果计算的纵、横坐标差值，不应大于3.5cm。

（4）水平角量测应符合的要求。水平角量测的技术要求和精度应符合控制测量中水平角观测的有关规定。

1）水平角观测所用的光学经纬仪、电子经纬仪和全站仪，在使用前，应进行下列项目的检验，并应符合规定的技术要求。

①照准部旋转正确，各位置长气泡读数误差，DJ2型仪器不应超过一格。

②光学仪器的测微器行差、仪器的隙动差，DJ2型仪器不应大于2″。

③水平轴不垂直于垂直轴之差，DJ2型仪器不应超过15″。

④仪器垂直螺旋使用时，视准轴在水平方向上不应产生偏移。

⑤仪器底部在照准部旋转时，应无明显位移。

⑥光学对点器的对中误差，不应大于1mm。

2）水平角观测结束后，测角中误差应按式（5-1）和式（5-2）计算。

①三角网、边角网的测角中误差：

$$m_s = \sqrt{\frac{W^2}{3n}} \tag{5-1}$$

式中　m_s——测角中误差，（″）；

W——三角形闭合差，（″）；

n——三角形的个数。

②导线（网）测角中误差：

$$m_s = \frac{\sqrt{(f_B^2/n)}}{N} \tag{5-2}$$

式中　m_s——测角中误差，（″）；

f_B——附和导线或闭合导线环的方位角闭合差，（″）；

n——计算 f_B 时的测站数；

N——附和导线或闭合导线环的个数。

3. 管道高程控制测量

高程控制测量应采用本地区高程系统，采用直接水准测量辅以电磁波测距三角高程测量。给水排水管道工程以二、三级水准测量方法建立首级工程控制。

(1) 水准测量的主要技术要求，应符合表5-7中的规定。

表5-7　　水准测量的主要技术要求

<table>
<tr><th rowspan="2">等级</th><th rowspan="2">每千米高差全中误差/mm</th><th rowspan="2">路线长度/m</th><th rowspan="2">水准仪的型号</th><th rowspan="2">水准尺</th><th colspan="2">观测次数</th><th rowspan="2">往返较差附和或环线闭合差</th></tr>
<tr><th>与已知点联测</th><th>附和或环线</th></tr>
<tr><td>二等</td><td>≤2</td><td>—</td><td>DS_1</td><td>铟瓦</td><td>往返各一次</td><td>往返各一次</td><td>$4\sqrt{L}$</td></tr>
<tr><td rowspan="2">三等</td><td rowspan="2">≤6</td><td rowspan="2">≤50</td><td>DS_1</td><td>铟瓦</td><td rowspan="2">往返各一次</td><td>往一次</td><td rowspan="2">$12\sqrt{L}$</td></tr>
<tr><td>DS_3</td><td>双面</td><td>往返各一次</td></tr>
</table>

注：1. 结点之间或结点与高级点之间，其路线的长度，不应大于本表规定的0.7倍。

2. L为往返测段、附和或环线的水准路线长度，(km)。

3. 三等水准测量可采用双仪高法单面尺施测。

(2) 水准测量所使用的仪器及水准尺，应符合下列规定：

1) 水准仪视准轴与水准管轴的夹角，DSI型不应超过15″，DS3型不应超过在20″。

2) 水准尺上的米间隔平均长与名义长之差，不应超过0.15mm，对于双面水准尺，不应超过0.5mm。

3) 二等水准测量采用补偿式自动安平水准仪时，其补偿误差$\Delta\alpha$不得超过0.2″。

4) 水准观测的主要技术要求，应符合表5-8中的规定。

表5-8　　水准观测的主要技术要求

<table>
<tr><th>等级</th><th>水准仪的型号</th><th>视线长度/m</th><th>前、后视较差/mm</th><th>前、后视累计较差</th><th>视线距地面最低高度/m</th><th>基本分划、辅助分划或黑面、红面的读数较差/mm</th><th>基本分划、辅助分划或黑面、红面的所测高差较差/mm</th></tr>
<tr><td>二级</td><td>DS1</td><td>50</td><td>1</td><td>3</td><td>0.5</td><td>0.5</td><td>0.7</td></tr>
<tr><td rowspan="2">三等</td><td>DS1</td><td>100</td><td rowspan="2">3</td><td rowspan="2">6</td><td rowspan="2">0.3</td><td>1.0</td><td>1.5</td></tr>
<tr><td>DS3</td><td>75</td><td>2.0</td><td>3.0</td></tr>
</table>

注：1. 二等水准视线长度小于20m时，其视线高度应低于0.3m。

2. 三等水准采用变动仪器高度进行观测单面水准尺时，所测两次高度之差，应与黑面、红面所测高度之差要求相同。

5）采用电磁波测距三角高程测量进行高程控制测量，宜在平面控制点的基础上布设成三角高程网或高程导线。

6）高程观测应起讫于不低于三等水准的高程点上，其边长应不超过 1km 边数不应超过 6 条。当边长不超过 0.5km 或单纯作高程控制时，边数可增加 1 倍。

7）采用电磁波测距三角高程测量对向观测应在较短的时间内进行，计算高差时，应考虑折光差的影响。

8）三角高程测量的边长测定，应采用不低于Ⅱ级精度。

9）内业计算时，垂直角度的取值，应精确至 0.1″；高程的取值，应精确至 1mm。

（3）对高程控制网应进行平差计算，高程控制以平差结果为准。

三、人员管理

（1）由生产工人、专业技术人员和管理人员组成，管理和技术人员构成项目部的主体。规划实行施工人员管理的目的是为了提高劳动生产率，保证施工安全，实施文明施工。

（2）施工人员影响工程的每一部分，他们操作机械设备，运输和安装工程材料。在工程项目施工中最重要的资源是劳动力。劳动力的组织管理涉及施工人员的技能、知识等。要合理有序地进行施工，必然要有科学的组织。

（3）施工人员的管理。

1）施工人员管理原则。标准先进合理，有利于促进生产和提高工作效率，正确处理各类人员的比例关系。

2）施工人员管理方法。按劳动效率确定，按设备确定，按岗位确定，按比例确定：根据生产工人的比例，确定服务人员和辅助生产人员的数量；按组织机构的职责、范围和业务分工确定。

3）施工人员管理要素。劳动组织、劳动纪律、劳动保护、培训和考核与激励。

4）人员管理还应符合第三章市政道路工程人员管理相关规定。

四、材料管理

1. 材料采购质量控制

（1）自供材料质量控制。

1）进入施工现场的材料，要根据工程技术部门的要求主要材料做到随货同行，证随料走，且证物相符。

2）在特殊情况下，材质证明等文件不能随货同行而项目又急需使用的材料，必须由公司或项目经理部主管质量的领导签字认可后方可使用。

（2）对分包单位采购材料的质量控制。

1）项目物资部负责向施工分包方提供有关的物资采购《合格物资供方名册》。原则上施工分包单位采购的A、B类材料，必须在总包方评定的合格材料供方中采购。

2）如提供的合格供方满足不了施工的要求，需重新选择材料供方。重新选择的材料供方经评定合格后，项目物资部方可允许施工分包方进行采购。

（3）对业主提供材料的质量控制。对业主直接供应的材料和设备，或业主指定的供应商，经过对其资质和样品评定后，认为不能满足质量要求时，应与业主沟通，及时更换供应商或产品。若业主不同意改变或不同意更换，双方发生异议时，可采取备忘录的形式，书面交付业主，以明确双方的责任。

2. 材料进场验收

进场验收方法。材料进场时，应当予以验收，其验收的主要依据是订货合同、采购计划及所约定的标准，或经有关单位和部门确认后封存的样品或样本，还有材质证明或合格证双控把关。材料验收的程序如图5-1所示。

验收准备 → 单据验收 → 数量验收 → 质量验收 → 环保、职安验收 → 办理验收手续

图5-1　材料进场验收程序

3. 存储管理

仓库材料存储的基本要求是库存材料堆放合理，质量完好。库容整洁美观。这就要求我们必须全面规划，科学管理，制订严密的管理制度，并注意防火防盗等。

材料管理参见第三章中市政道路工程材料管理的相关规定。

五、机械管理

机械管理应符合第三章中市政道路工程的相关规定。

第二节　基坑明挖土方工程现场管理与施工要点

一、作业条件

（1）土方开挖前，根据设计图纸和施工方案的要求，将施工区域内的地下、地上障碍物清除完毕。

（2）各种现状管线已改移或加固，对暂未处理的地下管线及危险地段，做好明显标志。

(3) 基坑（槽）、管沟有地下水时，已根据当地工程地质资料采取降低地下水位措施，水位降至坑（槽）底 0.5m 以下，以保证槽底始终处于疏干状态，地基不被扰动。

(4) 施工区域内供水、供电、临时设施满足土方开挖要求，道路平整畅通。

(5) 做好土方开挖机械、运输车辆及各种辅助设备的维修检查和进场工作。

二、现场工、料、机管理

1. 施工人员工作要点

(1) 人工开挖。人工开挖基坑（槽）、管沟时，其深度不宜超过 2m，开挖时必须严格按照放坡规定开挖（见表 5-9），直槽开挖必须加支撑，如无支撑直槽开挖应符合下列深度要求（见表 5-10）。

表 5-9　深度在 5m 以内的沟槽边坡的最陡坡度

土的类别	边坡坡度（高：宽）		
	坡顶无荷载	坡顶有静载	坡顶有动载
中密的砂土	1：1.00	1：1.25	1：1.50
中密的碎石类土（充填物为砂土）	1：0.75	1：1.00	1：1.25
硬塑的粉土	1：0.67	1：0.75	1：1.00
中密的碎石类土（充填物为黏性土）	1：0.50	1：0.67	1：0.75
硬塑的质黏土、黏土	1：0.33	1：0.50	1：0.67
老黄土	1：0.10	1：0.25	1：0.33
软土（经井点降水后）	1：1.25	—	—

表 5-10　无支撑直槽开挖最大深度

序号	土壤（围岩）类别	开挖最大深度/m
1	湿软粉质黏土、砂质粉土	0.80
2	粉质黏土、砂质粉土	1.25
3	黏土	1.50
4	坚实的黏土或干黄土	2.00

人工开挖应符合第三章市政道路工程土方施工及第四章桥梁工程扩大基础开挖有关规定。

（2）沟槽支撑。沟槽支护应根据沟槽的土质、地下水位、开槽深度、地面荷载、周边环境等因素进行方案设计。沟槽支护型式主要有槽内支撑、土钉墙护坡、桩墙护坡。

1）槽内支撑。支撑材料可以选用钢材、木材或钢材和木材混合使用。

①单板撑。一块立板紧贴槽帮，撑木撑在立板上，如图5-2所示。

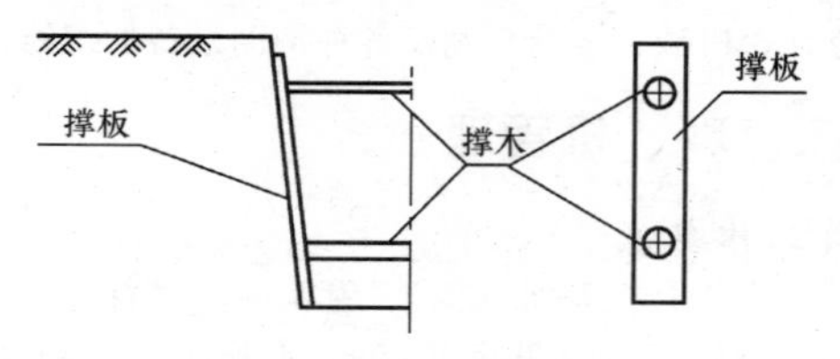

图5-2　单板撑

②横板撑。横板紧贴槽帮，用方木立靠在横板上，撑木撑在方木上，如图5-3所示。

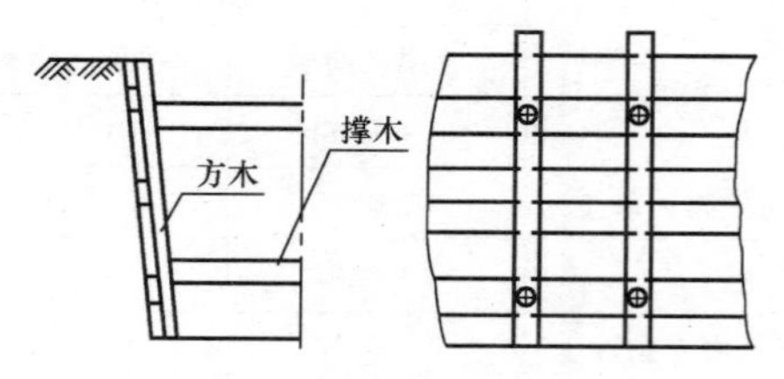

图5-3　横板撑

③立板撑。立板紧贴槽帮，顺沟方向用两根方木靠在立板上，撑木撑在方木上，如图5-4所示。

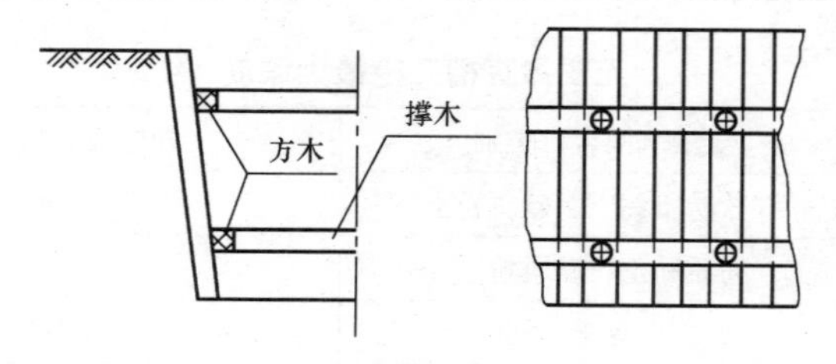

图5-4　立板密撑

④钢板桩支撑。钢板桩支撑可采用槽钢、工字钢或定型钢板桩。钢板桩支撑按具体条件可设计为悬臂、单锚，或多层横撑的钢板桩支撑，并应通过计算

确定钢板桩入土深度和横撑的位置。

2）槽内支撑基本要求。槽内支撑材质、大小及支撑密度应经计算确定。

3）支撑的安装。

①槽帮应平整，撑板应均匀紧贴槽帮。

②撑板的安装应与沟槽槽壁紧贴，当有空隙时，应填实。横排撑板应水平，立排撑板应顺直，密排撑板的对接应严密。

③撑木支撑的高度，应考虑下道工序的方便，避免施工中拆卸。

④钢板桩支撑采用槽钢作横梁时，横梁与钢板桩之间的孔隙应采用木板垫实，并应将横梁和横撑与钢板桩连接牢固。

⑤用钢管支撑时，两端需安装可调底托，并与挡土背板牢固联接。

4）支撑拆除。支撑拆除应与基坑（槽）、管沟土方回填配合进行，按由下而上的顺序交替进行。拆除钢板桩支撑，应在回填土达到计算要求高度后，方可拔除钢板桩。钢板桩拔除后应及时回填桩孔。当采用灌砂填筑时，可冲水助沉；当控制地面沉降有要求时，宜采取边拔桩边注浆的措施。

(3) 边坡修整。开挖各种浅坑（槽）和沟槽，如不能放坡时，应先沿白灰线切出槽边的轮廓线。开挖放坡基坑（槽）、管沟时，应分层按坡度要求做出坡度线，每隔 3m 左右做出一条，进行修坡。机械开挖时，随时开挖随时人工修坡。

(4) 人工清底。人工清底按照设计图纸和测量的中线、边线进行。严格按标高拉线清底找平，不得破坏原状土，确保基槽尺寸、标高符合设计要求，机械开挖配合人工进行清底。

2. 基坑明挖土方施工主要机械使用方法

基坑明挖土方施工主要机械使用方法，应符合第三章市政道路工程路基土方施工机械使用有关规定。

三、基坑明挖土方施工及检验要点

1. 施工要点

(1) 开挖宽度。沟槽底部的开挖宽度，应符合设计要求；设计无要求时，可按下式计算确定：

$$B - D_o + 2(b_1 + b_2 + b_3) \tag{5-3}$$

式中　B——管道沟槽底部的开挖宽度（mm）；

D_o——管外径（mm）；

b_1——管道一侧的工作面宽度（mm），可按表 5-11 选取；

b_2——有支撑要求时，管道一侧的支撑厚度，要取 150～200mm；

b_3——现场浇筑混凝土或钢筋混凝土管渠一侧模板的厚度（mm）。

表 5-11　　管道一侧的工作面宽度

管道的外径 D_o/mm	管道一侧的工作面宽度 b_1/mm		
	混凝土类管道		金属类管道、化学建材管道
$D_o \leqslant 500$	刚性接口	400	300
	柔性接口	300	
$500 < D_o \leqslant 1000$	刚性接口	500	400
	柔性接口	400	
$1000 < D_o \leqslant 1500$	刚性接口	600	500
	柔性接口	500	
$1500 < D_o \leqslant 3000$	刚性接口	800～1000	700
	柔性接口	600	

注：1. 槽底需设排水沟时，b_1 应适当增加。
2. 管道有现场施工的外防水层时，b_1 宜取 800mm。
3. 采用机械回填管道侧面时，b_1 需满足机械作业的宽度要求。

（2）开挖要点。

1）沟槽挖深较大时，应确定分层开挖的深度，并符合下列规定：

①人工开挖沟槽的槽深超过 3m 时应分层开挖，每层的深度不超过 2m。

②人工开挖多层沟槽的层间留台宽度：放坡开槽时不应小于 0.8m，直槽时不应小于 0.5m；安装井点设备时不应小于 1.5m。

③采用机械挖槽时，沟槽分层的深度按机械性能确定。

2）沟槽的开挖应符合下列规定：

①沟槽的开挖断面应符合施工组织设计（方案）的要求。槽底原状地基土不得扰动，机械开挖时槽底预留 200～300mm 土层由人工开挖至设计高程，整平。

②槽底不得受水浸泡槽底局部扰动或受水浸泡时，宜采用天然级配砂砾石或石灰土回填；槽底扰动土层为湿陷性黄土时，应按设计要求进行地基处理。

③槽底土层为杂填土、腐蚀性土时，应全部挖除并按设计要求进行地基处理。

④槽壁平顺，边坡坡度符合施工方案的规定。

⑤在沟槽边坡稳固后设置供施工人员上下沟槽的安全梯。

（3）沟槽支撑。

1）沟槽支撑应符合以下规定：

①支撑应经常检查，发现支撑构件有弯曲、构动、移位或劈裂等迹象时，

应及时处理；雨季及春季解冻时期应加强检查。

②拆除支撑前，应对沟槽两侧的建筑物、构筑物和槽壁进行安全检查，并应制订拆除支撑的作业要求和安全措施。

③施工人员应由安全梯上下沟槽，不得攀登支撑。

2）拆除撑板应符合以下规定：

①支撑的拆除应与回填土的填筑高度配合进行，且在拆除后应及时回填。

②对于设置排水沟的沟槽，应从两座相邻排水井的分水线向两端延伸拆除。

③对于多层支撑沟槽，应待下导层回填完成后再拆除其上层槽的支撑。

④拆除单层密排撑板支撑时，应先回填至下层以横撑底面，再拆除下层横撑，待回填至半槽以上，再拆除上层横撑；一次拆除有危险时，宜采取替换拆撑法拆除支撑。

（4）沟槽回填。

1）沟槽回填管道应符合以下规定：

①压力管道水压试验前，除接口外，管道两侧及管顶以上回填高度不应小于0.5m；水压试验合格后，应及时回填沟槽的其余部分。

②无压管道在闭水或闭气试验合格后应及时回填。

2）管道沟槽回填应符合下列规定：

①沟槽内砖、石、木块等杂物清除干净。

②沟槽内不得有积水。

③保持降排水系统正常运行，不得带水回填。

3）井室、雨水口及其他附属构筑物周围回填应符合下列规定：

①井室周围的回填，应与管道沟槽回填同时进行；不便同时进行时，应留台阶形接槎。

②井室周围回填压实时应沿井室中心对称进行，且不得漏夯。

③回填材料压实后应与井壁紧贴。

④路面范围内的井室周围，应采用石灰土、砂、砂砾等材料回填，其回填宽度不宜小于400mm。

⑤严禁在槽壁取土回填。

4）每层回填土的虚铺厚度，应根据所采用的压实机具按表5-12的规定选取。

表5-12　　不同压实机具每层回填土的虚铺厚度

压实机具	虚铺厚度/mm	压实机具	虚铺厚度/mm
木夯、铁夯	≤200	压路机	200～300
轻型压实设备	200～250	振动压路机	≤400

柔性管道的沟槽回填从管底基础部位开始到管顶以上 500mm 范围内必须采用人工回填；管顶 50mm 以上可以用机械从管道轴线两侧同时夯实；每层回填高度不大于 200mm。

2. 季节性施工

（1）雨期施工。

1）土方开挖一般不宜在雨期进行，必须开挖时，应尽量缩短开槽长度，逐段、逐层分期完成。

2）沟槽切断原有的排水沟或排水管，如无其他排水出路，应架设安全可靠的渡槽或渡管，保证排水。

3）雨期挖槽，应采取措施，防止雨水进入沟槽；同时还应考虑当雨水危及附近居民或房屋安全时，应及时疏通排水设施。

4）雨期挖土时，留置土方不宜靠近建筑物。

（2）冬期施工。

1）土方开挖冬期施工时，其施工方法应按冬期施工方案进行。

2）计划在冬期施工的沟槽，宜在地面冻结前，先将地面刨松一层，一般厚为 300mm，作为防冻层。

3）每日施工结束前，均应覆盖保温材料或松铺一层土防冻。

4）冬期挖槽，对所暴露出来的上水或其他通水管道，应视运行情况采取保温防冻措施。

5）挖至基底时要及时覆盖，以防基底受冻。

3. 质量标准

（1）原状地基土不得扰动、受水浸泡或受冻。

（2）地基承载力应满足设计要求。

（3）进行地基处理时，压实度、厚度满足设计要求。

（4）沟槽开挖的允许偏差应符合表 5 - 13 的规定。

表 5 - 13　　沟槽开挖的允许偏差

<table>
<tr><th rowspan="2">序号</th><th rowspan="2">检查项目</th><th rowspan="2" colspan="2">允许偏差/mm</th><th colspan="2">检验数量</th><th rowspan="2">检验方法</th></tr>
<tr><th>范围</th><th>点数</th></tr>
<tr><td rowspan="2">1</td><td rowspan="2">槽底高程</td><td>土方</td><td>±20</td><td rowspan="2">两井之间</td><td rowspan="2">3</td><td rowspan="2">用水准仪测量</td></tr>
<tr><td>石方</td><td>+20，−200</td></tr>
<tr><td>2</td><td>槽底中线每侧宽度</td><td colspan="2">不小于规定</td><td>两井之间</td><td>6</td><td>挂中线用钢尺量测，每侧计 3 点</td></tr>
<tr><td>3</td><td>沟槽边坡</td><td colspan="2">不小于规定</td><td>两井之间</td><td>6</td><td>用坡度尺量测，每侧计 3 点</td></tr>
</table>

四、成品保护

（1）应定期复测和检查测量定位桩和水准点，并做好控制桩点的保护。

（2）开挖沟槽如发现地下文物或古墓，应妥善保护，并应及时通知有关单位处理后方可继续施工，如发现有测量用的永久性水准点或地质、地震部门的长期观测点等，应加以保护。

（3）在地下水位以下挖土，应在基槽两侧挖好临时排水沟和集水井，先低后高分层施工以利排水。

（4）在有地上或地下管线、电缆的地段进行土方施工时，应事先取得有关部门的书面同意，施工中应采取措施，以防止损坏管线，造成严重事故。

五、职业健康安全管理

1. 安全操作技术要求

（1）机械挖掘。

1）挖掘机挖土应遵守下列规定：

①严禁挖掘机在电力架空线路下方挖土，需在线路一侧作业时，应设专人监护。

②挖掘机挖土应按土方开挖标志线和施工设计规定的开挖程序作业。

③在距直埋缆线 2m 范围内必须人工开挖，严禁机械开挖，并约请管理单位派人现场监护。

④在各类管道 1m 范围内应人工开挖，不得机械开挖，并宜约请管理单位派人现场监护。

⑤挖土时应设专人指挥。指挥人员应在确认周围环境安全、机械回转范围内无人员障碍物后，方可发出启动信号。挖掘过程中指挥人员应随时检查挖掘面和观察机械周围环境状况，确认安全。

⑥配合机械挖土的清槽人员必须在机械回转半径以外作业；需在回转半径以内作业时，必须停止机械运转并制动牢固后，方可作业。

2）使用推土机推土应遵守下列规定：

①在深沟槽、基坑或陡坡地区推土时，应有专人指挥，其垂直边坡高度不得大于 2m。

②两台以上推土机在同一地区作业时，前后距离应大于 8m，左右相距应大于 1.5m；在狭窄道路上行驶时，未经前机同意，后机不得超越。

（2）人工开挖。人工挖槽应遵守下列规定：

1）槽深度超过 2.5m 时应分层开挖，每层的深度不宜大于 2m。

2）多层沟槽的层间平台宽度，未设云霄的槽与直槽之间不得小于 80cm，安装井点时不得小于 1.5m，其他情况不得小于 50cm。

3）操作人员之间必须保持足够的安全距离，横向间距不得小于 2m，纵向间距不得小于 3m。

2. 其他管理

（1）上下沟槽必须走马道、安全梯。马道、安全梯间距不宜大于 50m。

（2）拆除支撑前，应对沟槽两侧的建筑物、构筑物和槽壁进行安全检查，并应制订拆除支撑的实施细则和安全措施。

（3）机械开挖土方时，应按安全技术交底要求放坡、堆土，严禁掏挖，履带或轮胎应距沟槽边保持 1.5m 以上的距离。

（4）挖掘机作业前应进行检查，确认大臂和铲斗运动范围内无障碍物及其他人员，鸣笛示警后方可作业。

（5）沟槽外围搭设不低于 1.2m 的护栏，设警示灯，并有专人巡视。

（6）人工挖槽时，堆土高度不宜超过 1.5m，且距槽口边缘不宜小于 1m，堆土不应遮压其他设施。

（7）人工挖槽时，两人横向距离不应小于 2m，纵向间距不应小于 3m，严禁掏挖取土。

六、环境管理

（1）现场堆放的土方应遮盖；运土车辆应封闭，进入社会道路时应冲洗。

（2）对施工机械应经常检查和维修保养，保证设备始终处于良好状态，避免噪声扰民和遗洒污染周围环境。

（3）对土方运输道路应经常洒水，防止扬尘。

第三节　砖砌管沟施工现场管理与施工要点

一、作业条件

（1）沟槽排水、开挖、支撑及管道交叉处理等已完成，并经有关方面验收合格。

（2）工地临时道路、水、电满足施工要求，沟槽一侧堆土距离槽边上口 1.5m 以外。

（3）沟槽中线、高程应符合设计要求，基槽经有关方面验收合格，并办理隐检手续。

二、现场工、料、机管理

1. 施工人员工作要点

(1) 摆砖、撂底。

1) 砌筑前应进行摆砖撂底，确定砌法。摆砖是指在放线的底板面上按选定的组砌方式用干砖试摆，砖与砖水平灰缝厚度和竖向灰缝宽度宜为10mm。校对所放出的墨线是否符合砖的模数，以减少砍砖，并使砌体灰缝均匀，组砌合理。

2) 砖墙砌体上下错缝，内外搭接，不得有竖向通缝，宜采用一顺一丁或三顺一丁砌法，侧墙宜采用五顺一丁砌法，但最下面一层和最上面一层，应用丁砖砌筑。

(2) 立皮数杆（通线）。

1) 砌筑直墙应挂线。当砌筑240mm厚墙体时，需要单面挂线，超过240mm厚墙体，应双面挂线。墙高大于1.2m时，应拉通线，以保证墙体直顺。

2) 墙高超过1.2m时，应立好皮数杆，控制好灰缝和各部位标高，皮数杆间距不宜超过15m，转角处均应设立。皮数杆应垂直、牢固、标高一致，办理预检手续。

(3) 砖砌。

1) 在砌筑过程中应随时用托线板检查墙面是否垂直平整，灰缝是否符合要求。砌筑过程中应三皮一吊，五皮一靠，把砌筑误差消灭在操作过程中，以保证墙面垂直平整，灰缝一致，每日砌筑高度不宜超过1.2m。

2) 砖墙的转角处和交接处应与墙体同时砌筑。当砌筑间断时，应砌成斜槎。接槎砌筑时，应先将斜槎清扫干净，并使砂浆饱满。

3) 半头砖可作为填墙心用，但应先铺设砂浆后放砖，然后再用灌缝砂浆将孔隙灌平且不得集中使用。

4) 砖墙的伸缩缝与底板伸缩缝应垂直贯通，缝的间隙尺寸应符合设计要求，应砌筑整齐，缝内挤出的砂浆应随砌随刮干净。变形缝处浇筑混凝土时，砖墙应按规定留出马牙槎，最下层应凹进去。

(4) 抹面。

1) 抹面砖墙，随砌随将砖缝间渗出的灰浆刮平。

2) 砌体表面粘结的残余砂浆应清除干净，将砖墙面洒水湿润。

3) 抹面水泥砂浆强度等级应符合设计规定，稠度满足施工需要，底层砂浆稠度宜为120mm，其他各层砂浆宜为70～80mm。

4) 水泥砂浆抹面应分为两道抹成。第一道砂浆抹成后，用杠尺刮平，并用木抹子搓平后间隔48h，进行第二道抹面；第二道砂浆应分为两遍赶光压实完成。

5）抹面的施工接槎应留阶梯形槎，上下层接槎应错开，留槎的位置应离开交角处 150mm 以上。接槎时，应先将留槎均匀地涂水泥浆一道，然后按照层次顺序层层搭接。

6）管沟底板水泥砂浆抹面，可一次抹成，抹面前应将混凝土湿润，随抹随用杠尺刮平，压实或拍实后，用木抹子搓平，然后用铁抹子分两遍压实赶光。

7）顶板抹面时，应将表面清理干净，并做成粗糙面，刷一道水泥砂浆，再行抹面。

8）墙底交接处，抹八字灰，防止该处漏水。

（5）变形缝。

1）应按照设计要求设置变形缝，变形缝应上下垂直贯通。

2）填料前应将变形缝内杂物清除干净，在缝壁上应刷一道冷底子油。

3）填缝料应填塞密实，表面平整。

4）变形缝采用橡胶止水带时，应将橡胶止水带牢固安装，使其在浇筑混凝土时不变形。变形缝处钢筋插入底板的深度应符合设计及规范规定。

2. 材料选择及检验

（1）砖。砌筑用砖宜采用页岩砖等非黏土实心砖，其强度等级不应低于 MU7.5，并应符合国家现行标准有关规定。有出厂合格证，进场后应抽样进行复试。

（2）爬梯。爬梯类型可以选用普通铸铁或塑钢两种，普通铸铁必须在使用前刷防锈漆，塑钢爬梯必须设置弯钩，有出厂合格证。

（3）井圈井盖、橡胶止水带。井圈井盖全部采用专业井盖，橡胶止水带应符合设计规定，有出厂合格证。

（4）其他材料。如水泥、砂石、水等参见前面分述介绍。

三、砖砌管沟施工及检验要点

1. 施工要点

（1）常温下施工，为保证砂浆的粘结强度应在砖墙砌筑之前用水充分湿润。防止砂浆过早失水出现砌体粘结不牢，抹灰面出现空鼓现象。

（2）砌筑时应使每层砖上下错缝，内外搭砌，水平灰缝厚度和竖向灰缝宽度宜为 10mm，并不得有竖向通缝，灰缝砂浆应饱满严密。

（3）墙体抹面后应及时进行浇水养护，防止出现裂纹。

2. 季节性施工

（1）雨期施工。

1）雨期应对新砌筑的墙体采取覆盖措施，防止雨水冲刷墙体灰缝。

2）砖砌墙体，应随砌随安装盖板，防止沟槽塌方挤倒管沟墙体。

3）基坑四周应做好排水、挡水措施，防止雨水流入沟内。

（2）冬期施工。

1）当日平均气温低于5℃，且最低气温低于－3℃时，按冬期施工要求施工。

2）砖不得洒水湿润，砌筑前应将冰、雪清除干净。并应增加砂浆的流动性。

3）冬期施工时，砌筑砂浆应采用抗冻砂浆，砂浆宜采用普通硅酸盐水泥拌制。

4）冬期施工完成一砌砖段或临时停止作业时，应用保温材料覆盖。

5）砂浆抹面宜在气温正温度时进行，若冬期施工，采用热水拌制砂浆，按规定掺加外加剂；外露的抹面应及时覆盖保温；有顶盖的内墙抹面，应堵塞风口。

6）管沟底板混凝土施工时，应采用综合蓄热法施工。

3. 质量标准

（1）基本要求。

1）砂浆和混凝土的抗压强度必须符合设计要求。

2）砌筑方法正确，砂浆饱满灰缝整齐均匀，缝宽符合设计要求；抹面应压光，不得有空鼓、裂纹等现象；接槎应平整，阴阳角清晰顺直。

3）墙体的伸缩缝与底板伸缩缝应对正，缝宽应符合设计要求，墙体不得有通缝；止水带安装位置正确、牢固、闭合，且浇筑混凝土过程中保证止水带不变位，止水带附近的混凝土应插捣密实。

4）沟底应清理干净、平整、密实。

5）预制盖板应按设计吊点起吊、搬运和堆放，不得反向放置。安装压墙长度应符合设计要求、位置准确、平稳、塞缝严实，铺垫砂浆及抹三角灰均应密实、饱满。

（2）砖砌管沟允许偏差。砖砌管沟允许偏差，见表5-14。

表5-14　砖砌管沟允许偏差

项目		允许偏差/mm	检测方法和频率
轴线位置		15	全站仪或经纬仪
沟底	高程	±10	水准仪
	中心线每侧宽	±10	尺量20m两点，每侧计一点
墙高		±20	尺量20m两点，每侧计一点

续表

项目	允许偏差/mm	检测方法和频率
墙厚	不小于设计规定	尺量
墙面垂直度	15	用垂线检查 20m 两点，每侧计一点
墙面平整度	10	用 2m 靠尺检查 20m 两点，每侧计一点
盖板压墙尺寸	±10	尺量
相邻板底错台	±10	尺量

四、成品保护

（1）抹完面的砖墙应及时浇水养护。

（2）回填沟槽时，在盖完沟盖板后对称回填，以防挤到墙体。在夯实时夯机应离开墙体一定的距离，靠近墙体应用人工夯实。

（3）吊装盖板时，应有专人指挥，轻起轻放，防止磕坏砖墙。

五、职业健康安全管理

1. 安全操作技术要求

（1）沟槽内砌筑时，必须检查边坡稳定，确定安全后方可作业。

（2）砌筑高度大于 1.2m 时，应在脚手架上作业。脚手架上堆砖不得超过三层，两根排木之间不得放两个灰槽。

（3）砌筑用砖现场码放应按要求进行，不得超高。放砖的位置应远离沟槽边缘 1m 以外。

（4）砂浆搅拌机应由专人进行操作，持证上岗。砂浆搅拌机发生故障时，应立即切断电源，查明原因。搅拌机维修和清洗前，必须切断电源，锁好电源箱，派专人监护。

（5）砂浆、砖垂直运输应由专人进行指挥，砂浆应用灰斗或溜槽运到沟槽底，砖应用溜槽进行倒运。

2. 其他管理

（1）砌块运输道路应平整、坚实，无障碍物，沿线电力架空线路的净高应符合相关规定。桥梁、便桥和管道等地下设施的承载力，应满足车辆荷载要求。运输前应实地路勘，确认符合运输和设施安全要求。

（2）砌块码放高度不得超过 1.5m。

（3）手推车运砌块、装料高度不得超过车帮高度。装车应由后到前，卸车应由前到后，顺序装卸。推车不得猛跑，前后车水平距离不得小于 2m。坡道行车，应空车让重车，重车下坡严禁溜放。

(4) 每日连续砌筑高度不宜超过 1.2m。分段砌筑时，相邻段的高差不宜超过 1.2m。

六、环境管理

(1) 砌筑用砖应使用环保型砖，如页岩砖等；施工后挑剩的砖应集中码放，不得随意乱扔。

(2) 砂浆搅拌机应搭建防护棚；水泥应单独搭建水泥库或用苫布覆盖，防止粉尘污染周围环境。

(3) 袋装水泥严禁用铁锹直接在袋子上划口，水泥袋应集中回收。

(4) 过期且复试不合格的水泥和剩余的水泥砂浆，应按指定的位置集中处理，不得乱倒。

(5) 现场砂浆搅拌站应设置排水沟和废水沉淀池，废水经沉淀后排入市政管线，避免污染水源。

第四节　现浇钢筋混凝土管渠施工现场管理与施工要点

一、作业条件

(1) 土方开挖、基坑支护及管道交叉处理已经完成，经有关方面验收合格。

(2) 现场“三通一平”满足施工需要。

(3) 沟槽一侧堆土距离槽边上口 1.5m 以外。

(4) 基坑地下水已经降至基底以下 0.5m。

二、现场工、料、机管理

1. 施工人员工作要点

人员工作要点应符合第三章第五节市政道路工程现浇重力式钢筋混凝土挡土墙人员工作要点有关规定。

2. 材料选择及检验

材料选择及检验应符合第三章第五节市政道路工程现浇重力式钢筋混凝土挡土墙材料选择及检验有关规定。

三、现浇钢筋混凝土施工及检验要点

1. 施工要点

施工要点应符合第三章第六节市政道路工程现浇重力式钢筋混凝土挡土墙施工要点有关规定。

2. 季节性施工

季节性施工应符合第三章第六节市政道路工程现浇重力式钢筋混凝土挡土墙季节性施工有关规定。

3. 质量标准

（1）基本要求。

1）混凝土的抗压强度应按现行国家标准《混凝土强度检验评定标准》（GB 50107—2010）进行评定，抗渗、抗冻试块应按国家现行有关标准评定，并不得低于设计规定。

2）现浇混凝土结构底板、墙面、顶板表面应光洁，不得有蜂窝、露筋、漏振等现象。

3）墙和顶板的伸缩缝应与底板的伸缩缝对正贯通。

4）止水带安装位置应正确、牢固、闭合，且止水带附近的混凝土应振捣密实。

（2）现浇混凝土的排水管沟的允许偏差见表 5-15。

表 5-15　现浇混凝土的排水管沟的允许偏差

项目	允许偏差/mm	检测方法和频率
轴线位置	15	全站仪或经纬仪
高程	±10	水准仪
断面尺寸	不小于设计规定	尺量，20m 两点，宽厚各计一点
墙高	±10	尺量，20m 两点，每侧计一点
沟底中心线每侧宽度	±10	尺量，20m 两点，每侧计一点
墙面垂直度	15	用垂线检查，20m 两点，每侧计一点
墙面平整度	10	2m 靠尺，每 20m 两点，每侧计一点
墙厚	+10，0	尺量，每 20m 两点，每侧计一点

四、成品保护

（1）混凝土浇筑后，应根据气温情况及时覆盖和洒水，使混凝土充分养护。

（2）冬期施工时，应制订切实可行的冬期施工方案，防止混凝土受冻。

（3）混凝土强度未达到 $1.2N/mm^2$ 以前，不得在混凝土面上行走或堆放重物。

（4）应根据现浇钢筋混凝土管沟的部位、强度要求和气温情况，严格控制拆模时间。

五、职业健康安全管理

1. 安全操作技术要求

（1）各种用电设备应安装漏电保护装置。电闸箱、电缆等使用前必须严格检查，防止在使用中出现漏电现象。

（2）机械操作手必须持证上岗，严禁酒后操作机械设备。

（3）土方开挖后，挖出的土应堆放在距离沟槽边 1.5m 以外，防止出现滑坡。

（4）沟槽开挖时应留足够的过车道宽度，保证离沟槽边不小于 1.5m 的安全距离。

（5）吊车吊装作业时，必须有专人指挥。吊车臂回转半径范围内严禁站人。

2. 其他管理

（1）砌块运输道路应平整、坚实，无障碍物，沿线电力架空线路的净高应符合本规程的有关规定。桥梁、便桥和管道等地下设施的承载力，应满足车辆荷载要求。运输前应实地路勘，确认符合运输和设施安全要求。

（2）砌块码放高度不得超过 1.5m。

（3）手推车运砌块，装料高度不得超过车帮高度。装车应由后到前，卸车应由前到后，顺序装卸。推车不得猛跑，前后车水平距离不得小于 2m。坡道行车，应空车让重车，重车下坡严禁溜放。

（4）每日连续砌筑高度不宜超过 1.2m。分段砌筑时，相邻段的高差不宜超过 1.2m。

六、环境管理

（1）剩余混凝土应按指定位置集中处理，不得随意乱倒。

（2）建筑垃圾如碎砖头、混凝土块、水泥袋等物品应集中处理，不得随意乱扔。

（3）施工现场临地道路应经常浇水，防止车辆进出时出现扬尘现象。

（4）模板脱模剂应集中存放，涂抹时合理用料，以防止遗洒污染钢筋和周围环境。

第五节　排水管道安装施工现场管理与施工要点

一、作业条件

（1）地下管线和其他设施经物探和坑探调查清楚。地上、地下管线设施拆迁或加固措施已完成，施工期交通疏导方案、施工便桥经有关主管部门批准。

（2）现场三通一平已完成，地下水位降至槽底 0.5m 以下。

（3）施工技术方案已办理审批手续。

二、现场工、料、机管理

1. 施工人员工作要点

（1）沟槽开挖。沟槽开挖应符合本章基坑明挖基础有关规定。

（2）管道基础。

1）承插式柔性混凝土排水管道可采用土弧基础、砂砾垫层基础和四点支撑法基础。

2）土弧基础。采用土弧基础的排水管道铺设如图 5-5 所示。开槽后应测放中心线，人工修整土弧，土弧的弧长、弧高应按设计要求放线、施工，以保证土弧包角的角度。

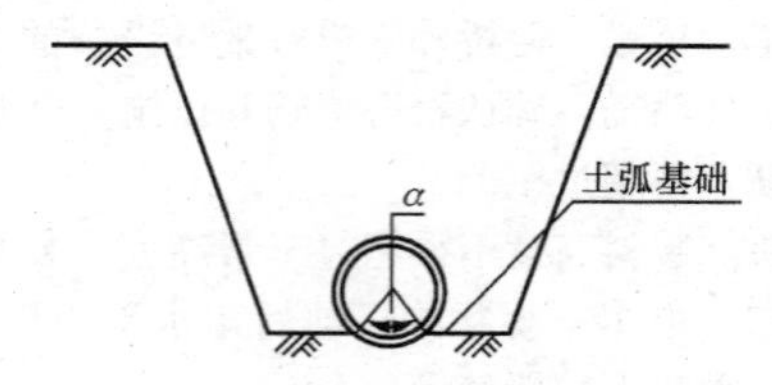

图 5-5　采用土弧基础的排水管道铺设

3）砂砾垫层基础。采用砂砾垫层基础的排水管道铺设如图 5-6 所示。在槽底铺设设计规定厚度的砂砾垫层，并用平板振动夯夯实。夯实平整后，测中心线，修整弧形承托面，并应预留沉降量。垫层宽度和深度必须严格控制，以保证管道包角的角度。中粗砂或砂砾垫层与管座应密实，管底面必须与中粗砂或砂砾垫层与管座紧密接触。中粗砂或砂砾垫层与管座施工中不得泡水，槽底不得有软泥。

4）四点支承法。采用四点支承法的排水管道铺设如图 5-7 所示。按设计要求在槽底开挖轴向凹槽（窄槽），铺设砂砾、摆放特制混凝土楔块，压实砂砾垫层（压实度同砂砾垫层基础），复核砂砾垫层和混凝土楔块高程。

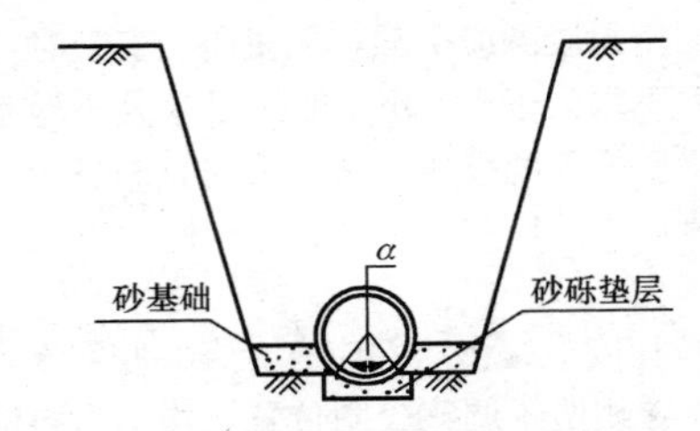

图 5-6　采用砂砾垫层基础的排水管道铺设

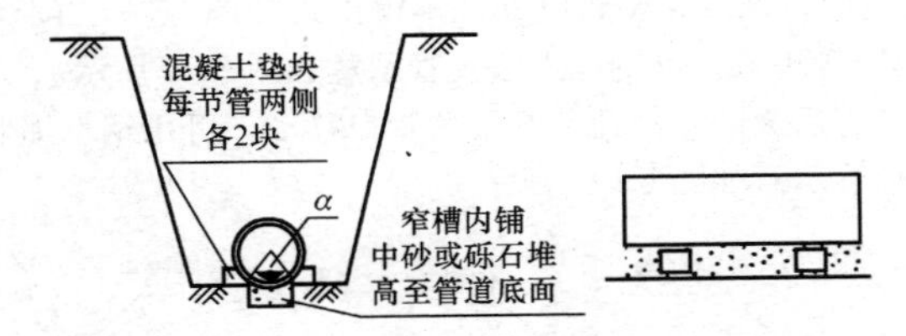

图 5-7　采用四点支承法的排水管道铺设

5）平基法和四合一法安装混凝土管则需浇筑混凝土平基并在下管后浇筑管座混凝土。浇筑混凝土方法符合第四章桥梁工程混凝土工程施工有关规定。

（3）管道安装。

1）承插式柔性混凝土排水管道安装。

①挖接头工作坑。在管道安装前，在接口处挖设工作坑，承口前不小于 600mm，承口后超过斜面长，两侧大于管径，深度不小于 200mm，保证操作阶段管子承口悬空，如图 5-8所示。

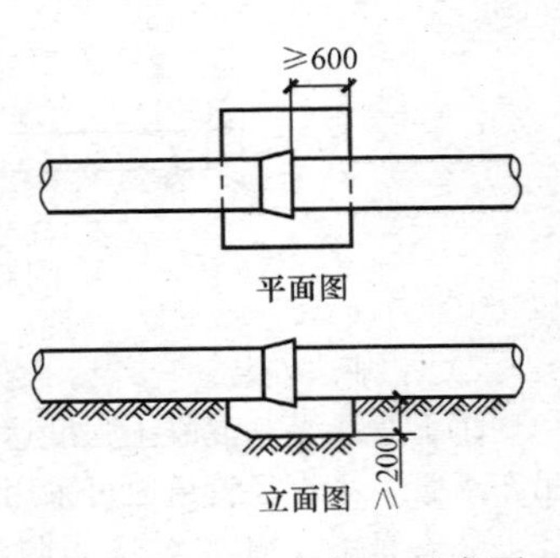

图 5-8　接口工作坑示意图

②管道下管。采用专用高强尼龙吊装带，以免伤及管身混凝土。吊装前应找出管体重心，做出标志以满足管体吊装要求。下管时应使筒节承口迎向流水方向。下管、安管不得扰动管道基础。

③稳管。管道就位后，为防止滚管，应在管两侧适当加两组四个楔形混凝土垫块。管道安装时应将管道流水面中心、高程逐节调整，确保管道纵断面高程及平面位置准确。每节管就位后，应进行固定，以防止管子发生位移。稳管时，先进入管内检查对口，减少错口现象。管内底高程偏差在±10mm 内，中心偏差不超过 10mm，相邻管内底错口不大于 3mm。

④插口上套胶圈。密封胶圈应平顺、无扭曲。安管时，胶圈应均匀滚动到位，放松外力后，回弹不得大于 10mm，把胶圈弯成心形或花形（大口径）装入承口槽内，并用手沿整个胶圈按压一遍，确保胶圈各个部分不翘不扭，均匀一致卡在槽内。橡胶圈就位后应位于承插口工作回上。

⑤顶装接口。

a. 安装时，顶、拉速度应缓慢，并应有专人查胶圈滚入情况，如出现滚入不均匀，应停止顶、拉，用凿子调整胶圈位置，均匀后再继续顶、拉，使胶圈达到承插口的预定位置。

b. 管道安装应特别注意密封胶圈，不得出现“麻花”、“闷鼻”、“凹兜”、“跳井”、“外露”等现象。倒链拉入法安管示意如图 5-9 所示。

⑥锁管。铺管后为防止前几节管子的管口移动，可用钢丝绳和倒链锁在后面的管子上。锁管示意如图 5-10 所示。

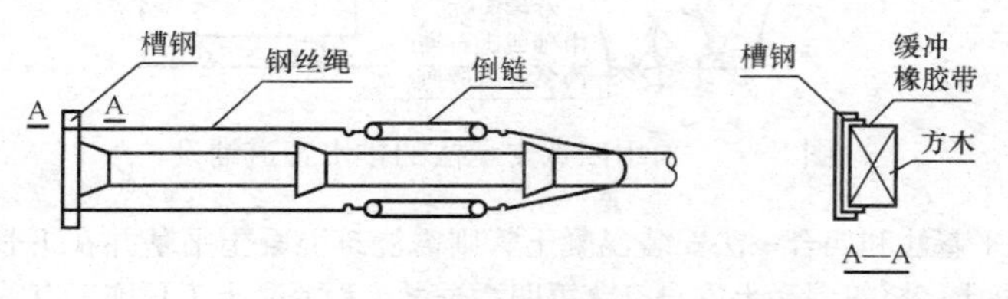

图 5-9　倒链拉入法安管示意图

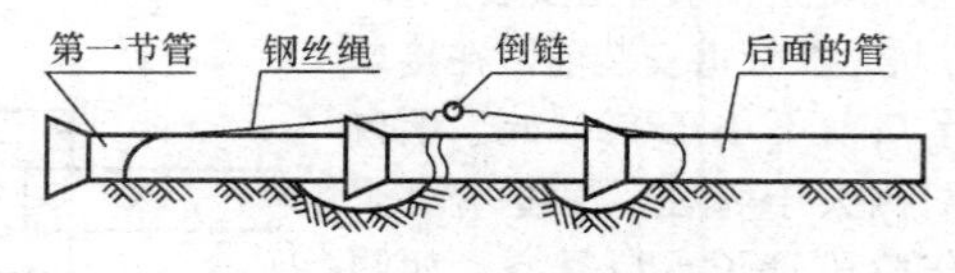

图 5-10　锁管示意图

2）平基法安装。

①下管。平基混凝土强度达到 5MPa 以上时，方可下管。大直径管道采用吊车下管，小直径管道也可采用人工下管。

②安管。安管的对口间隙，直径不小于 700mm 时为 10mm，直径小于 700mm 时可不留间隙。

③抹带。

a. 水泥砂浆抹带。抹带及接口均用 1∶2.5 水泥砂浆。抹带前将管口及管外皮抹带处洗刷干净。直径不大于 1000mm，带宽 120mm；直径大于 1000mm，带宽 150mm，带厚均为 30mm。

b. 钢丝网水泥砂浆抹带。带宽 200mm，带厚 25mm，钢丝网宽度 180mm。

c. 预制套环石棉水泥接口。套环应居中，与管子的环向间隙用木楔背匀。填油麻位置要正确，宽为 20mm，油麻打口要实。

2. 材料选择及检验

（1）预应力钢筋混凝土管。

1）管材混凝土设计强度等级不得低于 40MPa，管道抗渗性能检验压力试验合格，抗裂性能达到抗裂检验压力指标要求。

2）承口和插口工作面光洁平整，局部凹凸度用尺量不超过 2mm，不应有蜂窝、灰渣、刻痕和脱皮现象，钢筋保护层厚度不得超过止胶台高度。

3）管体内外表面应无漏筋、空鼓、蜂窝、裂纹、脱皮、碰伤等缺陷，保护层不得有空鼓、裂纹、脱落。管体外表面应有标记，应有出厂合格证，注明管材型号、出厂水压试验的结果、制造及出厂日期、厂质检部门签章。

（2）接口胶圈。

1）承插式钢筋混凝土排水管道接口所采用的密封胶圈，应采用耐腐蚀的专用橡胶材料制成。密封胶圈使用前必须逐个检查，不得有割裂、破损、气泡、飞边等缺陷。其硬度、压缩率、抗拉力、几何尺寸等均应符合有关规范及设计规定。

2）密封胶圈应有出厂检验质量合格的检验报告。产品到达现场后，应抽检 5%的密封橡胶圈的硬度、压缩率和抗拉力，其值不应小于出厂合格标准。

3）其他如水泥、砂等材料参见前面分述介绍。

3. 排水管道安装施工主要机械使用方法

如挖掘机、载重汽车、推土机、压路机等均应符合第三章市政道路工程土石方工程有关规定。

三、排水管道安装施工及检验要点

1. 施工过程简图

（1）承插式柔性接口混凝土排水管道工艺流程。

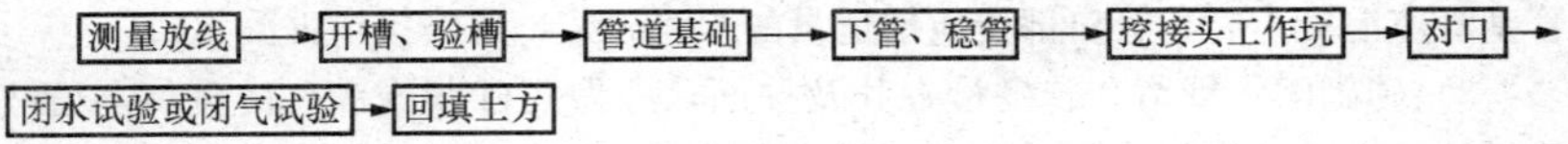

测量放线 → 开槽、验槽 → 管道基础 → 下管、稳管 → 挖接头工作坑 → 对口 →
闭水试验或闭气试验 → 回填土方

（2）平基法安装管道施工工艺流程。

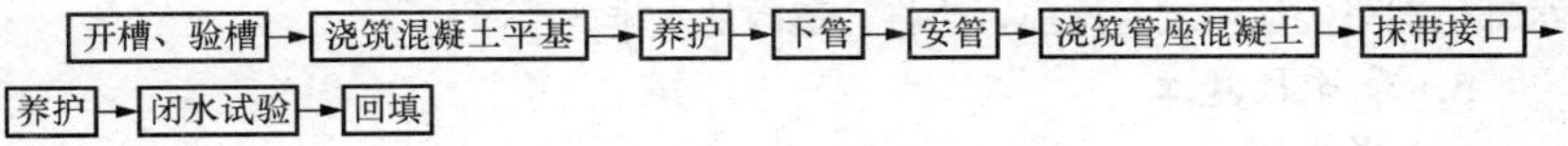

开槽、验槽 → 浇筑混凝土平基 → 养护 → 下管 → 安管 → 浇筑管座混凝土 → 抹带接口 →
养护 → 闭水试验 → 回填

（3）四合一施工法施工工艺流程。

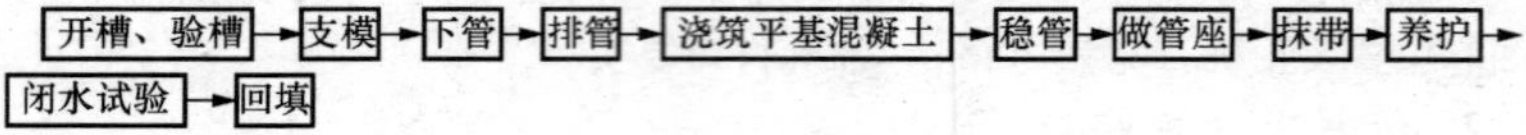

开槽、验槽 → 支模 → 下管 → 排管 → 浇筑平基混凝土 → 稳管 → 做管座 → 抹带 → 养护 → 闭水试验 → 回填

（4）垫块法施工工艺流程。

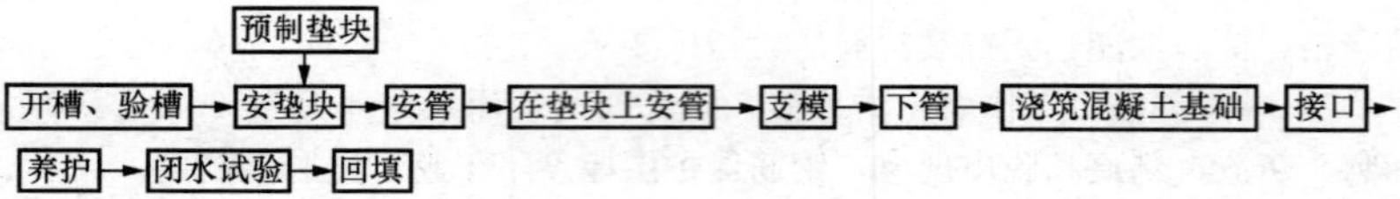

预制垫块 ↓

开槽、验槽 → 安垫块 → 安管 → 在垫块上安管 → 支模 → 下管 → 浇筑混凝土基础 → 接口 → 养护 → 闭水试验 → 回填

2. 施工要点

（1）管道接口开裂、脱落、漏水。

1）根据不同的地质条件选择适宜的管接口形式，并按设计要求做好管基处理。

2）抹带接口施工前，应将管子与管基相接触的部分做接槎处理；抹带范围的管外壁应凿毛；抹带应分三次完成，即第一次抹 20mm 厚度的水泥砂浆，第二次抹剩余的厚度，第三次修理压光成活。

3）抹带施工完毕应及时覆盖养护。

（2）管道反坡。

1）加强测量工作的管理，严格执行复测制度。对于新管线接入旧管线，还是旧管线的水引入新管时，必须将旧管线的流水面标高通过实测的方法来确定。

2）认真熟悉与掌握设计要点和施工图纸。

3）施工中应加强与土建施工单位协调配合，及时解决施工中问题。

（3）闭水试验不合格。

1）严格选用管材，污水管不得使用挤压管。外观检查有裂纹裂缝的管材，不得使用。

2）在浇筑混凝土管座时，管节接口处要认真捣实。大管径（ϕ700 以上）在浇筑混凝土管座及抹带的同时，应进入管内将接口处管缝勾抹密实。对四合一（管基、管座、安管、抹带四工序合一同步进行）施工的小管径管，在浇筑管基管座混凝土时，管口部位应铺适量的水泥砂浆，以防接口处漏水。

3）砖砌闭水管堵和砖砌检查井及抹面，应做到砂浆饱满。砖砌体与管皮接触处、安踏步根部、制作脚窝处砂浆应饱满密实。对于管材、管带、管堵、井墙等有少量渗水，一般可用防水剂配制水泥浆，或水泥砂浆涂刷或勾抹于渗水部位即可。涂刷或勾抹前，应将管道内的水排放干净。

3. 季节性施工

（1）冬期施工。

1）挖槽及砂垫层。挖槽捡底及砂垫层施工，下班前应根据气温情况及时覆盖保温材料，覆盖要严密，边角要压实。

2）管道安装。

①为了保证管口具有良好的润滑条件，最好在正温时施工，以减少在低温下涂润滑剂的难度。在管道安装后，管口工作坑及管道两侧及时覆盖保温，避免砂基受冻。

②施工人员在管上进行安装作业时，应采取有效的防滑措施。

③冬期施工进行石棉水泥接口时，应采用热水拌和接口材料，水温不应超过 50℃。

④管口表面温度低于－3℃时，不宜进行石棉水泥接口施工。冬期施工不得使用冻硬的橡胶圈。

3）闭水试验。闭水试验应在正温下进行，试验合格后应及时将管内积水清理干净，以防止受冻。管身应填土至管顶以上约 0.5m，暴露的接口及管段用保温材料覆盖。

4）回填土。胸腔回填土前，应清除砂中冻块，然后分层填筑，每天下班前均应覆盖保温，当气温低于－10℃时，应在已回填好的土层上虚铺 300mm 松土，再覆盖保温，以防土层受冻，在进行回填前如发现受冻，应先除掉冻壳，再进行回填。当最高气温低于 0℃时，回填土不宜施工。

（2）雨期施工。

1）雨天不宜进行接口施工。如需施工时，应采取防雨措施，确保管口及接口材料不被雨淋。

2）沟槽两侧的堆土缺口，如运料口、下管马道、便桥桥头均应堆叠土埂，使其闭合，防止雨水流入基坑。

3）堆土向基坑的一侧边坡应铲平拍实，并加以覆盖，避免雨水冲刷。

4）回填土时要从两集水井中间向集水井分层回填，保证下班前中间高于集水井，有利于雨水排除，下班时必须将当天的虚土压实，分段回填，防止漂管。

5）采用井点降水的槽段，特别是过河段在雨期施工时，要准备好发电机，防止因停电造成水位上升出现漂管现象。

6）应在基槽底两侧挖排水沟，每 40m 设一个集水坑，及时排除槽内积水。

4. 质量标准

（1）基本要求。

1）严禁扰动槽底土壤，不得受水浸泡或受冻。

2）管材不得有裂缝、破损。

3）管道基础必须垫稳，管底坡度不得倒流水，缝宽应均匀，管道内不得有泥土、砖石、砂浆、木块等杂物。

4）平基、管座混凝土应密实，表面应平整、直顺，管座混凝土与管子结合不得有空洞。

5）接口应平直，环形间隙应均匀、密实、饱满，不得有裂缝、空鼓等现象。抹带接口表面应光洁密实，厚度均匀，不得有间断和裂缝、空鼓。

6）闭水试验或闭气试验必须满足设计和规范要求。

7）在管顶以上500mm之内，不得回填大于100mm的土块及杂物。

（2）实测项目。

1）管道基础的允许偏差应符合表5-16的规定。

表5-16　管道基础的允许偏差

序号	检查项目			允许偏差/mm	检查频率		检验方法
					范围	点数	
1	垫层	中线每侧宽度		不小于设计要求	每个验收批	每10m测1点，且不少于3点	挂中心线钢尺检查，每侧一点
		高程	压力管道	±30			水准仪测量
			无压管道	0，−15			
		厚度		不小于设计要求			钢尺测量
2	混凝土基础、管座	平基	中线每侧宽度	+10，0			挂中心钢尺量测每侧一点
			高程	0，−15			水准仪测量
			厚度	不小于设计要求			钢尺量测
		管座	肩宽	+10，−5			钢尺量测，挂高程线钢尺量测，每侧一点
			肩宽	±20			
3	土（砂及砂砾）基础	高程	压力管道	±30			水准仪测量
			无压管道	0，−15			
		平基厚度		不小于设计要求			钢尺量测
		土弧基础腋角高度		不小于设计要求			钢尺量测

2）安装管道允许偏差应符合表5-17的规定。

表 5-17　管道铺设的允许偏差　mm

序号	检查项目		允许偏差/mm		检查数量		检查方法
					范围	点数	
1	水平轴线		无压管道	15	第节管	1 点	经纬仪测量或挂中线用钢尺量测
			压力管道	30			
2	管底高程	$D_i \leqslant 1000$	无压管道	±10			水准仪测量
			压力管道	±30			
		$D_i > 1000$	无压管道	±15			
			压力管道	±30			

四、成品保护

(1) 管道回填土时，应防止管道中心线位移或损坏管道，管道两侧用人工同步回填，直至管顶 0.5m 以上，在不损坏管道的情况下，可用蛙式打夯机夯实。

(2) 管线留口端要用彩条布包好，防止泥土、杂物进入管内，待重新施工时撤除彩条布。必要时也可砌砖进行封堵。

五、职业健康安全管理

1. 安全操作技术要求

(1) 操作人员应根据工作性质，配备必要的防护用品。

(2) 电工必须持证上岗。配电系统及电动机具按规定采用接零或接地保护。

(3) 机械操作人员必须持证上岗。机械设备的维修、保养要及时，使设备处于良好的状态。

(4) 基槽开挖必须自上而下，分层开挖，严禁掏挖，并按规定放坡。

(5) 沟槽外侧临时堆土时，堆土距沟槽上口线不能小于 1.0m，堆土高度一般不得大于 1.5m。堆土不得覆盖消火栓、测量点位等标志。若安装轻型井点降水设备，堆土距槽边不应小于 1.5m。

(6) 沟槽外围搭设不低于 1.2m 的护栏，道路上要设警示牌和警示灯。

(7) 在高压线、变压器附近堆土及吊装设备等应符合有关安全规定。

(8) 蛙式打夯机操作人员必须穿戴好绝缘用品，操作必须有两个人，一人扶夯一人提电线。蛙式打夯机必须按照电气规定，在电源首端装设漏电保护器，并对蛙夯外壳做好保护接地。蛙夯的电气开关与入线处的连接，要随时进行检查，避免入接线处因震动、磨损等原因导致松动或绝缘失效。

(9) 两台以上蛙夯同时作业时，左右间距不小于 5m，前后不小于 10m，相互间的胶皮电缆不要交叉缠绕。蛙夯搬运时，必须切断电源，不准带电搬运。

(10) 吊装下管时，必须有专人指挥，严禁任何人在已吊起的构件下停留或穿行，对已吊起的管道不准长时间停在空中。禁止酒后操作吊车。

2. 其他管理

(1) 在地上建筑物、电杆及高压塔附近开挖基槽时，对有可能危及安全的因素应事先采取预防措施。

(2) 现况管线拆除、改移，必须有专人进行指挥，严禁非施工人员进入现场。

(3) 在高压线或裸线附近吊装作业时，应根据具体情况停电或采取其他可靠防护措施后，方准进行吊装作业。

六、环境管理

(1) 在旧路破除期间，配备专用洒水车，及时洒水降尘。

(2) 在施工过程中随时对场区和周边道路进行洒水降尘，降低粉尘污染。

(3) 水泥、细颗粒散体材料等，应尽可能在库内存放或采用篷布覆盖，运输时要采取防遗洒措施。

(4) 土方运输车辆采取遮盖等措施，出场时清洗轮胎防止污染周围环境。

(5) 在居民区施工时应采取降噪措施，并应尽可能避开夜间施工。

第六节　雨水口及检查井施工现场管理与施工要点

一、作业条件

(1) 雨水口位于新建道路上时，路面基层已施工完成。

(2) 混凝土基础施工完毕，经检查合格，强度达到 1.2MPa。

(3) 进出检查井各种管道已经安装就位，介入井内壁的尺寸、标高及坡度等符合设计要求。

二、现场工、料、机管理

1. 施工人员工作要点

(1) 挖槽及混凝土基础砌筑。参见本章第三节基坑明挖土方施工。

(2) 井墙（室）砌筑。

1）砂浆应随拌随用。应从拌和后 2.5h 内用完（当气温超过 30℃，应在 1.5h 内用完）。砂浆若有泌水现象时，应在砌筑前重新拌和。

2）按井墙位置挂线，先砌筑井墙一层，根据长宽尺寸，核对对角线尺寸，核对方正，井尺寸及排砖如图 5-11 和图 5-12 所示。

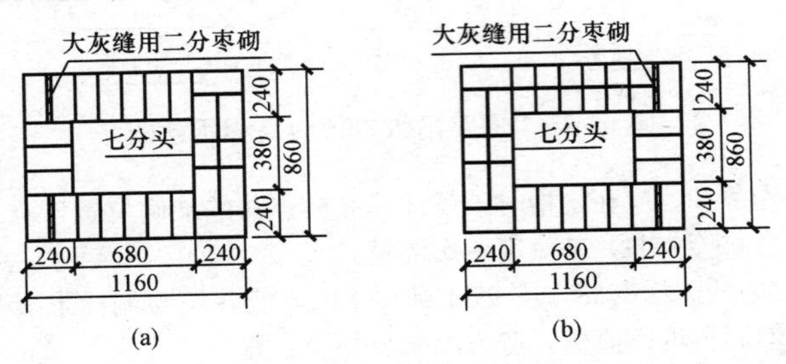

图 5-11 单箅雨水口排砖摞底图

(a) 第一层平面；(b) 第二层平面

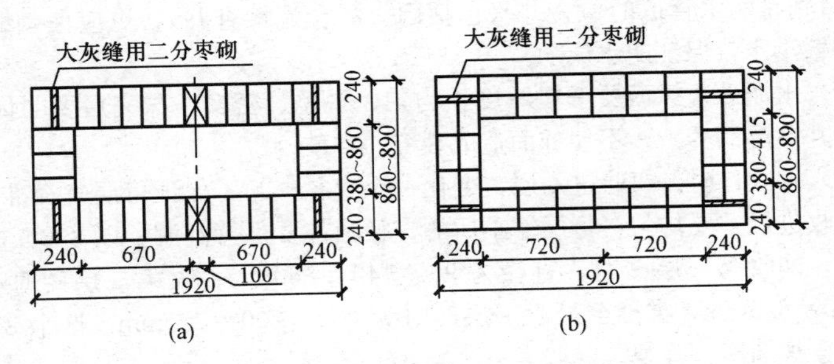

图 5-12 双箅雨水口排砖摞底图

(a) 第一层平面；(b) 第二层平面

3）灰缝宽度应控制在 8～12mm。

4）砌筑井墙，应灰浆饱满，随砌随勾缝。每砌高 300mm 应将墙体肥槽及时回填夯实。回填材料应采用二灰混合料或低强度等级混凝土。

5）砖墙体砌筑，砖块应上、下错缝，互相搭接。

6）道路雨水口顶面高程应比此处道路路面高程低 30mm，并与附近路面接顺，如图 5-13 所示。

7）雨水口井砌筑完成后，井底用 10MPa 豆石混凝土抹出向雨水支管集水的泛水坡。

8）井室一般用机砖砌筑在整体水泥混凝土基础上，不应利用管道平基再

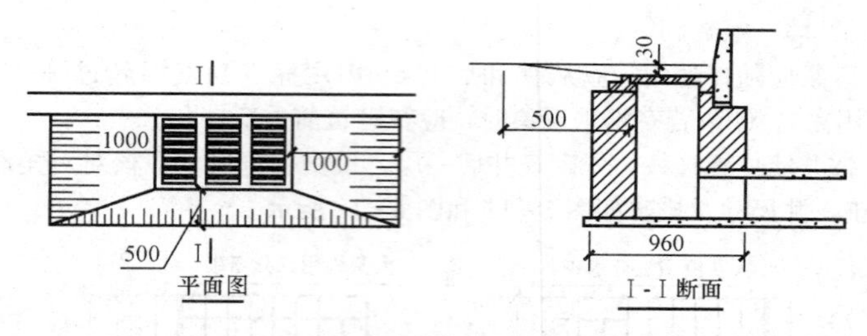

图 5-13　道路雨水口顶面高程示意图

帮宽的办法作井基。应在挖槽时，就计算好检查井的准确位置，浇筑管道混凝土平基时，应将检查井井基宽度一次浇筑。

9）井室内的流槽砌砖，应交错插入井墙，使井墙与流槽形成整体。不应先砌井墙，然后再堆砌流槽，造成流槽与井墙分离。

10）圆井的砌筑，应掌握井墙竖直度和圆顺度；方井要掌握井墙竖直、平整、井室方正，掌握井室几何尺寸不超质量标准；砌筑砂浆应饱满（包括竖缝），特别是污水管道的检查井（包括雨、污合流检查井），更应使砌缝饱满，防止井壁渗水，保证闭水成功。

11）水泥砂浆抹面要掌握厚度、均匀、平整、密实。抹完后要封闭井口，以保持井室湿润养护，不使抹面造成裂缝、空鼓。

12）砌收口时，每收进一层，变化一个直径，为了保证每层直径准确，每一块砖收进尺寸要均匀，每层缩小后的直径圆都要保持圆润。以 ϕ900mm 井直径为例，即收第一层砖时，直径为 900－40＝860mm，收第二层砖时直径为 900－80＝820mm，类推至最后一层砖时为 900－200＝700mm，这个 ϕ700mm 井筒也会很圆润、美观。

13）收口部分容易出现竖向通缝或鱼鳞缝（错缝尺寸小于 1/4 块丁砖），应打制六分砖块，以满足错缝要求，不使出现通缝或鱼鳞缝。

（3）雨水口过梁、井圈及井箅安装。

1）严格顶面高程控制。

2）雨水口预制过梁安装时要求位置准确，顶面高程符合要求；安装牢固、平稳。

3）铸铁井圈和混凝土井圈。

①预制混凝土井圈安装时，底部铺 20mm 厚 1∶3 水泥砂浆，位置要求准确，与雨水口墙内壁一致，井圈顶与路面齐平或稍低 30mm，不得凸出。

②现浇井圈时，模板应支立牢固，尺寸准确，浇筑后应立即养生。

（4）检查井踏步和井圈（盖）安装。踏步也称爬梯，是安装在检查井墙上供上、下井用的铸铁配件，其材料质量和安装质量关系到上下井的安全和配件的耐久性。

1）排水管渠的踏步材料，宜使用 HT-15-33 的灰口铸铁，几何尺寸和截面尺寸应符合设计或标准图要求。使用前并应涂刷两层防腐漆。不应使用钢筋弯制成的踏步。

2）踏步应随砌砖、随安装，不得先砌砖后凿洞孔安装。安装的外露长度，水平间距，垂直间距应符合设计或标准图要求。安装后砂浆凝固前不能踩踏，以免造成踏步活动。

3）安装井圈（盖）前，应将井墙顶面用水冲刷干净，铺砂浆使井圈与足面找平。路面有明显纵、横坡的，应与纵、横坡找平。如属农田或绿地，应较原地面高出 20～30cm，以防掩埋。

4）在车行道上的井盖，应安装符合当地市政设施主管部门规定的重型井盖。

2. 材料选择及检验

（1）铸铁箅子及铸铁井圈。符合标准图集要求，有出厂产品质量合格证。

（2）过梁及混凝土井圈。采用成品或现场预制。对成品构件应有出厂合格证，现场预制过梁和混凝土井圈的原材料其质量应符合有关标准的规定，并符合设计要求。

（3）如水泥、砂、砌筑用砖等材料参见前面分述介绍。

三、雨水口施工及检验要点

1. 施工要点

（1）应严格按照配合比计量、拌制砂浆，并按规定留置、养护好砂浆试块，确保砂浆强度满足设计要求。

（2）为防止雨水口积水，应严格控制雨水口顶部高程及坡度。

（3）应控制好雨水口位置与道路边线（路缘石）的关系，特别处于弯道时，应对雨水口井室做相应的调整，确保雨水口与道路线形一致。

（4）应调整支管的坡度大于 1%，清除管内杂物，避免使用过程中雨水口内集水。

（5）为防止雨水口及支管下沉，应注意肥槽回填质量，压实度应符合设计要求。

2. 季节性施工

（1）雨期施工。

1）雨期砌筑应有防雨措施。下雨时必须停止砌筑，未用完的砂浆进行覆盖，并对已新砌筑的墙体采取遮雨措施。

2）下雨时，若雨水口已具有泄水能力，应临时安装雨水箅子，将雨水导入到雨水主干线；若雨水口尚未具有泄水能力，应予以覆盖，防止雨水进入雨水口内。

（2）冬期施工。

1）冬期砖砌雨水口施工不得采用冻结法。砌筑前应清除冰、雪等冻结物，不得使用水浸砖。砂浆宜用普通硅酸盐水泥拌制，砂内不得含有直径大于10mm的冻结块，宜采用抗冻砂浆。砂浆使用温度不应低于5℃。砂浆应随拌随用，搅拌时间应比常温时增加0.5～1倍。

2）冬期当日最低气温不低于－15℃时，可采用抗冻砂浆和覆盖保温措施；气温低于－15℃时，不宜进行砌筑施工。

3. 质量标准

（1）基本要求。

1）雨水口内壁勾缝应直顺、坚实、不得漏勾、脱落。

2）井框、井箅应完整无损，安装平稳牢固。

3）井周回填必须满足路基要求。

4）支管应直顺，管内必须清洁，不得有错口、“舌头灰”、反坡、凹兜存水及破损现象。管头应与井壁平齐，不得有破口朝外。

（2）实测项目。雨水口、支管的检查项目和允许偏差见表5-18。

表5-18 雨水口、支管的检查项目和允许偏差

序号	检查项目	允许偏差/mm	检查数量		检查方法
			范围	点数	
1	井框、井箅吻合	≤10	每座	1	用钢尺量测较大值（高度、深度亦可用水准仪测量）
2	井口与路面高差	－5，0			
3	雨水口位置与道路边线平行	≤10			
4	井内尺寸	长、宽：＋20，0			
		深：0，－20			
5	井内支、连管管口底高度	0，－20			

（3）外观鉴定。

1）墙角方正，没有通缝，灰缝饱满，灰缝平整。

2）雨水口内壁勾缝直顺坚实，不得漏勾、脱落。

3）井框、井箅完整无损，安装牢固平稳，井口周围不得有积水。

4）支管管头与井壁齐平，雨水口内管头表面应无破损。

5）支管不得与过梁重叠。

四、检查井施工及检验要点

1. 施工要点

（1）严格按照配合比计量，拌制水泥砂浆，并按规定留置、养护好砂浆试块，确保砂浆强度满足设计要求。

（2）检查井基底承载力必须满足设计要求，严禁扰动基底，否则应采取换填处理。

（3）严格控制好检查井井筒顶部高程和纵横坡度，保证与道路路面接顺。

（4）钢筋混凝土预制盖板安装时，应保证盖板混凝土强度达到100%。

（5）安装踏步要求位置准确，确保使用功能。

（6）检查井外壁肥槽回填宜采用灰土回填并确保夯实。路面结构层部位应采用二灰混合料或低强度等级混凝土回填，以防止回填下沉。

（7）安装铸铁井圈的混凝土或水泥砂浆的强度达到80%时，再进行路面面层的施工，确保井圈稳固。

（8）污水检查井砌筑，砌体砂浆必须饱满，确保井体的密闭性。

2. 季节性施工

（1）雨期施工。

1）雨期砌筑应有防雨措施。下雨时必须停止砌筑，未用完的砂浆进行覆盖，并对已新砌筑的墙体采取遮雨措施。大雨过后，要复核墙体的垂直度。

2）雨期施工，应对未回填的沟槽边坡采取防护措施。沟槽顶部设置截水沟，底部设集水井，并设排水泵抽水。

（2）冬期施工。

1）砌筑检查井冬期施工不得采用冻结法。砌筑前应清除冰、雪等冻结物，不得使用水浸砖。砂浆宜用普通硅酸盐水泥拌制，砂内不得含有直径大于10mm的冻结块，必要时可采用抗浆砂浆。砂浆使用温度不应低于+5℃。砂浆应随拌随用，搅拌时间应比常温时增加0.5～1倍。

2）冬期当日最低气温不低于−15℃时，采用抗冻砂浆；气温低于−15℃时，采取有效措施，提高施工环境温度。

3）冬期施工，砌筑完成的井墙，应进行覆盖，以防受冻。

3. 质量标准

（1）基本要求。

1）砌筑用砖和砂浆等级必须符合设计要求，配比准确，不得使用过期砂浆。

①砖的抽检数量。按照检验批的检试验。

②砌筑用砂浆应由中心试验室出具试验配合比报告单。检查井砌筑，每工作班可制取一组试块，同一验收批试块的平均强度不低于设计强度等级，同一验收批试块抗压强度的最小一组平均值最低值不低于设计强度等级的75%。

2）铸铁井盖、井圈应符合设计要求，选择有资质的生产厂家，进场材料应具有产品合格证及检验报告。

3）对于污水管线及检查井应做闭水试验（一般情况下，管线闭水试验与检查井闭水试验同步进行，以检测其密闭性）。

4）雨水检查井一般在管径D不小于1600mm时，流槽内设脚窝；污水检查井一般在管径D不小于800mm时，流槽内设脚窝。

5）踏步应随井墙砌筑随安装，位置准确，随时用尺测量其间距，在砌砖时用砂浆埋牢，不得事后凿洞补装，砂浆未凝固前不得踩踏。

6）圆形收口井井筒砌筑时，根据设计要求进行收口，四面收口时每层不应超过30mm；三面收口时每层不应超过40～50mm。

7）井壁必须互相垂直，不得有通缝，必须保证灰浆饱满，灰缝平整，抹面压光，不得有空鼓、裂缝等现象。

8）井内流槽应平顺，踏步应安装牢固，位置准确，不得有建筑垃圾等杂物。

9）井框、井盖必须完整无损，安装平稳，位置正确。

（2）实测项目。检查井的检查项目应符合表5-19的规定。

表5-19　　检查井的允许偏差

<table>
<tr><th rowspan="2">序号</th><th rowspan="2" colspan="2">检查项目</th><th rowspan="2">允许偏差/mm</th><th colspan="2">检查数量</th><th rowspan="2">检查方法</th></tr>
<tr><th>范围</th><th>点数</th></tr>
<tr><td>1</td><td colspan="2">平面轴线位置（轴向、垂直轴向）</td><td>15</td><td rowspan="6">每座</td><td>2</td><td>用钢尺量测、经纬仪测量</td></tr>
<tr><td>2</td><td colspan="2">结构断面尺寸</td><td>+10，0</td><td>2</td><td>用钢尺量测</td></tr>
<tr><td rowspan="2">3</td><td rowspan="2">井室尺寸</td><td>长、宽</td><td rowspan="2">±20</td><td rowspan="2">2</td><td rowspan="2">用钢尺量测</td></tr>
<tr><td>直径</td></tr>
<tr><td rowspan="2">4</td><td rowspan="2">井口高程</td><td>农田或绿地</td><td>±20</td><td rowspan="2">1</td><td rowspan="2">用水准仪测量</td></tr>
<tr><td>路面</td><td>与道路规定一致</td></tr>
</table>

续表

序号	检查项目			允许偏差/mm	检查数量		检查方法
					范围	点数	
5	井底高程	开槽法管道铺设	$D_i \leqslant 1000$	±10	每座	2	用水准仪测量
			$D_i > 1000$	±15			
		不开槽法管道铺设	$D_i < 1000$	+10，−20			
			$D_i \geqslant 1000$	+20，−40			
6	踏步安装	水平及垂直间距、外露长度		±10		1	用尺量测偏差较大值
7	脚窝	高、宽、深		±10			
8	流槽宽槽			±10			

五、成品保护

(1) 砌筑用砖现场搬运时，应注意轻搬轻放，防止损坏棱角及表面。

(2) 浇筑泛水坡豆石混凝土时，应注意避免污染墙壁。

(3) 预制件如过梁、井圈安装时，要轻搬轻放，防止磕棱掉角。

(4) 道路施工时，注意雨水口临时盖钢板的刚度、强度以及密闭性，防止道路施工机械损坏雨水口和沥青粘油或沥青混凝土进入雨水口内。

(5) 井筒施工与道路施工配合时，注意检查井临时盖钢板的刚度、强度以及密闭性，防止道路施工机械损坏井筒，和沥青混凝土进入检查井内。

六、职业健康安全管理

1. 安全操作技术要求

(1) 对砌筑施工人员进行岗位培训，熟悉有关安全技术规程和标准。

(2) 进场砖和预制件应分规格、分批堆放整齐，堆放高度不宜超过 1.6m，砖垛之间保持适当的通道。

(3) 运输设备和临时用电应符合有关机具、用电使用管理规定。

2. 其他管理

(1) 砌筑用砖、预制件、雨水箅子、井圈等装卸严禁倾卸。

(2) 遇到大雾或夜间照明不足时，应停止作业。

(3) 施工井室周围应进行围挡，并有醒目的标识，完工后要对井口采用临时盖板遮盖，以防止社会车辆及人员掉入井内。

七、环境管理

（1）砌筑用砖，宜采用页岩砖，以达到环保要求。

（2）清理落地灰时应集中堆放，并装袋清运。现场严禁抛掷砂、水泥等易引起灰尘的材料。

（3）现场搅拌站（砂浆）应设置排水沟和废水沉淀池，清洗水经沉淀后才能排入市政管线，防止污染水源。搅拌站应封闭，采取喷水降尘措施。

参 考 文 献

[1]《建筑施工手册》(第五版) 编委会. 建筑施工手册 1 [M]. 北京: 中国建筑工业出版社, 2012.

[2]《建筑施工手册》(第五版) 编委会. 建筑施工手册 2 [M]. 北京: 中国建筑工业出版社, 2012.

[3]《建筑施工手册》(第五版) 编委会. 建筑施工手册 3 [M]. 北京: 中国建筑工业出版社, 2012.

[4]《建筑施工手册》(第五版) 编委会. 建筑施工手册 4 [M]. 北京: 中国建筑工业出版社, 2012.

[5] 中国建设教育协会. 施工员 (工长) 专业管理实务 [M]. 北京: 中国建筑工业出版社, 2008.

[6] 中国建设教育协会. 质量员专业管理实务 [M]. 北京: 中国建筑工业出版社, 2007.

[7] 全国一级建造师执业资格考试用书编写委员会. 建设工程项目管理 [M]. 北京: 中国建筑工业出版社, 2013.

[8] 广州市建设工程质量监督站等, 建筑工程质量通病防治手册 (土建部分) [M]. 北京: 中国建筑工业出版社, 2011.

[9] 广州市建设工程质量监督站等. 建筑工程质量通病防治手册 (设备部分) [M]. 北京: 中国建筑工业出版社, 2012.

[10] 广州市建设工程质量监督站等. 建筑工程质量通病防治手册 (市政部分) [M]. 北京: 中国建筑工程出版社, 2013.

[11] 本书编委会. 建筑业 10 项新技术 (2010) 应用指南 [M]. 北京: 中国建筑工业出版社, 2011.